LA RADIO ?...
MAIS C'EST TRÈS SIMPLE

Cet ouvrage a été traduit et édité :

en Bulgare :
« RADIOTO LI ? CHE TO E MNOGO PROSTO »
(Sofia, 1965)

en Italien :
« LA RADIO ?.. É UNA COSA SEMPLICISSIMA
(Milano, 1938)

en Hébreu :
(Jérusalem, 1964)

en Hollandais :
« ZOO... WERKT DE RADIO ! »
(Deventer, 1939)

en Hongrois :
« ILYEN EGYSZERÜ A RÁDIÓ »
(Budapest, 1958)

en Espagnol :
« ¿ LA RADIO ?.. PERO SI ES MUY FACIL »
(Barcelone, 1965

en Grec :
« TO ΡΑΔΙΦΩΝΟ... ΕΙΝΑΙ ΠΟΛΥ ΑΠΛΟ »
(Athènes, 1947)

en Viet-Namien :
« RADIÔ ?.. Ô THÂT LA GIÂN-DI ! »
(Saïgon, 1949)

en Serbe :
« EVO SHTA JE RADIO
(Belgrad, 1951)

en Polonais :
« RADIO ?.. ALEZ TO BARDZO PROSTE »
(Varsovie, 1959)

en Roumain :
« RADIOUL ?.. NIMIC MAI SIMPLU ! »
(Bucarest, 1960)

en Slovaque :
« RADIO... ? NIČ JEDNODUCHSIE ! »
(Bratislavia, 1965)

en Russe:
« Радио ?.. Это очень просто ! »
(Moscou, 1963)

D'autres traductions sont en préparation

Eugène Aisberg

LA RADIO ?... MAIS C'EST TRÈS SIMPLE

ETSF
EDITIONS TECHNIQUES ET SCIENTIFIQUES FRANÇAISES

ISBN 2 10 004107 X

Cette vingt-neuvième édition est parue aux Éditions Radio en 1969

A qui s'adresse ce volume ?

• •

Ni par sa présentation, ni par son contenu, ce livre ne ressemble à aucun autre.

Les dessins marginaux dont l'a orné, avec son esprit habituel, le talentueux dessinateur Guilac, pourraient un instant laisser supposer qu'il s'agirait d'un livre pour enfants.

En réalité, « La Radio ?... Mais c'est très simple ! » s'adresse **aux débutants et aux techniciens de tout âge.**

Au débutant, il apporte un exposé, facile à assimiler, des lois fondamentales de la radio-électricité et l'explication simple du fonctionnement des récepteurs modernes. La lecture du livre ne nécessite pas de connaissances préliminaires de l'électricité et de la physique. Les notions indispensables de ces domaines de la science sont présentées dans les passages du texte où elles sont jugées utiles à la compréhension de la radio.

L'étude attentive permettra au débutant de s'initier sans difficulté aux prétendus « mystères » de la radio-électricité, cette technique passionnante entre toutes et dont le domaine d'applications s'élargit de jour en jour, en nous libérant définitivement de la contrainte du temps et de l'espace.

Si ce livre est utile au débutant, il ne le sera pas moins au technicien soucieux de mettre de l'ordre dans ses idées. Par son développement rapide, la radio-électricité a produit, dans l'esprit de ceux qui s'en occupent, une accumulation d'idées éparses qu'il est nécessaire de classer, afin d'en tirer un système logique ; de surcroît, l'enseignement des manuels classiques et des grandes écoles donne, de la plupart des phénomènes de la radio, une idée par trop mathématique et abstraite.

C'est en vue du « rangement d'idées », de leur mise en ordre rationnelle, que le technicien lira avec profit ce livre dont l'auteur a été constamment guidé par le souci de donner une image physique concrète de chacun des phénomènes étudiés.

Pour vulgariser, point n'est besoin d'être vulgaire. Pour être simple, nul besoin d'explications simplistes. Et pour être sérieux, il n'est pas nécessaire d'être ennuyeux.

L'auteur espère avoir pu éviter ces trois écueils de la mauvaise vulgarisation. Dans ses explications, il s'est constamment fondé sur les théories généralement admises par la science contemporaine. Il s'est énergiquement refusé à « simplifier » au détriment de la vérité.

Afin d'éviter toute aridité académique, il a adopté la forme de causeries qui rend son livre vivant et facile à assimiler et lui permet de mettre le lecteur en garde contre toutes les embûches que lui avait désignées sa longue pratique de l'enseignement.

Sans prétendre au titre de « manuel de construction », ce livre n'en est pas moins indispensable à ceux qui veulent entreprendre le montage raisonné des appareils radio. Laissant délibérément de côté tout ce qui est tombé en désuétude, l'auteur parvient à amener le lecteur à la compréhension des **principes les plus récents** incorporés dans la conception des récepteurs modernes. Pour atteindre ce but, sans alourdir exagérément les dimensions de l'ouvrage... et l'esprit du lecteur, l'auteur a dû adopter un ordre d'exposé peu banal et éviter toute « littérature » superflue. Aussi, malgré son apparence, ce livre constitue-t-il un exposé condensé qu'il convient de lire lentement, ne passant à la page suivante que lorsque le contenu de celle qui précède est parfaitement bien assimilé.

Pour ne pas alourdir le texte et — surtout — afin d'éviter des confusions éventuelles dans l'esprit du lecteur, tout ce qui concerne la technique et les diverses applications des transistors fait l'objet d'un volume distinct rédigé dans le même esprit que celui-ci.

Si ce livre réussit à répandre la connaissance et à inculquer l'amour de la radio, l'auteur s'estimera heureux d'avoir pu ainsi apporter sa modeste contribution à la diffusion de cette merveilleuse science.

★

POUR ETUDIER AVEC PROFIT

La plupart des « causeries », qui constituent la partie fondamentale de ce livre, sont suivies de COMMENTAIRES. Ceux-ci visent un double but : approfondir certaines explications et compléter l'exposé de certaines questions.

★ Pour retirer le maximum de profit de l'ouvrage, il faut, après chaque causerie, lire le commentaire correspondant.

On peut toutefois, à la première lecture, omettre les commentaires; puis on recommencera par le début en étudiant à la suite de chaque causerie le commentaire qui s'y rapporte.

★ Ne jamais lire plus d'une causerie par jour. Il faut laisser aux connaissances fraîchement acquises le temps de se « tasser ».

★ Il est recommandé d'analyser avec beaucoup d'attention les schémas présentés. L'examen détaillé de leurs circuits constitue le meilleur exercice d'application.

★ Et dites-vous que des milliers de personnes ont, dans divers pays du monde, appris la radio en étudiant ce livre. (Rien qu'en France, il a été diffusé à près de 400 000 exemplaires.)

Avec de la bonne volonté et un peu de persévérance, vous ferez comme eux et reconnaîtrez que le titre figurant sur la couverture est bien justifié...

LES PERSONNAGES :

D'abord un très gentil garçon, **CURIOSUS,** à qui, jadis, les notions de la radio-électricité ont été enseignées par son oncle, l'ingénieur **RADIOL.** L'auteur avait relaté leurs causeries dans un livre qui a connu un grand succès (il a été traduit en **22** langues), mais qui, à présent, ne correspond plus à l'état actuel de la technique.

Aujourd'hui, **CURIOSUS** a 18 ans. Il n'a rien perdu de sa curiosité d'antan, ni de son entrain juvénile. C'est un amateur de radio expérimenté qui est à même d'exposer à son tour, avec beaucoup de clarté, la théorie de cette science. C'était, d'ailleurs, dès sa prime jeunesse, un garçon étonnant...

IGNOTUS ?... Vous ne le connaissez pas ? C'est l'ignorance faite homme. Définitivement brouillé avec les mathématiques, il connaît à peine les premières notions de la physique. Il est toujours partagé entre le désir d'apprendre et la peur de ne pas comprendre. Mais, savez-vous, malgré ses 14 ans, il n'est pas bête. Loin de là ! Vous vous en apercevrez d'ailleurs dès la...

...PREMIÈRE CAUSERIE

Dans cette causerie, sont exposées les notions fondamentales d'électricité. Faisant appel à la théorie électronique, Curiosus réussit à présenter les choses d'une manière très claire qui facilitera la compréhension des causeries suivantes.

Ignotus nage en plein inconnu.

CURIOSUS. — Prenez place, Ignotus, et laissez-moi vous expliquer le but de cette urgente convocation. J'espère que, malgré quelques antécédents déplorables, vous n'ignorez pas que j'ai une marraine que j'aime beaucoup. Hier, elle m'a demandé de lui monter un récepteur de Radio. Or, vous savez également qu'en ce moment je suis très pris par la préparation de mon « bac ». Puis-je compter sur vous pour m'aider dans la construction de l'appareil en question ?

IGNOTUS. — Très volontiers... Seulement, que puis-je faire ? J'ignore tout de la Radio !

Cur. — La Radio ?... Mais c'est très simple !... Je vous expliquerai les choses très aisément. Tenez, voici le schéma que j'ai dessiné pour le récepteur de marraine (fig. 1).

Ig. — C'est bougrement compliqué !

Cur. — Et voici la lampe que j'ai pu acheter avec l'acompte que marraine m'a

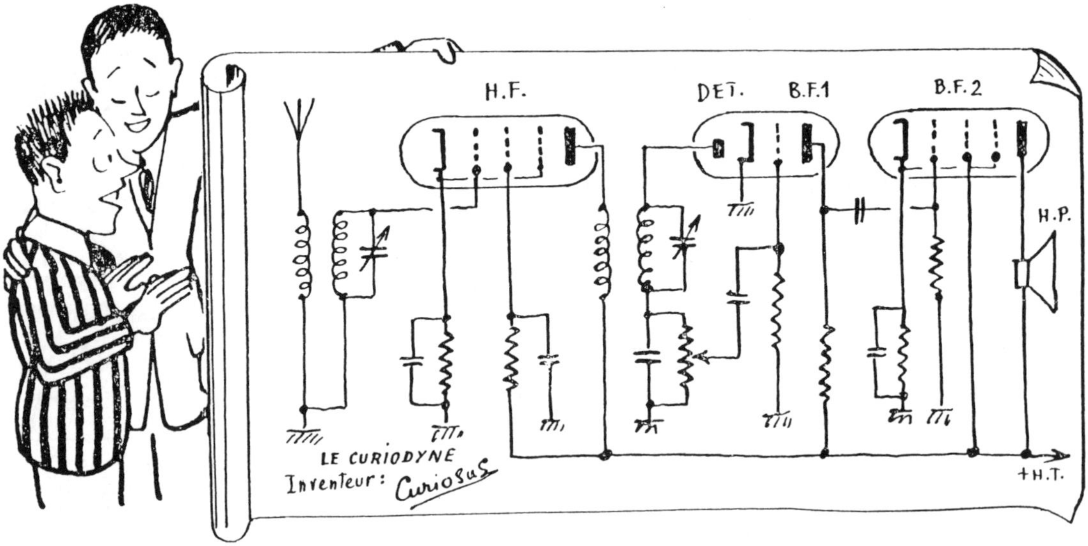

FIG. 1. — Ce schéma est dessiné par Curiosus.

donné pour l'achat du matériel. Car elle me versera peu à peu les fonds nécessaires à l'acquisition des pièces.

Ig. — Cette lampe, me semble-t-il, ne servira pas à grand-chose. Son ampoule n'est guère transparente et elle éclaire certainement très mal.

Cur. — Gros bêta ! Cette lampe ne sert pas à l'éclairage. C'est une pentode amplificatrice à chauffage indirect.

Ig. — J'aime autant m'en aller sans tarder, car vous vous moquez de moi en employant ces mots barbares.

Cur. — Attendez. Je vous expliquerai. Dans une lampe, le courant va de la cathode, qui est négative, à l'anode qui est positive.

Ig. — De mieux en mieux ! D'après vous, le courant va du négatif au positif. Or, depuis ma plus tendre enfance, on m'apprend le contraire. Comment voulez-vous que je m'y retrouve ?

Curiosus commence par le commencement.

Cur. — Décidément, il faudra commencer par vous expliquer les premières notions d'électricité, car vous avez déjà l'esprit faussé par des idées inexactes que vous ont inculquées vos livres d'école. Vous ont-ils au moins appris ce que c'est que l'*atome ?*

Ig. — Oui, c'est la plus petite particule de la matière et qui, par conséquent, est indivisible.

Cur. — Je m'y attendais !... Sachez donc que si, du temps où votre professeur de physique passait sa licence, on croyait dur comme fer que l'atome était indivisible, aujourd'hui on sait qu'il se compose d'une quantité de particules beaucoup plus petites.

Ig. — Lesquelles probablement se subdivisent à leur tour en particules encore plus petites ?

Cur. — C'est probablement ce que l'on enseignera à nos enfants... lorsque nous en aurons. En attendant, on considère que l'atome se compose d'*électrons* et de *protons*. Les électrons sont des charges élémentaires négatives d'électricité. Les protons sont des charges élémentaires positives. Il existe entre les électrons et les protons une force d'attraction.

Ig. — Ils sont donc, en quelque sorte, agglomérés les uns avec les autres ?

Cur. — Non, car entre électrons et électrons d'une part, et entre protons et protons d'autre part, il existe une force de répulsion. Il en résulte que, dans l'atome, les forces de répulsion et d'attraction s'équilibrent lorsque les électrons gravitent

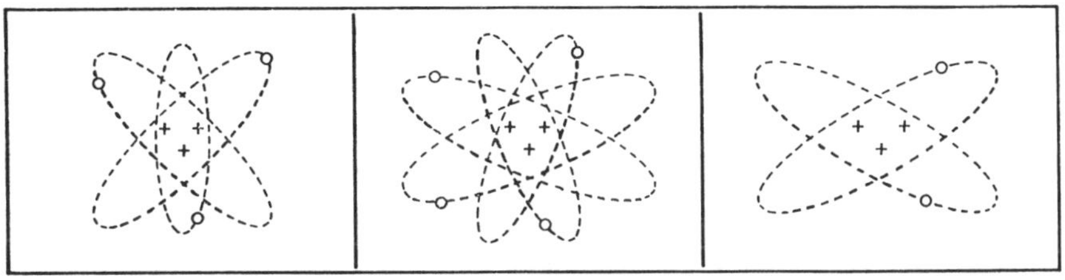

Atome neutre — Atome négatif — Atome positif

FIG. 2. — Les croix représentent les protons ; les cercles représentent les électrons.

(comme les planètes autour du soleil) autour du noyau central composé de protons (fig. 2), sans compter les *neutrons* qui n'ont aucune charge électrique.

Ig. — C'est un véritable système solaire en miniature !

Cur. — Très juste. Remarquez maintenant que, lorsque dans un atome il y a autant d'électrons que de protons, l'atome est *neutre*. Quand il y a plus d'électrons que de protons, la charge négative est supérieure à la charge positive et l'atome est *négatif*. Enfin...

Ig. — ... quand il y a moins d'électrons que de protons, l'atome est *positif*.

Cur. — Parfait ! Je vois que vous avez compris.

Le bon sens tend vers l'équilibre.

Ig. — Je voudrais cependant savoir comment un atome peut devenir positif ou négatif.

Cur. — Les électrons qui gravitent loin du noyau ne sont que faiblement attirés par celui-ci. S'ils arrivent dans la sphère d'attraction d'un atome voisin déficient en électrons, ils quitteront leur propre atome pour compléter ou équilibrer l'atome voisin.

Ig. — C'est comme les Japonais...

Cur. — Je ne vois pas en quoi les fils de l'Empire du Soleil Levant...

Ig. — Mais si ! Le Japon étant surpeuplé, ils émigrent vers des pays à population moins dense.

Cur. — Si vous voulez... En tout cas, retenez que les électrons vont des atomes où ils sont plus nombreux, donc atomes négatifs, vers des atomes où ils sont moins nombreux, ou atomes positifs. Donc, si, par un moyen quelconque, vous rendez les atomes d'une extrémité d'un fil métallique négatifs (trop d'électrons) et ceux de l'autre extrémité positifs (manque d'électrons), les électrons sauteront d'un atome vers l'autre et cela à travers tous les atomes intermédiaires, jusqu'au moment où l'équilibre sera rétabli. Dans quel sens iront les électrons ?

Ig. — Evidemment, de l'extrémité négative vers l'extrémité positive.

Cur. — Eh bien, c'est cette migration d'électrons, c'est ce courant électronique que l'on appelle *courant électrique*.

Ig. — Formidable !... Donc, c'est vrai, le courant va du négatif au positif... et notre professeur nous a dit des ...

Cur. — Il vous a tout simplement parlé du sens conventionnel du courant.

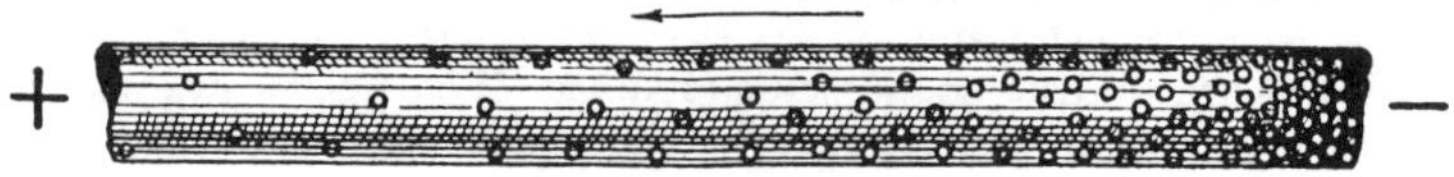

FIG. 3. — **Le courant électrique est une migration d'électrons qui tend à rétablir un équilibre dans leur répartition.**

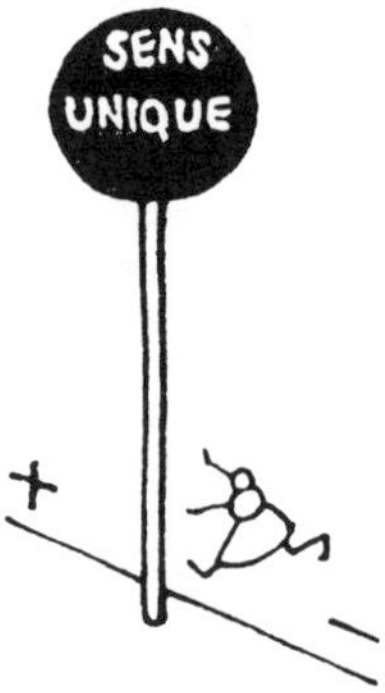

Car, à l'époque où l'on a convenu d'adopter arbitrairement un sens du courant électrique, on ignorait encore la théorie électronique et, comme de juste, on s'est trompé, en convenant de considérer que le courant va du positif au négatif. Vous trouverez encore cette allégation dans beaucoup d'ouvrages publiés de nos jours. Il s'agit là d'une convention. Rappelez-vous seulement que les électrons vont du négatif au positif ou du « moins » au « plus » comme on dit.

6 000 000 000 000 000 000 électrons par seconde.

Ig. — Vous avez tout à l'heure parlé d'un fil métallique. Je sais bien que le courant électrique ne passe qu'à travers les métaux. Mais pourquoi cela ?

Cur. — Le courant passe également à travers des solutions acides ou alcalines et à travers le charbon. Tous ces corps sont des *conducteurs*. Leurs atomes contiennent beaucoup d'électrons qui échappent facilement à l'attraction du noyau. Mais il existe d'autres corps dans lesquels les électrons sont trop intimement liés au noyau pour pouvoir quitter l'atome. Dans ces corps, dits *isolants* ou *diélectriques*, le courant électrique ne peut évidemment pas s'établir. Parmi les meilleurs isolants utilisés en Radio, je vous citerai le quartz, l'ébonite, l'ambre, la bakélite, le verre, les céramiques, la paraffine, les matières plastiques. Entre les isolants et les conducteurs se placent les *semi-conducteurs*, tels que le germanium ou le silicium et dont nous examinerons les particularités une autre fois.

Ig. — Quel est le meilleur isolant ?

Cur. — C'est l'air sec.

Ig. — Et le meilleur conducteur ?

Cur. — C'est l'argent. Mais le cuivre rouge est presque aussi bon et, comme il coûte moins cher, on s'en sert plus couramment.

Ig. — Mais comment sait-on que l'argent est meilleur conducteur que le cuivre ?

Cur. — Parce que, dans les mêmes conditions, un fil en argent sera traversé par un courant d'*intensité* plus grande qu'un fil de mêmes dimensions, mais en cuivre.

Ig. — Qu'appelez-vous « intensité de courant » ?

Cur. — C'est le nombre d'électrons qui participent au mouvement que nous appelons courant électrique.

Ig. — Donc on peut parler d'un courant d'intensité de 10 électrons ou de 1000 électrons ?

Cur. — On pourrait le faire. Mais, pratiquement, on mesure l'intensité en ampères. Un ampère correspond au passage de 6 000 000 000 000 000 000 électrons par seconde. Je vous dis cela en chiffres ronds...

Ig. — Merci !...

CUR. — On se sert aussi fréquemment des sous-multiples de l'ampère : le *milliampère* (mA) égal à 1/1000 ampère et le *microampère* (µA) égal à 1/1 000 000 ampère. C'est, vous voyez, très simple.

IG. — Tout cela est, au contraire, bigrement compliqué. Mais de quoi dépend donc l'intensité du courant ?

CUR. — De la tension appliquée au conducteur et de la résistance de ce dernier.

Les mots changent de sens.

IG. — Je suppose que « tension » et « résistance » veulent dire, en électricité, quelque chose de spécial. C'est comme le cercle...

CUR. — Le cercle ?...

IG. — Mais oui ! Tant que je n'avais pas commencé à apprendre la géométrie, je savais fort bien ce que c'était qu'un cercle. Mais depuis qu'on m'a enseigné que c'est le « lieu géométrique de tous les points se trouvant à égale distance d'un point donné », je ne comprends plus rien...

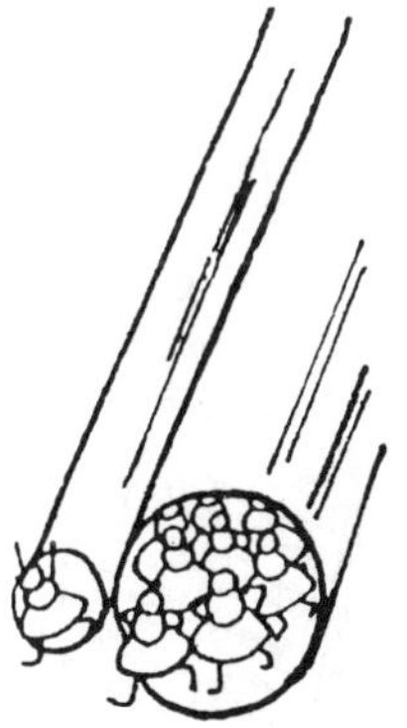

CUR. — Eh bien ! En électricité, la *résistance* est la propriété d'un conducteur d'opposer... une résistance plus ou moins grande au passage d'un courant. Elle dépend de la nature même du conducteur, c'est-à-dire du nombre des électrons facilement détachables de ses atomes. Elle dépend aussi de sa longueur. Plus il est long, plus grande est la résistance. Enfin, elle dépend aussi de la section du conducteur. Si la section est large, plus d'électrons peuvent passer simultanément et, par conséquent, moins la résistance est grande (1). La résistance est mesurée en *ohms* (Ω) et en millions d'ohms ou *mégohms* (MΩ). Un ohm, c'est approximativement la résistance d'un fil de cuivre de 62 mètres d'une section de 1 mm².

Considérations philosophiques sur la relativité.

IG. — Et qu'est-ce que la *tension ?*

CUR. — La tension c'est, en quelque sorte, la pression qu'exerce sur les électrons la différence d'état électrique des extrémités d'un conducteur.

IG. — C'est bougrement compliqué et très nébuleux...

CUR. — Mais non, c'est très simple. Comme je vous l'ai dit, la proportion des électrons et des protons détermine l'état électrique ou le *potentiel* du conducteur en un point donné. Supposez qu'à une extrémité il manque 3000 électrons et qu'à l'autre il en manque 5000.

IG. — Toutes les deux sont positives. Et, si j'ose dire, la seconde est plus positive que la première.

CUR. — Il faut oser, car cela se dit bien ainsi. Vous pouvez encore exprimer la même chose en disant que la première est négative par rapport à la seconde.

IG. — Ça, par exemple !... Il est vrai que, dans la vie, tout est relatif.

CUR. — Mais oui. Ainsi, tenez, entre deux personnes qui, l'une et l'autre ont de l'argent, celle qui ne possède que 1000 francs est pauvre par rapport à celle qui a 1 million, mais riche par rapport à un tiers qui n'a pour toute fortune que 10 000 francs de dettes. Dans le monde des atomes, celui qui a trois électrons en moins est négatif par rapport à celui qui a dix électrons en moins et positif par rapport à celui qui a deux électrons en trop. Ces trois atomes ont des potentiels différents.

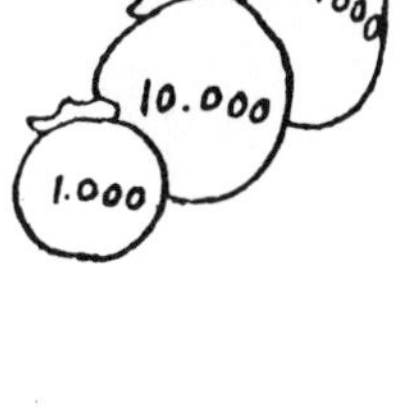

---

(1) Une formule ? La voici. La résistance R (en ohms) dépend de la longueur L (en centimètres) et de la section S (en centimètres carrés) suivant la loi :

$$R = \rho \frac{L}{S}$$

Dans cette expression, ρ est un coefficient qui dépend de la nature du conducteur et est appelé « résistance spécifique » ou « résistivité ».

IG. — Et les différences de potentiel sont mesurées en différences des nombres d'électrons ?

CUR. — On aurait pu le faire. Mais pratiquement la *différence de potentiel* ou, ce qui est la même chose, la *tension* est mesurée en *volts*. Le volt est la tension qui appliquée aux extrémités d'un conducteur de 1 ohm de résistance, donne lieu à un courant de 1 ampère d'intensité.

IG. — Ainsi, si je vous ai bien compris, la tension est une sorte de pression électrique qui pousse les électrons d'un bout du conducteur à l'autre ?

CUR. — Exactement. Et vous devinez aisément que plus la tension est grande...

IG. — ... plus grande est l'intensité du courant.

CUR. — Et, par contre, plus la résistance est grande...

IG. — ... moins grande est l'intensité du courant.

CUR. — Nous venons ainsi de redécouvrir une loi fondamentale de l'électricité : la *loi d'Ohm*. On dit, en abrégé, que l'intensité est égale à la tension divisée par la résistance (2).

IG. — Je me souviens maintenant avoir souvent lu (mais sans avoir bien compris les choses) qu'un courant électrique peut être assimilé à un courant d'eau qui s'établit entre deux vases reliés par un tuyau.

CUR. — Oui, c'est la classique « analogie hydraulique ». En ce cas, le niveau de l'eau dans chaque vase correspond au potentiel électrique. Et la différence des niveaux (ou des potentiels) est analogue à la tension. Plus elle est élevée, plus sera grande l'intensité du courant d'eau, c'est-à-dire le nombre de litres du liquide passant par seconde à travers le tuyau. Mais cette intensité dépend aussi de la « résistance » du tuyau. Plus celui-ci est long et étroit, plus ses parois sont rugueuses, et moins aisément le liquide pourra y couler.

IG. — En sorte que la loi d'Ohm régit également le domaine de l'hydraulique ?

CUR. — Mais oui. Tout cela ne vous semble-t-il pas bien clair ?

IG. — Je commence à sentir une véritable salade dans ma boîte crânienne. Electrons, protons, résistance, ohm, tension, volt, intensité, ampère, loi d'Ohm... Tout ça est bougrement compliqué.

CUR. — Réfléchissez-y jusqu'à notre prochaine causerie et vous verrez que c'est très simple.

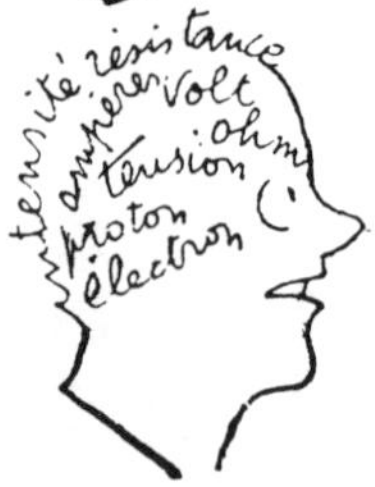

---

(2) Et voici, pour les mathématiciens, cette formule classique de la loi d'Ohm :

$$I = \frac{E}{R}$$

où I est l'intensité du courant en ampères,
E, la tension en volts entre les extrémités du conducteur et
R, la résistance en ohms du conducteur.

✶

On notera que les figures des CAUSERIES sont numérotées en **chiffres arabes** et celles des COMMENTAIRES en **chiffres romains.**

Commentaires à la Première Causerie

POTENTIEL, CONDUCTEURS ET ISOLANTS.

Dans cette première causerie, Curiosus a réussi à exposer à Ignotus une quantité de notions indispensables d'électricité que nous tâcherons de résumer ici.

Les atomes de tous les corps se composent d'un certain nombre d'ÉLECTRONS et de PROTONS. Les premiers représentent des charges élémentaires d'électricité négative ; les protons sont des charges élémentaires positives. Le rapport entre les nombres de ces charges détermine l'état électrique ou le POTENTIEL de l'atome. Celui-ci est NEUTRE s'il contient autant d'électrons que de protons. Il est NÉGATIF si le nombre d'électrons est supérieur au nombre de protons et POSITIF dans le cas contraire.

Il faut noter que, dans un atome donné, le nombre des protons demeure constant ; seuls, certains électrons peuvent migrer d'un atome à l'autre, en échappant à la force d'attraction qui existe entre les protons et les électrons. Et encore, de tels électrons « libres » n'existent-ils que dans certains corps dits CONDUCTEURS. Les corps dont les atomes ne comportent pas d'électrons libres appartiennent à la catégorie des ISOLANTS.

En plus des électrons et des protons, le noyau d'un atome peut également contenir des NEUTRONS qui, tout en augmentant sa masse, n'exercent aucune action sur son état électrique.

COURANT ÉLECTRIQUE.

Quand entre les atomes d'un conducteur existe une différence d'état électrique ou DIFFÉRENCE DE POTENTIEL, l'équilibre se rétablit grâce au passage des électrons en excédent à l'extrémité négative (ou PÔLE négatif) vers l'extrémité (ou pôle) positive du conducteur où ils manquent. Ce passage d'électrons du pôle négatif vers le pôle positif constitue le COURANT ÉLECTRIQUE. Son sens réel est opposé au sens conventionnel (du positif au négatif) arbitrairement choisi à une époque où l'on ignorait encore la nature intime du courant.

Il convient de remarquer que le cheminement des électrons le long d'un conducteur s'effectue avec moins de simplicité que ne le laissent supposer les explications de Curiosus. Ce n'est pas le même électron qui parcourt le conducteur d'un bout à l'autre. Le plus souvent, il ne fait que passer d'un atome à l'atome voisin d'où, à son tour, un autre électron saute vers l'atome suivant et ainsi de suite. La vitesse individuelle de l'électron est relativement faible, mais le mouvement général se propage avec une vitesse constante, voisine de 300 000 kilomètres par seconde, et c'est la vitesse du courant électrique.

On peut assimiler les électrons à une file de voitures arrêtées devant une barrière fermée de passage à niveau. Lorsque la barrière s'ouvre, la file s'ébranle rapidement. Très peu de temps passe entre les instants du démarrage de la première et de la dernière voiture : c'est cela la vitesse du courant. Cependant, la vitesse individuelle de chaque voiture (vitesse des électrons) est à ce moment relativement faible.

Si rien ne vient maintenir aux extrémités du conducteur une différence de potentiel (ou TENSION), une fois l'équilibre électrique rétabli, le courant cessera. Pour que le courant circule sans arrêt, il faut constamment

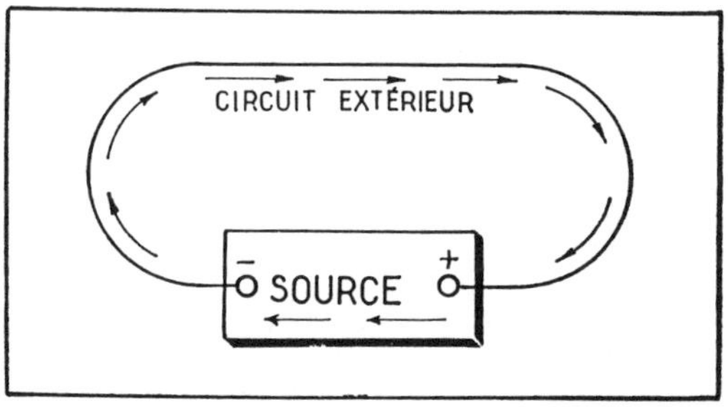

FIG. I. — Parcours du courant à l'intérieur de la source et dans le circuit extérieur.

ajouter des électrons aux atomes du pôle négatif et en retirer des atomes du pôle positif. C'est en cela que consiste le rôle de toute SOURCE D'ÉLECTRICITÉ qui produit de l'ÉNERGIE ÉLECTRIQUE, qu'il s'agisse d'une pile électrique (où l'énergie chimique se transforme en énergie électrique), d'une pile thermo-électrique (transformant la chaleur en électricité) ou d'une dynamo installée dans une centrale électrique et qui transforme l'énergie mécanique d'un moteur en courant électrique.

On notera qu'*à l'intérieur de la source* les électrons vont du pôle positif au pôle négatif puisqu'ils doivent être enlevés des atomes du premier pour venir en excédent dans les atomes du second. De la sorte, dans un *circuit* électrique, les électrons circulent dans le même sens d'un bout à l'autre.

VOLT. AMPÈRE. OHM.

La différence de potentiel ou tension existant entre deux points d'un conducteur est mesurée et exprimée en VOLTS.

Le nombre d'électrons traversant une section d'un conducteur en une seconde peut être plus ou moins élevé. C'est lui qui détermine l'INTENSITÉ du courant mesurée en AMPÈRES.

Suivant sa longueur, sa section et la nature même de sa matière, un conducteur oppose au passage du courant une RÉSISTANCE plus ou moins élevée. La résistance est mesurée en OHMS.

Plus un conducteur est long, plus sa résistance est élevée. Par contre, *plus sa section est grande, moins grande est sa résistance.*

LOI D'OHM.

En augmentant la tension appliquée aux extrémités d'un conducteur donné, nous augmentons dans la même proportion le nombre d'électrons mis en mouvement, c'est-à-dire l'intensité du courant. Ainsi constatons-nous que *l'intensité du courant est directement proportionnelle à la tension.*

En appliquant la même tension à des conducteurs de résistances différentes, on s'aperçoit que les conducteurs plus résistants laissent passer un courant plus faible. D'où il résulte que *l'intensité du courant est inversement proportionnelle à la résistance.*

Les deux constatations ci-dessus se trouvent résumées dans la loi d'Ohm : *l'intensité du courant est directement proportionnelle à la tension et inversement proportionnelle à la résistance.*

Ainsi, lorsqu'on connaît la valeur de la tension (en volts) appliquée aux extrémités d'un conducteur d'une résistance connue (et exprimée en ohms), en divisant la première valeur par la seconde, on calcule l'intensité (en ampères) du courant qui parcourt le conducteur. Ainsi, en appliquant 10 volts à un conducteur de 5 ohms, nous aurons un courant de 2 ampères. De même, une tension de 1 volt appliquée à un conducteur de 1 ohm donnera lieu à un courant de 1 ampère.

La loi d'Ohm est une loi fondamentale qui régit tous les domaines de l'électricité et de la radio. Aussi convient-il d'en bien retenir les divers aspects examinés ci-après.

LES TROIS EXPRESSIONS DE LA LOI D'OHM.

Puisque, dans la formule de la loi d'Ohm

$$I = \frac{E}{R}$$

la tension E figure le dividende, la résistance R le diviseur et l'intensité I le quotient, rappelons-nous que le dividende est égal au produit du diviseur par le quotient. Et nous pouvons alors exprimer la même loi sous une forme nouvelle :

$$E = I \times R$$

Qu'est-ce à dire ? *Que la tension est égale au produit de l'intensité par la résistance.*

Ainsi en connaissant l'intensité du courant qui traverse un conducteur de résistance donnée, pouvons-nous, en multipliant ces deux valeurs, déterminer la valeur de la tension qui provoque le courant en question.

Enfin, partant de cette deuxième expression de la loi d'Ohm et nous rappelant que le produit (E) divisé par l'un des multiplicateurs (I) doit nous donner l'autre (R), nous pouvons écrire :

$$R = \frac{E}{I}$$

ce qui est une troisième expression de la loi d'Ohm. Nous voyons que *la résistance est égale à la tension divisée par l'intensité.*

Si nous connaissons la valeur de la tension aux extrémités d'un conducteur et l'intensité du courant qu'elle détermine, en divisant la première valeur par la seconde nous obtenons la valeur de la résistance du conducteur.

C'est sur cette loi que sont fondés les « ohmmètres », instruments servant à mesurer la résistance des conducteurs. Ils contiennent une pile dont la tension est connue, et un ampèremètre (instrument mesurant l'intensité du courant). La tension de la pile étant appliquée au conducteur à mesurer, l'ampèremètre indique l'intensité du courant qui s'établit. Il suffit alors de diviser la tension connue de la pile par l'intensité indiquée par l'ampèremètre pour trouver la valeur de la résistance mesurée.

DEUXIÈME CAUSERIE

Ignotus ignorait tout du courant alternatif, de sa fréquence et de sa période. L'électromagnétisme lui était également inconnu. Après cette deuxième causerie, il saura ce qu'est une longueur d'onde, un électro-aimant, un champ magnétique... Il pourra, aussi bien que Curiosus, expliquer en quoi consiste le phénomène de l'induction... Car, vous le verrez, Ignotus est un enfant très doué...

De quelques allers et retours.

IGNOTUS. — La dernière fois, Curiosus, vous m'avez parlé d'électrons, de protons, du courant électrique... En somme, de tout, excepté la Radio !

CURIOSUS. — Mais, mon cher, dans la Radio, nous ne nous occupons que des courants électriques, et, avant tout, il faut donc connaître les lois simples qui les régissent.

IG. — Et moi qui croyais que la Radio était surtout une science des ondes !...

CUR. — Certes, les ondes jouent un rôle important. Ce sont elles qui établissent, à distance, la liaison entre les antennes émettrice et réceptrice. Mais, à l'émission, elles sont engendrées par un courant alternatif de haute fréquence qui parcourt l'antenne émettrice ; et, à la réception, elles provoquent un courant semblable, bien que moins intense, dans l'antenne réceptrice.

IG. — Allons bon ! Voilà que vous me parlez du « courant alternatif de haute fréquence » sans prendre la peine de m'expliquer le sens de ce terme.

CUR. — Vous voyez donc combien il est nécessaire d'apprendre l'électricité avant de vous jeter à corps perdu dans la Radio... Jusqu'à présent nous n'avons parlé que du courant *continu*, c'est-à-dire de celui qui va toujours dans le même sens et avec une intensité constante.

IG. — Comme l'eau qui coule d'un robinet ouvert.

CUR. — Si vous voulez... Mais supposez qu'une machine électrique (alternateur) ou un autre dispositif fasse périodiquement varier les polarités des extrémités d'un conducteur. Ainsi, chaque extrémité devient périodiquement positive, puis son potentiel

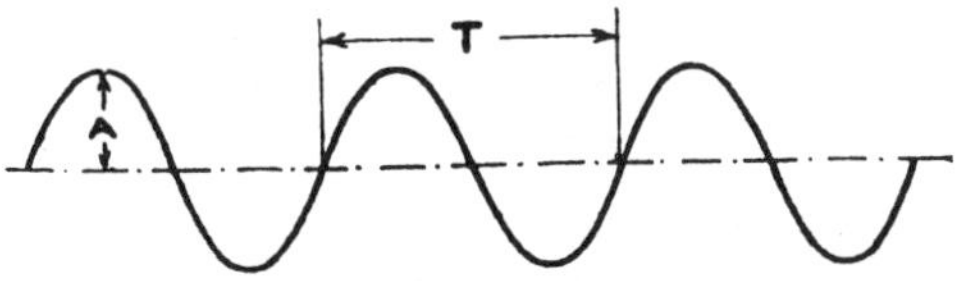

FIG. 4. — Tension engendrant le courant alternatif : A, amplitude ; T, période.

diminue, passe par zéro et devient négatif. Après avoir atteint le maximum de valeur négative, il diminue, repasse par zéro, devient positif, augmente, passe par un maximum appelé *amplitude*, et tout recommence (fig. 4).

IG. — Cela ressemble tout à fait à une balançoire qui monte, puis descend, passe par la position la plus basse, puis remonte, mais de l'autre côté, etc...

CUR. — L'exemple est bien choisi. Vous comprenez que le courant qui sera produit dans le conducteur par une telle tension, dite alternative, sera lui aussi *alternatif*, c'est-à-dire qu'il changera périodiquement de sens, et son intensité variera proportionnellement aux variations de la tension.

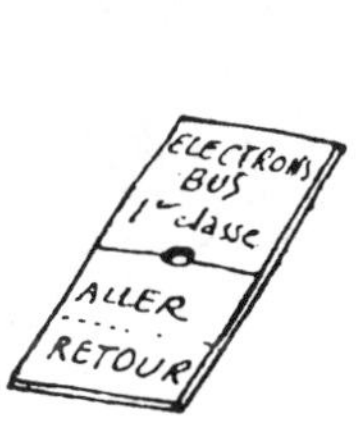

IG. — Donc, si je vous ai bien compris, les électrons effectuent, en courant alternatif, d'incessants allers et retours ?

CUR. — Oui. Et le temps que dure un voyage d'aller et de retour s'appelle *période*.

IG. — Est-ce long, une période ?

CUR. — On utilise aussi bien des courants dont la période dure 0,02 seconde que des courants d'une période de 0,000 000 000 01 seconde. Tout cela dépend de la *fréquence* du courant.

IG. — Qu'appelez-vous ainsi ?

CUR. — On appelle fréquence le nombre de périodes par seconde. Ainsi, lorsque la période dure 1/50e de seconde, il y en a 50 dans une seconde, et nous disons que la fréquence est égale à 50 périodes par seconde. Au lieu de dire « période par seconde », on dit aussi « cycle par seconde ». Mais on a attribué à l'unité de fréquence le nom de Hertz qui, le premier, a produit expérimentalement les ondes électromagnétiques. Ainsi un *hertz* équivaut à une période par seconde. Les multiples sont le *kilohertz* (= 1000 hertz), le mégahertz (= 1 000 000 hertz) et le gigahertz (1 000 000 000 hertz). Les symboles sont respectivement Hz, kHz, MHz et GHz.

Dans le domaine des ondes.

IG. — Je commence à comprendre maintenant ce que vous disiez tout à l'heure au sujet du courant alternatif de haute fréquence.

CUR. — On appelle ainsi des courants dont la fréquence est supérieure à 10 000 périodes par seconde (ou 10 kHz). De tels courants, lorsqu'ils circulent dans un conducteur vertical, produisent des *ondes électromagnétiques* (ou « hertziennes ») qui, se détachant du conducteur, se propagent à la manière d'anneaux dont le rayon croît à la vitesse de 300 000 000 mètres par seconde.

IG. — Mais c'est la vitesse de la propagation de la lumière !

FIG. 5. — Mouvement des électrons dans l'antenne et formation des ondes.

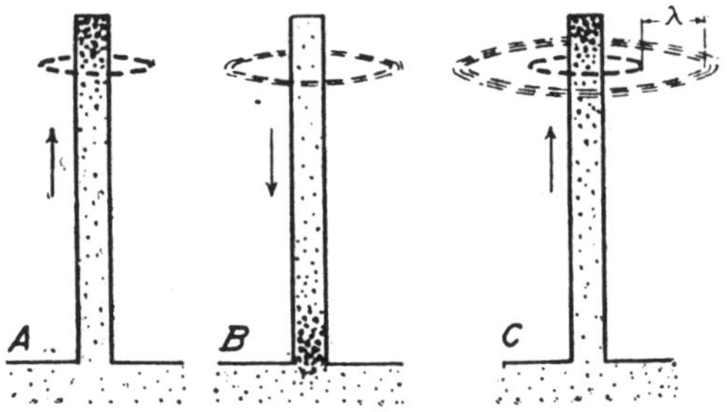

CUR. — En effet. Et cela est dû à ce que la lumière, elle aussi, est constituée par des ondes électromagnétiques, mais de longueur d'onde plus courte que les ondes radio-électriques.

IG. — Qu'appelez-vous donc longueur d'onde ?

CUR. — C'est la distance entre deux anneaux électromagnétiques qui se sont successivement détachés de l'antenne (conducteur vertical). A chaque période du courant de haute fréquence, il se détache un anneau. Ainsi, au moment où un deuxième anneau se détache de l'antenne, le premier a déjà parcouru une certaine distance qui est précisément la longueur d'onde et qui est égale à...

IG. — ... la vitesse multipliée par la durée. Ici, la vitesse est 300 000 000 mètres par seconde et la durée entre deux ondes successives est la période du courant. Donc la longueur d'onde est égale à la vitesse de la propagation multipliée par la période.

CUR. — Tous mes compliments ! On peut également dire que la longueur d'onde est égale à la distance parcourue en une seconde, divisée par le nombre d'ondes émises en une seconde, c'est-à-dire par la fréquence (1).

---

(1) Et voici des formules... pour qui les aime.

En désignant par T la période, F la fréquence et λ la longueur d'onde, nous pouvons établir les relations suivantes :

$$F = \frac{1}{T}; \qquad T = \frac{1}{F}; \qquad \lambda = 300\,000\,000\ T = \frac{300\,000\,000}{F}$$

IG. — C'est comme les deux gamins que j'ai vu, tout à l'heure, courir dans la rue...

CUR. — ?...

IG. — Mais si ! L'un, un grand, avec de longues jambes et l'autre, tout petit. Ils couraient en se tenant par la main, donc à la même vitesse. Le grand faisait de longues enjambées, mais à une cadence plus faible que le petit qui trottait à côté. Cela prouve, vous voyez, que plus la longueur d'onde (longueur d'un pas) est grande, plus la fréquence (nombre des pas par seconde) est petite, et inversement.

CUR. — La comparaison est juste.

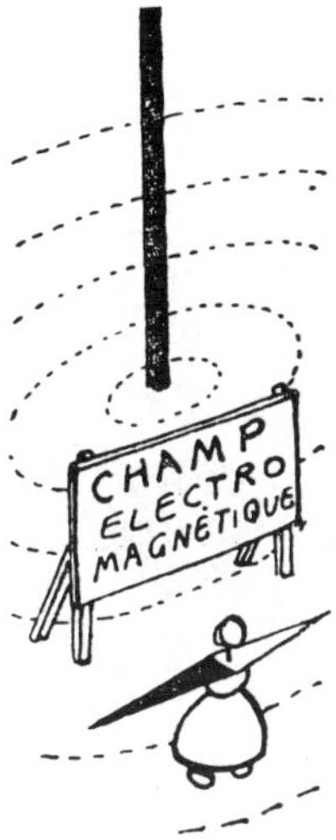

Il est question de choses invisibles.

IG. — Il y a cependant quelque chose qui me semble obscur. Qu'est-ce que c'est que ces anneaux que vous appelez ondes électromagnétiques ?

CUR. — Tout compte fait, je ne le sais pas très exactement, et je crois que les savants eux-mêmes ne sont pas d'accord là-dessus. Je peux vous dire toutefois qu'il existe, autour d'un conducteur parcouru par le courant électrique, un *champ électromagnétique*, c'est-à-dire un ensemble de forces électriques (attractions et répulsions des électrons et des protons dont je vous ai parlé la dernière fois) et aussi un ensemble de forces magnétiques. Vous pouvez déceler ces dernières en approchant d'un conducteur une boussole dont l'aiguille s'orientera perpendiculairement au conducteur.

IG. — Donc, c'est la même chose que le champ d'un aimant ?

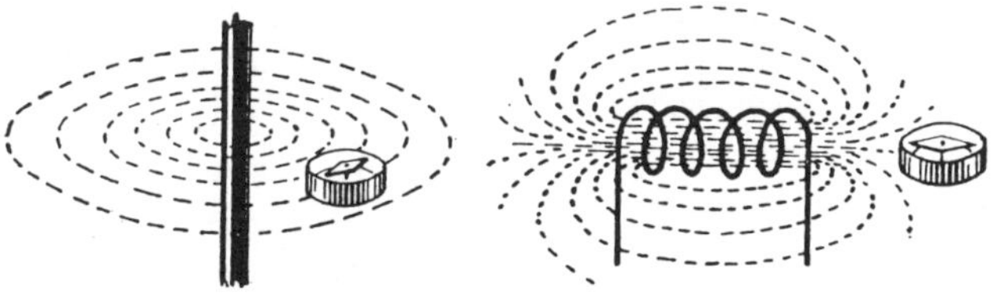

FIG. 6. — Champ magnétique d'un conducteur rectiligne et d'un bobinage.

CUR. — Oui, mais avec cette différence que, à l'approche d'un aimant, l'aiguille d'une boussole se tourne vers lui.

IG. — Est-ce que l'on peut se servir d'un conducteur parcouru par un courant comme d'un aimant ?

CUR. — Oui, mais la force magnétique est très faible. Pour l'intensifier, il faut disposer plusieurs conducteurs suivant le même chemin, de manière que leurs champs magnétiques se renforcent mutuellement.

IG. — Comment le faire ?

CUR. — Pratiquement, il suffit d'enrouler un fil en bobine. Nous obtenons ainsi un *électro-aimant* qui peut être beaucoup plus puissant qu'un aimant naturel. On peut encore le munir d'un noyau de fer ou d'acier qui, en concentrant le champ magnétique, en renforcera l'intensité.

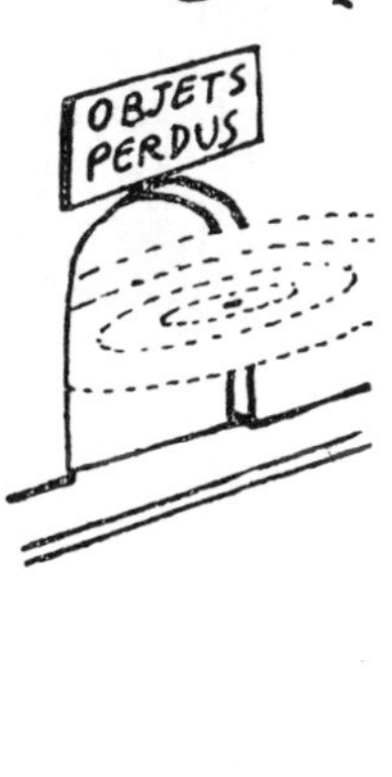

IG. — Est-ce que la polarité d'un tel aimant dépend du sens du courant ?

CUR. — Oui. Si, pour un courant donné, un pôle de l'électro-aimant attire le pôle nord de l'aiguille de la boussole, en inversant le courant, l'électro-aimant attirera le pôle sud. Car le champ magnétique a un sens qui dépend du sens du courant qui le crée. Et chaque variation de l'intensité ou du sens du courant se traduit par une variation correspondante du champ magnétique.

IG. — Ainsi, si je vous ai bien compris, les ondes électromagnétiques ne sont pas autre chose que les champs ayant abandonné le courant qui les a créés et qui se promènent dans l'espace à la vitesse respectable de 300 000 000 mètres par seconde. Mais comment les reçoit-on ?

Les phénomènes réversibles.

CUR. — Il existe, dans la nature, un très grand nombre de phénomènes dits « réversibles ». La production d'un champ magnétique par un courant en est un. Si le courant crée un champ, inversement un champ ou, plus exactement, des *variations* d'un champ magnétique produisent un courant dans un conducteur se trouvant dans le champ.

IG. — Donc, dans n'importe quel conducteur disposé sur le parcours des ondes électromagnétiques, celles-ci engendreront un courant ?

CUR. — Evidemment ! Ainsi dans ces tubes métalliques qui forment l'armature de mon fauteuil, il existe en ce moment une quantité de courants de haute fréquence produits par tous les émetteurs qui sont à présent en fonctionnement.

IG. — Et, en vous asseyant dans cette espèce de « chaise électrique », vous n'avez pas peur d'être électrocuté ?

CUR. — Non, car ces courants sont extrêmement faibles, vu la grande distance qui nous sépare de différents émetteurs dont les ondes arrivent ici avec un champ très affaibli.

IG. — Excusez-moi, mais tout cela me paraît bougrement compliqué.

CUR. — Pour vous démontrer combien c'est simple, je vais réaliser devant vous une expérience classique. Tenez, voici deux bobines que je viens d'acheter pour le poste de marraine, voici également la pile de ma lampe de poche et ici un milliampèremètre.

IG. — Qu'est-ce ?...

CUR. — Vous auriez pu le deviner. C'est un instrument qui sert à mesurer l'intensité du courant. Je connecte la pile à la première bobine et le milliampèremètre à la deuxième (fig. 7) et je couple les deux bobines.

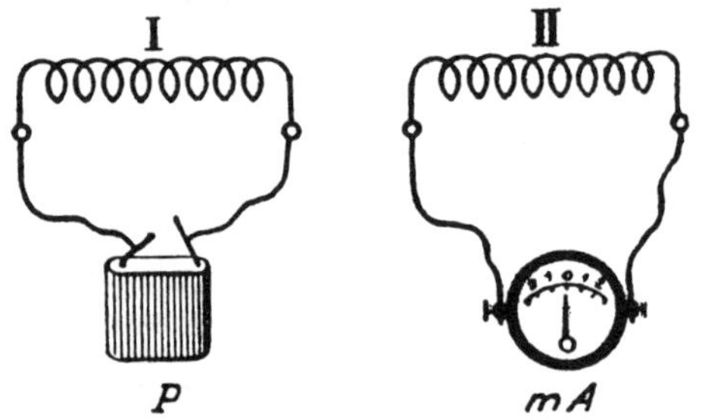

FIG. 7. — Les bobinages I et II sont couplés par induction : P, pile ; mA, milliampèremètre

IG. — Mais non ! Elles ne sont pas couplées puisqu'il y a une distance entre elles.

CUR. — Vous vous trompez, ami. Le *couplage* en question est un couplage électromagnétique : la deuxième bobine se trouve dans le champ de la première. Et, d'ailleurs, vous verrez cela tout de suite.

Déductions sur l'induction.

IG. — Je persiste à croire que vous êtes dans l'erreur, car si la deuxième bobine est dans le champ de la première, il devrait y avoir également un courant, d'après ce que vous avez dit tout à l'heure au sujet de la production d'un courant par un champ. Or l'aiguille de votre milliampèremètre demeure à zéro.

CUR. — Ne vous ai-je pas dit que le courant est produit uniquement par des *variations d'un champ*. Or, ici la première bobine est parcourue par un courant continu, le champ est donc constant, et il n'y a aucune raison pour qu'un courant apparaisse dans la deuxième bobine.

Et, maintenant, attention ! Je déconnecte la pile de la première bobine.

IG. — Formidable ! L'aiguille du milliampèremètre a bougé à droite en accusant un courant de courte durée.

CUR. — Ce courant est dû à ce que le champ vient de disparaître, ce qui est une variation. Et maintenant, je connecte à nouveau la pile.

IG. — L'aiguille a bougé, mais à gauche.

CUR. — C'est parce qu'un champ s'est créé, ce qui est une variation d'un sens contraire à la précédente. Si, au lieu de connecter et de déconnecter une pile, je faisais parcourir la première bobine par un courant alternatif...

IG. — ... le champ varierait constamment et, dans la deuxième bobine, il apparaîtrait également un courant alternatif.

CUR. — Sachez que le courant qui produit le champ s'appelle courant *inducteur ;* celui qui est produit par le champ est le courant *induit*. Et le phénomène de production à distance d'un courant par un autre porte le nom d'*induction* électromagnétique.

IG. — En somme, la première bobine, c'est vous, la seconde c'est moi. Le courant de vos pensées, par l'intermédiaire du champ sonore de vos paroles, induit un courant de pensées de même forme en moi. Et nous faisons de l'induction ?

CUR. — Vos déductions sont tout à fait exactes !

QUELQUES SYMBOLES UTILISÉS DANS LES SCHÉMAS DE RADIOÉLECTRICITÉ

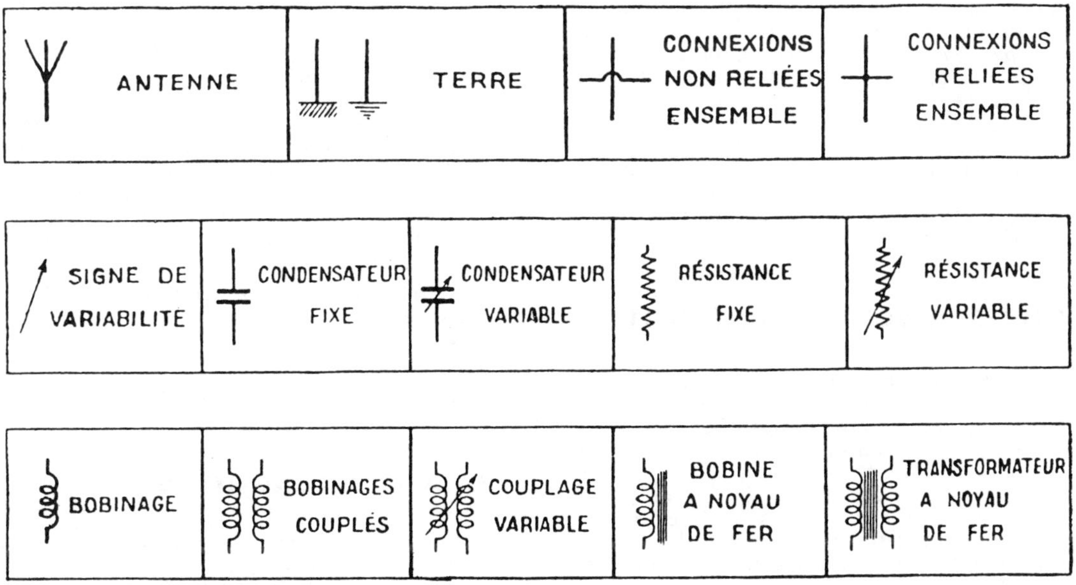

Voir la suite page 21

Commentaires à la 2me Causerie

COURANT ALTERNATIF.

Si, dans la première causerie, Curiosus a réussi à exposer les propriétés fondamentales du COURANT CONTINU, c'est-à-dire d'un courant produit par une tension de valeur et de polarité constantes, il a, dans la deuxième, hardiment abordé l'étude du COURANT ALTERNATIF.

Celui-ci est produit par une tension alternative ; on appelle ainsi une tension variable telle que chaque extrémité d'un conducteur se trouve par rapport à l'autre à des potentiels alternativement positifs et négatifs en passant par tous les potentiels intermédiaires (y compris le potentiel nul). Il en résulte un courant qui change constamment de sens : allant dans un sens il augmente, atteint une valeur maximum (appelée AMPLITUDE), diminue, s'annule pendant un instant, puis augmente, mais dans le sens contraire, là encore atteint la même valeur maximum, diminue ensuite pour repasser par zéro et reprend le cycle de ses variations.

Le temps pendant lequel s'effectue un tel cycle (qui comprend un aller et retour du courant) s'appelle PÉRIODE du courant alternatif. Le nombre de périodes que le courant accomplit en une seconde porte le nom de FRÉQUENCE du courant. On conçoit aisément que *plus la période est courte*, plus il y en a en une seconde, *plus la fréquence est élevée.*

C'est le courant alternatif qui est utilisé dans la plupart des distributions actuelles d'électricité dans les villes et les campagnes. Il est produit par des machines appelées « alternateurs ». La fréquence usuelle est, en Europe, de 50 périodes par seconde, et, en Amérique, de 60 périodes par seconde.

ONDES ÉLECTROMAGNÉTIQUES.

Ce sont là des fréquences « industrielles » qui, pour un radiotechnicien, sont très « basses ». Car, en radio, pour engendrer les ondes servant à la transmission, on utilise des courants de HAUTE FRÉQUENCE, soit d'au moins 10 000 per/sec, autrement dit d'une période égale ou inférieure à 0,0001 sec. Chaque période d'un tel courant lancé dans un fil vertical (ANTENNE D'ÉMISSION) donne naissance à une onde électromagnétique qui se propage dans l'espace à la manière d'un anneau s'élargissant constamment autour de l'antenne. Cet élargissement s'effectue à une vitesse prodigieuse qui éloigne l'onde de l'antenne à raison de 300 000 000 mètres par seconde, vitesse égale à celle de la lumière. Ce fait n'a rien d'étonnant, puisque les ondes de la radio et les ondes lumineuses sont de nature identique : dans les deux cas, il s'agit d'ondes électromagnétiques. Seules, diffèrent les fréquences qui, pour les ondes lumineuses, sont beaucoup plus élevées.

La distance entre deux ondes successivement émises par une antenne s'appelle LONGUEUR D'ONDE. Plus la période est courte (ou la fréquence élevée), plus cette distance est faible, les ondes se suivant à des intervalles plus courts. On distingue, en radio, plusieurs catégories ou « gammes » d'ondes fixées d'une façon un peu arbitraire :

Les ondes LONGUES (ou « grandes ondes ») : plus de 600 mètres de longueur d'onde.

Les ondes MOYENNES (ou « petites ondes ») : entre 200 et 600 mètres.

Les ondes COURTES : de 10 à 200 mètres.

Les ondes ULTRA-COURTES : de 1 à 10 mètres.

Les ondes DÉCIMÉTRIQUES : de 10 centimètres à 1 mètre.

Les ondes CENTIMÉTRIQUES : de 1 à 10 centimètres. Ces dernières rejoignent presque les plus longues des radiations infra-rouges.

Notons encore qu'en radioélectricité, au lieu du mot « période » on emploie souvent « cycle ». Et les expressions « période par seconde » ou « cycle par seconde » doivent être remplacées par HERTZ (du nom du physicien qui a démontré expérimentalement l'existence des ondes électromagnétiques ou ondes hertziennes). Comme en radio on a souvent affaire à des fréquences élevées, on se sert de multiples de cette unité :

KILOHERTZ = 1 000 hertz (ou périodes par seconde) ;

MÉGAHERTZ = 1 000 000 hertz (ou périodes par seconde).

On peut aussi parler de kilocycles par seconde et de mégacycles par seconde.

CHAMP MAGNÉTIQUE.

La création par le courant électrique des ondes électromagnétiques est une des multiples manifestations de la parenté étroite — pour ne pas dire plus — qui unit les phénomènes électriques et magnétiques. Tout déplacement d'électrons engendre dans le voisinage un état particulier de l'espace que l'on appelle CHAMP MAGNÉTIQUE. L'aiguille aimantée d'une boussole décèle la présence du champ magnétique créé autour d'un conducteur parcouru par un courant, en s'orientant perpendiculairement par rapport au conducteur. Si l'on inverse le sens du courant, l'aiguille décrit un demi-tour, ce qui démontre que le champ magnétique a une polarité déterminée par le sens du courant.

Le champ magnétique d'un conducteur peut être rendu plus intense en enroulant ce conducteur (fil métallique) de manière à former une bobine. Les champs magnétiques de toutes les spires s'additionnent alors. Et la bobine parcourue par le courant agit à la manière d'un véritable aimant linéaire

L'action d'un tel aimant sera renforcée en introduisant à l'intérieur du bobinage une barre de fer. Le fer offre aux forces magnétiques une plus grande PERMÉABILITÉ que l'air. Aussi le champ magnétique se concentre-t-il dans un NOYAU MAGNÉTIQUE ainsi constitué, et nous obtenons un ÉLECTRO-AIMANT. Si le noyau est en fer doux, il perd son aimantation lorsque le courant est coupé (ou n'en conserve qu'une faible partie). S'il est en acier, il demeure aimanté. C'est par ce procédé que l'on fabrique actuellement des aimants artificiels.

INDUCTION.

Si des variations du courant électrique entraînent des variations correspondantes du champ magnétique qu'il crée, inversement, *des variations du champ magnétique engendrent des courants variables dans les conducteurs.* C'est ainsi qu'en approchant ou en éloignant un aimant d'une bobine, nous faisons apparaître dans celle-ci un courant qui ne durera que pendant le mouvement de l'aimant, c'est-à-dire pendant la variation du champ.

Il faut bien noter que c'est la *variation* et non la simple présence d'un champ magnétique qui engendre les courants dans le conducteur.

Au lieu d'un aimant, on peut approcher un électro-aimant formé par une bobine parcourue par un courant continu ; le résultat sera le même. On peut encore fixer cette bobine à demeure au voisinage de l'autre et la faire parcourir par un courant variable ; ainsi, un courant alternatif parcourant la première bobine donnera naissance à un courant alternatif dans la deuxième. Nous sommes en présence du phénomène de l'INDUCTION. Sans qu'un contact matériel soit pour cela nécessaire, il y a un COUPLAGE MAGNÉTIQUE entre les deux bobines dont l'ensemble constitue un TRANSFORMATEUR électrique. Nous verrons plus loin la raison de cette appellation.

QUELQUES SYMBOLES UTILISÉS DANS LES SCHÉMAS DE RADIOÉLECTRICITÉ

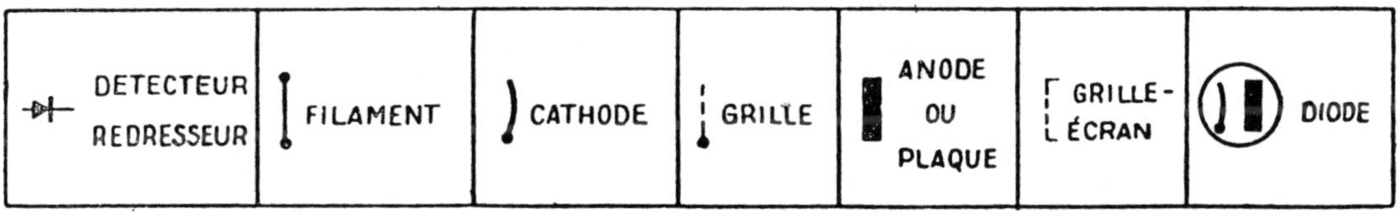

Voir la suite page 27

TROISIÈME CAUSERIE

Poursuivant l'étude des phénomènes d'induction, Curiosus amènera Ignotus à redécouvrir la self-induction dont l'influence s'oppose au passage des courants alternatifs. Ensuite, à l'aide d'analogies très explicites, les deux amis examineront les propriétés des condensateurs. En analysant les différents facteurs dont en dépend la capacité, Ignotus fera valoir la sienne propre de compréhension...

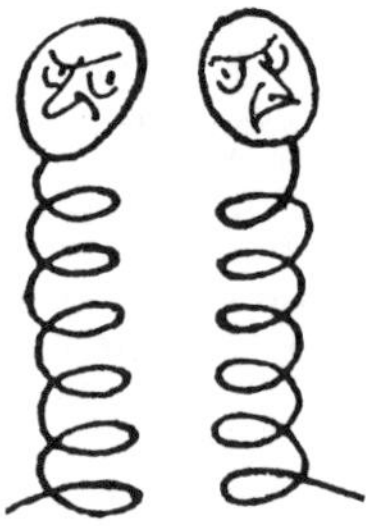

Induction = Contradiction.

IG. — J'ai beaucoup réfléchi au sujet de ce que vous m'avez expliqué sur l'induction. J'ai bien compris qu'une variation de courant dans une bobine produit un courant induit dans l'autre. Mais quels sont le sens et l'intensité du courant induit ?

CUR. — Le courant induit, il faut vous le dire, à un très mauvais caractère : il est toujours en contradiction avec le courant inducteur. Lorsque ce dernier va en augmentant, le courant induit ira dans le sens contraire.

IG. — Est-ce à dire que, lorsque dans la bobine inductrice le courant va dans le sens des aiguilles d'une montre, le courant induit ira dans le sens opposé ?

CUR. — Précisément ! Par contre, lorsque le courant diminue d'intensité, le courant induit va dans le même sens, comme s'il voulait s'opposer à la diminution du premier.

IG. — C'est comme le chien de mon oncle Jules...

CUR. — Encore une bourde, sans doute ?...

IG. — Pas du tout ! Le chien en question est obstiné comme un âne... Le matin, lorsque mon oncle s'adonne à la culture physique, il fait au trot le tour de son jardin en tenant son chien en laisse. Au début, quand il accélère le mouvement, le chien

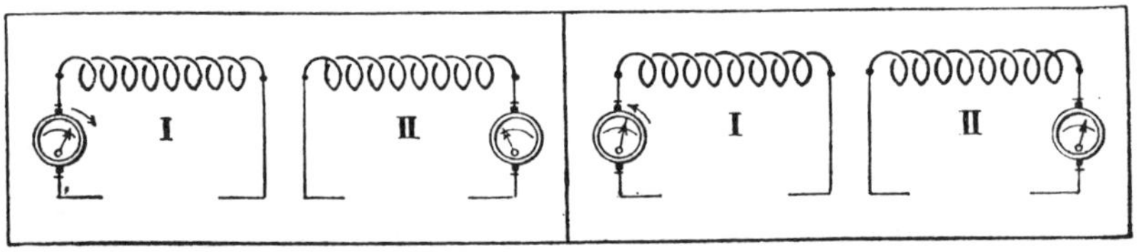

FIG. 8 a. — Lorsque le courant dans la bobine I augmente, il induit dans la bobine II un courant de sens contraire.

FIG. 8 b. — Lorsque le courant dans la bobine I diminue, il induit dans la bobine II un courant de même sens.

tire en arrière et le freine violemment. Et ensuite, lorsque, à bout de souffle, oncle Jules veut ralentir, l'animal l'entraîne à faire des performances de vitesse...

CUR. — J'ai vaguement l'impression que cette histoire est inventée pour les besoins de la cause. Elle prouve toutefois que vous avez compris le phénomène de l'induction. Vous auriez pu même ajouter que plus votre oncle accélère ou ralentit, plus son chien réagit, car l'intensité du courant induit est proportionnelle à la vitesse de variation du courant inducteur et, aussi, à son intensité même.

IG. — C'est peut-être très bête, ce que je dis là, mais il me semble que si une bobine induit un courant dans les spires d'une autre bobine plus ou moins éloignée, elle doit, à plus forte raison, induire un courant dans ses propres spires.

CUR. — Mon cher Ignotus, vous venez de découvrir la *self-induction.* Tous mes compliments ! En effet, le courant induit apparaît également dans la bobine parcourue par le courant inducteur, où il coexiste avec ce dernier et s'oppose, avec son esprit de contradiction, à ses variations.

IG. — C'est tout à fait comme dans les romans « psychologiques » dans lesquels « une voix intérieure » oppose constamment ses arguments aux mouvements sentimentaux du héros.

CUR. — Vous feriez mieux de lire un bon traité d'électricité. Vous verrez ainsi que la self-induction est comparable à l'inertie mécanique. De même que l'inertie s'oppose à la mise en mouvement d'un corps et tend à le maintenir dans cet état de mouvement une fois qu'il est lancé, la self-induction s'oppose à l'apparition d'un courant dans un bobinage (le courant croissant provoque un courant induit de sens inverse) et tend à maintenir le courant existant lorsqu'il veut disparaître (le courant qui diminue induit un courant de même sens).

IG. — Donc un courant alternatif qui change constamment en intensité et en direction a quelque peine à traverser une bobine ?

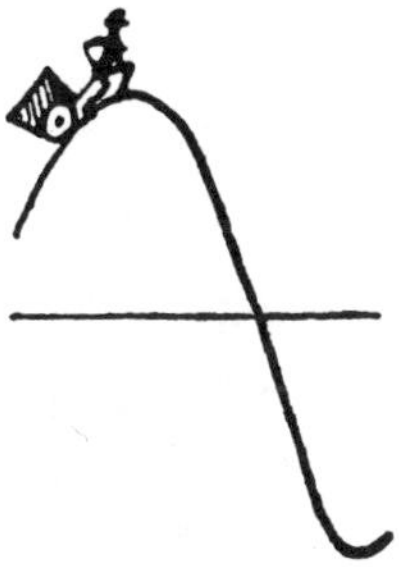

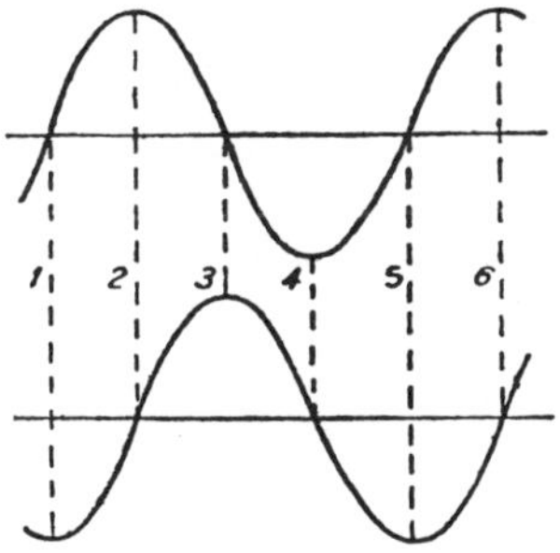

FIG. 9. — En haut, le courant alternatif. En bas, le courant induit par celui représenté en haut.

1. Le courant inducteur augmente très vite. Le courant induit est de sens contraire.
2. Le courant inducteur ne varie pas pendant un court instant. Le courant induit est nul.
3. Le courant inducteur diminue. Le courant induit va dans le même sens.
4. Le courant inducteur ne varie pas pendant un court instant. Le courant induit est nul.

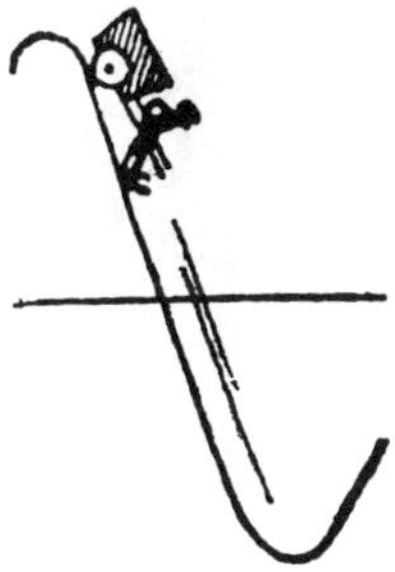

CUR. — Certes, car la self-induction résiste à ses variations. Cette résistance de la self-induction porte le nom d'*inductance*. Il ne faut pas la confondre avec la simple résistance « ohmique » du conducteur. L'inductance dépend de la self-induction de la bobine, c'est-à-dire de l'action inductive de chaque spire sur les autres et aussi de la fréquence du courant.

IG. — Pourquoi donc ?

CUR. — Mais c'est très simple ! Plus la fréquence est grande, plus les variations du courant sont rapides, plus, par conséquent, les courants induits sont forts et s'opposent à ces variations.

IG. — Ainsi pour les fréquences élevées l'inductance d'une bobine est plus grande que pour les fréquences basses ? C'est bon à savoir, car, je le vois, ça devient bougrement compliqué.

CUR. — Et pourtant je ne vous ai encore rien dit au sujet des condensateurs.

Parlons un peu des condensateurs.

IG. — Je sais fort bien ce que c'est. J'en ai vu dans les postes de T.S.F. On dirait des presse-purée à lames rondes qui tournent en sortant des lames fixes...

CUR. — Oui. Ce sont les *condensateurs variables*. Il y en a d'autres, fixes, dont les lames (ou « armatures ») demeurent immobiles, en sorte que leur capacité est constante.

IG. — Capacité ?... Sans doute, encore un terme à comprendre et à apprendre ?

CUR. — Voyez-vous, ami, le condensateur est une chose très simple. C'est un ensemble de deux conducteurs mutuellement isolés, auxquels on applique une certaine tension.

Ig. — Je ne vois pas très bien en quoi deux conducteurs isolés l'un de l'autre méritent le nom de condensateur.

Cur. — Un condensateur est comparable à deux réservoirs séparés par une membrane en caoutchouc élastique (fig. 10). Une pompe actionnée pendant un court instant crée entre les réservoirs 1 et 2 une différence de pression...

Ig. — Je vois où vous voulez en venir. La pompe, c'est la pile. Les réservoirs représentent les deux armatures du condensateur, et la différence de pression correspond à la différence de potentiel.

Cur. — Vous l'avez deviné. Seulement, comme toutes les analogies, la mienne ne va que jusqu'à un certain point. En effet, lorsqu'il s'agit de réservoirs remplis

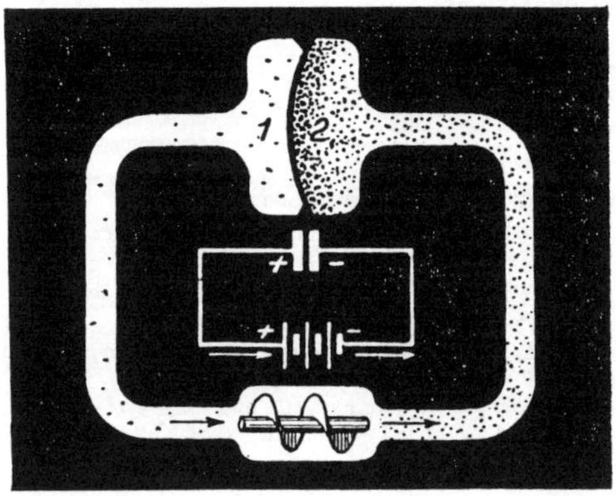

FIG. 10. — Deux réservoirs séparés par une membrane élastique ressemblent à un condensateur électrique. La pompe qui crée une différence de pression est analogue à une pile électrique qui crée une différence de potentiel.

d'air, nous aurons dans 2 beaucoup de molécules réparties uniformément dans tous les points. En 1, nous en aurons beaucoup moins, et, là encore, leur répartition sera homogène.

Ig. — Il me semble que les électrons, eux aussi, se répartiront de la même façon.

Cur. — C'est ce qui vous trompe. Comme les atomes de l'armature 1 sont positifs (manque d'électrons !), ils appelleront, à travers la mince cloison qui les isole, les électrons de l'armature 2, en sorte que ceux-ci se condenseront dans la partie de l'armature 2 faisant face à 1. Cette compression des électrons permet d'emmagasiner dans les armatures du condensateur des charges électriques beaucoup plus importantes que celles que l'on aurait eues sans cet appel des électrons par des atomes positifs.

Ig. — Donc, si j'ai bien compris, la propriété essentielle d'un condensateur est de permettre une accumulation de charges électriques sur ses armatures.

Cur. — Oui. Cette propriété s'appelle, d'ailleurs, *capacité* d'un condensateur. A votre avis, de quoi en dépend la valeur ?

Ig. — Je pense, tout d'abord, que la capacité dépend de l'épaisseur de la membrane. Plus elle est mince, plus elle peut s'incurver et, par conséquent, laisser de place aux molécules de gaz dans le réservoir 2.

Cur. — C'est juste. Pour le condensateur, nous dirons que sa capacité est inversement proportionnelle à la distance entre les armatures. Mais, en revenant à nos réservoirs, ne pensez-vous pas que la capacité dépend également de la nature de la membrane élastique.

Ig. — Bien entendu. Faite en caoutchouc, elle est plus souple que, par exemple, faite en fer-blanc.

Cur. — Par conséquent, la capacité du condensateur dépend également de la nature du diélectrique qui sépare les deux armatures. Le coefficient numérique qui caractérise l'aptitude plus ou moins grande d'un diélectrique à augmenter la capacité s'appelle sa *constante diélectrique*. Pour l'air, on a adopté le nombre 1. Dans ces conditions, la constante diélectrique du mica, par exemple, est de 8. Lorsque, dans un condensateur à air de 10 microfarads vous placez entre les armatures des feuilles de mica, la capacité augmentera jusqu'à 80 microfarads.

IG. — C'est en microfarads que l'on mesure les capacités ?

CUR. — L'unité de mesure de capacité est le *farad* (F). Mais, en pratique, c'est une capacité trop grande... On se sert donc de ses sous-multiples : micro-farad (μF) qui est le millionième de farad, milli-microfarad (mμF) qui est le millième de microfarad, micro-microfarad (μμF) ou pico-farad (pF) qui est le millionième de microfarad. Au lieu de milli-microfarad on dit nanofarad (nF).

IG. — C'est bougrement compliqué, ce système. Mais, pour en revenir aux facteurs dont dépend la capacité, il me semble qu'elle dépend encore de la surface de la membrane, car plus elle est grande, plus grande est la sphère de l'action des atomes positifs sur les électrons (1).

CUR. — En effet, la capacité est proportionnelle à la surface des armatures.

IG. — Je pense qu'elle croît aussi avec l'épaisseur des armatures puisqu'elles peuvent contenir, selon leur volume, plus ou moins d'électrons.

CUR. — Là, vous vous trompez ami. Ce qui compte, ce n'est pas le volume, mais les surfaces en regard des armatures, où se condensent les charges négatives et positives.

IG. — En somme, pour augmenter la capacité d'un condensateur on peut, soit augmenter la surface de ses armatures, soit les rapprocher l'une de l'autre. Ainsi, même avec des armatures très petites, on peut, je pense, obtenir une grosse capacité, en les rapprochant très près l'une de l'autre.

CUR. — Très dangereux, ça !... Si vous diminuez trop l'épaisseur de la membrane, il arrive un moment où, sous l'effet de la pression, elle crève. De même, entre les armatures trop rapprochées, la tension fera éclater une étincelle. Les électrons, trop violemment appelés, franchiront le diélectrique !

IG. — Ainsi un mauvais condensateur fera un bon briquet électrique ?...

---

(1) La capacité d'un condensateur :

$$C = 0{,}0885\ K\ \frac{S}{d}\ \text{picofarads}$$

où K est la constante diélectrique, S la surface d'une armature en cm², d l'écartement entre les armatures en cm.

Commentaires à la 3me Causerie

LOI DE LENTZ.

Poursuivant l'étude de l'induction magnétique, nos jeunes amis, sans la nommer, redécouvrent la loi de LENTZ. Ils constatent, en effet, que *le courant induit semble s'opposer à chaque instant aux variations du courant inducteur*. Quand celui-ci augmente, le courant induit circule dans le sens opposé. Et quand le courant inducteur diminue, le courant induit circule dans le même sens.

Les phénomènes d'induction obéissent, nous le voyons à une loi très générale de la nature : la loi de l'action et de la réaction.

Le courant induit dépend de la vitesse de la variation du courant inducteur ainsi que de son intensité.

SELF-INDUCTION.

Si le courant circulant dans un bobinage induit des courants dans des bobinages se trouvant dans son voisinage, à plus forte raison en induit-il dans les propres spires de la bobine où il circule. Ce phénomène de SELF-INDUCTION est soumis aux mêmes lois que celles qui régissent l'induction. Par conséquent, lorsque l'intensité du courant circulant dans une bobine tend à augmenter, un courant de self-induction prend naissance en sens opposé et ralentit l'augmentation du courant inducteur. Pour cette raison, si on applique une tension continue à un bobinage, le courant qui s'y établit ne peut pas atteindre instantanément son intensité normale ; il lui faut pour cela un certain temps, d'autant plus long que la self-induction de la bobine est plus élevée. De même, lorsque nous augmentons progressivement la tension aux extrémités d'une bobine, l'intensité du courant suivra cette augmentation avec un certain retard, le courant de self-induction agissant en sens opposé.

Si, par contre, nous diminuons la tension appliquée à la bobine, là encore la diminution de l'intensité se produira avec un certain retard, le courant de self-induction allant alors dans le même sens que le courant inducteur et le prolongeant en quelque sorte. Dans le cas extrême, lorsqu'on supprime brusquement la tension appliquée à une bobine (en ouvrant, par exemple, un interrupteur), la très rapide variation du courant inducteur provoque une tension induite qui peut être de valeur élevée et peut donner naissance à une étincelle jaillissant entre les contacts de l'interrupteur.

INDUCTANCE.

Lorsqu'une tension alternative est appliquée à une bobine de self-induction, le courant alternatif qu'elle crée entretient un champ magnétique alternatif qui, à son tour, maintient un courant de self-induction s'opposant constamment aux variations du courant inducteur et, de ce fait, l'empêchant d'atteindre l'intensité maximum qu'il aurait pu avoir en l'absence de la self-induction. (N'oublions pas, en effet, que lorsque le courant inducteur augmente, le courant induit va en sens inverse et, par conséquent, doit en être retranché.) Tout se produit donc comme si à la résistance normale (on dit « ohmique ») du conducteur venait s'ajouter une autre résistance due à la self-induction. Cette *résistance de self-induction* ou INDUCTANCE *est d'autant plus élevée que la fréquence du courant est plus grande* (puisque les variations plus rapides du courant inducteur suscitent des courants de self-induction plus intenses) et *que la self-induction elle-même est plus élevée.*

La self-induction d'un bobinage dépend uniquement de ses propriétés géométriques : nombre et diamètre des spires et leur disposition. Elle croît vite avec l'augmentation du nombre des spires. L'introduction d'un noyau en fer, en intensifiant le champ magnétique, l'élève dans des proportions considérables. La self-induction d'un bobinage est exprimée en HENRYS (H) ou en sous-multiples de cette unité : MILLIHENRY (mH) qui est le millième du henry et MICROHENRY (μH), millionième du henry.

Si l'on désigne par L la self-induction d'une bobine exprimée en henrys, un courant de fréquence f y rencontrera une inductance de $6{,}28 \times L \times f$ ohms. (On remarquera que 6,28 est pris ici comme valeur approchée de 2π.)

CONDENSATEUR.

Ayant ainsi passé en revue les principaux phénomènes d'induction et de self-induction, Curiosus et Ignotus se sont lancés à corps perdu dans l'étude des CONDENSATEURS qui ont la... CAPACITÉ d'accumuler des charges électriques. Le condensateur se compose de deux conducteurs (qui en forment les ARMATURES) séparés par un corps isolant ou, en « style ingénieur », par un DIÉLECTRIQUE. Si l'on connecte les deux armatures à une source de courant électrique, des électrons s'accumulent dans celle qui est connectée au pôle négatif et, au contraire, quittent celle connectée au pôle positif. Cette CHARGE est intensifiée par le phénomène de répulsion entre électrons des deux armatures rapprochées. Si les mêmes armatures se trouvaient écartées, elles ne pourraient pas emmagasiner les mêmes charges d'électricité.

Au moment où la source est connectée au condensateur, il s'établit un COURANT DE CHARGE, d'abord intense, puis de plus en plus faible au fur et à mesure que les potentiels des armatures se rapprochent de ceux des pôles de la source. Le courant cesse lorsque ces potentiels sont atteints. Sa durée totale est très courte.

CAPACITÉ.

Suivant que la quantité d'électricité qu'un condensateur peut emmagasiner est plus ou moins grande, on dit que sa capacité l'est plus ou moins. La capacité est mesurée en FARADS (F) ou en sous-multiples de cette unité : MICROFARAD (μF), millionième de farad, MILLIMICROFARAD ou NANOFARAD (mμF ou nF) égal à 0,000 000 001 F et même MICROMICROFARAD ou PICOFARAD ($\mu\mu$ F ou pF) égal à 0,000 000 000 001 F !...

La capacité dépend, évidemment, de la surface des armatures en regard et augmente avec elle. Elle est d'autant plus élevée que les armatures sont plus rapprochées, sans qu'il soit toutefois possible d'aller très loin dans cette voie, puisqu'une épaisseur trop faible de diélectrique risque d'être transpercée par une étincelle sous l'effet d'une tension tant soit peu élevée (le condensateur « claque », dit-on en argot d'électricien). Enfin, la capacité dépend aussi de la nature du diélectrique. Le meilleur (et aussi le moins coûteux) des diélectriques est l'air sec. Si on lui substitue tout autre diélectrique, la capacité du condensateur augmente.

Notons que, par contre, la capacité du condensateur est indépendante de la nature et de l'épaisseur des armatures.

QUELQUES SYMBOLES UTILISÉS DANS LES SCHÉMAS DE RADIOÉLECTRICITÉ

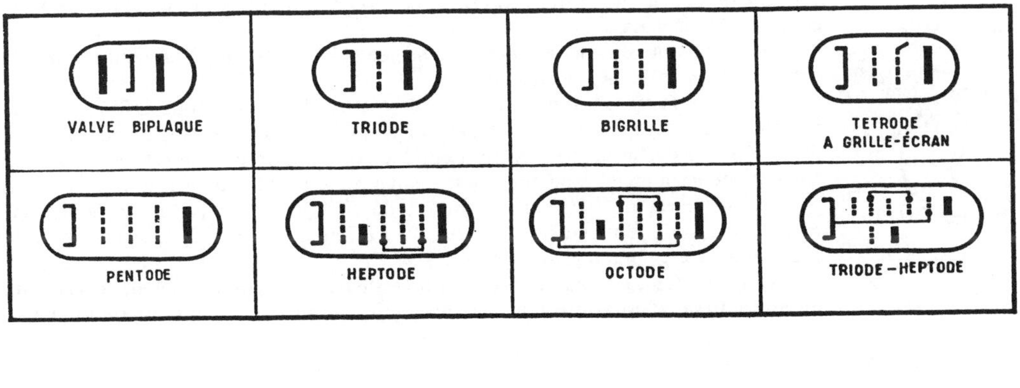

QUATRIÈME CAUSERIE

Cette causerie commence par une constatation qui ne manque pas de surprendre Ignotus : le courant alternatif traverse les condensateurs ! Il est vrai que ceux-ci lui opposent une certaine capacitance... Ignotus commence à s'embrouiller dans les différentes impédances. Mais le lecteur n'imitera pas son fâcheux exemple et suivra aisément les raisonnements de Curiosus.

Le courant y passe !...

IG. — La dernière fois, Curiosus, vous m'avez parlé des condensateurs. Si j'ai bien compris, lorsqu'on connecte les deux armatures d'un condensateur à une pile électrique, des charges s'accumulent sur ces armatures.

CUR. — C'est exact. On dit que le condensateur est *chargé.*

IG. — Donc, au moment où nous connectons le condensateur à une source de courant, celle-ci débite un certain courant de charge. Mais lorsque le condensateur est chargé, le courant continue-t-il à passer ?

CUR. — Non, tout s'arrête. Toutefois, en substituant alors à la pile une résistance, vous produirez une *décharge* du condensateur.

IG. — Comment cela ?

CUR. — Très simplement, en permettant aux électrons en excès sur l'armature négative de compléter les atomes déficients en électrons de l'armature positive. Le

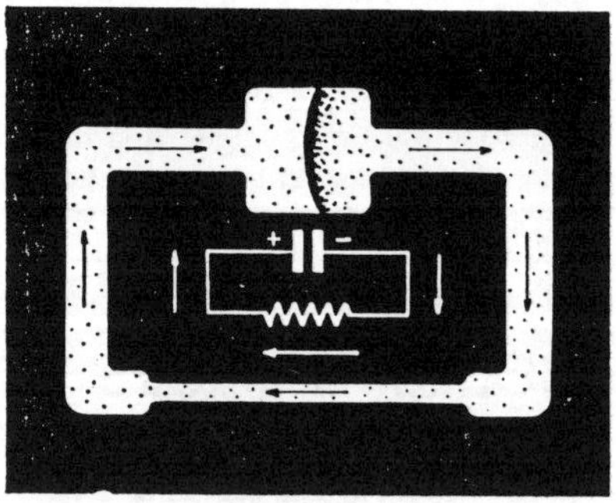

FIG. 11. — Décharge d'un condensateur à travers une résistance ohmique.

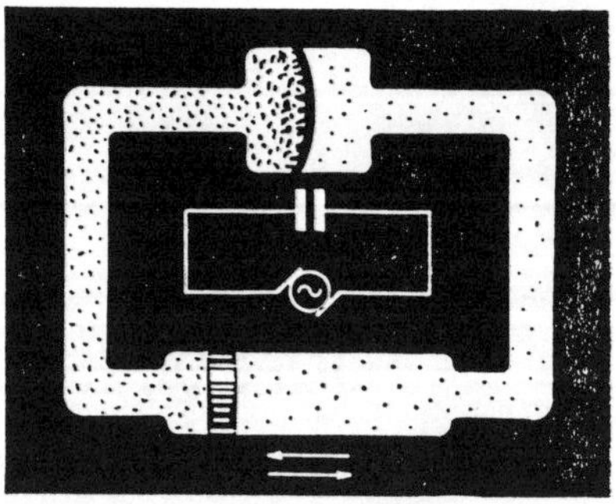

FIG. 12. — Passage du courant alternatif à travers le condensateur.

courant de courte durée qui passera, à ce moment, à travers la résistance, est appelé courant de décharge.

IG. — Donc le condensateur est une sorte de ressort que l'on peut tendre et qui, ensuite, si on le lâche, se détend.

CUR. — Je vous rappelle que, la dernière fois, nous avons utilisé un exemple semblable, en comparant le condensateur à une membrane élastique qui sépare deux réservoirs. La décharge du condensateur à travers une résistance est alors comparable à la détente de la membrane qui chasse l'eau à travers un tuyau étroit (fig. 11).

IG. — Il est peut-être très amusant de charger et décharger un condensateur, mais, à vrai dire, je ne vois pas clairement l'utilité de ce travail. Une fois la décharge accomplie, c'est fini, n'est-ce pas ?...

CUR. — Oui, si vous avez une source de courant continu. Non, si vous utilisez un alternateur, c'est-à-dire une machine qui produit du courant alternatif. Une telle machine peut, dans notre exemple, être représentée par un piston animé d'un mouvement de va-et-vient (fig. 12).

IG. — Je comprends. En allant vers l'extrémité droite ou gauche du cylindre, le piston charge le condensateur, c'est-à-dire incurve la membrane ; en revenant au point milieu, il facilite la décharge du condensateur.

CUR. — Vous voyez donc que dans notre « circuit » il y a un mouvement alternatif ininterrompu des électrons. Il y circule un véritable courant alternatif.

IG. — Et cela malgré la présence du condensateur qui, pourtant, coupe en quelque sorte le circuit !

Les différentes « -ances »...

CUR. — Les électriciens vont même jusqu'à dire que le courant alternatif « traverse » le condensateur. Cela ne veut point dire que les électrons pénètrent à travers le diélectrique (la membrane), mais uniquement que la présence d'un condensateur n'empêche pas le mouvement de va-et-vient des électrons, c'est-à-dire le passage du courant alternatif dans un circuit.

IG. — Il faudra quelque temps pour m'habituer à cette notion. Car, tout de même, à mon avis, aussi élastique qu'elle soit, une membrane est, il me semble, un obstacle.

CUR. — Bien entendu. Et c'est pour cela que l'on a même baptisé de *capacitance* la résistance qu'elle oppose au passage du courant alternatif.

IG. — Allons bon ! Encore un terme en « -ance » ! C'est d'une « complicance » terrible !...

CUR. — Au contraire, Ignotus, tout cela est au fond très simple. Vous devinerez aisément vous-même de quels facteurs dépend la capacitance.

IG. — Je suppose, tout d'abord, qu'elle dépend de la valeur de la capacité. Plus la membrane est élastique, plus elle s'incurve et, par conséquent, laisse entrer d'électrons d'un côté et sortir de l'autre.

CUR. — Donc, plus la capacité est grande, plus le courant alternatif circule aisément, et nous disons que la capacitance est alors plus petite.

IG. — Juste le contraire de ce qui se produit pour l'inductance qui, elle, croît avec la self-induction des bobines. Mais, au fait, est-ce que la capacitance, à l'instar de l'inductance, ne dépend pas également de la fréquence du courant ?

CUR. — Certes, plus la fréquence est grande, plus est grand le nombre de charges et de décharges du condensateur par seconde et, par conséquent, plus est grand le nombre total d'électrons qui traversent en une seconde un point quelconque du circuit.

IG. — Donc l'intensité du courant croît avec la fréquence, ce qui prouve que la capacitance diminue. Mais, cher Curiosus, avez-vous encore beaucoup d'autres résistances en réserve ? Je sens que la mienne diminue fortement...

CUR. — Rassurez-vous : maintenant, vous connaissez les trois sortes de résistances utilisées en électricité. Et pour vous résumer leurs propriétés, laissez-moi vous tracer ce petit tableau :

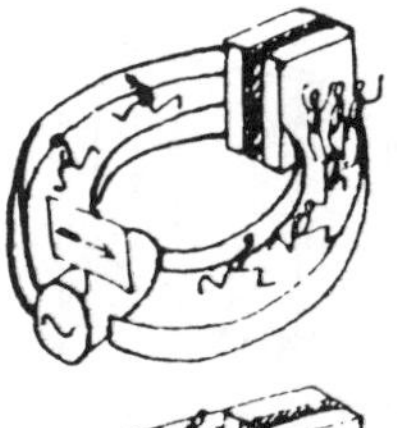

RÉSISTANCE ohmique pure	Indépendante de la fréquence	
INDUCTANCE ou résistance de la self-induction	Proportionnelle à la self-induction	Proportionnelle à la fréquence
CAPACITANCE ou résistance de la capacité	Inversement proportionnelle à la capacité	Inversement proportionnelle à la fréquence

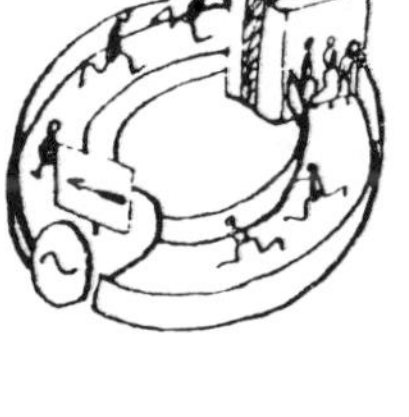

Tout cela, ce sont des *impédances* simples, car c'est le nom général de toutes les résistances.

Ig. — Et l'on peut les combiner entre elles, ces impédances ?

Cur. — Bien entendu ! D'ailleurs, à vrai dire, il est assez rare que nous ayons à faire à une impédance pure. C'est ainsi, par exemple, qu'une bobine, en plus de sa self-induction, possède également une certaine résistance ohmique qui dépend de la longueur, du diamètre et de la nature chimique du fil. Elle a aussi une capacité « répartie » due au voisinage de ses spires qui jouent le rôle d'armatures de condensateur. Mais on peut aussi disposer volontairement, sur le chemin d'un courant alternatif, plusieurs impédances de natures diverses.

La vie de famille des impédances...

Ig. — Dans ce cas leurs valeurs s'additionnent ?

Cur. — Hélas ! les choses ne sont pas aussi simples. Il existe tout d'abord deux manières distinctes de disposer plusieurs impédances sur le chemin d'un courant. La première (fig. 13 *a*) consiste à les disposer *en série* de manière qu'elles soient toutes parcourues successivement par le même courant. La deuxième manière prévoit la disposition des impédances *en parallèle* (fig. 13 *b*) ou en *dérivation ;* le courant se divise alors en autant de courants qu'il y a d'impédances en dérivation ; dans chaque branche, il sera d'autant plus intense que sa résistance sera plus réduite.

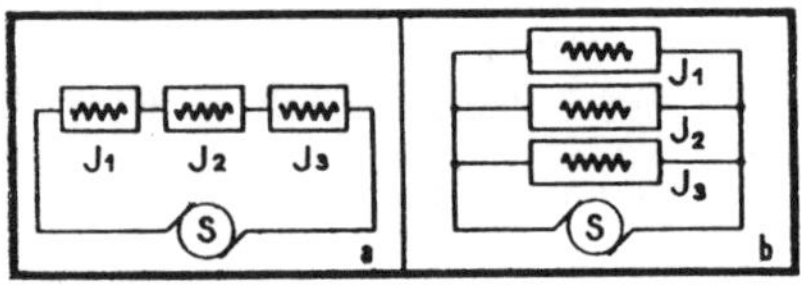

FIG. 13 (en haut). — Connexion en série (a) et en parallèle (b).

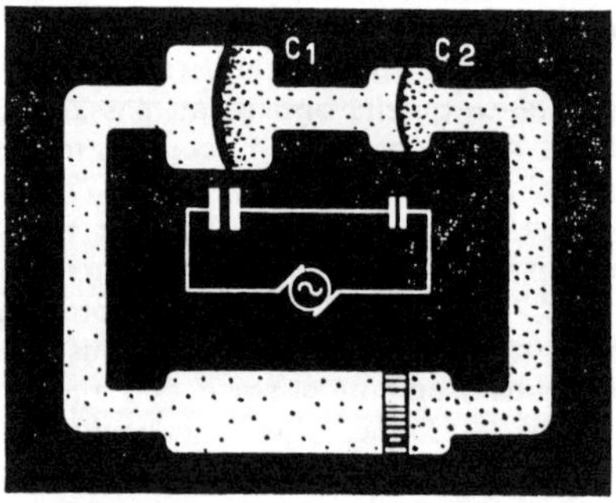

FIG. 14 (ci-contre). — Connexion des condensateurs en série.

Ig. — C'est comme lorsque le courant d'un fleuve est partagé en deux par une île : dans la branche où il y a plus d'espace, il passe plus d'eau.

Cur. — Vous comprenez donc que deux résistances ohmiques en série...

Ig. — ... opposent une résistance égale à la somme de leurs résistances.

Cur. — C'est juste. Et lorsqu'elles sont en parallèle ?

Ig. — Eh bien ! je pense que les électrons passeront plus facilement. C'est comme s'il y avait un conducteur de section égale à la somme de leurs sections. Donc la résistance diminue. Je crois qu'il en sera de même pour les inductances et les capacitances.

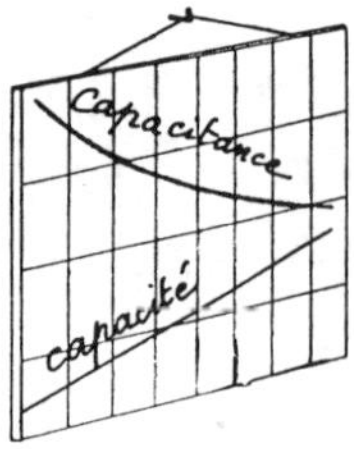

Cur. — Vous ne vous trompez pas.

Ig. — Par conséquent, en série les résistances, self-inductions et capacités s'ajoutent et, en parallèle, la valeur totale est, au contraire, plus petite que chacune de leurs valeurs prises séparément.

Cur. — Vous allez un peu vite en besogne en attribuant aux résistances, bobines et condensateurs les mêmes propriétés qu'à leurs impédances. Cela est juste lorsque vous parlez des résistances ohmiques et des self-inductions pour lesquelles l'inductance est proportionnelle à la self-induction. Mais pour les condensateurs il n'en va plus de même, car la capacitance est inversement proportionnelle à la capacité. Donc, si en série les capacitances s'ajoutent, par contre, les capacités s'affaiblissent mutuellement.

IG. — Ça, par exemple !...

CUR. — Je vois qu'il est tout à fait vain de faire appel à votre intuition mathématique... Voyez donc (fig. 14) ces deux condensateurs C_1 et C_2 en série. Remarquez que C_2 est de capacité inférieure à C_1, car sa membrane est plus petite. La quantité de liquide que le piston peut déplacer est limitée surtout par C_2. Quant à C_1, qui aurait pu emmagasiner beaucoup plus, il ne pourra accumuler que ce que C_2 laissera passer, et même un peu moins, à cause de la tension de sa propre membrane. Donc, en série, la capacité du système C_1-C_2 est même plus petite que la capacité C_2.

IG. — Je pense que, par contre, mises en parallèle, les capacités s'ajoutent, car c'est équivalent à l'augmentation de la surface de la membrane.

CUR. — Evidemment...

SYSTÈME DÉCIMAL

des multiples et des sous-multiples

Il est très important de connaître les règles élémentaires du système décimal qui permettent de former, à l'aide de préfixes, des **multiples** et des **sous-multiples** des unités.

Voici les principaux préfixes et leur signification (en gras figurent ceux qui sont le plus utilisés en radio-électricité) :

MULTIPLES

Préfixe	Symbole	Multiplié par
tera-	T	1 000 000 000 000
giga-	G	1 000 000 000
méga-	M	1 000 000
kilo-	k	1 000
hecto-	h	100
déca-	da	10

SOUS-MULTIPLES

Préfixe	Symbole	Divisé par
déci-	d	10
centi-	c	100
milli-	m	1 000
micro-	μ	1 000 000
nano-	n	1 000 000 000
pico-	p	1 000 000 000 000

Le symbole du préfixe doit être écrit avant celui de l'unité. Ce dernier ne doit pas être suivi d'un point (sauf, bien entendu, à la fin d'une phrase), car ce n'est pas une abréviation. De même, il ne faut pas ajouter un « s » au pluriel.

EXEMPLES. — Le symbole du gramme est g. Dès lors, l'emploi correct des préfixes nous permet de former les multiples : **kilogramme** (kg) = 1 000 g ; **hectogramme** (hg) = 100 g, etc., et les sous-multiples : **centigramme** (cg) = 0,01 g ; **milligramme** (mg) = 0,001 g ; **microgramme** (μg) = 0,000 001 g, etc.

De même, du symbole s (seconde) on forme ms (milliseconde) et μs (microseconde).

★

Commentaires à la 4me Causerie

PASSAGE DU COURANT ALTERNATIF A TRAVERS UN CONDENSATEUR.

Dans la précédente causerie, nous avons abandonné notre condensateur chargé. En le déconnectant de la source d'électricité et en connectant ses armatures à une résistance, nous provoquerons sa DÉCHARGE. Les électrons en excédent sur l'armature négative viendront, à travers la résistance, combler le déficit de l'armature positive. Le courant de décharge, intense au début, deviendra plus faible au fur et à mesure que la différence de potentiel entre les armatures diminuera, et cessera finalement lorsque les deux armatures seront au même potentiel.

On peut produire une suite ininterrompue de charges et de décharges du condensateur en le connectant à une source de courant alternatif. Les armatures se chargent, déchargent et rechargent alors au rythme de la tension alternative et, dans le circuit (on appelle ainsi l'ensemble des éléments parcourus par le courant), s'établit une véritable circulation de courant. Cela permet de dire que le condensateur est TRAVERSÉ par le courant alternatif, sans que, toutefois, des électrons passent pour autant à travers son diélectrique, d'une armature à l'autre.

CAPACITANCE.

Bien entendu, le passage du courant alternatif à travers un condensateur ne s'effectue pas avec la même aisance qu'à travers un bon conducteur ; le condensateur oppose au courant une certaine résistance « capacitive » que l'on appelle CAPACITANCE. Celle-ci est ***d'autant plus faible que la capacité est plus élevée et que la fréquence du courant est plus grande ;*** car plus il y a de variations par seconde, plus sera grand le nombre d'électrons traversant en une seconde une section des conducteurs du circuit.

Si l'on désigne par C la capacité mesurée en farads d'un condensateur traversé par un courant de fréquence f, la capacitance est égale à :

$$\frac{1}{6{,}28\ f\,C}\ \text{ohms.}$$

On voit, en les comparant, que *l'inductance et la capacitance ont des propriétés nettement opposées :* alors que l'inductance croît avec la self-induction et la fréquence, la capacitance, elle, diminue lorsque la capacité ou la fréquence augmentent.

DÉPHASAGE.

L'opposition entre la self-induction et la capacité se manifeste aussi d'une autre manière, bien curieuse celle-là. Rappelons-nous que, du fait de la self-induction, l'intensité du courant suit les variations de la tension alternative avec un certain *retard* (examiner attentivement la figure 9). Ce décalage entre courant et tension porte le nom de DÉPHASAGE. On dit aussi que courant et tension « ne sont pas en phase ».

En étudiant la circulation du courant alternatif dans un circuit comportant un condensateur (fig. 12), on remarquera que le mouvement des électrons s'arrête (le courant devient nul) au moment où la tension devient maximum ; puis, quand la tension décroît, l'intensité du courant monte ; elle est le plus grande lorsque la tension passe par zéro pour changer de sens ; ensuite, au fur et à mesure que le condensateur se recharge, c'est-à-dire que la tension monte dans l'autre sens, l'intensité diminue pour devenir nulle au moment où la tension atteint sa valeur maximum. Ce déroulement des phénomènes devient particulièrement évident lorsque, en se reportant à la figure 12, on se souvient que les maxima de tension correspondent aux positions extrêmes du piston (ou incurvations maxima de la membrane) et que la tension passe par zéro lorsque le piston est dans la position moyenne (et la membrane est plane). Nous voyons qu'ici l'intensité du courant varie *en avance* sur les variations de la tension, car, lorsque celle-ci est encore nulle, le courant est déjà maximum. Nous sommes donc, comme dans le cas de la self-induction, en présence d'un déphasage, mais dans le sens opposé.

Si le circuit ne comprend qu'une self-induction pure ou qu'une capacité pure, le déphasage atteint un quart de période. Ce cas est graphiquement représenté dans les figures 16 et 17 qui méritent de retenir longtemps l'attention du lecteur.

En réalité, la self-induction ou la capacité n'existent pas à l'état « pur » : il est obligatoire que le circuit comprenne également une certaine résistance ohmique. Aussi, le déphasage n'atteint-il jamais la valeur maximum de 1/4 de période.

ASSOCIATION D'IMPÉDANCES.

Bien mieux, dans tout circuit, un examen attentif décèle la présence des trois sortes d'IMPÉDANCES que sont l'inductance, la capacitance et la résistance ohmique. N'oublions pas, en effet, que même un conducteur rectiligne possède une certaine self-induction ; et des effets de capacité peuvent être constatés entre ses différents points. Toutefois, en pratique, on ne tient compte que des valeurs dominantes ; ainsi dans un bobinage offrant, à un courant de fréquence donnée une inductance de 10 000 ohms, on négligera volontiers les 10 ohms de sa résistance ohmique. (Mais, si ce bobinage est soumis à une tension *continue*, ce sont ces 10 ohms qui seront *seuls* à considérer, puisque la self-induction ne se manifeste que pour des tensions variables).

Les impédances peuvent s'associer dans un circuit de manières diverses plus ou moins complexes. On dit qu'elles sont connectées EN SÉRIE si le courant les traverse successivement, elles sont associées en PARALLÈLE (ou en DÉRIVATION, ou en SHUNT) si le courant, en bifurquant, les parcourt simultanément.

Quand les impédances sont disposées *en série*, les effets de ces obstacles successifs s'ajoutent. Ainsi, *plusieurs résistances en série sont-elles équivalentes à une résistance égale à leur somme*. Inductances et capacitances en série s'ajoutent également, mais point de la façon élémentaire telle que la conçoit Ignotus. En songeant aux effets contraires que self-induction et capacité exercent sur le courant, on imaginera sans peine qu'ils doivent se neutraliser dans une certaine mesure. De la sorte, 'impédance d'un circuit formé par une self-induction et une capacité en série, sera-t-elle plus faible que son inductance ou capacitance envisagées séparément. L'addition pure et simple des impédances en série n'est valable que lorsque le circuit se compose *uniquement* de résistances ohmiques, ou *uniquement* de capacitances, ou *uniquement* d'inductances. Encore faut-il, dans ce dernier cas, qu'il n'y ait pas d'induction mutuelle entre les différents bobinages.

IMPÉDANCES EN SÉRIE.

Puisque les inductances en série s'additionnent, il faut conclure que les self-inductions (auxquelles elles sont, ne l'oublions pas, proportionnelles), doivent, elles aussi, s'additionner. Autrement dit, *plusieurs bobinages placés en série sont, par leurs effets électriques, équivalents à un seul bobinage dont la self-induction est égale à la somme de leurs self-inductions.*

En serait-il de même des condensateurs ? On devine que non, car les capacitances sont inversement proportionnelles aux capacités. Et puisque les capacitances de plusieurs condensateurs en série s'additionnent, ce sont *les inverses de leurs capacités qui doivent être additionnés pour donner l'inverse de la capacité équivalente*. Si nous appelons C_1, C_2, C_3, etc... les capacités des condensateurs placés en série, la capacité C du condensateur unique pouvant les remplacer tous sera donc déterminée par l'expression :

$$\frac{1}{C} = \frac{1}{C_1} + \frac{1}{C_2} + \frac{1}{C_3} \text{ etc...}$$

Dans le cas particulier où il ne s'agit que de deux condensateurs C_1 et C_2,

$$C = \frac{C_1 \times C_2}{C_1 + C_2}$$

On notera que la capacité équivalente est toujours inférieure à la plus faible des capacités composantes. C'était, d'ailleurs, à prévoir, puisque c'est la condition de l'accroissement de la capacitance résultant de la mise en série de plusieurs condensateurs.

IMPÉDANCES EN PARALLÈLE.

Etudions maintenant le comportement des impédances branchées *en parallèle*. Ainsi placées, elles offrent au courant plusieurs chemins au lieu d'un chemin unique et facilitent d'autant son passage. Contrairement à ce qui a lieu dans le cas de l'association en série, ce ne sont plus leurs résistances, mais leurs CONDUCTIBILITÉS qui s'additionnent. *La conductibilité*, il est aisé de le deviner, *est l'inverse de la résistance* (c'est-à-dire 1/R).

Ainsi, lorsque plusieurs résistances ohmiques R_1, R_2, R_3, etc... sont associées en parallèle, la résistance R équivalente de cet ensemble sera aisément déterminée par la somme de leurs conductibilités à laquelle doit être égale sa propre conductibilité :

$$\frac{1}{R} = \frac{1}{R_1} + \frac{1}{R_2} + \frac{1}{R_3} \text{ etc...}$$

Dans le cas particulier de deux résistances R_1 et R_2, la résistance équivalente

$$R = \frac{R_1 \times R_2}{R_1 + R_2}.$$

Et si nous associons en parallèle deux résistances de valeur égale, la résistance équivalente est égale à la moitié de cette valeur.

Un raisonnement analogue nous permettrait d'obtenir des résultats identiques pour les inductances et pour les self-inductions de bobinages associés en parallèle (mais non couplés par induction).

Nous trouverions de même que, dans le cas de condensateurs branchés en parallèle l'inverse de la capacitance équivalente est égale à la somme des inverses des capacitances composantes. Mais quant aux capacités, il serait imprudent de leur faire subir le même traitement mathématique. Déjà dans le cas des associations en série, nous avons vu que les capacités se distinguent par leur caractère bizarre. Et la cause de leur conduite particulière réside dans le fait que la capacitance est inversement proportionnelle à la capacité.

Aussi, sans effort conclurons-nous que, si ce sont les inverses des capacitances qu'il convient d'additionner, *ce sont les valeurs mêmes des capacités que nous totaliserons pour calculer la capacité équivalente de plusieurs condensateurs en parallèle.*

Peut-être toutes ces notions de résistance, self-induction, capacité d'une part, et de leurs impédances respectives d'autre part, associées tantôt en série, tantôt en parallèle, créeront-elles quelque confusion dans l'esprit du lecteur. Et il en sera bien excusable. Mais Curiosus veillera à tout remettre en bon ordre dès le début de la prochaine causerie dont le présent exposé a, d'ailleurs, préparé grandement la compréhension aisée.

UNITÉS USUELLES

★

Dans le tableau ci-après nous avons réuni les unités des grandeurs les plus employées en radio-électricité. La première colonne désigne les grandeurs physiques, la seconde les symboles de ces grandeurs ; dans la troisième, on trouve les noms des unités, et dans la quatrième, les symboles desdites unités.

GRANDEURS	Symboles	UNITÉS	Symboles
Longueur	l	mètre	m
Masse	m	gramme	g
Temps	t	seconde	s
Tension électrique	E	volt	V
Intensité de courant	I	ampère	A
Puissance	P	watt	W
Résistance	R	ohm	Ω
Self-induction	L	henry	H
Capacité	C	farad	F
Fréquence	f	période par seconde	p/s
		ou hertz	Hz

En employant les préfixes du système décimal donnés page 31, on peut, à partir des unités ci-dessus, former tous les multiples et sous-multiples nécessaires. On en trouvera des exemples page 68.

CINQUIÈME CAUSERIE

Curiosus rétablit quelque clarté dans l'esprit d'Ignotus en lui présentant un tableau qui résume les propriétés des résistances, self-inductions et capacités et de leur impédances associées en série ou en parallèle. Ensuite, les deux amis abordent le problème de la résonance, phénomène fondamental de la radio. Curiosus insiste sur certains points qui faciliteront, par la suite, l'étude des circuits radio-électriques.

Match : Self-Induction contre Capacité.

IG. — Je suis très heureux de vous revoir Curiosus. Notre dernière causerie a laissé dans ma tête un tel brouillard, que j'ose moins que jamais aborder la construction du poste de votre marraine.

CUR. — C'était à prévoir. Aussi, ai-je préparé à votre intention un petit tableau (fig. 15) qui résume les propriétés des résistances, condensateurs et self-inductions mises en série ou en parallèle ainsi que celles de leurs impédances. Car il faut bien distinguer self-inductions et capacités d'une part et, d'autre part, leurs impédances que sont les inductances et les capacitances. Dans la dernière ligne du tableau, les impédances sont uniformément désignées par Z.

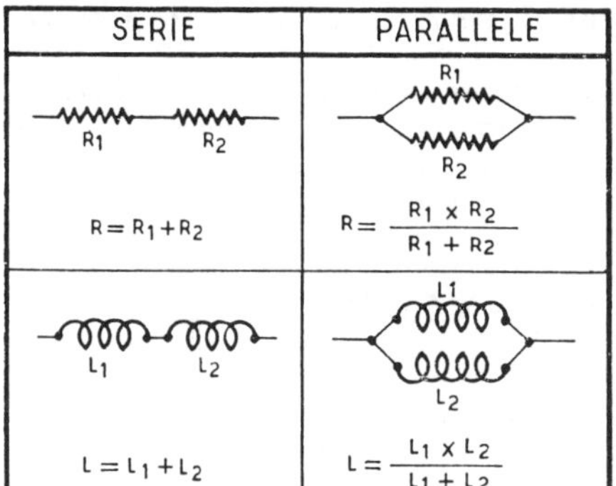

FIG. 15. — Tableau résumant les propriétés des résistances, self-inductions et capacités et de leurs impédances en série et en parallèle.

IG. — Je vous remercie. Cela m'aidera sans doute à mettre un peu d'ordre dans mes idées, car ces insomnies commencent à me donner des inquiétudes.

CUR. — Mon Dieu ! serait-ce la Radio qui...

IG. — Parfaitement ! J'ai passé toute une nuit à réfléchir à ce qui peut résulter de la connexion en série d'un condensateur et d'une bobine. Et je n'ai rien pu trouver, hélas !

CUR. — Cela n'a rien d'étonnant, car je ne vous ai pas encore dévoilé une chose d'importance primordiale. C'est que, si la self-induction et la capacité opposent toutes les deux une résistance au passage du courant alternatif, ces deux résistances agissent en quelque sorte dans des sens différents. Alors que la self-induction, avec son inertie, retarde l'apparition du courant lorsque la tension est appliquée (on dit que le courant est *déphasé* en retard sur la tension), la capacité possède une propriété opposée : le courant est le plus fort au moment où le condensateur est déchargé, et, par conséquent, la tension est nulle ; et, au fur et à mesure que le condensateur se charge et que la tension s'accroît, le courant diminue.

IG. — C'est vrai, pardi ! Quand la membrane est gonflée tout s'arrête, et c'est au moment où elle est dégonflée qu'il circule le plus d'électrons.

CUR. — Les électriciens emploient un langage plus distingué que le vôtre et disent que dans une capacité le courant est *déphasé* en avance sur la tension.

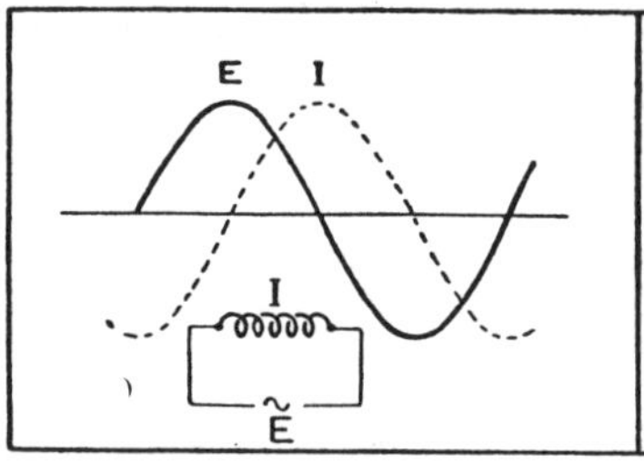

FIG. 16. — Déphasage du courant I par rapport à la tension E produite par une self-induction.

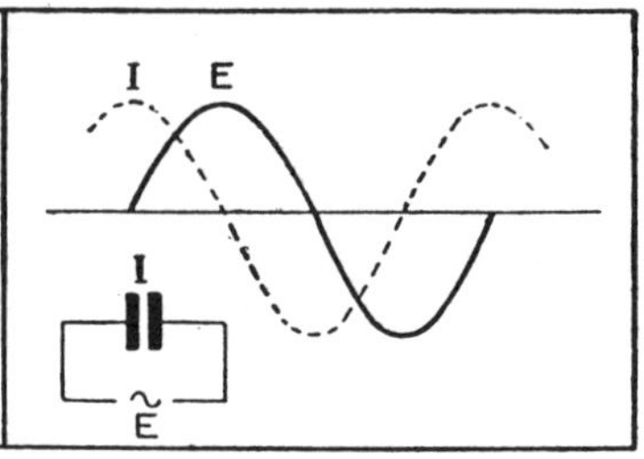

FIG. 17. — Déphasage produit par une capacité. Le courant I est en avance sur la tension E.

IG. — Soit ! Mais que se passe-t-il lorsqu'une tension alternative est appliquée à une capacité et à une self-induction mises en série ?... Je voudrais tout de même pouvoir dormir cette nuit !

CUR. — Eh bien ! dans ce cas tout dépend de la relation entre les impédances de la self-induction et de la capacité. Si l'inductance est plus grande que la capacitance, c'est elle qui prévaudra, et *vice versa*, car la capacitance doit être déduite de l'inductance puisqu'elle agit d'une façon diamétralement opposée.

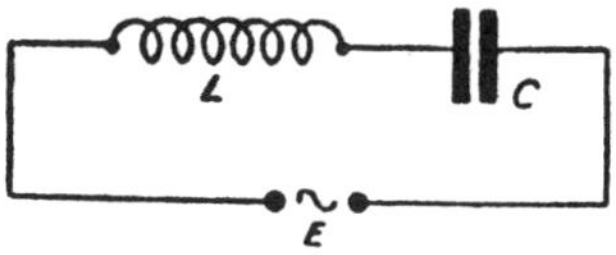

FIG. 18. — Self-induction L et capacité C en série Pour la fréquence de résonance, l'impédance et le déphasage de cet ensemble sont nuls.

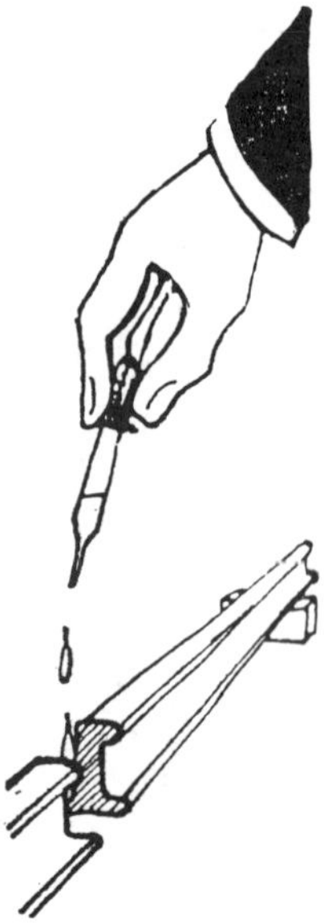

IG. — Bon. S'il en est ainsi, je vous poserai une de ces « colles »... Supposez que j'aie un condensateur et une bobine en série et que je leur applique une tension de fréquence de plus en plus grande. Que se passera-t-il ?

CUR. — Mais vous le savez fort bien.

IG. — En effet. Avec l'augmentation de la fréquence, l'inductance augmentera alors que la capacitance diminuera. Il arrivera donc forcément un moment où, pour une certaine fréquence, l'inductance et la capacitance deviendront égales. Et puisque l'une doit être déduite de l'autre, notre circuit aura une impédance nulle ? ! !

CUR. — Pas mal, pas mal du tout ce raisonnement !... Vous oubliez toutefois que la simple résistance ohmique qui, elle, ne dépend pas de la fréquence, restera quand même dans le circuit ; mais il est vrai que, pour une certaine fréquence, l'inductance et la capacitance s'annuleront et que, à ce moment, il n'y aura plus de déphasage entre la tension et le courant.

La goutte qui brise le rail.

IG. — Donc à ce moment l'impédance du circuit sera au minimum et l'intensité du courant, par conséquent, atteindra le maximum ?

CUR. — Bien entendu. Et nous dirons que notre courant est en *résonance.*

IG. — N'est-ce pas l'histoire des gouttes d'eau qui brisent l'acier ?

CUR. — Qu'est-ce encore que cette invention ?

IG. — J'ai lu quelque part que l'on peut briser un rail en acier en le faisant reposer sur ses deux extrémités et en laissant tomber des gouttes d'eau sur son point milieu. Pour une certaine cadence de chute des gouttes, la vibration du rail devient tellement violente qu'il se brise.

CUR. — En effet, c'est un cas de résonance mécanique. De même qu'un circuit composé d'une self-induction et d'un condensateur possède une fréquence propre dite de résonance pour laquelle sa résistance devient très faible, et les oscillations du courant deviennent le plus fortes, — une barre métallique qui possède une certaine masse (équivalent de la self-induction) et une certaine élasticité (équivalent de la capacité) a, elle aussi, une fréquence de résonance pour laquelle ses vibrations deviennent le plus fortes. La première goutte produit une très faible vibration, mais la deuxième tombe *au bon moment* pour la renforcer et ainsi de suite.

IG. — Oui, je comprends maintenant. Si les gouttes tombaient un peu plus ou un peu moins vite, elles n'aideraient nullement la vibration de la barre et, peut-être, même l'empêcheraient. Mais, pour la fréquence de résonance, leurs effets s'additionnent, et la barre finit par se briser lorsque les vibrations deviennent trop fortes.

Perpetuum mobile ?...

CUR. — Revenons maintenant, si vous le voulez bien, à l'électricité. Supposez que vous ayez un condensateur chargé et que vous branchiez à ses bornes une bobine de self-induction. Que se passera-t-il ?

IG. — Je le sais fort bien. Déjà lors de notre dernière causerie nous avons étudié la décharge du condensateur à travers une résistance. Or, une bobine c'est encore une résistance. Par conséquent, le condensateur se déchargera à travers la self-induction... et c'est tout !

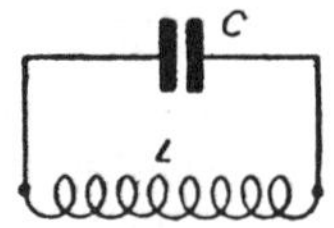

FIG. 19. — Circuit oscillant.

CUR. — Le voilà le danger des syllogismes bâtis à la légère ! ! ! Vous oubliez, mon cher, une chose : c'est que la self-induction est une résistance un peu spéciale, assimilable à l'inertie. Autant les électrons ont de peine à s'y mettre en mouvement, autant il leur est ensuite difficile de s'arrêter. Donc au moment où le condensateur sera déchargé, le courant des électrons continuera à passer dans le même sens et...

IG. — ... le condensateur se rechargera, mais en changeant de polarité. Mais quand il sera ainsi rechargé ?...

CUR. — Il se déchargera de nouveau et ainsi de suite.

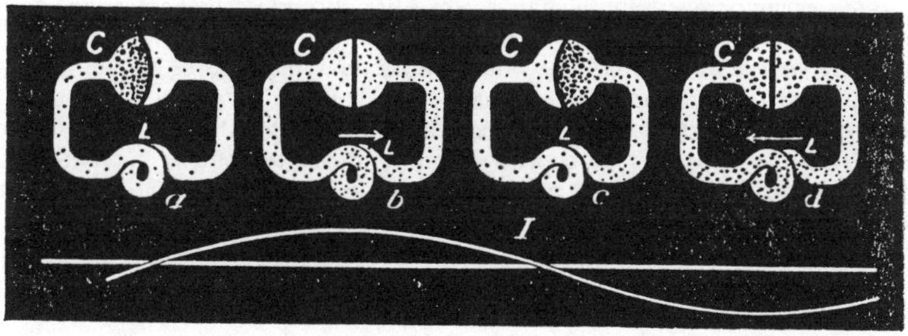

FIG. 20. — Mouvement des électrons dans le circuit oscillant durant une période.
En a et c, le courant est nul, mais la tension sur le condensateur C est maximum.
En b et d, au contraire, le courant est maximum, mais la tension sur C est nulle.

IG. — Donc ça ne s'arrêtera jamais ? Il suffit de charger le condensateur une seule fois pour que, ensuite, en se déchargeant dans une self-induction, il se recharge et décharge éternellement ?... C'est donc le mouvement perpétuel !...

CUR. — Ne vous emballez pas ! Notre circuit a une résistance ohmique. Le courant subira donc un certain affaiblissement pour vaincre cette résistance à chacun de ses passages. Les oscillations deviendront donc de plus en plus faibles pour s'arrêter finalement.

IG. — C'est en somme l'histoire du pendule auquel il suffit de donner un choc initial pour qu'il commence à osciller, jusqu'à ce que toute l'énergie soit perdue à cause de la résistance de l'air.

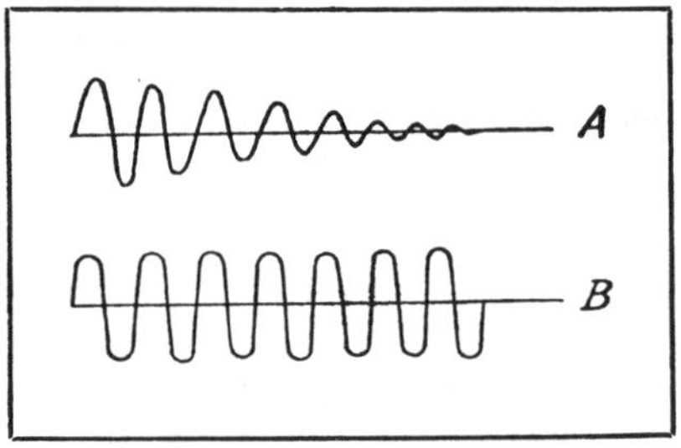

FIG. 21. — Oscillation amortie en A et oscillation entretenue en B.

CUR. — C'est l'exemple le plus classique que vous trouverez dans tous les traités de radio-électricité ; vous devinerez peut-être aisément quelle sera la fréquence des oscillations qui s'établissent dans notre circuit ?

IG. — Je pense que les électrons sont suffisamment intelligents et paresseux pour suivre la loi du moindre effort. Pour cela, ils n'ont qu'à osciller à la fréquence de la résonance du circuit, fréquence pour laquelle l'impédance a la valeur la plus faible.

CUR. — C'est ce qu'ils font précisément... Ainsi, dans un circuit composé d'une self-induction et d'une capacité, appelé *circuit oscillant*, la décharge du condensateur se produit en *oscillations amorties* (courant alternatif d'amplitude décroissante) à la *fréquence propre ou fréquence de résonance* du circuit.

IG. — Y a-t-il moyen de maintenir indéfiniment ces oscillations ?

Le grand circuit et le petit circuit.

CUR. — Certes. On peut obtenir des oscillations d'amplitude constante (*oscillations entretenues*) en compensant, à chaque oscillation, la perte de l'énergie par l'apport d'une petite dose d'énergie venant de l'extérieur.

IG. — Je vois cela. C'est comme pour le pendule d'une horloge auquel le ressort communique une légère impulsion à chaque oscillation.

CUR. — Exactement. Il suffit pour cela de mettre le circuit oscillant en communication avec un autre circuit parcouru par un courant alternatif de la fréquence de résonance. On peut le faire soit en les couplant par induction (fig. 22 *a*), soit en intercalant directement le circuit oscillant dans l'autre circuit (fig. 22 *b*).

IG. — Je pense que, dans les deux cas, seul un courant de la fréquence de résonance pourra produire un fort courant dans le circuit oscillant.

CUR. — Et vous ne vous trompez pas. Mais ce qui est très important, — et je vous prie d'y faire attention ! — c'est que, dans le cas où le circuit oscillant est inséré dans un autre circuit (fig. 22 *b*), il constitue, pour ce deuxième circuit, une impédance très élevée pour le courant de résonance.

IG. — Ça, alors... je ne vous comprends plus ! Ne m'avez-vous pas dit, il y a peu d'instants, que pour le courant de résonance l'impédance du circuit a la valeur la plus faible ?...

CUR. — Quelle salade !... Rendez-vous compte que nous avons ici deux circuits bien distincts. L'un, que je dessine en gros trait, est notre circuit oscillant. L'autre, c'est le circuit parcouru par le courant de la fréquence de résonance...

IG. — Mais d'où vient-il ?

CUR. — Vous le verrez plus tard, de l'antenne ou d'un circuit anodique. N'importe pour le moment... A l'intérieur même du circuit oscillant circule un courant intense, puisque l'impédance du circuit est très faible. Voyez maintenant le grand circuit en trait fin. Là, les choses changent d'aspect. Ce circuit ne peut, à chaque

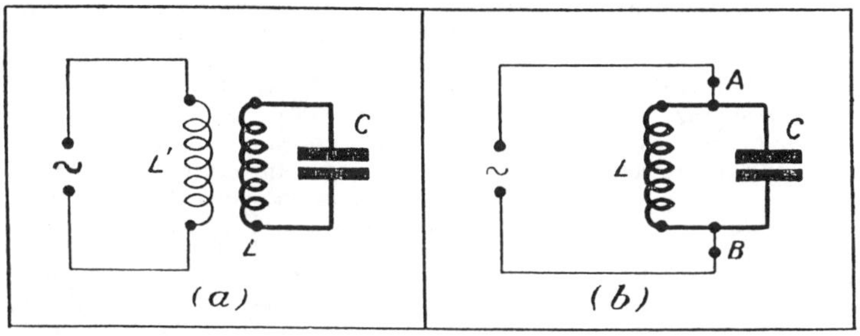

FIG. 22. — Le circuit oscillant LC reçoit l'énergie soit par induction (en a), soit directement (en b).

période, transmettre au circuit oscillant que la faible quantité d'énergie que celui-ci aura perdue pendant ce court instant. Il ne peut donc y circuler qu'un courant très faible. Nous en déduirons que notre circuit oscillant joue, *par rapport au grand circuit*, le rôle d'une impédance élevée.

IG. — C'est bougrement compliqué ; cependant je crois avoir compris.

CUR. — Et retenez encore une conclusion très importante : puisque le circuit oscillant constitue une forte impédance pour le courant de résonance du grand circuit, ce courant produit, d'après la loi d'Ohm, une forte tension alternative aux bornes A et B du petit circuit.

IG. — Et qu'aurons-nous si, au lieu de la fréquence de résonance, nous avons un courant d'une fréquence différente ?

CUR. — Dans ce cas, les *oscillations forcées* qui prendront naissance dans le circuit oscillant seront beaucoup plus faibles. En revanche, il présentera une impédance beaucoup plus faible pour le courant du grand circuit de la figure *b*. C'est ainsi que si, dans le grand circuit, il passe simultanément plusieurs courants de fréquences différentes, seul le courant de la fréquence de résonance créera dans le circuit oscillant un courant fort et, à ses bornes, une tension considérable. Vous pourrez donc, parmi plusieurs courants, en *sélectionner* en quelque sorte un : celui de la fréquence de résonance.

IG. — Je voudrais vous demander de quoi dépend la fréquence de résonance, ainsi que...

CUR. — Je crois que, pour aujourd'hui, vous avez atteint la saturation et qu'il vaut mieux remettre cela à la prochaine fois. Nous pourrons alors en terminer avec toutes ces notions préliminaires du domaine de l'électricité générale et aborder la technique de la Radio proprement dite.

Commentaires à la 5me Causerie

RÉSONANCE ÉLECTRIQUE.

Devançant les explications de Curiosus, nous avons, dans nos commentaires, exposé la notion du déphasage et montré que, en passant dans une self-induction, le courant est en retard sur la tension, alors qu'il est en avance lorsqu'il passe dans une capacité. De même, nous appuyant sur le fait que la self-induction et la capacité possèdent des propriétés opposées, nous avons dit que, associées en série, inductance et capacitance se neutralisent plus ou moins.

Examinons de plus près l'impédance d'un tel ensemble (fig. 18) où, aux bornes d'une source de tension alternative, sont branchés un bobinage et un condensateur en série. Admettons, en outre, que nous pouvons à volonté modifier la fréquence de la tension alternative.

Si, pour une fréquence donnée, l'inductance est inférieure à la capacitance, c'est donc l'effet de la capacité qui va dominer : le courant sera en avance sur la tension, et l'impédance de l'ensemble sera égale à la capacitance, moins l'inductance (en négligeant la résistance ohmique).

Maintenant, augmentons progressivement la fréquence. Que se produira-t-il ? L'augmentation de la fréquence aura pour effet d'augmenter la valeur de l'inductance et de diminuer celle de la capacitance. Il viendra donc un moment où, *pour une certaine fréquence, l'inductance sera égale à la capacitance.* Ces deux valeurs égales, se retranchant l'une de l'autre, feront que l'*impédance de l'ensemble sera nulle. Le déphasage*, lui aussi, *sera nul*, c'est-à-dire le courant sera en phase avec la tension. Et, du fait que l'impédance du circuit est nulle, l'intensité du courant deviendra, en théorie du moins, infiniment élevée. En réalité, le circuit possède toujours une certaine résistance ohmique, en sorte que son impédance ne peut pas devenir nulle et que le courant sera, par conséquent, limité.

Si nous continuons à augmenter la fréquence c'est l'inductance qui deviendra supérieure à la capacitance, le courant sera en retard sur la tension, et l'impédance croîtra de nouveau.

Nous voyons donc qu'*il y a une seule fréquence pour laquelle l'impédance devient, sinon nulle, du moins le plus faible, et le courant maximum. C'est la fréquence de* RÉSONANCE. On dit aussi que, pour cette fréquence, le courant est en résonance avec le circuit.

DÉCHARGE OSCILLANTE.

On peut observer le même phénomène de résonance en connectant un bobinage aux armatures d'un condensateur chargé (fig. 19). Alors que, dans une résistance ohmique, le courant se DÉCHARGE, s'affaiblit et s'annule au terme d'un temps très court, ici nous observerons une « décharge oscillante ». La self-induction, on s'en souvient, s'oppose à la diminution d'un courant en le prolongeant en quelque sorte par un courant de self-induction allant dans le même sens. Ce courant recharge le condensateur en inversant les polarités des armatures. Le condensateur se décharge de nouveau (le courant allant alors dans le sens contraire), se recharge encore sous l'effet de la self-induction et ainsi de suite. Un courant alternatif circule dans notre circuit sans aucun apport extérieur d'énergie ; et il n'y aurait aucune raison pour que ce mouvement s'arrêtât... si notre circuit n'avait pas une résistance ohmique où se dissipe peu à peu l'énergie initiale qui était contenue dans la charge du condensateur.

Du fait de cette perte progressive d'énergie, chaque oscillation suivante est plus faible que la précédente et, finalement, toute l'énergie étant dissipée, l'oscillation s'arrête. Telle est l'allure des OSCILLATIONS AMORTIES (fig. 21 A) jadis utilisées en radiotélégraphie, où chaque décharge oscillante était provoquée par le jaillissement d'une étincelle. A cette méthode primitive des ondes amorties est, plus tard, venu se substituer l'emploi des ONDES ENTRETENUES (fig. 21 B). Le courant qui les engendre est encore un courant alternatif prenant naissance dans un CIRCUIT OSCILLANT, comme on appelle le circuit composé d'un condensateur branché aux bornes d'un bobinage. Pour éviter l'affaiblissement progressif des oscillations, tel qu'il a lieu dans les oscillations amorties, il suffit de compenser les pertes d'énergie en apportant de l'extérieur au circuit oscillant des doses d'énergie nécessaires et suffisantes pour maintenir constante leur amplitude.

Il faut que cet apport, ce « réapprovisionnement » s'effectue à la même cadence que les oscillations propres du circuit qui, bien entendu, ont lieu à sa fréquence de résonance (pour laquelle l'impédance est le plus faible). Si les impulsions extérieures sont injectées dans le circuit oscillant à une fréquence différente de sa fréquence de résonance, loin de les maintenir constantes, elles vont contrarier les oscillations et, en fin de compte, nous n'obtiendrons dans le circuit qu'un courant bien faible (OSCILLATIONS FORCÉES).

IMPÉDANCE D'UN CIRCUIT OSCILLANT.

La source de tension alternative ayant pour fonction le réapprovisionnement en énergie du circuit oscillant, peut communiquer avec celui-ci soit par induction (fig. 22 *a*), soit directement (fig. 22 *b*). Si le circuit oscillant dissipe peu d'énergie (résistance ohmique et autres causes de pertes étant réduites), on dit qu'il est peu AMORTI. Dans ce cas, l'énergie qu'il empruntera à la source de tension alternative sera, elle aussi, faible (puisqu'elle est égale à l'énergie perdue qu'elle doit compenser). Ainsi, *moins le circuit oscillant est amorti, moins il emprunte d'énergie au circuit extérieur qui l'alimente.* Et nous sommes en présence d'une situation quasi paradoxale. Alors qu'à l'intérieur du circuit oscillant le courant alternatif atteint une grande intensité (d'autant plus grande qu'il est moins amorti), dans le circuit extérieur (en trait fin dans la fig. 22 *b*) le courant est faible (et d'autant plus faible que le circuit oscillant est moins amorti). Ou bien — et ceci est un autre aspect du même phénomène, — *l'impédance du circuit oscillant est très faible pour le courant qui circule dedans ; mais au courant du circuit extérieur, il oppose une impédance élevée.* Tout cela, évidemment, *pour la fréquence de résonance.*

Si Curiosus voulait mieux faire comprendre les choses à Ignotus, il irait chercher une comparaison opportune... à la cuisine, en assimilant le circuit oscillant à une casserole pleine d'eau amenée à ébullition. Si la casserole perd peu de chaleur dans l'air environnant, la température d'ébullition peut être maintenue avec une flamme très faible (cas d'un circuit à faibles pertes où les oscillations sont entretenues par un faible apport d'énergie). Mais, si la casserole perd beaucoup de chaleur, par exemple du fait que sa surface de réfrigération est étendue, il faudra une flamme intense pour maintenir l'ébullition. C'est le cas du circuit oscillant fortement amorti.

RÉSONANCE EN SÉRIE ET EN PARALLÈLE.

Résumons maintenant les notions que nous avons acquises sur la résonance. Dans le cas de la figure 18, nous sommes en présence d'un condensateur et d'un bobinage branchés *en série* avec la source de tension. Pour la fréquence de résonance, ce circuit offre le minimum d'impédance, et l'intensité du courant atteint le maximum.

Dans le cas de la figure 22 *b*, le condensateur et le bobinage sont branchés en *parallèle* avec la source de tension alternative. Le circuit oscillant oppose alors *à la source* l'impédance maximum et laisse passer un courant d'intensité très faible ; mais ce faible courant suffit pour entretenir à l'intérieur du circuit un courant de grande intensité.

On comprend, en examinant ce dernier cas, que les tensions de fréquences autres que la fréquence de résonance ne jouiront plus des mêmes propriétés. Les OSCILLATIONS FORCÉES qu'elles engendreront dans le circuit oscillant seront faibles, et faible sera également l'impédance que leur opposera le circuit oscillant.

CORRESPONDANCE ENTRE FRÉQUENCES ET LONGUEURS D'ONDE

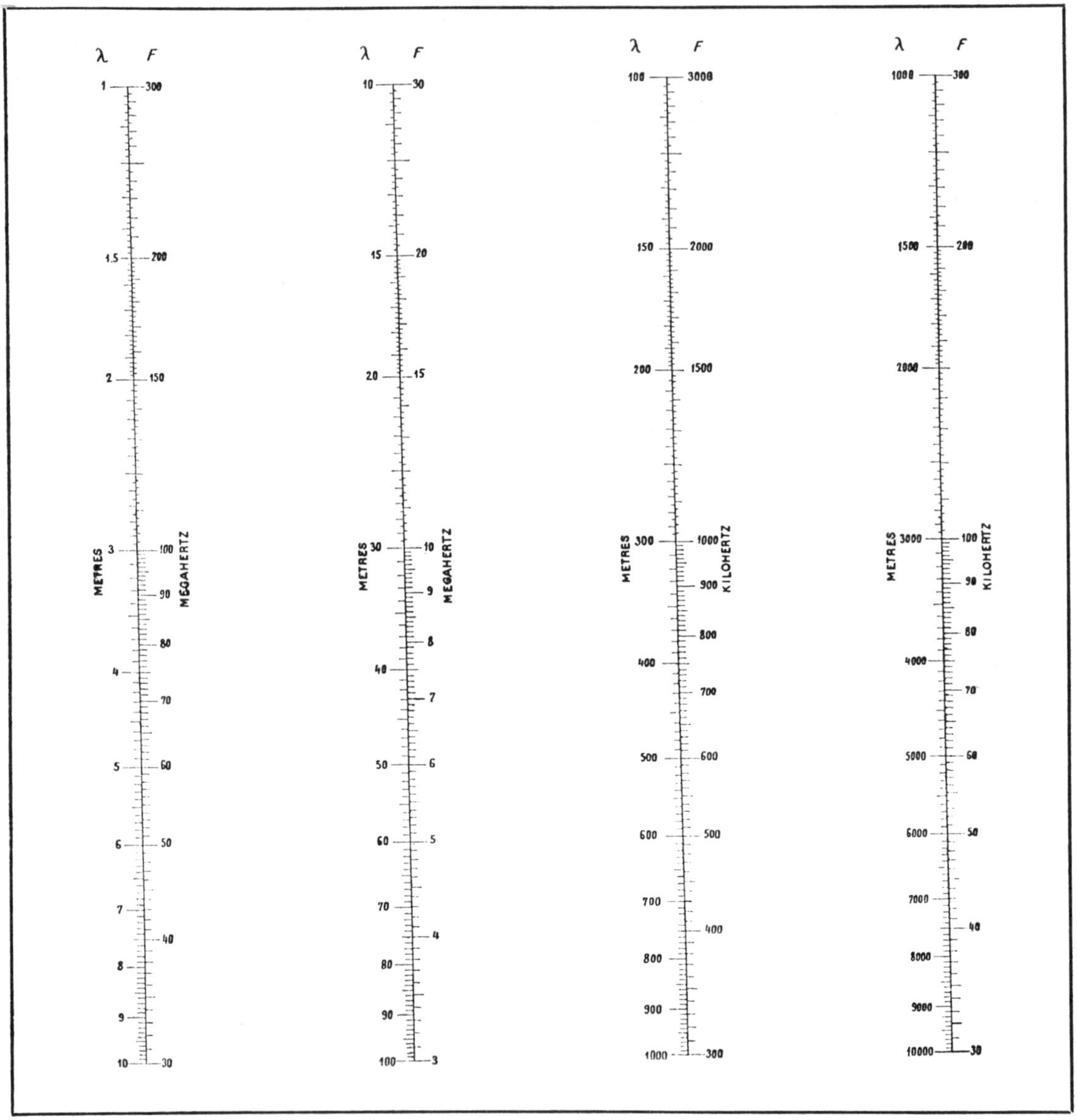

Pour trouver une longueur d'onde correspondant à une fréquence (ou inversement), on détermine le point correspondant sur l'échelle de fréquences, et ce même point permet de lire la longueur d'onde sur l'échelle en regard.

EXEMPLES :

20 000 kilohertz correspond à...............	15 mètres
1 200 kilohertz correspond à...............	250 mètres
400 kilohertz correspond à...............	750 mètres

SIXIÈME CAUSERIE

Les cinq premières causeries ont permis à Ignotus (et à vous, ami lecteur) d'assimiler les notions indispensables de l'électricité générale. Et, maintenant, entraîné par Curiosus, Ignotus se lance dans l'étude de la radio. S'appuyant sur les enseignements de la précédente causerie, ils examinent ici le problème de la sélectivité et de l'accord des circuits oscillants...

Ignotus et les mathématiques.

CUR. — La dernière fois, en nous quittant, vous m'avez demandé de quels facteurs dépend la fréquence de résonance d'un circuit oscillant.

IG. — En effet ; mais, depuis, j'ai réfléchi à la question et crois avoir trouvé la vérité. Tout d'abord, un circuit oscillant ne se compose que d'un condensateur et d'un bobinage. Donc, forcément, sa fréquence propre ne peut dépendre que de la capacité et de la self-induction.

CUR. — Il ne faut pas être Sherlock-Holmes pour en arriver là...

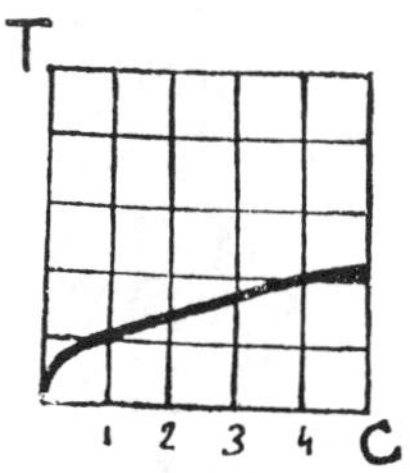

IG. — Certes. Mais je suis allé plus loin... En ce qui concerne la capacité, plus elle est grande, plus longue sera chaque charge et chaque décharge. De même, plus la self-induction est grande, plus elle s'oppose à toute variation du courant et, par conséquent, ralentit les oscillations. En résumé, la période des oscillations propres du circuit augmente avec l'augmentation de la capacité et de la self-induction.

CUR. — Et, par conséquent, la fréquence diminue en même temps. Je vous fais mes compliments, Ignotus ; votre raisonnement est juste. Seulement, il convient d'ajouter que la fréquence (et la période) ne varie pas aussi vite que la capacité ou la self-induction. Si vous aimiez un peu les mathématiques, je vous aurais même dit que la période est proportionnelle à la racine carrée de la capacité et de la self-induction (1).

IG. — Oh, vous savez que les mathématiques ne m'aiment pas et que ce sentiment est partagé. Je vous avouerai même, au risque de vous paraître ingrat, que je ne vois pas très bien l'utilité, pour la Radio, de toutes ces questions de circuits oscillants.

Les anneaux de fumée.

CUR. — Je vous avais déjà expliqué, au cours de notre deuxième causerie, que lorsque dans un fil vertical, appelé antenne, circule un courant de haute fréquence...

IG. — ... des ondes électromagnétiques s'en détachent et se propagent comme des anneaux de fumée qui s'élargissent à la vitesse folle de 300 000 kilomètres par seconde.

CUR. — C'est parfait, la mémoire ne baisse pas encore... Maintenant, que se passe-t-il lorsque, sur leur trajet, ces anneaux rencontrent un autre fil vertical ?

IG. — Je crois pouvoir appliquer ici le principe de la réversibilité des phénomènes et affirmer que les anneaux produiront, dans le fil rencontré, des courants de haute fréquence.

CUR. — Parfait ! Et, pour appeler les choses par leur nom, nous dirons que les ondes produisent dans l'*antenne de réception* un courant analogue à celui qui circule dans l'antenne d'émission. Il sera, certes, beaucoup plus faible, car, en s'éloignant de l'émetteur, les ondes s'affaiblissent.

IG. — Comme les anneaux de fumée quand ils s'élargissent.

---

(1) En connaissant la self-induction L et la capacité C, on détermine aisément la période T d'après formule de Thomson :

$$T = 2\pi\sqrt{L \times C}$$

où π = 3,14... Mais Ignotus ne veut pas de formules.

Ignotus craint l'électrocution.

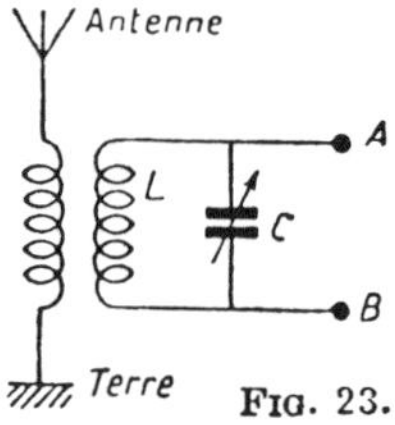

Fig. 23.

Cur. — Maintenant pensez donc à une chose grave. Il y a, à chaque instant, de par le monde, plusieurs centaines d'émetteurs de Radio qui sont en fonctionnement.

Ig. — Vous ne voulez tout de même pas prétendre qu'ils produisent tous des courants dans n'importe quel bout de fil vertical ?...

Cur. — Mais si !... Soyez persuadé que vous-même, qui êtes pourtant un conducteur bien imparfait, êtes parcouru en ce moment par des dizaines de courants de haute fréquence.

Ig. — C'est très ennuyeux ça ! Vous auriez mieux fait de ne pas me le dire !... Mais je ne ressens rien.

Cur. — Naturellement, car ces courants sont très faibles. En outre, alors que les courants continus ou alternatifs, mais de basse fréquence, se propagent à travers toute la section du conducteur, les courants de haute fréquence ne se propagent qu'à la surface du conducteur. On appelle cela *effet pelliculaire*.

Ig. — Ça me rassure un peu... mais il y a un autre point qui me paraît inquiétant. Puisque l'antenne de réception reçoit les courants de *toutes* les stations de Radio en fonctionnement, nous entendrons un mélange affreux de musique classique et légère, de conférences, nouvelles de presse, recettes culinaires, etc... Je ne vois pas du tout ce que peut donner la réception simultanée de Berlin, Moscou et Vatican.

La sélectivité.

Cur. — Vous savez fort bien qu'il n'en est pas ainsi. Les récepteurs de Radio sont *sélectifs*, c'est-à-dire ont le pouvoir de choisir, parmi la multitude des courants qui circulent dans l'antenne, celui qui correspond à l'émetteur désiré.

Ig. — De quelle manière ?

Cur. — A l'aide d'un ou plusieurs circuits oscillants. Par exemple, l'antenne sera couplée par induction (fig. 23) avec un circuit oscillant. Nous retombons exactement dans le cas que nous avons examiné à la fin de notre dernière causerie. De tous les courants circulant dans l'antenne, seul celui qui aura la fréquence de résonance du circuit oscillant L-C induira des courants qui créeront une certaine tension alternative entre les points A et B.

Ig. — Donc les différents postes d'émission, si j'ai bien compris, doivent se distinguer par leurs fréquences différentes les unes des autres.

Cur. — En effet. La fréquence est, pour l'émetteur, la même chose que le numéro d'appel pour le téléphone.

Ig. — Mais puisque le circuit oscillant ne peut avoir qu'une seule fréquence de résonance, comment pouvons-nous, à volonté, entendre différentes émissions ?

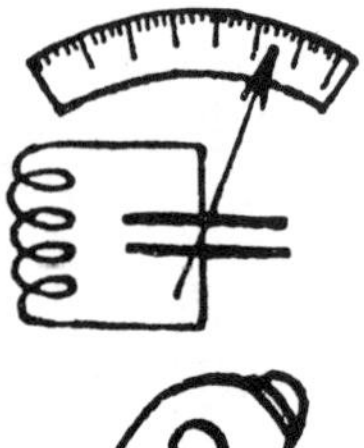

Cur. — Tout simplement en l'*accordant* sur différentes fréquences. Pour changer la fréquence de résonance, il suffit de modifier soit la self-induction, soit la capacité du circuit. Ne voyez-vous pas que, dans la figure, le condensateur C est barré d'une flèche ? Dans les schémas, la flèche indique habituellement que la valeur de l'organe est variable. En l'occurrence, nous utilisons un condensateur à capacité variable ou, comme on dit brièvement, un « condensateur variable ».

Ig. — Donc, en résumé, il y a dans l'antenne plusieurs courants de fréquences différentes. En modifiant la capacité du condensateur variable, vous en pêchez chaque fois un seul dans le circuit oscillant. Nous avons alors entre les points A et B une tension alternative et... qu'en faisons-nous ?

Cur. — Cette tension est généralement faible. Il faut donc l'amplifier avant de lui faire subir d'autres traitements. Pour l'amplification, on se sert des lampes radio dont la prochaine fois, nous percerons les mystères.

Commentaires à la 6me Causerie

FORMULE DE THOMSON.

La période propre ou la période de résonance d'un circuit augmente avec l'augmentation de la self-induction ou de la capacité. Cela est parfaitement logique, car tout ce que nous avons appris au sujet de ces deux grandeurs montre que leur accroissement ne peut que ralentir les oscillations.

Bien mieux, le peu de formules que nous avons établies dans nos résumés nous permettront de déduire la formule de la résonance sans nous livrer à des acrobaties périlleuses.

La résonance a lieu, nous l'avons vu, lorsque l'inductance devient égale à la capacitance pour une certaine fréquence. Essayons de déterminer cette fréquence en établissant l'égalité énoncée.

L'inductance, cela a déjà été dit, est égale à

6,28 f L où f est la fréquence et L la self-induction (en henrys).

De même, la capacitance est égale à $\dfrac{1}{6{,}28\ f\ C}$

où C est la capacité (en farads).

Notre égalité sera donc exprimée comme suit :

$$6{,}28\ f\ L = \frac{1}{6{,}23\ f\ C}$$

Nous avons ce que l'on appelle une équation. Il ne sera guère difficile de déterminer à quoi est égal f, la fréquence que nous cherchons. A cet effet, multiplions les deux membres (valeurs égales réunies par le signe =) par f et divisons-les par 6,28 L. Nous obtenons:

$$f^2 = \frac{1}{6{,}28^2\ L\ C}$$

Et pour terminer extrayons la racine carrée des deux membres :

$$f = \frac{1}{6{,}28\sqrt{L\,C}}$$

Comme la période T est l'inverse de la fréquence f, nous pouvons également écrire :

$$T = 6{,}28\ \sqrt{LC.}$$

Et voilà la FORMULE DE THOMSON établie avec toute la rigueur mathématique... ou presque. Car nous avons négligé la résistance ohmique qui, cependant, intervient, surtout si elle est de valeur relativement importante. Mais dans les circuits employés en radio, on s'efforce à réduire la résistance ohmique au minimum. Aussi, la formule que nous avons établie y demeure-t-elle parfaitement valable.

Elle nous montre, entre autre, que si nous augmentons la capacité (ou la self-induction), 4 ou 9 ou 16 ou 25 fois, la période n'augmentera respectivement que 2 ou 3 ou 4 ou 5 fois (et la fréquence diminuera autant defois).

SÉLECTIVITÉ.

Le phénomène de la résonance offre, en radio, la précieuse possibilité de SÉLECTIONNER, parmi les nombreuses émissions faites sur des fréquences différentes, celle que nous désirons recevoir. C'est grâce à leur SÉLECTIVITÉ que les récepteurs ne reproduisent pas simultanément toutes les émissions dont les ondes parcourent l'espace et engendrent des courants de HAUTE FRÉQUENCE dans l'antenne de réception.

Des circuits oscillants en nombre plus ou moins élevé (un récepteur de modèle courant en comporte cinq), disposés aux points appropriés des circuits électriques d'un récepteur, permettent de ne laisser passer que la fréquence caractéristique d'un émetteur à l'exclusion de toutes les autres.

C'est ainsi qu'un circuit oscillant placé dans l'antenne laissera aisément passer vers la terre tous les courants de fréquences diverses, sauf celui de sa fréquence de résonance. En opposant à celui-ci une impédance élevée, le circuit oscillant verra donc se former à ses bornes une tension alternative qui sera transmise à la suite des circuits d'utilisation du récepteur.

De même, si le circuit oscillant est, comme dans la figure 23, couplé à l'antenne par induction, seuls les courants de la fréquence de résonance susciteront un courant important dans le circuit oscillant et feront apparaître une tension alternative à ses bornes A et B.

ACCORD DES CIRCUITS.

Pour pouvoir choisir l'émission, il faut pouvoir varier la fréquence de résonance des circuits oscillants ou, comme on dit, les ACCORDER sur différentes fréquences. (On dit, de même, CIRCUIT D'ACCORD pour désigner un circuit oscillant accordé sur la fréquence de l'émetteur.)

L'accord des circuits est effectué en variant la valeur de l'une de leurs composantes : self-induction ou capacité. Pour pouvoir parcourir toute une « gamme » de différentes fréquences sans aucun trou, c'est-à-dire pour changer progressivement l'accord sur une certaine étendue de fréquences, il est plus commode de changer la capacité ; c'est réalisé à l'aide des CONDENSATEURS VARIABLES comportant une armature fixe et une armature mobile. Chacune de ces armatures se compose de plusieurs lames, les lames mobiles étant intercalées entre les fixes et étant toutes montées sur un axe. La rotation de ce dernier fait sortir les lames mobiles plus ou moins d'entre les lames fixes, ce qui a pour effet de diminuer plus ou moins la surface en regard des armatures et, par conséquent, la capacité même du condensateur.

Pour que l'accord puisse être effectué avec précision, le mouvement du bouton de manœuvre est démultiplié à l'aide d'un mécanisme approprié, appelé DÉMULTIPLICATEUR (par exemple, système d'engrenages), en sorte que plusieurs tours du bouton sont nécessaires pour faire parcourir à l'armature mobile sa course utile.

L'axe du condensateur variable commande en même temps le mouvement d'une aiguille se déplaçant devant un CADRAN étalonné en fréquences (ou en longueurs d'onde) et portant l'indication des positions d'accord correspondant aux principales stations de radiodiffusion.

Les condensateurs variables les plus usuels sont de l'ordre de 500 pF ou de capacité plus faible.

Dans la position extrême où les lames mobiles sortent des lames fixes, il demeure cependant une certaine capacité entre les armatures. On l'appelle CAPACITÉ RÉSIDUELLE. Suivant la construction elle varie entre 10 et 25 $\mu\mu$F.

Nous verrons plus loin que, pour l'accord, on se sert également de la variation de la self-induction ; celle-ci n'est pas variée progressivement, comme la capacité, mais par bonds, et ses variations servent à passer d'une gamme d'ondes à une autre.

SEPTIÈME CAUSERIE

Pour comprendre la radio, il importe, avant tout, de connaître le tube à plusieurs électrodes qui est la « bonne à tout faire » des montages radio-électriques. Aussi, fidèle à sa promesse, Curiosus entre-t-il dans le vif du sujet, en exposant les propriétés des tubes les plus simples : la diode et la triode. Ignotus apprend ainsi les rôles respectifs de la cathode, de l'anode et de la grille.

Ignotus se documente.

IG. — Comme vous m'avez, la dernière fois, promis de parler des lampes de radio, je me suis un peu documenté sur la question. En consultant mon dictionnaire, j'ai appris qu'elles s'appellent également « lampes électroniques » ou « tubes électroniques ».

CUR. — C'est parfait, Ignotus ! Vous voilà bien informé maintenant !... Pour compléter les renseignements de votre dictionnaire, il me reste à ajouter que les électrons jouent effectivement un rôle important dans les lampes de radio.

IG. — Ne vous moquez pas de moi, Curiosus. Que font les électrons dans ces tubes ?

CUR. — Ils sont émis par la cathode et, après avoir passé dans le vide, à travers une ou plusieurs grilles, ils sont attirés par l'anode.

IG. — De mieux en mieux ! Cathode, anode, grille... autant m'expliquer en sanscrit le calcul intégral.

CUR. — Alors commençons par le commencement. Savez-vous ce que c'est que la chaleur ?

IG. — Mon livre de physique, dans une discrète allusion, explique que la chaleur n'est autre chose que le mouvement rapide et désordonné des molécules, c'est-à-dire des particules élémentaires d'un corps.

CUR. — Et que deviennent les électrons dans les molécules d'un corps chauffé ?

IG. — Je pense que ces électrons peuvent être assimilés à des voyageurs assis dans une voiture qui roule à vive allure en zigzaguant follement. Les électrons voyageurs sont secoués et doivent en souffrir.

CUR. — La science ne possède pas de renseignements sur l'état moral des électrons... mais vous avez raison en disant qu'ils sont fortement secoués. Supposez que la température du corps soit très élevée...

IG. — Dans ce cas, les mouvements des molécules-voitures deviennent tellement rapides et désordonnés que, j'en ai peur, pas mal d'électrons voyageurs seront projetés dehors.

CUR. — Et c'est ce que l'on appelle *émission électronique* d'un corps. Portez à l'incandescence un fil métallique, il en jaillira une quantité d'électrons. Il existe d'ailleurs certains oxydes de métaux pour lesquels l'émission électronique commence déjà à une température relativement basse.

IG. — C'est que, dans ces oxydes, les voyageurs ne se cramponnent pas très fort à leurs voitures. Mais, dites-moi, par quel moyen entendez-vous chauffer le métal pour obtenir l'émission électronique ?

CUR. — Tous les moyens de chauffage peuvent être utilisés : le gaz, le pétrole, le charbon, l'électricité.

IG. — Tiens, tiens !... J'ignorais que l'on faisait des tubes électroniques chauffés au pétrole...

CUR. — En effet, pratiquement on chauffe toujours les *cathodes* (c'est ainsi que s'appelle, dans une lampe, l'électrode servant à l'émission électronique) par un courant

électrique. Mais ce courant de chauffage joue un rôle tout à fait secondaire et pourrait, en somme, être remplacé par toute autre source de chaleur. Dans les tubes modernes, nous trouvons un filament chauffant qui ressemble à celui d'une lampe d'éclairage et qui est porté à l'incandescence par un courant (continu ou alternatif, *c'est indifférent*) qui le parcourt. Ce filament est enrobé dans une couche de matière réfractaire isolante à travers laquelle la chaleur est transmise à un tube en nickel qui l'entoure étroitement. Enfin, la surface du tube en nickel est recouverte d'une couche émissive composée de différents oxydes et qui constitue la cathode proprement dite.

FIG. 24. — Composition de la cathode : F, filament chauffant ; P, couche de matière réfractaire ; C, tube en nickel recouvert de la couche émissive.

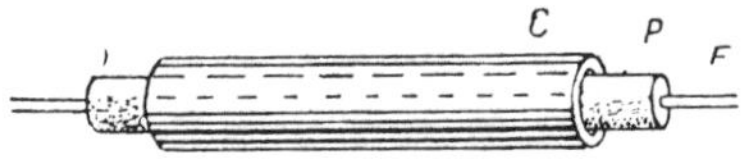

IG. — C'est, en somme, un réchaud électrique sur lequel est posée une bouilloire dont s'échappe une vapeur d'électrons.

CUR. — La comparaison me plaît. Remarquez maintenant que nos électrons échappés de la cathode ne pourront pas aller très loin s'ils rencontrent aussitôt, sur leur trajet, des molécules d'air. Pour leur permettre de se déplacer librement, on place la cathode dans une ampoule de verre vidée de toute trace de gaz.

IG. — Mais où voulez-vous qu'ils aillent, les électrons ?...

Et voici la diode...

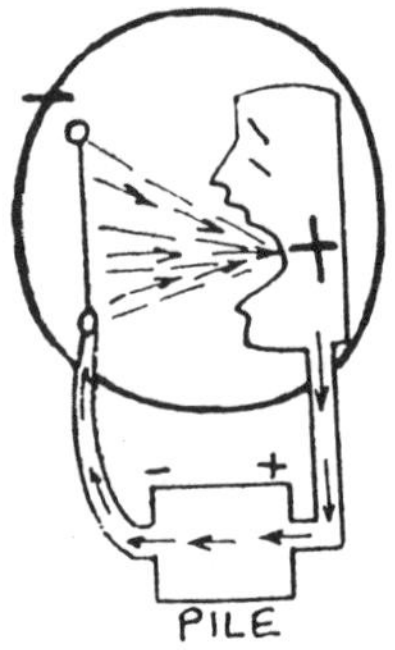

CUR. — Nous allons aménager, dans le tube, un piège à électrons. Ce sera un cylindre placé à une certaine distance autour de la cathode et chargé positivement par rapport à celle-ci à l'aide d'une pile.

IG. — Il me semble que je comprends ce qui se passe alors. Les électrons, étant des particules négatives d'électricité, seront attirés par votre cylindre chargé positivement, et il s'établira un courant d'électrons allant de la cathode à ce cylindre.

CUR. — Le cylindre en question s'appelle *anode* ou *plaque*, et le courant qui va de la cathode à l'anode et qui, après avoir traversé la batterie, revient à la cathode, s'appelle *courant anodique* ou *courant de plaque*. Vous pouvez d'ailleurs déceler sa présence à l'aide d'un milliampèremètre inséré dans le circuit de plaque (fig. 26).

IG. — C'est vraiment étonnant de penser que les électrons se déplacent ainsi dans le vide !... Mais, dites-moi, si par distraction je branche la batterie à l'envers en rendant la cathode positive et l'anode négative, est-ce que les électrons iront alors de l'anode à la cathode ?

CUR. — Non, bien entendu ! Car l'anode, elle, doit être froide et, par conséquent, n'émet pas d'électrons.

IG. — Donc notre tube est, pour les électrons, une rue à sens unique ?

CUR. — Oui, mais on le dit d'une manière plus savante en affirmant que ce tube à deux électrodes (ou *diode*) est une *valve électronique*.

IG. — Je pense que le courant dans une diode est très faible.

CUR. — Et vous ne vous trompez pas, du moins en ce qui concerne les tubes utilisés dans les récepteurs. Leur courant dépasse rarement quelques dizaines de milliampères.

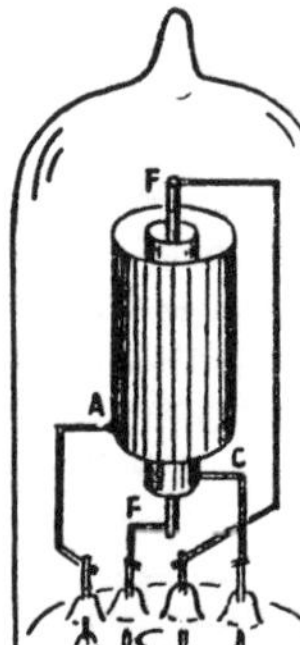

FIG. 25. — La diode : F, filament ; C, cathode ; A, anode.

IG. — Et de quels facteurs dépend ce courant ?

CUR. — Avant tout, de la tension appliquée entre l'anode et la cathode : plus cette tension est grande, plus grande est l'intensité du courant.

IG. — Ça me paraît assez normal : plus l'anode appelle fort les électrons, plus ils viennent nombreux à son appel.

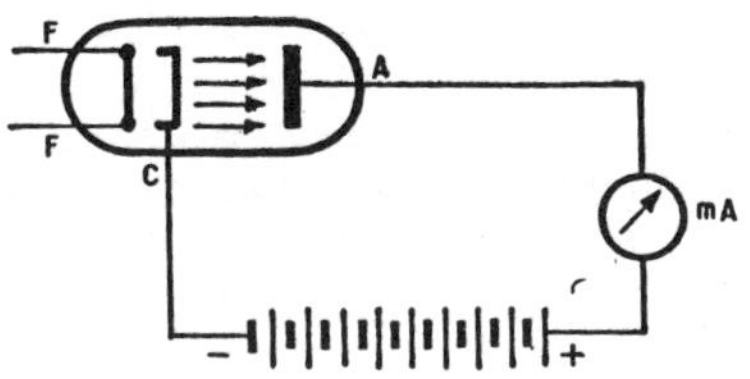

FIG. 26. — Le milliampèremètre mA permet de mesurer le courant qui va de la cathode C à l'anode A.

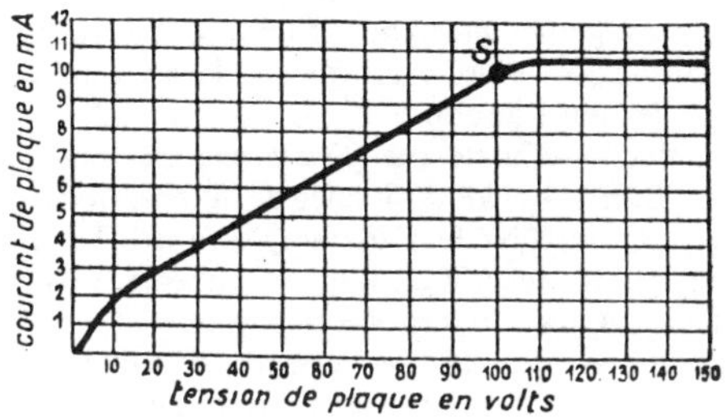

FIG. 27. — Courbe montrant la variation du courant de plaque en fonction de la tension de plaque. A partir de S c'est la saturation.

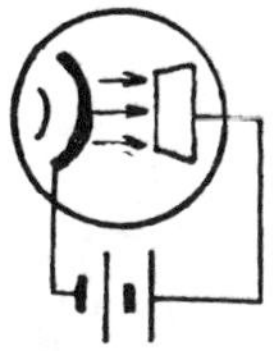

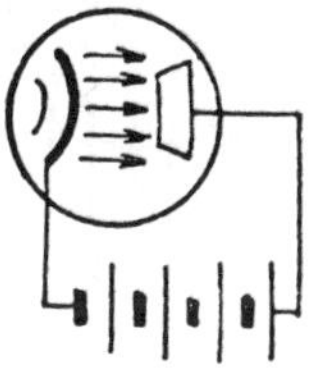

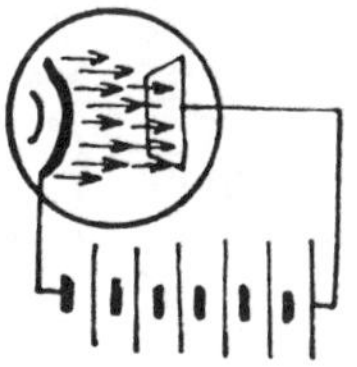

CUR. — Pourtant cette règle n'est juste que jusqu'à une certaine limite au-delà de laquelle, malgré l'augmentation de la tension, l'intensité du courant ne croîtra plus.

IG. — Pourquoi donc ?

CUR. — Parce que, pour une certaine tension, *tous* les électrons émis par la cathode atteindront l'anode. Nous aurons alors, comme on dit, le *courant de saturation*, autrement dit le courant maximum auquel la cathode peut donner lieu.

Ignotus découvre l'Amérique.

IG. — Evidemment, la plus belle cathode du monde ne peut donner que ce qu'elle a... Mais, à propos des cathodes, il me vient une idée formidable. Je crois même que l'on pourrait la breveter.

CUR. — Quelle est donc cette invention sensationnelle ?

IG. — Je crois que l'on pourrait grandement simplifier la structure de la cathode en réunissant en un seul élément le filament chauffant et la surface émissive. Il suffirait, somme toute, de faire passer le courant de chauffage à travers un fil en un métal possédant de bonnes propriétés émissives. Dans ces conditions, un tel filament, en s'échauffant, émettrait lui-même les électrons et constituerait une cathode très simple.

CUR. — Tous mes compliments, Ignotus. Vous venez d'inventer la cathode à *chauffage direct* qui, en effet, est beaucoup plus simple que la cathode à *chauffage indirect* dont je vous ai expliqué la composition. Toutefois, votre invention arrive avec quelque retard. Car les tubes à chauffage direct ont été connus bien longtemps avant les tubes à chauffage indirect. Jusqu'à présent, d'ailleurs, le chauffage direct est utilisé dans les récepteurs alimentés par batteries et aussi, dans certains tubes des récepteurs alimentés par le courant du secteur.

IG. — Décidément, je suis né trop tard et il ne me reste plus rien à inventer.

CUR. — Au contraire, mais peut-être pas dans le domaine des tubes, où l'on a créé une grande variété de modèles. En augmentant le nombre de grilles, leur forme et leur disposition, les techniciens sont arrivés à faire des tubes très intéressants.

Dans le labyrinthe des grilles.

IG. — Mais à quoi servent ces fameuses grilles dont vous me parlez ?

CUR. — Les grilles, — ce sont de véritables grillages métalliques à mailles plus ou moins serrées ou bien des spirales cylindriques, — sont placées sur le trajet des électrons entre la cathode et l'anode.

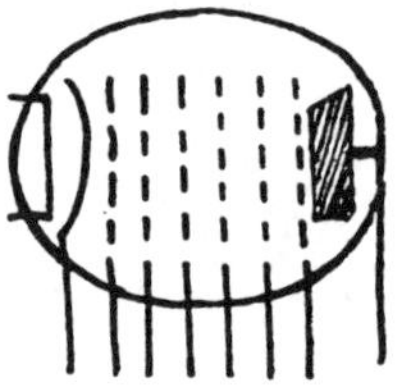

Du point de vue purement géométrique, elles ne constituent guère un obstacle au passage des électrons. Mais, se trouvant placées de la cathode beaucoup plus près que l'anode, elles exercent sur le courant des électrons une influence beaucoup plus grande que l'anode.

IG. — Ça ne me paraît pas très clair. De quel genre d'influence parlez-vous ?

CUR. — De l'influence de la tension de la grille sur l'intensité du courant anodique. Prenons le tube le plus simple (après la diode) : ce sera un tube à une seule grille, ce qui fait, avec la cathode et l'anode trois électrodes seulement. On l'appelle triode, et auprès des modernes « heptodes » et « dodécaodes », elle fait déjà figure d'ancêtre...

IG. — Je préfère cependant que vous me parliez d'abord de la triode. Les électrons sont peut-être suffisamment intelligents pour trouver leur chemin parmi sept ou douze électrodes, mais moi, je trouve que c'est bougrement compliqué !

CUR. — Vous verrez plus tard qu'au fond c'est très simple... Pour vous montrer quelle est, dans une triode, l'influence de la grille sur le courant anodique, je vais placer, entre la cathode et la grille, une petite batterie Bg connectée à la cathode par

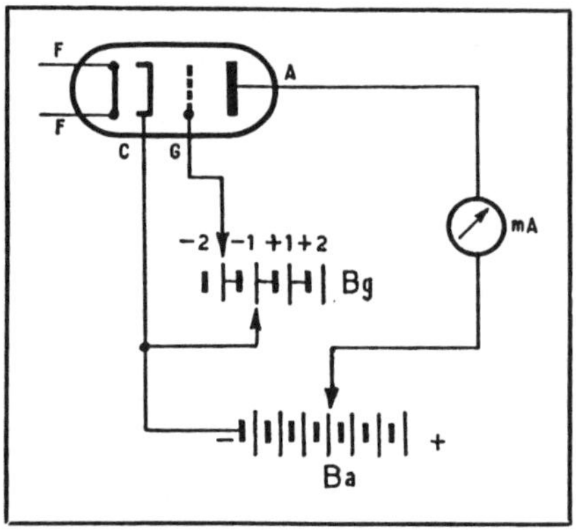

FIG. 28. — Voici un montage qui permet de comparer les influences relatives des tensions de la grille et de l'anode sur le courant de l'anode. La batterie de grille Bg et la batterie de plaque Ba sont à prises, ce qui permet d'en modifier aisément la tension utilisée.

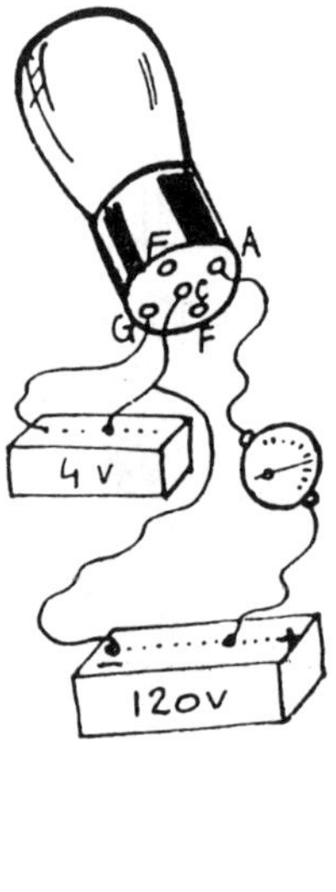

une prise faite au milieu (fig. 28). Je pourrai ainsi appliquer à la grille des tensions soit négatives (en la connectant à gauche de la prise médiane), soit positives (en la connectant à droite de la prise médiane de la batterie). Je pourrai ainsi faire varier la tension de la grille, par rapport à la cathode, de — 2 + 2 volts. De même, la tension de plaque pourra être variée par les prises sur la batterie de plaque Ba dont le pôle négatif est connecté à la cathode.

IG. — Je vois que pour la plaque vous avez pris une batterie de 120 volts, alors que pour la grille vous utilisez seulement une batterie de 4 volts. Pourquoi ?

CUR. — Mais justement parce que, comme vous le constaterez dans un instant, des faibles variations de la tension de grille produisent, sur le courant anodique, le même effet que des fortes variations de la tension de l'anode. Voyez plutôt vous-même. Mettons l'anode à + 80 volts et la grille à — 2 volts. Quel est le courant indiqué par le milliampèremètre *mA ?*

IG. — Un milliampère.

Cur. — Bien. Maintenant, je mets la grille à — 1 volt, c'est-à-dire j'augmente son potentiel d'un volt. Le courant de plaque est maintenant de 4 milliampères. Il a donc augmenté de 3 milliampères pour une variation de 1 volt de la tension de la grille.

Ig. — Je pense qu'il a augmenté parce que la grille, en devenant moins négative, repousse moins énergiquement les électrons qui s'échappent de la cathode.

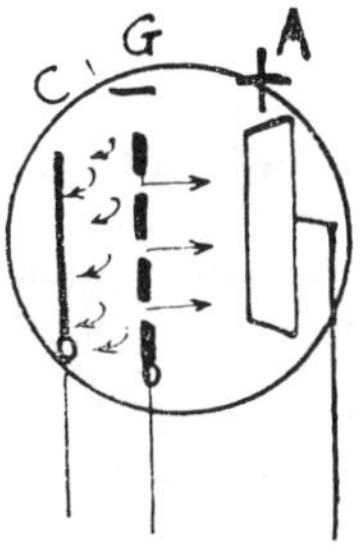

Pente et coefficient d'amplification.

Cur. — Evidemment. Je vous dirai, en passant, que l'augmentation subie par le courant anodique pour l'augmentation d'un volt de la tension de grille s'appelle *pente* ou *inclinaison* de la lampe et est mesurée en milliampères par volt (mA/V). Ainsi, la pente de notre triode est de 3 mA/V parce qu'en augmentant d'un volt la tension de la grille, nous avons élevé de 3 milliampères le courant de plaque.

Ig. — Mais, d'après ce que vous m'avez expliqué précédemment, nous pourrions également élever le courant de plaque en augmentant la tension appliquée à l'anode

Cur. — J'y viens. Remettons la tension de grille à — 2 volts et essayons maintenant d'augmenter le courant de plaque de la même valeur de 3 milliampères, mais en faisant, cette fois, varier la tension de plaque. Vous voyez que je suis obligé de passer de + 80 à + 104 volts, c'est-à-dire d'accroître de 24 volts la tension de plaque pour obtenir le même effet que me donnait la variation d'un volt de la tension de grille.

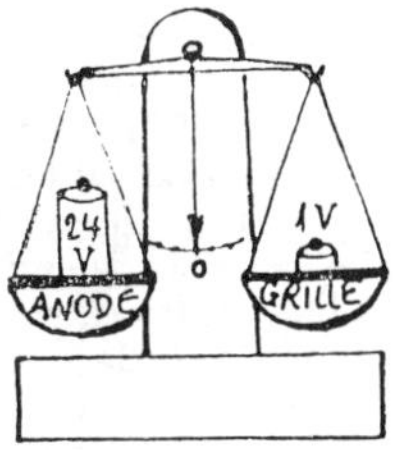

Ig. — Je vois maintenant ce que vous vouliez dire en m'expliquant que la grille a sur le courant anodique une influence beaucoup plus grande que la plaque. En somme, quand la grille murmure un tendre appel aux électrons et quand la plaque les appelle à pleins poumons, l'effet est le même.

Cur. — Vous l'avez dit, Ignotus. Et le nombre qui montre combien de fois la variation de la tension de plaque est plus grande que la variation de la tension de grille qui produit le même effet, ce nombre s'appelle *coefficient d'amplification* de la lampe. Quel est, par exemple, le coefficient d'amplification de notre triode ?

Ig. — Voyons, nous avons dû modifier la tension de plaque de 24 volts pour faire varier le courant de plaque de 3 milliampères. D'autre part, la même variation a été obtenue avec seulement 1 volt sur la grille. Par conséquent la variation de la tension de plaque est 24 fois plus grande que celle de la grille et notre coefficient d'amplification est 24.

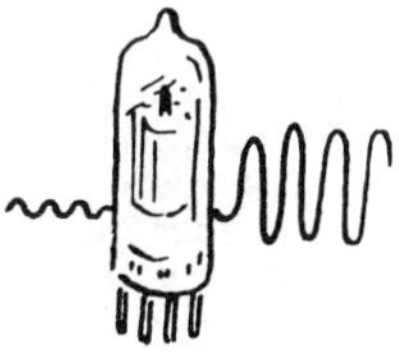

Cur. — C'est parfait. Je vois que vous avez compris. Et je voudrais que, de tout ce que nous avons étudié aujourd'hui vous reteniez surtout cette conclusion importante : *de faibles variations de la tension de grille provoquent de fortes variations du courant de plaque.*

Ig. — Je commence à soupçonner que c'est pour cela que les tubes peuvent amplifier.

Cur. — Et vous ne vous trompez pas.

Commentaires à la 7me Causerie

TUBES ÉLECTRONIQUES.

Jusqu'à présent, nos jeunes amis évoluaient, non sans aisance, dans le domaine de l'électricité générale. Reconnaissons que, parmi les diverses lois qui le régissent, Curiosus a opéré une sélection savante pour ne pas encombrer le cerveau d'Ignotus de notions qui ne lui seront pas d'utilité immédiate dans l'étude de la radio.

En abordant l'étude des lampes (ou tubes) électroniques, nos amis sont entrés de plain-pied dans le domaine de la radio proprement dite, car toute la technique des communications sans fil est actuellement fondée sur l'emploi **de ces tubes** ainsi que des semiconducteurs dont il sera question dans un autre livre. En revanche, leurs applications sont loin de se limiter à la radio ; on les retrouve aujourd'hui dans toutes les branches de la science et de la technique, et le champ de leur emploi s'étend de jour en jour. On **désigne**, d'ailleurs, du terme ÉLECTRONIQUE l'ensemble de leurs applications.

De quoi se compose donc un TUBE ÉLECTRONIQUE ?

Extérieurement, c'est une ampoule comportant, dans certains modèles, un culot isolant et munie de plusieurs contacts en forme de fiches ou d'ergots. L'ampoule même est faite en verre ou en acier (tubes métalliques). Sa qualité essentielle est d'être parfaitement étanche aux gaz, car à l'intérieur on pratique un vide aussi poussé que possible. Ce vide est indispensable pour assurer aux électrons un passage aisé à l'intérieur de l'ampoule. En présence de l'air, les électrons se heurteraient constamment aux molécules, leur élan serait brisé ; et, ce qui est encore plus grave, les molécules de l'air sortiraient des collisions électriquement chargées (on dit « ionisées ») et perturberaient ainsi le fonctionnement normal des lampes.

A l'intérieur de l'ampoule nous trouvons un système d'ÉLECTRODES plus ou moins complexe. Quel qu'il soit, deux électrodes au moins sont indispensables pour faire circuler les électrons : la CATHODE et l'ANODE.

LA CATHODE ET SON CHAUFFAGE.

La cathode a pour fonction de projeter des électrons dans l'espace. Cette ÉMISSION ÉLECTRONIQUE est obtenue en portant un corps à une température élevée. Tous les corps ne possèdent pas dans une égale mesure ce pouvoir émissif ; certains s'y prêtent mieux que les autres, ce qui est plus particulièrement le cas des oxydes de baryum ou de strontium. Le CHAUFFAGE de la cathode est effectué à l'aide d'un courant électrique continu ou alternatif passant à travers un fil résistant appelé FILAMENT et semblable aux filaments des lampes d'éclairage. La cathode, composée d'un mélange d'oxydes recouvrant un cylindre en nickel, entoure le filament. L'isolement entre la cathode et le filament est assuré par une couche de matière isolante et réfractaire (cylindre en porcelaine dans les modèles anciens).

Telle est du moins, la composition relativement compliquée des cathodes à CHAUFFAGE INDIRECT. Mais les fonctions de chaufferette (filament) et d'émetteur d'électrons (cathode proprement dite) peuvent être assumées par le filament même, convenablement traité en vue d'y incorporer des matières émissives. Nous sommes alors en présence des tubes à CHAUFFAGE DIRECT. Toutes les lampes avant 1930 appartenaient à cette catégorie.

Il convient d'insister sur le rôle tout à fait auxiliaire du courant de chauffage qui a pour seule mission de développer la chaleur nécessaire à la cathode pour faire jaillir des électrons. Non seulement on pourrait faire appel à d'autres sources de chaleur (chauffage au gaz, à l'essence, etc...), mais encore pourrait-on utiliser des cathodes sans chauffage. Ainsi, dans les cellules photo-électriques couramment employées en télévision, la cathode se compose d'une couche de métal alcalin et émet des électrons lorsqu'elle est frappée par des rayons lumineux. Peut-être, par ailleurs, l'étude des corps radio-actifs nous fournira-t-elle une cathode à émission puissante ne nécessitant pas de chauffage...

DIODE.

L'effet de l'émission électronique découvert par EDISON n'aurait pas servi à grand-chose si, en 1904, FLEMING n'avait pas eu l'idée de placer près de la cathode une deuxième électrode, l'ANODE ou la PLAQUE, positive par rapport à la cathode. Les électrons, projetés dans l'espace par la cathode, sont alors attirés par l'anode. Et, si une source de tension continue maintient l'anode positive par rapport à la cathode, un courant s'établit, dit COURANT ANODIQUE ou COURANT DE PLAQUE. Partant de la cathode, les électrons passent dans le vide de la lampe, atteignent l'anode ; puis, à travers le circuit extérieur comprenant la source de tension, les électrons reviennent à la cathode (fig. 26). Pour la première fois, cette lampe (dite DIODE) nous permet de « voir » le courant électrique à l'état « pur » ; et nous constatons que les *électrons vont bien du négatif au positif*, contrairement au sens conventionnel jadis adopté pour le courant électrique.

Remarquez que, dans la diode, le courant ne peut aller que dans un seul sens : *de la cathode à l'anode.* Si nous rendons l'anode négative par rapport à la cathode, tout s'arrête. Car les électrons sont repoussés par l'anode ; et cette dernière, étant froide, n'émet pas d'électrons susceptibles d'être attirés par la cathode. Notre diode est donc une véritable VALVE. Et l'on conçoit fort bien qu'une tension alternative appliquée entre ses deux électrodes donnera lieu à un courant unidirectionnel qui, passant pendant la demi-période qui rend l'anode positive, s'arrêtera pendant l'autre demi-période. Cette aptitude de la diode à « redresser » le courant alternatif est, nous le verrons plus loin, utilisée pour la détection et pour l'alimentation des récepteurs sur secteur à courant alternatif.

Comme dans toute résistance, l'intensité du courant anodique de la diode dépend de la tension appliquée entre cathode et anode (TENSION ANODIQUE), en obéissant approximativement à la loi d'Ohm. Le courant augmente proportionnellement à l'augmentation de la tension, mais jusqu'à une certaine valeur seulement ; un accroissement ultérieur de la tension n'entraîne plus une augmentation correspondante du courant du fait que *tous* les électrons émis par la cathode participent déjà au courant anodique. On dit que nous sommes en présence du COURANT DE SATURATION. En fait, seules les cathodes à chauffage direct présentent le phénomène de la saturation tel qu'il vient d'être décrit.

TRIODE.

Deux ans après l'invention de la diode, Lee de FOREST a eu l'idée d'interposer entre la cathode et l'anode une troisième électrode, la GRILLE. Celle-ci, constituée par un grillage ou par une spirale cylindrique, entoure la cathode. Dans notre tube à trois électrodes ou TRIODE la grille est donc placée sur le trajet des électrons, ce qui lui permet d'en régler le débit. En effet, l'intensité du courant électronique ne dépend plus seulement de la tension anodique, mais aussi du potentiel de la grille par rapport à la cathode.

Plus la grille est négative, plus elle freine le passage des électrons, plus elle en repousse vers la cathode, moins il y en a qui, attirés par l'anode, parviennent à s'y frayer leur chemin. Si la grille est très négative, malgré l'attraction de l'anode, elle ne laisse passer aucun électron : le courant est nul. En la rendant de moins en moins négative, nous voyons apparaître un courant qui croît avec l'augmentation du potentiel de la grille (car un potentiel augmente en devenant moins négatif).

Ce qui est remarquable, c'est que l'influence sur l'intensité du courant anodique exercée par la grille est beaucoup plus forte que celle qu'exerce l'anode. *Une faible variation du potentiel de la grille suffit pour déterminer une forte variation du courant anodique.* Si nous laissons la grille à un potentiel constant et voulons provoquer la même variation du courant en modifiant la tension de l'anode, il faut modifier celle-ci beaucoup plus. Cela s'explique, d'ailleurs, aisément par le fait que la grille est placée plus près de la cathode que l'anode. Et c'est sur ce phénomène qu'est basé le pouvoir amplificateur du tube électronique.

PENTE.

La variation qu'imprime au courant anodique la variation du potentiel de grille s'appelle PENTE de la lampe. Elle est exprimée en milliampères par volt (mA/V). La pente montre, par conséquent, de combien de milliampères augmente (ou diminue) le courant de plaque lorsque nous élevons (ou diminuons) de 1 volt le potentiel de la grille. Les tubes courants ont une pente allant de 1 à 15 mA/V.

Si nous désignons par dIa la variation du courant anodique et par dEg la variation du potentiel de la grille, la pente S aura pour expression :

$$S = \frac{dIa}{dEg}$$

COEFFICIENT D'AMPLIFICATION.

Nous avons dit, tout à l'heure, que, pour provoquer *la même variation du courant anodique*, il faut modifier la tension de l'anode plus que la tension de la grille. Le rapport de ces deux variations porte le nom de COEFFICIENT D'AMPLIFICATION. Si, par exemple, pour augmenter le courant de 1 milliampère, on peut procéder soit en augmentant de 28 volts la tension anodique, soit en augmentant de 2 volts la tension de grille, le coefficient d'amplification est égal à 28 : 2 = 14.

Le coefficient d'amplification des triodes dépasse rarement 100, mais dans les tubes à plus de trois électrodes il atteint souvent une valeur supérieure à 1 000.

En désignant par dEa la variation de la tension de plaque, le coefficient d'amplification K sera égal à :

$$K = \frac{dEa}{dEg}$$

RÉSISTANCE INTERNE.

Il existe, enfin, une troisième caractéristique que Curiosus a passée sous silence, mais qu'il n'est pas inutile de connaître : c'est la RÉSISTANCE INTERNE des tubes. Souvenons-nous de la loi d'Ohm, d'après laquelle la résistance s'exprime par le rapport de la tension à l'intensité. Aussi, ne serons-nous guère surpris en apprenant que *la résistance d'une lampe est définie comme le rapport de la variation de la tension anodique à la variation qu'elle produit dans l'intensité du courant anodique.* En désignant la résistance interne par ρ (lettre grecque rô), nous avons donc :

$$\rho = \frac{dEa}{dIa}$$

La résistance interne est exprimée en ohms. Pour les triodes, sa valeur varie entre quelques milliers et quelques dizaines de mille ohms. Pour les tubes à plus de trois électrodes, elle est de l'ordre de centaines de mille ohms.

Il faut noter que la pente et la résistance interne d'un tube donné peuvent varier dans certaines limites suivant le potentiel de la grille ; par contre, le coefficient d'amplification demeure pratiquement indépendant des tensions des électrodes, car il est déterminé par leur disposition et leurs dimensions.

RELATIONS ENTRE S, K ET ρ.

Ce n'est pas pour accumuler à plaisir des formules que nous venons de donner les expressions mathématiques de S, K et ρ. En effet, elles nous permettent d'établir la relation très simple qui lie ces trois grandeurs. Multiplions S par ρ :

$$S \times \rho = \frac{dIa}{dEg} \times \frac{dEa}{dIa} = \frac{dEa}{dEg} = K.$$

Nous voyons que *le coefficient d'amplification est égal au produit de la pente par la résistance interne.* Si la pente est exprimée en mA/V, il faut exprimer la résistance interne en *milliers* d'ohms, sinon nous obtiendrons des résultats absurdes.

Grâce à la relation établie, il suffit de connaître deux des grandeurs pour pouvoir calculer la troisième. Ainsi, par exemple, si la pente d'une lampe est de 3 mA/V et sa résistance interne de 80 000 Ω, nous calculons sans difficulté son coefficient d'amplification :

$$K = 3 \times 80 = 240.$$

HUITIÈME CAUSERIE

Qu'est-ce que l'« entrée » et la « sortie » d'un tube? Qu'appelle-t-on « courbe caractéristique » ?... Comment la relève-t-on et quelle est sa forme ? Qu'est-ce que le « point de fonctionnement » et la « polarisation » ?... Telles sont les questions que Curiosus expose à Ignotus, en examinant les conditions dans lesquelles un tube amplifie sans déformation les tensions appliquées entre la grille et la cathode.

Ignotus se conduit très mal.

CUR. — Votre mère, Ignotus, vient de se plaindre amèrement de votre conduite. Vous avez, paraît-il, encombré la table de la salle à manger avec des piles, des lampes et des bobines, vous avez attaché un fil au radiateur, et votre bonne n'est pas encore remise de la chute qu'elle a faite en se prenant le pied dedans.

IG. — Tout cela, je vous assure, me laisse bien froid. Mais ce qui me désole, c'est que mon récepteur ne fonctionne pas.

CUR. — Vous auriez construit un récepteur ?... Mais qui donc vous en a donné le schéma ?...

IG. — Il me semble qu'avec les notions que j'ai de la radio-électricité, il ne m'a pas été difficile d'en concevoir un moi-même. Tenez, le voici. Vous voyez qu'il y a, entre l'antenne et la terre, un circuit d'accord LC. Aux bornes A et B de ce circuit apparaissent les tensions alternatives de haute fréquence dues au courant de l'antenne, comme vous me l'avez expliqué. Eh bien ! ces tensions-là, je les applique entre la cathode et la grille d'une lampe. La dernière fois, nous avons établi que des faibles variations de la tension de grille produisent des fortes variations du courant de plaque. Aussi aurons-nous, dans l'écouteur téléphonique T, que j'ai intercalé dans le circuit de plaque, des courants variables et... devrons-nous entendre de la musique.

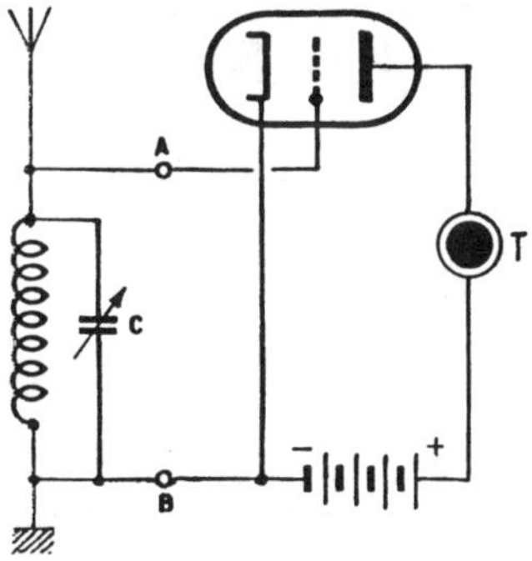

FIG. 29. — Récepteur dû à la conception technique d'Ignotus. La lampe est correctement montée en amplificatrice... mais les oscillations amplifiées ne feront entendre aucun son dans l'écouteur T.

CUR. — L'entendez-vous ?

IG. — Hélas ! je ne perçois aucun son, la lampe est probablement détraquée...

CUR. — Le plus étonnant, c'est que votre raisonnement est parfaitement juste... jusqu'à un certain point. En effet, pour utiliser les propriétés amplificatrices de la lampe, on doit appliquer la tension à amplifier entre sa grille et sa cathode, ces deux électrodes formant « l'entrée » de la lampe. La « sortie » se fait entre l'anode et la cathode, c'est-à-dire dans le circuit de plaque où l'on recueille les oscillations amplifiées sous la forme d'un courant de plaque variable. A ce point de vue, votre schéma est parfait. Mais, pour plusieurs raisons, le téléphone ne reproduira aucun son, ne serait-ce que parce que sa membrane ne peut vibrer à la fréquence des oscillations radioélectriques.

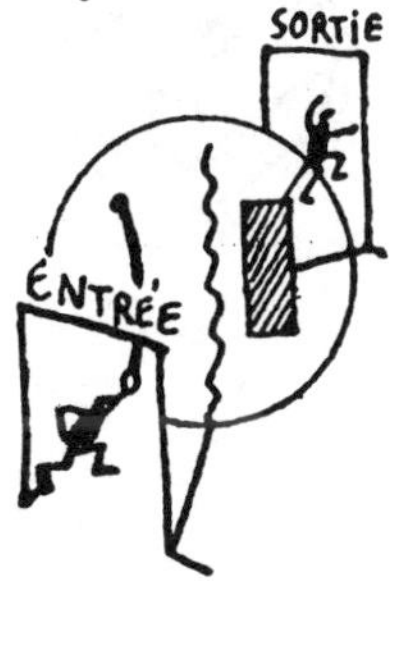

IG. — Que faire alors ?

Dans le règne des courbes.

Cur. — Laissez pour le moment votre montage de côté et occupons-nous des tubes. La dernière fois, nous avons examiné très sommairement la relation qui existe entre le courant anodique et la tension de grille. Pour la connaître plus à fond, reprenons le dispositif que nous avons déjà utilisé lors de notre dernière causerie (fig. 30) et notons soigneusement quelle est la valeur du courant anodique pour chaque valeur de la tension de grille qui sera ici réglable entre — 4 et + 4 volts.

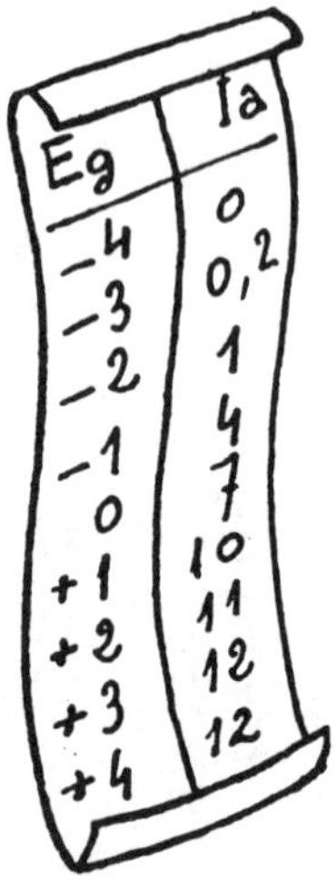

Ig. — Je vois que pour — 4 volts de grille, le courant est nul ; la grille est trop négative et repousse tous les électrons. Pour — 3 volts, nous avons 0,2 mA ; pour — 2 volts, 1 mA ; pour — 1 volt, 4 mA ; pour 0 volt, 7 mA ; pour + 1 volt, 10 mA ; pour + 2 volts, 11 mA ; pour + 3 volts et pour toutes les tensions supérieures, c'est 12 mA et ça ne change plus.

Cur. — D'après ces valeurs, nous allons tracer la *courbe caractéristique* de notre tube (fig. 31). Cette courbe constitue en quelque sorte le passeport du tube. Elle nous renseigne sur ses propriétés et nous permet ainsi de l'utiliser au mieux. On peut distinguer, dans cette courbe, trois parties différentes. D'abord, de l'extrémité gauche jusqu'au point A, c'est le *coude inférieur*. Ensuite, entre A et B, le courant croît proportionnellement à la tension de grille : c'est la *partie rectiligne* de la courbe. Enfin, à partir de B nous avons le *coude supérieur* suivi d'un palier horizontal qui correspond à la saturation : tous les électrons émis par la cathode atteignent l'anode.

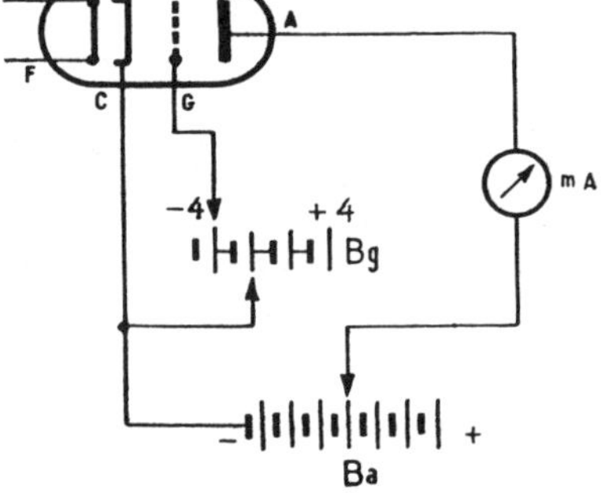

FIG. 30. — Dispositif permettant de relever la courbe caractéristique de la lampe.

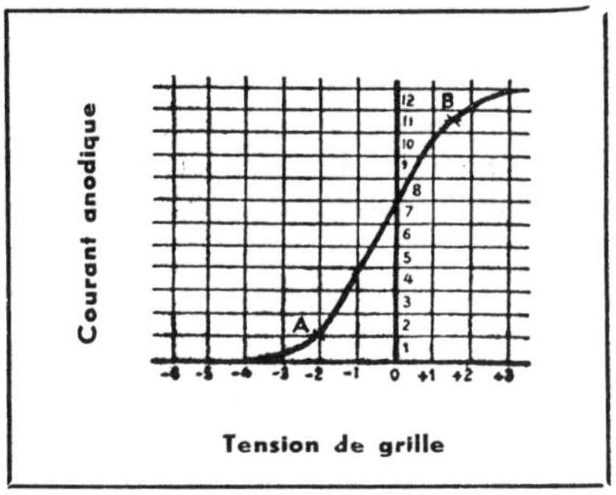

FIG. 31. — Courbe caractéristique d'une lampe.

Ig. — Est-ce que nous aurions la même courbe si, au lieu de 80 volts, nous avions appliqué à l'anode une tension différente ?

Cur. — Certes non. Si, par exemple, la tension de plaque est supérieure, l'anode appelle les électrons plus fort et, par conséquent, pour la même tension de grille, le courant de plaque est supérieur. On peut d'ailleurs tracer une courbe caractéristique pour chaque tension de plaque, et ainsi nous obtenons toute une « famille » de caractéristiques (fig. 32).

Ig. — Je vois que les caractéristiques se déplacent vers la gauche au fur et à mesure que la tension de plaque augmente.

Cur. — On a d'ailleurs le plus souvent intérêt à utiliser des tensions de plaque élevées afin de déplacer la courbe caractéristique (et surtout sa partie rectiligne) à gauche du point zéro des tensions de grille.

Ig. — Je vous avoue que je ne vois pas bien l'utilité de cela.

Cur. — Vous le comprendrez plus tard. Sachez, pour l'instant, que l'on préfère maintenir la grille dans le domaine des tensions négatives (c'est-à-dire à gauche du point zéro) pour éviter l'apparition du courant de grille qui se forme dès que la grille devient positive.

Le domaine interdit.

IG. — Courant de grille ?... Qu'est-ce que c'est ?

CUR. — Chose facile à comprendre : quand la grille devient positive par rapport à la cathode, elle agit à la manière de l'anode et attire les électrons. Il se crée ainsi un courant de la cathode vers la grille, courant très faible, mais pouvant, suivant les circonstances, produire des résultats très fâcheux.

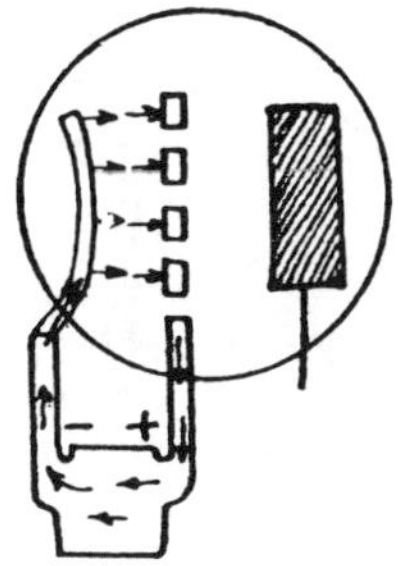

IG. — Petites causes, grands effets, comme disait mon oncle qui, glissant sur une pelure de banane, s'est cassé la jambe... Mais comment peut-on maintenir la grille dans le domaine des tensions négatives, suivant votre élégante expression ?

CUR. — Avant tout, Ignotus, il convient que vous distinguiez parfaitement la différence qu'il y a entre la *tension moyenne* de grille ou, comme on dit, son *point de fonctionnement*, et les *valeurs instantanées* de sa tension. La tension moyenne est celle qui est appliquée à la grille au repos, c'est-à-dire en l'absence des signaux ou, autrement dit, des tensions alternatives.

IG. — Mais je pense que normalement la grille doit se trouver au même potentiel que la cathode, c'est-à-dire au potentiel zéro.

CUR. — Erreur ! Dans la plupart des lampes amplificatrices, la grille est *polarisée* négativement par rapport à la cathode ; c'est-à-dire qu'on lui applique une certaine

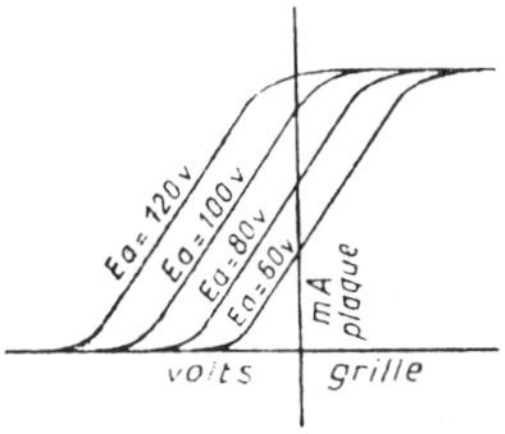

FIG. 32. — Famille de courbes dont chacune correspond à une tension Fa de plaque déterminée.

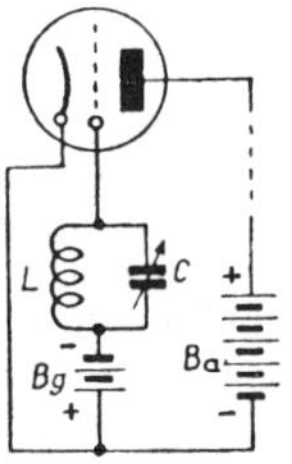

FIG. 33. — La grille est polarisée par la pile Bg de faible tension.

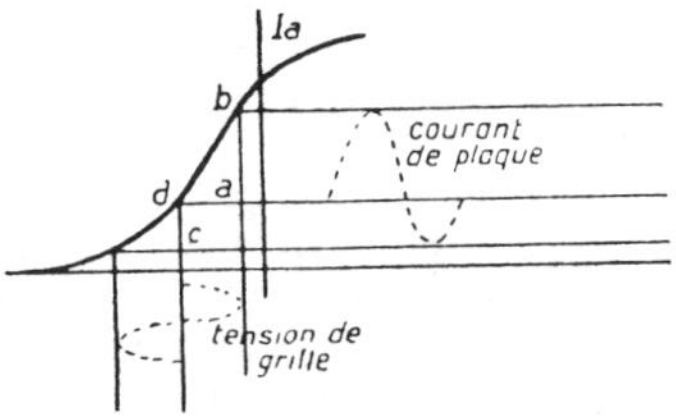

FIG. 34. — Si la lampe fonctionne près du coude de la courbe, le courant est déformé.

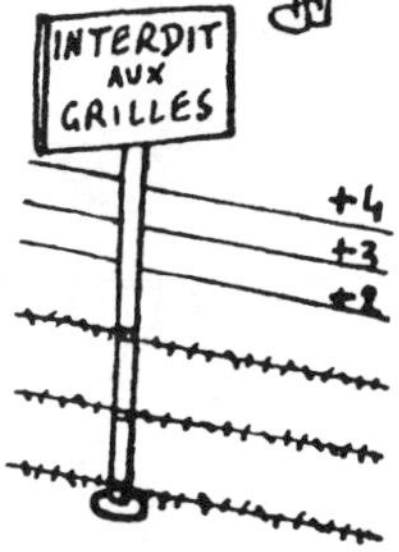

tension négative, par exemple à l'aide d'une petite pile qui n'aura à débiter aucun courant (fig. 33).

IG. — Oui, je comprends. C'est précisément pour que la grille demeure dans le domaine des tensions négatives.

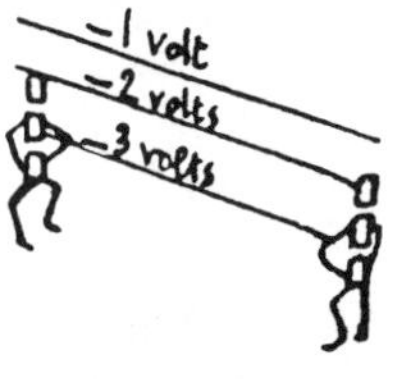

CUR. — Certes. Mais, en plus de cette tension permanente, à la grille d'une lampe amplificatrice sont également appliquées des tensions alternatives. Supposez, par exemple, qu'en plus d'une tention de polarisation de — 9 volts, nous appliquions à la grille une tension alternative de 5 volts. Quelles seront alors les tensions instantanées extrêmes de la grille ?

IG. — Pendant l'alternance négative, la grille atteindra — 9 — 5 = — 14 volts et, pendant l'alternance positive, — 9 + 5 = — 4 volts.

CUR. — Bravo ! Je vois qu'on n'est pas trop ignorant en algèbre !... Maintenant, supposez que la grille ne soit polarisée qu'à — 3 volts. En appliquant la même tension alternative...

IG. — ... nous aurons d'une part — 3 — 5 = — 8 volts et, d'autre part, — 3 + 5 = + 2 volts... Ah ! je vois que, dans ce dernier cas, nous arrivons dans le domaine interdit des tensions positives, avec leur courant de grille et ses fâcheuses conséquences. Vous voyez que la polarisation, suffisante dans le premier cas, ne l'est plus maintenant.

Les conditions de bon fonctionnement.

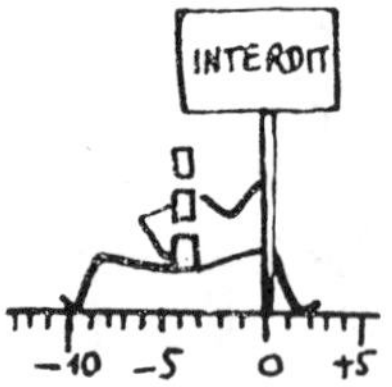

Cur. — Vos conclusions sont frappées au coin du bon sens... Nous voyons donc, tout d'abord, que la polarisation négative appliquée à la grille doit être au moins égale à l'amplitude de la tension alternative. Mais, d'autre part, il y a encore une condition importante pour que l'amplification s'effectue sans déformation : il faut que la lampe fonctionne dans la partie rectiligne de sa courbe.

Ig. — Je n'en vois pas la raison.

Cur. — Pour éviter la déformation, il faut que les variations du courant de plaque soient rigoureusement proportionnelles aux variations de la tension de grille. En faisant fonctionner la lampe dans la partie rectiligne, nous aurons cette proportionnalité. Mais supposez (fig. 34) que les tensions instantanées de la grille touchent une partie coudée. Dans ces conditions, une alternance positive donnera une augmentation *ab* du courant de plaque supérieure à celle *cd* produite par l'alternance négative.

Ig. — Oui, la courbe du courant de plaque obtenue n'est pas aussi symétrique que celle de la tension de grille.

Cur. — Et c'est signe qu'une indésirable déformation s'est produite.

Dans un esprit de synthèse.

Ig. — En somme, quand on a tracé le réseau des courbes montrant la variation du courant anodique en fonction de la tension de grille, on sait comment utiliser le tube.

Cur. — Oui. J'ajouterai que, bien souvent, on a intérêt à relever des courbes montrant comment le courant anodique varie en fonction de la tension appliquée à l'anode.

Ig. — Je suppose qu'on relève de telles courbes en fixant la valeur de la tension de grille. Et, ici encore, on doit pouvoir tracer toute une famille de courbes dont chacune doit correspondre à une valeur donnée de la tension de grille.

Cur. — Vos suppositions sont justes, Ignotus.

Ig. — Je constate, en somme, que nous avons toujours affaire ici à trois grandeurs :

1) La tension de grille E*g* ;

2) La tension d'anode E*a* ;

3) L'intensité du courant anodique I*a* (qui dépend des deux premières).

On peut donc étudier les variations de cette intensité soit en variant la tension de grille (et en maintenant fixe celle d'anode), soit en variant la tension d'anode (mais en rendant alors fixe la tension de grille).

Cur. — Vous faites, aujourd'hui, preuve d'un louable esprit de synthèse, cher ami.

Ig. — Je pourrais même pousser les choses plus loin en affirmant que de la même manière on détermine la pente (rapport des variations de I*a* et de E*g* pour E*a* fixe) et le coefficient d'amplification (rapport des variations de E*a* et de E*g* pour la même variation de I*a*). On change toujours deux grandeurs en immobilisant la troisième.

Cur. — C'est tellement vrai qu'il existe une troisième caractéristique dont je ne vous ai pas encore parlé : la *résistance interne* d'un tube qui est le rapport d'une faible variation de la tension anodique à la faible variation d'intensité du courant anodique qu'elle provoque...

Ig. — ... en maintenant fixe la tension de la grille, je pense.

Cur. — Bien entendu, cher ami. Vous semblez décidément avoir bien compris ces choses. Vous connaissez donc maintenant les meilleures conditions d'utilisation de la lampe dans le rôle d'amplificatrice.

Ig. — Oui, mais j'ignore encore la façon de monter un récepteur qui fonctionne et je ne sais pas, pour le moment, à quoi servent les nombreuses grilles des tubes dont vous m'avez parlé.

Cur. — Il nous reste donc encore pas mal de sujets pour nos causeries.

Commentaires à la 8me Causerie

COURBE CARACTÉRISTIQUE.

Dans une lampe triode, nous l'avons vu, l'intensité du courant de plaque dépend à la fois, mais pas dans la même mesure, de la tension de grille et de la tension anodique. La première a une influence plus grande que la seconde.

On peut graphiquement représenter comment l'intensité du courant de plaque I*a* varie selon les valeurs que prend soit la tension de grille E*g*, soit la tension anodique E*a*. Ainsi, pour tracer la courbe de I*a* en fonction de E*g*, nous maintenons la tension de plaque E*a* à une valeur constante et, en donnant à la tension de grille E*g* une suite de valeurs différentes (dans l'ordre croissant ou décroissant), nous notons les valeurs correspondantes du courant anodique I*a*.

Ensuite, sur un papier quadrillé nous traçons deux axes perpendiculaires : l'axe horizontal qui sera affecté aux tensions de grille et l'axe vertical qui sera gradué en intensités du courant de plaque. Nous considérerons le point de croisement des deux axes comme point zéro et porterons les valeurs négatives des tensions de grille à gauche de ce point, les valeurs positives à droite.

A chaque paire de valeurs correspondantes de E*g* et de I*a* que nous avons notées correspondra alors un point que nous obtiendrons par le croisement des perpendiculaires dressées des points correspondants des axes. Par exemple, si pour — 1 V de tension de grille, le courant anodique est de 4 mA, nous obtenons le point correspondant comme suit : sur l'axe horizontal nous élevons une perpendiculaire au point — 1 V, et sur l'axe vertical nous élevons une perpendiculaire au point 4 mA (la première perpendiculaire sera donc verticale, la seconde horizontale) et le point de leur croisement déterminera à la fois les deux valeurs correspondantes.

Après avoir tracé ainsi plusieurs points, nous les relions par une ligne (fig. 31) qui est la CARACTÉRISTIQUE DU COURANT DE PLAQUE EN FONCTION DE LA TENSION DE GRILLE. Au fur et à mesure que la grille devient moins négative, le courant augmente, d'abord très lentement, puis, après le coude inférieur de la courbe, plus vite ; là, la ligne comporte un tronçon droit, ce qui montre que, dans cet intervalle des tensions de grille, le courant de plaque leur est proportionnel. Plus loin, enfin, la courbe s'incurve de nouveau, surtout s'il s'agit d'un tube à chauffage direct sujet au phénomène de la saturation.

AUTRES COURBES.

On pourra, de la même façon, relever une deuxième courbe en fixant la tension de plaque à une valeur plus élevée. Dans ce cas, le courant sera plus fort, et la courbe se trouvera déportée à gauche de la première. Pour bien caractériser un tube, il est utile de relever tout

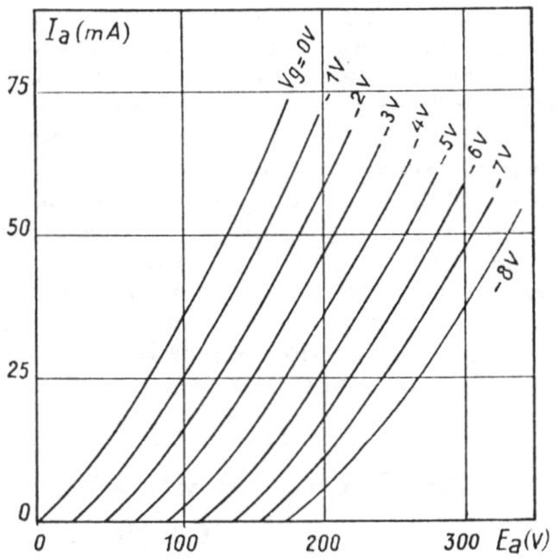

FIG. II. — Courbes montrant la variation du courant de plaque d'une triode en fonction des variations de la tension de plaque. Chaque courbe est relevée pour une tension de grille Vg (également appelée Eg).

un réseau (ou une « famille ») de ces courbes (fig. 32), chacune correspondant à une tension de plaque donnée.

Notons qu'un autre système de courbes peut être tracé, si l'on part d'un point de vue un peu différent : on peut, en fixant la valeur de la tension de grille, varier la tension anodique et noter les valeurs correspondantes du courant anodique. Portant sur l'axe horizontal les valeurs de E*a* et sur l'axe vertical les valeurs de I*a*, nous aurons la CARACTÉRISTIQUE DU COURANT ANODIQUE EN FONCTION DE LA TENSION DE L'ANODE (fig. II et III).

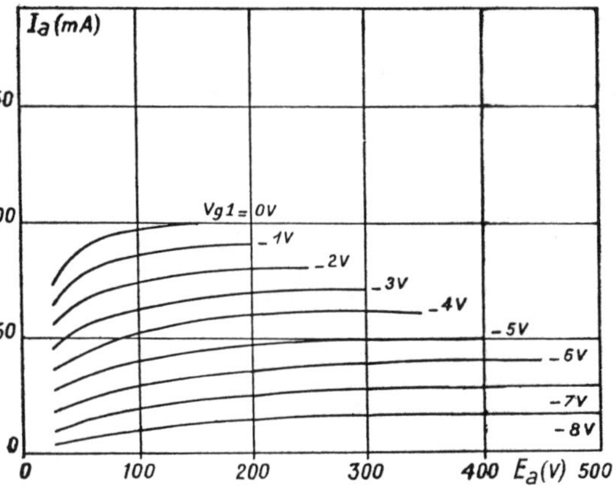

FIG. III. — Mêmes courbes relevées pour une pentode, c'est-à-dire un tube à 3 grilles (qui sera étudié plus loin).

Là encore, nous pouvons tracer tout un réseau de courbes, chacune correspondant à une tension de grille donnée. Et, par une opération relativement simple, mais que nous n'indiquerons pas ici, on peut passer d'un système de courbes à l'autre.

Les courbes d'un tube renseignent le radioélectricien sur ses propriétés, sur la meilleure façon de l'utiliser, sur la manière dont il se comportera dans tel ou tel montage. Montrons, à titre d'exemple, comment leur étude permet de déterminer la pente, le coefficient d'amplification et la résistance interne.

DÉTERMINATION GRAPHIQUE DE S, K ET ρ.

La *pente*, rappelons-le, montre de combien varie le courant anodique si nous varions de 1 volt la tension de grille. Sur le réseau des caractéristiques de la figure IV, prenons une courbe, par exemple celle qui correspond à $Ea = 160$ V. Nous voyons que, pour une tension de grille de — 3 V, le point A donne une intensité de 3 mA ; et pour — 2 V le point B donne 6 mA. Donc en augmentant de 1 V la tension de grille, nous avons augmenté de 3 mA le courant de plaque. La pente est donc de 3 mA/V.

On remarquera que la pente est, en général, égale au rapport de BC à AC. Plus la courbe a une ... pente raide, plus la pente est élevée. On comprend ainsi mieux pourquoi le mot « pente » a été adopté par les radioélectriciens. Noter que, si la pente reste la même dans toute la partie rectiligne de la courbe, elle diminue dans le coude (ainsi elle est plus faible au point D).

Passons maintenant à la détermination du *coefficient d'amplification* qui est le rapport entre les variations des tensions d'anode et de grille donnant lieu à la même variation du courant anodique. Réunissons par une ligne horizontale deux points P et Q sur deux courbes voisines. Ces deux points correspondent au même courant de plaque. Quand nous passons de Q à P, que faisons-nous ? Nous augmentons d'une part la tension de la grille de 1,5 volt (puisqu'elle passe de — 3 à — 1,5 V) ; cela devrait provoquer une augmentation du courant de plaque. Cependant, celui-ci demeure inchangé, car l'effet de la variation de la tension de grille est neutralisé par la diminution de la tension de plaque : celle-ci est réduite de 40 volts, car de la courbe de $Ea = 200$ V nous sommes passés à la courbe $Ea = 160$ V. Ainsi la variation de 40 V de la tension de plaque produit sur le courant de plaque le même effet que la variation de 1,5 V de la tension de grille. Le coefficient d'amplification, rapport de ces deux tensions, est donc égal à

$$40 : 1,5 = 26,7.$$

Pour terminer, tâchons de tirer de nos courbes la valeur de la *résistance interne*. Celle-ci est, nous l'avons dit, le rapport de la variation de tension anodique à la variation du courant anodique qu'elle entraîne ; on suppose que la tension de grille demeure constante.

Sur notre graphique, tous les phénomènes qui se produisent sans variation de la tension de grille se situent sur une verticale. Ainsi, en admettant que la grille soit à — 3 V, ce

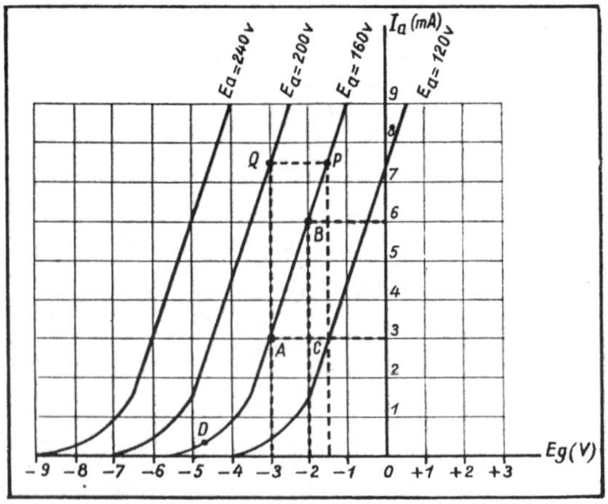

FIG. IV. — Les courbes de la variation du courant de plaque en fonction de la tension de grille permettent de déterminer la pente, le coefficient d'amplification et la résistance interne de la lampe.

sera la verticale passant par le point — 3 V de l'axe horizontal. Si la tension anodique passe de 160 V (point A) à 200 (point Q), nous avons une variation de tension de 40 V. Elle entraîne une augmentation du courant qui de 3 mA (au point A) passe à 7,5 mA (au point Q), soit une variation de 4,5 mA ou, en ampères, 0,0045 A. La résistance interne est donc égale à

$$40 : 0{,}0045 = 8\,900 \text{ ohms environ.}$$

Nous pouvons vérifier que la relation $K = S \times \rho$ se justifie. En effet, en comptant $\rho = 8{,}9$ milliers d'ohms nous avons :

$$S \times \rho = 3 \times 8{,}9 = 26{,}7.$$

Or, nous avons trouvé $K = 26{,}7$ ce qui montre que l'ordre règne dans le domaine de la radio...

ENTRÉE ET SORTIE D'UN TUBE.

Pour bénéficier du pouvoir amplificateur d'un tube, la tension alternative à amplifier est appliquée entre la grille et la cathode. En faisant ainsi varier le potentiel de la grille par rapport à la cathode, nous entraînons des variations considérables dans l'intensité du courant de plaque (elles sont K fois plus fortes qu'au cas où la tension serait appliquée entre anode et cathode.) Ces variations du courant de plaque peuvent, à leur tour, être réamplifiées par un deuxième tube, comme nous le verrons plus loin.

Ainsi, la tension à amplifier est donc appliquée à ce que nous conviendrons d'appeler ENTRÉE de la lampe (grille-cathode), la SORTIE se trouvant dans le circuit anodique.

Les tensions alternatives à l'entrée seront relativement faibles ; la première lampe destinée à amplifier la très faible tension créée par les ondes dans le circuit accordé de l'antenne recevra à l'entrée une tension de l'ordre de quelques microvolts ou dizaines de microvolts (certes, un émetteur proche et puissant peut susciter des tensions de plusieurs millivolts). En revanche, les dernières lampes dans la chaîne d'amplification d'un récepteur auront affaire à des tensions d'entrée fortement amplifiées et pouvant atteindre plusieurs volts et même plusieurs dizaines de volts.

POLARISATION DE GRILLE.

Outre la tension variable appliquée entre grille et cathode, il convient également d'envisager la TENSION MOYENNE DE LA GRILLE, c'est-à-dire la tension continue établie entre la grille et la cathode en l'absence des tensions variables (par exemple pendant le silence du poste d'émission). Cette tension (dite de POLARISATION de grille) peut, par exemple, être fixée à l'aide d'une pile B (fig. 33) placée entre grille et cathode. C'est elle qui détermine, sur la caractéristique de la lampe, son POINT DE FONCTIONNEMENT. Ainsi, dans la figure IV, si la tension de plaque est de 160 V et si la grille est polarisée à — 3 V, son point de fonctionnement est en A. Le courant anodique moyen (ou courant au repos) est de 3 mA.

Lorsqu'une tension alternative vient à son tour agir sur la grille, la tension varie autour de la tension moyenne en plus et en moins. Ainsi, en admettant que la tension moyenne soit de — 3 V et que l'amplitude de la tension variable soit de 2 V, les tensions instantanées de grille varieront entre — 5 et — 1 V. En même temps, le courant de plaque variera lui aussi autour de sa valeur moyenne jusqu'aux valeurs extrêmes qui correspondent aux tensions — 5 et — 1 V de la grille.

Deux dangers doivent être évités sous peine de provoquer des déformations (DISTORSIONS, disent plus élégamment les radioélectriciens). D'une part, il faut que les variations du courant de plaque soient proportionnelles aux variations de la tension de grille. Cette condition sera satisfaite si les tensions instantanées de grille ne dépassent pas la partie rectiligne de la courbe caractéristique. (C'est, d'ailleurs, pour cette raison que les déformations dues à la courbure de la caractéristique portent le nom de « distorsion non-linéaire » : prononcé avec un peu d'à-propos, ce terme produit toujours son petit effet... surtout sur ceux qui en ignorent le sens.)

L'autre danger nous guette au point où la tension de grille devient égale à zéro. Si nous le dépassons, c'est-à-dire si la grille devient positive, il s'établit un COURANT DE GRILLE. En fait, la grille positive se comporte comme anode ; elle attire des électrons qui se mettent à circuler dans le circuit de grille vers la cathode. A vrai dire, le courant de grille commence déjà lorsque la grille est encore légèrement négative (— 1,5 V à — 1 V, suivant la lampe), et cela est dû à l'énergie avec laquelle les électrons sont projetés par la cathode. Le courant de grille produit des perturbations graves : son entretien nécessite une dépense d'énergie de la part du circuit de grille auquel ce genre de travail doit être interdit.

Nous voyons donc, en résumé, que *les tensions instantanées de grille doivent se limiter à la partie droite de la caractéristique sans dépasser le domaine des tensions négatives.* On a donc intérêt à choisir la polarisation de manière que *le point de fonctionnement se trouve au milieu du tronçon droit, à gauche de l'axe vertical.* De cette manière, si l'amplitude de la tension alternative de grille ne dépasse pas la valeur de la polarisation, les potentiels de grille se tiendront sagement dans la partie rectiligne et ne seront jamais positifs.

NEUVIÈME CAUSERIE

Dans cette causerie, entièrement consacrée à l'émission, Curiosus expose le mécanisme de l'hétérodyne ou oscillateur à tube électronique et le processus de la modulation musicale servant à incorporer la B.F. dans la H.F.

Les voyages singuliers de la B.F.

IG. — Excusez-moi de revenir à la charge, mais vous m'avez promis de m'expliquer pourquoi le montage que j'ai réalisé ne pouvait pas fonctionner.

CUR. — Il faut pour cela que vous sachiez quelle est la forme du courant que les ondes électromagnétiques induisent dans votre antenne. Et cela m'oblige à vous exposer le fonctionnement de l'émetteur de radiophonie.

IG. — Je sais qu'il y a un studio et que dans ce studio il y a un microphone.

CUR. — C'est parfait. Je vois que vous avez étudié le problème à fond. Mais savez-vous ce que c'est que le microphone ?

IG. — Bien sûr. Il y en a un sur notre téléphone. Je l'ai ouvert l'autre jour et j'y ai trouvé des petits grains de charbon. C'est depuis ce jour-là que notre téléphone fonctionne si mal...

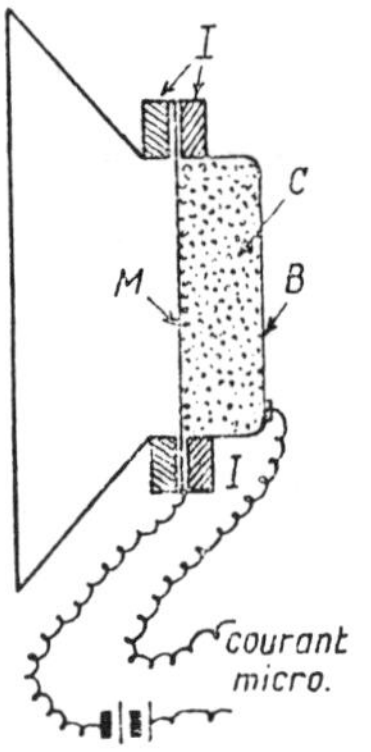

FIG. 35. — Microphone : M, membrane ; I, isolateur ; C, charbon ; B, boîtier.

CUR. — Vous savez donc que le microphone sert à capter les sons et à...

IG. — ... les transformer en courant électrique.

CUR. — Ce n'est pas tout à fait exact. Un microphone se compose d'une mince membrane métallique séparée, par de la grenaille de charbon, d'un boîtier métallique. Le courant d'une batterie passe de la membrane au boîtier à travers les grains de charbon. L'intensité de ce courant dépend, évidemment, de la résistance du charbon. Or, celle-ci varie suivant la pression exercée par la membrane.

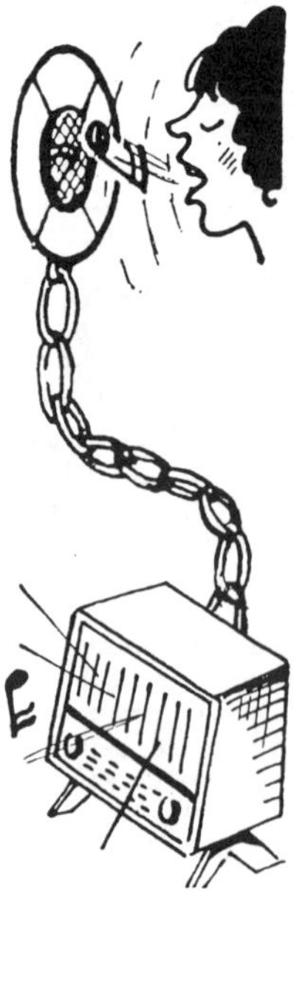

IG. — Je comprends : étant plus comprimés, les grains ont une surface de contact plus grande, et le courant passe plus facilement. Mais qu'est-ce qui change la pression de la membrane ?

CUR. — Les ondes sonores qui la font vibrer. N'avez-vous pas appris, mon cher, dans votre cours de physique, que le son n'est autre chose qu'une vibration des molécules de l'air qui oscillent dans le sens de la propagation du son à des fréquences qui vont, suivant la *hauteur du son*, de 16 périodes par seconde pour la note audible la plus grave, jusqu'à 16 000 p/s pour les notes les plus aiguës. D'ailleurs, certains savants prétendent que des oreilles particulièrement sensibles perçoivent des sons de 40 000 p/s. et les chiens les entendent fort bien.

IG. — Ainsi, si je vous ai bien compris, les ondes sonores viennent frapper la membrane du microphone et, en la faisant vibrer, compriment plus ou moins les grains de charbon et font varier l'intensité du courant qui le traverse.

CUR. — C'est exact. De cette manière, le *courant microphonique* traduit fidèlement par ses variations toutes les vibrations du son. D'ailleurs, en Radio nous n'aurons à faire avec le son qu'aux extrémités de la chaîne de transmission : tout au début, devant le microphone et à la fin, devant le haut-parleur. Entre les deux, le son sera représenté par le courant microphonique que l'on appelle aussi *courant musical* ou courant de *basse fréquence*, étant donné que sa fréquence est très faible par rapport à celles des courants qui assurent la création des ondes électromagnétiques, courants dits de *haute fréquence*.

IG. — Misère de misère ! Encore une idée qui tombe dans le lac avant même que je l'aie énoncée !... J'allais justement vous proposer d'envoyer le courant microphonique directement dans l'antenne de l'émetteur de manière qu'il crée des ondes radio-électriques... et je vois qu'il faut utiliser à cet effet des courants de haute fréquence.

CUR. — Voyez-vous, Ignotus, le courant microphonique peut être assimilé à un voyageur qui, pour parvenir à une destination lointaine, se sert d'un train de courants de haute fréquence. Il y prend place à la gare du départ (émetteur) et le quitte à l'arrivée (récepteur). Ainsi, la haute fréquence joue-t-elle uniquement le rôle auxiliaire de moyen de transport pour le courant de basse fréquence.

IG. — Ce que vous m'expliquez est très simple, mais en réalité ça doit être bougrement compliqué, car je ne vois pas du tout comment la basse fréquence s'asseoit dans la haute, est véhiculée par elle, puis la quitte.

CUR. — Tout cela est, pourtant, très simple et vous le comprendrez lorsque je vous aurai expliqué le fonctionnement de l'*oscillateur* ou *hétérodyne*.

Comment fabriquer de la H.F.

IG. — J'ai lu, dans les annonces des constructeurs de Radio, qu'ils vendent des « superhétérodynes », mais ils ne parlent jamais d'hétérodynes simples. Est-ce une exagération publicitaire ?

CUR. — Non, rassurez-vous. Le superhétérodyne est un montage de réception dont je vous entretiendrai plus tard. En revanche, l'hétérodyne est un dispositif servant à la production des courants alternatifs de haute ou de basse fréquence. Lorsque l'hétérodyne produit des courants puissants de haute fréquence et que ces courants sont dirigés dans une antenne, elle constitue un émetteur de radio. Si, en outre, un courant microphonique se superpose au courant de haute fréquence ou si, comme on dit, il le *module*, nous avons un émetteur radio*phonique*.

IG. — Mais je voudrais bien savoir comment est faite cette hétérodyne. Est-ce une sorte de grand alternateur comme ceux qui sont installés dans les centrales électriques ?

CUR. — Mais non, mon ami. De même qu'un cordon bleu connaît mille façons de préparer les œufs, les techniciens de la radio savent accommoder le tube à mille usages divers. Voici (fig. 36, 1) le schéma très simple de l'hétérodyne. Qu'y voyez-vous ?

IG. — Je vois un circuit oscillant LC connecté entre la grille et la cathode. D'autre part, une bobine L′ est intercalée dans le circuit de plaque. Enfin, une pile B*g* polarise la grille négativement par rapport à la cathode.

CUR. — Remarquez également que les bobines L et L′ sont disposées de telle façon qu'il existe entre elles un couplage inductif. D'autre part, leurs enroulements vont dans le même sens, c'est-à-dire qu'en allant de la cathode à la grille dans L, le courant tournera dans le même sens que dans L′ en allant de l'anode au pôle positif de la batterie de haute tension B*a*.

IG. — Tout cela est clair dans votre dessin, mais quel est le but visé ?

CUR. — Considérez le moment de la mise en fonctionnement de ce montage. Que s'y produit-il ?

IG. — Rien de sensationnel... Les électrons émis par la cathode sont attirés par l'anode à travers la grille ; ils traversent ensuite la bobine L′ de gauche à droite et, à travers la batterie B*a*, reviennent à la cathode. Et je ne vois rien de plus.

Cur. — Mais en fait il y aura quelque chose de plus, car, ne l'oubliez pas, les bobines L et L′ sont couplées par induction.

Ig. — C'est vrai !... Donc au moment où, dans la bobine L′ commencera à circuler un courant allant de gauche à droite, il induira dans la bobine L un courant de sens contraire, en vertu de l'esprit de contradiction de l'induction.

Cur. — C'est juste : puisque le courant en L est en augmentation, le courant induit dans L aura le sens contraire pour s'opposer ainsi à l'augmentation du courant inducteur.

Ig. — Maintenant, ce courant allant dans L de droite à gauche entraînera des électrons de la grille et de l'armature droite du condensateur C et les amassera sur la cathode et sur l'armature gauche (fig. 36, 2).

Cur. — Vous voyez donc que la grille deviendra plus positive.

Ig. — Mais alors elle produira une nouvelle augmentation du courant de plaque, celui-ci induira en L un courant encore plus fort qui rendra la grille encore plus positive et...

Cur. — Stop !... Si vous continuez ainsi, vous parlerez bientôt de millions d'ampères. N'oubliez pas cependant que le courant de plaque ne peut pas croître indéfiniment.

Ig. — En effet, il est limité par la valeur du courant de saturation. Par conséquent, lorsque la grille sera suffisamment positive pour que le courant de plaque ait atteint la saturation, il n'augmentera plus. Et comme il ne variera plus, il n'y aura plus aucun courant dans la bobine L.

Cur. — Quelle erreur ! Certes, il n'y aura plus de courant induit par L′. Mais ne voyez-vous pas qu'alors le condensateur C se trouve chargé ?

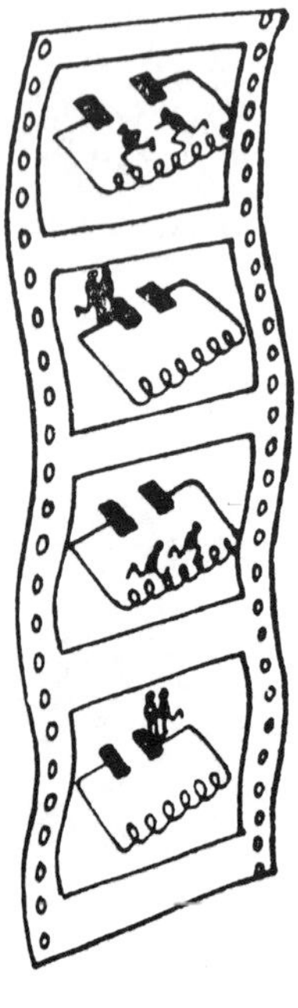

Ig. — En effet. Il commencera donc à se décharger, en rendant la grille plus négative. Mais il me semble que, dans ces conditions, le courant de plaque commencera à décroître.

Cur. — Bien entendu. Et cette nouvelle variation du courant dans L′ provoquera dans L un nouveau courant induit ; mais dans quel sens ira-t-il maintenant ?

Ig. — Sans doute de gauche à droite. D'abord parce que vous me le demandez sur ce ton... et, ensuite, parce que le courant en L′ étant en décroissance, le courant en L, avec son esprit de contradiction, ira dans le même sens, soit de gauche à droite, pour s'opposer à cette décroissance.

Cur. — Voilà de la bonne logique ! Et de cette façon, lorsque le condensateur C sera déchargé (fig. 36, 3) les choses n'en resteront pas là. Le courant en L′ continuera à induire en L un courant qui, rendant la grille de plus en plus négative, fera finalement disparaître le courant de plaque.

... Et tout recommence !...

Ig. — Mais, comme je vois (fig. 36, 4), le condensateur sera à ce moment rechargé. Il commencera donc à se décharger. La grille deviendra moins négative. Il y aura de nouveau un courant de plaque qui ira en croissant.

Cur. — Et tout recommencera ! Ne voyez-vous pas, en effet, que nous sommes revenus à la situation de départ de nos raisonnements ?

Ig. — C'est vrai. Mais c'est, ma foi, bougrement compliqué !

Cur. — Pas tant que cela. Examinez les courants dans les circuits de grille (LC) et dans le circuit de plaque. Vous verrez que dans le circuit de grille le courant va dans un sens, augmente et diminue, change de nouveau de sens et ainsi de suite.

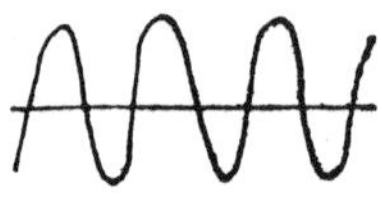

Ig. — C'est donc un courant alternatif ?

Cur. — Vous l'avez dit. Et de quelle fréquence ?

Ig. — Certainement de la fréquence propre du circuit oscillant LC. Car nous avons ici en somme une charge et décharge alternative du condensateur C à travers la self-induction L comme vous me l'avez déjà expliqué.

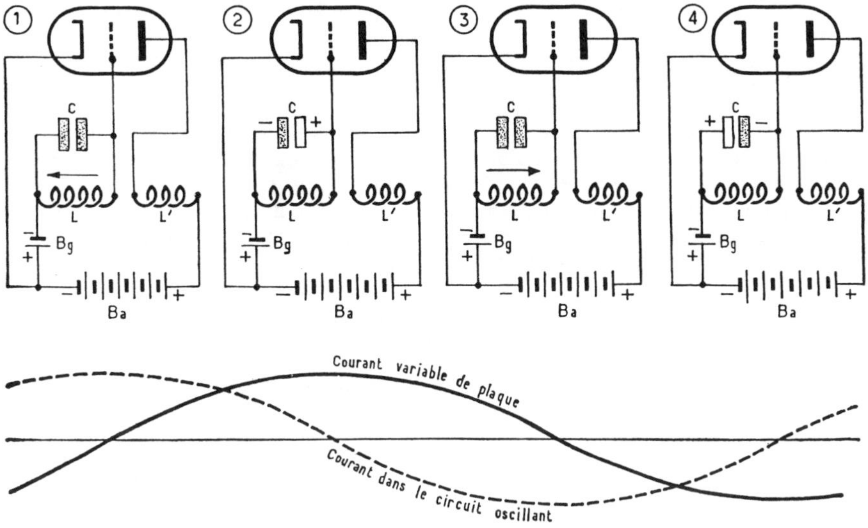

FIG. 36. — Quatre phases de l'oscillation du courant dans l'hétérodyne et, au-dessous, les courbes de variations du courant dans la bobine L' de plaque et dans la bobine L de grille. Remarquer la répartition des électrons sur les armatures du condensateur C.

CUR. — C'est juste. Seulement, au lieu de s'amortir et de s'arrêter au terme de quelques oscillations, le courant alternatif est entretenu par le constant apport d'énergie que fournit la batterie de plaque B*a* par l'induction de L′ sur L.

IG. — Je crois que j'ai compris. En somme, le mouvement des électrons dans le circuit oscillant est, comme nous l'avons déjà dit, semblable à celui du pendule. Et de même qu'un pendule s'arrête au bout d'un certain nombre de balancements si rien ne l'aide à maintenir son mouvement, les électrons d'un circuit oscillant s'arrêtent eux aussi de passer alternativement d'une armature du condensateur à l'autre à travers la self-induction. Pour que le mouvement du pendule soit entretenu, il faut, dans une horloge, qu'un ressort tendu communique au pendule à chaque balancement un tout petit choc. Dans l'hétérodyne, c'est la batterie B*a* qui joue le rôle du ressort.

CUR. — Et qu'est-ce qui joue le rôle de l'échappement ?

IG. — C'est la grille.

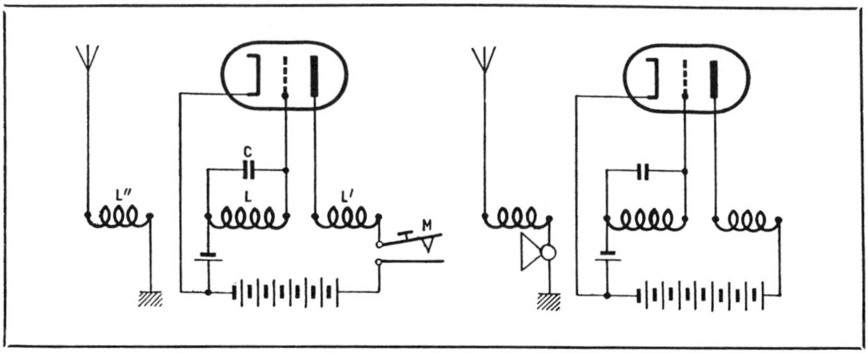

FIG. 37. — A gauche, émetteur radiotélégraphique avec son manipulateur M. — A droite, émetteur radio-téléphonique. Le microphone est branché dans le circuit d'antenne.

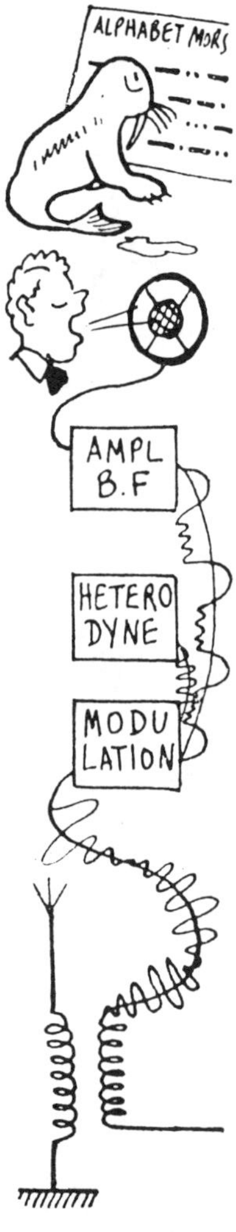

CUR. — Ignotus, je vous félicite et je vous prédis une brillante carrière dans la Radio.

IG. — Merci ! Mais maintenant que je sais comment l'hétérodyne produit des courants entretenus de haute fréquence, pourriez-vous me dire comment se fait l'émission ?

CUR. — C'est très simple. Il s'agit de communiquer le courant alternatif à l'antenne. Nous le ferons par induction en couplant à la bobine L une bobine, L' intercalée entre le fil de l'antenne et la prise de terre (fig. 37) En plaçant dans le circuit de plaque un interrupteur, dit *manipulateur* ou « clef de Morse », nous pourrons émettre des signaux brefs ou longs correspondant aux « points » et « traits » de l'alphabet Morse. Nous ferons ainsi de la radiotélégraphie.

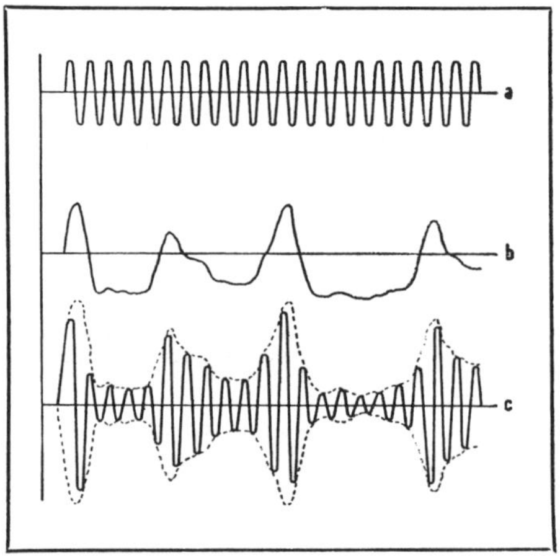

FIG. 38. — Courant H.F. non modulé en a. — Modulation B.F. du microphone, en b. — Courant H.F. modulé, en c.

IG. — Mais c'est la radiophonie qui m'intéresse. Et vous m'avez promis de m'expliquer comment on place le voyageur de basse fréquence dans le courant de haute fréquence.

CUR. — Vous avez raison. Eh bien, c'est encore très facile à faire. Nous pouvons, par exemple, placer le microphone dans le circuit de l'antenne. Comme la résistance du microphone varie sous l'effet des ondes sonores, le courant de l'antenne variera à son tour, en intensité. Autrement dit, au lieu d'une série d'oscillations entretenues d'amplitude égale (fig. 38 *a*), nous aurons une série d'oscillations d'amplitude variable (fig. 38 *c*) ou un courant de haute fréquence *modulé*.

IG. — Je comprends. Quand la résistance du microphone augmente, les amplitudes diminuent. Et c'est cette modification des amplitudes qui cache en elle le courant musical.

Commentaires à la 9me Causerie

MICROPHONE.

Dans cette causerie, Curiosus s'est attaché à l'étude des premiers maillons de la chaîne de transmission radio-électrique. Il a commencé par le commencement : le microphone et les ondes sonores qui l'attaquent.

Les ondes sonores, ces vibrations des molécules de l'air, dont les fréquences s'étendent de 16 hertz (pour les sons les plus graves) jusqu'à 16 000 hertz (pour les notes les plus aiguës), sont à l'aide du microphone « traduites » par des variations correspondantes d'un courant électrique.

Le MICROPHONE A CHARBON décrit par Curiosus et qui fonctionne par variation de résistance, est très sensible même aux sons relativement faibles, mais il est affligé de certains défauts qui s'opposent à la pureté de la reproduction. Il existe d'autres systèmes de microphones plus fidèles, mais moins sensibles (ce qui importe peu, puisqu'on peut toujours amplifier à l'aide de lampes les courants microphoniques trop faibles). Tels sont, par exemple, les MICROPHONES ÉLECTRO-DYNAMIQUES dans lesquels un bobinage léger oscille, sous l'action des ondes sonores, dans le champ d'un aimant ; nous savons que, dans ces conditions, des courants induits apparaissent dans le bobinage.

MODULATION.

Le courant microphonique, fidèle image électrique des ondes sonores, est de fréquence trop basse pour pouvoir engendrer des ondes électriques. Pour transporter ce courant de BASSE FRÉQUENCE dans l'espace qui sépare l'antenne d'émission de l'antenne de réception, il faut l'incorporer dans un courant de haute fréquence qui, lui, a le pouvoir de créer des ondes.

De quelle manière introduit-on la basse fréquence dans le courant de haute fréquence ? Ou, en termes plus techniques, comment MODULE-t-on la haute fréquence par la basse fréquence ?

A l'état pur, quand il n'est pas modulé, le courant de haute fréquence se présente sous la forme d'un courant alternatif classique, tel que nous commençons à le bien connaître (fig. 38 a). La modulation par la basse fréquence a pour effet de détruire la belle égalité de ses amplitudes. Celles-ci sont allongées ou raccourcies suivant la forme du courant de basse fréquence, en sorte que si l'on réunit les sommets de toutes les demi-périodes, on obtient une ligne (en pointillé dans la figure 38 c) qui a la forme du courant microphonique.

C'est cette inégalité des amplitudes de la haute fréquence qui cèle la basse fréquence. Moduler un courant, c'est en quelque sorte le modeler.

Le système de modulation que nous venons d'analyser porte le nom de MODULATION D'AMPLITUDE, puisque l'amplitude des oscillations H.F. (haute fréquence) varie à la cadence de la B.F. (basse fréquence). Cependant, on peut faire agir la B.F. sur une autre caractéristique de la H.F. : sur sa fréquence même. Dans la MODULATION DE FRÉQUENCE, comme on appelle ce procédé, les amplitudes du courant H.F. demeurent constantes ; par contre, sa fréquence varie en plus ou en moins autour d'une valeur moyenne proportionnellement aux valeurs instantanées du courant modulateur B.F.

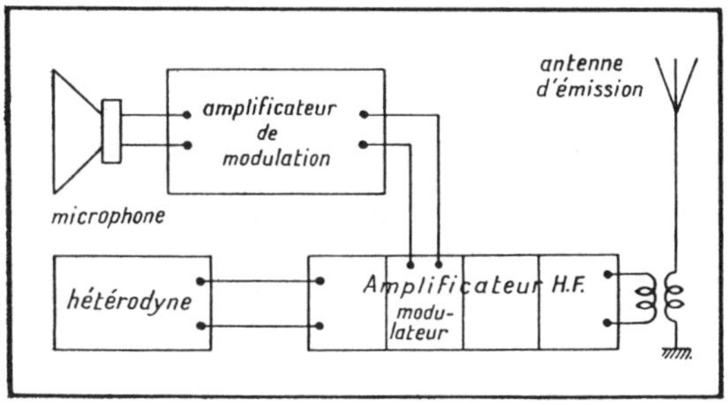

FIG. V. — Composition d'un émetteur de radiophonie.

Nous traiterons plus loin ce procédé de modulation qui n'est employé que sur ondes très courtes.

ÉMISSION.

Le courant de haute fréquence pur (ou non modulé) est créé par une lampe montée en

OSCILLATRICE. L'HÉTÉRODYNE offre l'exemple d'un tel montage, et Curiosus a eu raison de s'appesantir sur l'analyse de son fonctionnement. Sans revenir en détail sur les différentes phases du processus de l'entretien des oscillations, rappelons simplement que l'hétérodyne comprend essentiellement un circuit oscillant monté entre grille et cathode et couplé par induction avec un bobinage inséré dans le circuit de plaque. Les charges et les décharges alternatives du condensateur du circuit oscillant produisent le courant de haute fréquence qui s'éteindrait au terme d'un certain nombre de périodes (comme dans la figure 21 A) si, aux moments appropriés, la bobine de plaque ne réinjectait, par induction, dans la bobine du circuit oscillant, l'énergie nécessaire pour compenser les pertes. Grâce à cet apport constamment renouvelé d'énergie, les oscillations, une fois établies, sont entretenues avec une amplitude constante et une fréquence qui est celle de résonance du circuit oscillant.

C'est donc, en fin de compte, l'énergie fournie par la source du courant anodique qui entretient les oscillations de l'hétérodyne.

Dans un émetteur, les oscillations relativement faibles de l'hétérodyne (que l'on appelle *étage-pilote)* sont amplifiées par un puissant amplificateur de haute fréquence avant d'être appliquées à l'antenne d'émission. Un des étages de cet amplificateur est affecté à la modulation soit, dans le cas de la télégraphie, par interruptions du courant à l'aide d'un manipulateur, soit, — et ceci est le cas de la téléphonie, — par le courant microphonique. Ce dernier est, le plus souvent, trop faible pour pouvoir moduler la haute fréquence. Aussi le renforce-t-on dans un amplificateur de modulation avant de l'appliquer à l'étage modulateur. Ainsi, le schéma très... schématisé d'un émetteur de radiophonie se présente-t-il sous l'aspect de la figure V. Quant à celui de la figure 37, il simplifie les choses d'une façon excessive. Mais Ignotus s'en trouve satisfait...

SYMBOLES DES UNITÉS

les plus employées

On a vu précédemment quels sont les préfixes du système décimal servant à former les **multiples** et les **sous-multiples** des unités (page 31). D'autre part, on a examiné les principales **unités usuelles** (page 34).

Dès lors, on comprendra aisément le tableau ci-après résumant les symboles les plus fréquemment rencontrés en radio-électricité :

mV	:	millivolt	mH	:	millihenry
µV	:	microvolt	µH	:	microhenry
mA	:	milliampère	µF	:	microfarad
µA	:	microampère	nF	:	nanofarad
kW	:	kilowatt	pF	:	picofarad
mW	:	milliwatt	kHz	:	kilohertz
µW	:	microwatt	MHz	:	mégahertz
MΩ	:	mégohm	GHz	:	gigahertz
kΩ	:	kiloohm	THz	:	térahertz

DIXIÈME CAUSERIE

Trois éléments sont indispensables dans le récepteur réduit à sa plus simple expression : le collecteur d'ondes (antenne), le détecteur et l'écouteur. Dans cette causerie, nos deux amis examinent le rôle et le mécanisme de la détection. Ils commencent, bien entendu, par la méthode la plus simple : la détection par diode. La galène de jadis et ses jeunes frères le germanium et le silicium ne sont pas oubliés. Enfin, Curiosus expose la « détection par la plaque ».

L'arrivée du train en gare.

Ig. — Je vous en veux, mon cher Curiosus, de m'avoir lâché pour vos examens juste au moment où cela devenait passionnant. La dernière fois, après avoir placé le voyageur « basse fréquence » dans le train « haute fréquence », nous avons donné le signal de départ... et notre train de haute fréquence modulée court toujours.

Cur. — Il est, en effet, temps de l'arrêter. Vous savez, d'ailleurs, que les ondes s'arrêteront à la gare d'arrivée que l'on appelle « antenne de réception ». Ces ondes donnent lieu, dans l'antenne, à un courant haute fréquence modulé qui est une réplique fidèle, bien que beaucoup plus faible, du courant circulant dans l'antenne d'émission.

Ig. — Je me souviens même que, pour avoir une certaine sélectivité, nous plaçons dans l'antenne de réception (ou couplerons avec elle) un circuit oscillant, aux bornes duquel se développent des tensions alternatives. Je voulais appliquer ces tensions à un écouteur téléphonique, mais vous m'avez dit que je n'entendrais rien. Et, en fait, je n'ai rien perçu.

Cur. — Il y avait à cela au moins trois raisons dont chacune à elle seule eût été suffisante. Je suppose que vous n'avez pas résisté à la tentation de démonter l'écouteur de votre téléphone après avoir fait l'autopsie du microphone.

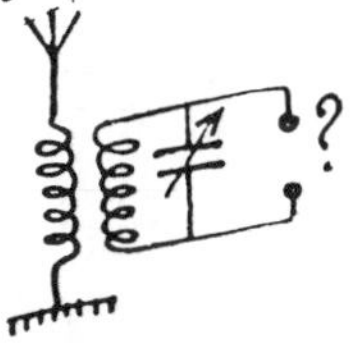

Ig. — Bien entendu. J'ai vu qu'il contient un électro-aimant placé derrière une membrane en tôle d'acier élastique.

Cur. — C'est exact. Et vous devinez que les courants qui parcourent les enroulements de l'électro-aimant, en variant la force d'attraction qu'il exerce sur la membrane, la font vibrer en engendrant des ondes sonores. Cette transformation de l'électricité en sons est inverse de celle qu'opère le microphone.

Ig. — Tout cela me paraît bien clair.

Cur. — Dès lors vous comprendrez aisément les raisons de votre échec. N'oubliez pas qu'à l'écouteur vous vouliez appliquer des tensions de haute fréquence modulée. Or, la membrane de l'écouteur est trop lourde pour osciller à une fréquence aussi élevée que celle que nous désignons par « haute fréqu nce » : son inertie s'y oppose formellement.

Ig. — Mais, si l'on pouvait fabriquer une membrane tellement mince, tellement légère, qu'elle puisse vibrer à haute fréquence...

Cur. — ... Vous n'auriez quand même rien entendu. Car votre oreille ne vous permet pas de percevoir des sons de fréquence aussi élevée. Bien mieux, le courant de cette fréquence ne pourra pas traverser les enroulements de l'écouteur dont la self-induction lui oppose un obstacle difficile à franchir.

Ig. — Mais, au fait, il ne nous intéresse point, ce courant de haute fréquence. C'est la modulation de basse fréquence que nous voulons rendre audible. Quant à la haute fréquence, son rôle de train est joué. Il ne nous reste plus qu'à en faire sortir le voyageur de basse fréquence.

Cur. — Vous avez entièrement raison. Et l'opération qui a pour but d'extraire,

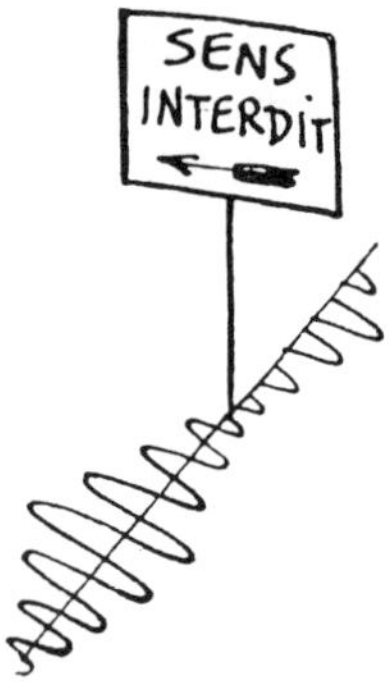

de révéler la basse fréquence du courant haute fréquence modulé, porte le nom de *détection*.

Ig. — Si j'ai bien compris, la détection est le contraire de la modulation où nous incorporons la basse fréquence dans la haute fréquence.

Cur. — C'est bien cela. Dans le courant modulé, la basse fréquence est exprimée par la variation des amplitudes du courant haute fréquence. En redressant ce dernier, nous ferons apparaître la basse fréquence.

Ig. — Je ne vois pas comment ça se passe.

Cur. — C'est pourtant simple. Pour redresser le courant, il suffit de placer sur son chemin un conducteur à conductibilité unilatérale, c'est-à-dire qui le laisse facilement passer dans un sens, mais qui lui interdit le passage dans le sens opposé.

Ig. — Je ne vois pas du tout comment faire un tel conducteur-redresseur.

Cur. — Vous en connaissez cependant un : la lampe diode dans laquelle les électrons peuvent aller de la cathode à l'anode, mais non pas inversement.

Ig. — C'est vrai... Je n'y songeais plus.

Et voici comment l'on détecte...

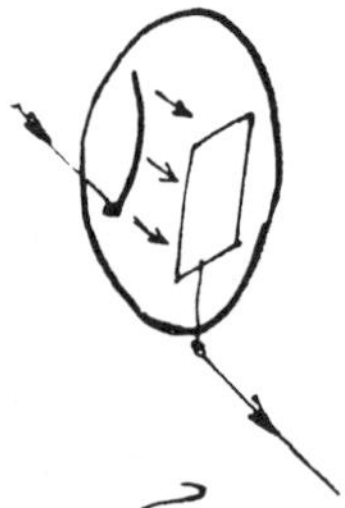

Cur. — Eh bien, au lieu de connecter aux bornes du circuit oscillant l'écouteur seul, nous placerons en série avec lui une lampe diode (fig. 39). Dans ce cas, les tensions haute fréquence modulées (fig. 41 A) créeront à travers la diode et l'écouteur un courant unilatéral (fig. 41 B). Sans diode, nous aurions eu des impulsions haute fréquence, allant alternativement dans les deux sens. Grâce à l'action redressante de la diode, toutes ces impulsions sont dirigées dans le même sens.

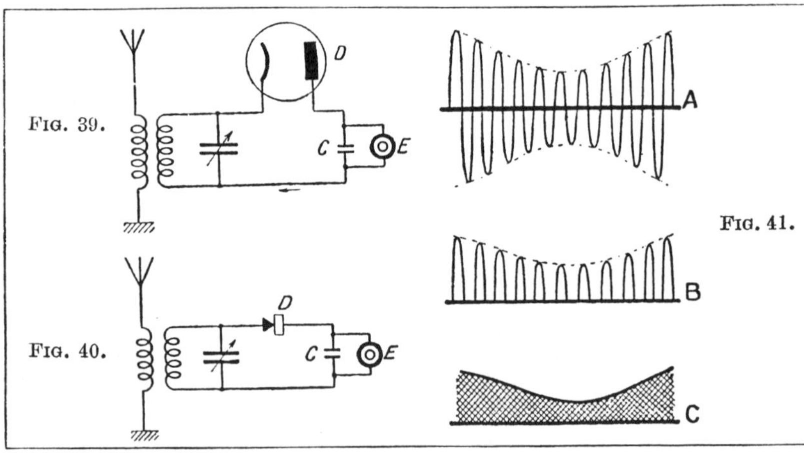

FIG. 39. — Une lampe diode D permet de redresser les oscillations qui, ainsi détectées, deviennent audibles dans l'écouteur E.

FIG. 40. — Un détecteur D à contact peut assurer la détection de courants faibles.

FIG. 41. — Oscillation H.F. modulée en A ; oscillation redressée en B ; courant basse fréquence en C.

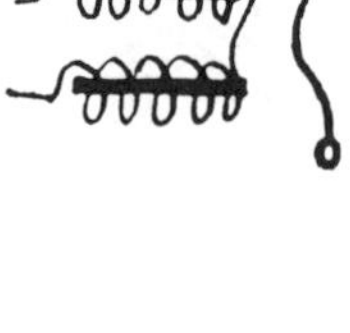

Ig. — Euréka ! J'ai compris !... puisqu'elles vont dans le même sens, elles vont exercer sur la membrane de l'écouteur des actions qui, en se totalisant, l'attireront plus ou moins. Je dis « plus ou moins » puisque les amplitudes de ces impulsions ne sont pas égales : elles varient et c'est précisément dans cette variation que gît notre basse fréquence musicale qui fera vibrer à sa cadence la membrane de l'écouteur.

Le réservoir accumulateur-distributeur d'électrons.

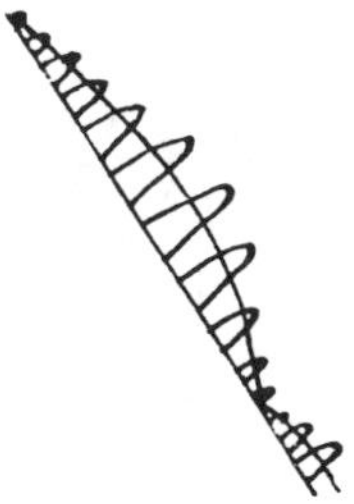

Cur. — Vous avez bien deviné la marche du phénomène dans ses grandes lignes. Mais, dans nos raisonnements, nous n'avons pas tenu compte du fait que les impulsions, même unilatérales (fig. 41 B), mais de haute fréquence, ne peuvent pas traverser les enroulements de l'écouteur, et cela à cause de leur self-induction.

Ig. — Alors ?... on n'entendra rien ?...

Cur. — Si, mais à la condition de totaliser ces impulsions avant de les appliquer à l'écouteur. A cet effet, nous branchons aux bornes de l'écouteur un petit condensateur C (fig. 39) que les impulsions chargeront plus ou moins en électrons. Ensuite, ce condensateur se déchargera à travers l'écouteur. La charge est plus ou moins grande suivant l'amplitude des impulsions. Il en sera, évidemment, de même en ce qui concerne le courant de décharge (fig. 41 C), qui traversera l'écouteur et qui, lui, sera un vrai courant de basse fréquence.

Ig. — En somme, le condensateur C joue le rôle de réservoir accumulant des charges qui se succèdent très rapidement et qui les débite ensuite continuellement ?

Cur. — Votre image est excellente. Poussant l'analogie plus loin, vous pouvez comparer le condensateur C à un réservoir destiné à capter les gouttes de pluie et dont le robinet laissera couler un jet continu plus ou moins fort suivant l'intensité de la pluie.

Ignotus a compris la détection.

Ig. — J'essaierai de résumer tout ce que vous m'avez dit de la détection. Les tensions haute fréquence modulées sont redressées par la diode. Nous obtenons alors une succession d'impulsions haute fréquence unilatérales d'amplitude inégale. Ces impulsions chargent constamment le condensateur C qui débite un courant basse fréquence dans l'écouteur téléphonique... et nous entendons la musique... Ah, si j'avais une diode, ça n'aurait pas traîné !

Cur. — Inutile !... La diode n'est indispensable que lorsqu'il s'agit de redresser des tensions relativement importantes. Mais pour des tensions faibles, un détecteur à contact suffira (fig. 40).

Ig. — Vous voulez probablement parler de l'antique détecteur à galène qui se compose d'un cristal de galène et d'une pointe métallique qui s'appuie légèrement sur sa surface ?

Cur. — Pas nécessairement. Un détecteur à contact peut être constitué de bien des manières. Dès que nous mettons en contact deux conducteurs présentant une dissymétrie quelconque (différence de composition chimique ou de température), la conductibilité n'est plus la même dans les deux sens. Et comme il n'existe pratiquement pas deux corps absolument identiques, on peut dire que tous les contacts sont redresseurs ! Toutefois, certains contacts possèdent des propriétés de redressement plus nettement exprimées que d'autres. C'est ainsi que le contact du sulfure de plomb (galène) avec un métal constitue un excellent détecteur qui n'a que le défaut de ne pouvoir laisser passer qu'un courant très faible et d'être instable.

Ig. — Oh oui, je sais. C'est d'ailleurs un jeu passionnant que de chercher « le point sensible » de la galène.

Cur. — Il existe d'ailleurs des détecteurs à contact exempts de ces défauts, tel le contact du cuivre et de l'oxyde de cuivre ou celui du germanium ou du silicium avec une pointe d'acier. Ces derniers détecteurs se prêtent particulièrement bien à la détection des courants de très haute fréquence, tels que ceux utilisés dans les radars.

Ig. — Quoi qu'il en soit, je vois qu'un détecteur est toujours un redresseur.

Cur. — Oui. Cependant, on peut également procéder à ce redressement d'une façon moins directe que celle que nous avons étudiée jusqu'à présent. On utilise à cet effet une lampe amplificatrice dont la grille est polarisée, par une batterie **Bg (fig. 42)**, à une tension négative pour laquelle le courant de plaque est presque nul (point M du coude inférieur de la caractéristique de la lampe dans la figure 43). On applique les tensions haute fréquence modulées entre la grille et la cathode. Les alternances positives donnent lieu à l'apparition d'un courant de plaque plus ou moins fort. Par contre, les alternances négatives, en rendant la grille encore plus négative qu'elle n'était, ne font pratiquement apparaître aucun courant dans le circuit de plaque.

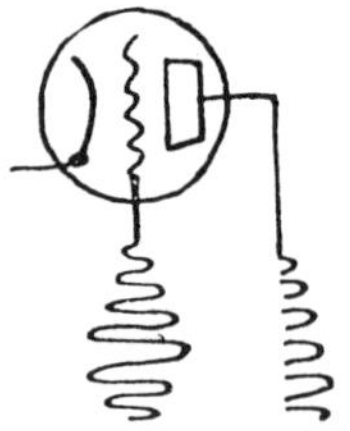

IG. — Et je vois très bien ce qui se passe. Dans le circuit de plaque, nous avons une série d'impulsions unilatérales de courant qui se succèdent à haute fréquence et

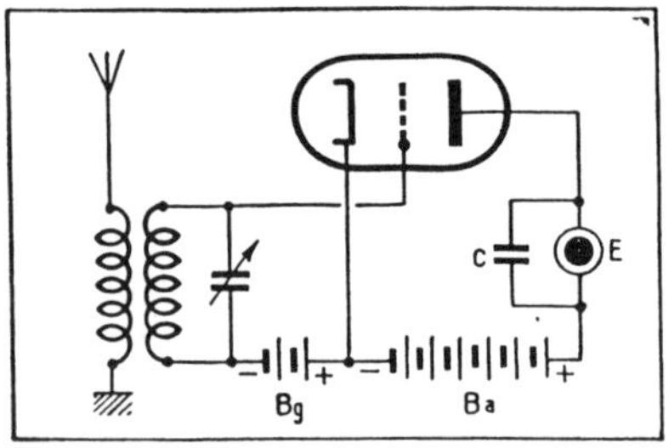

FIG. 42. — Schéma de la détection par courbure de la caractéristique de plaque.

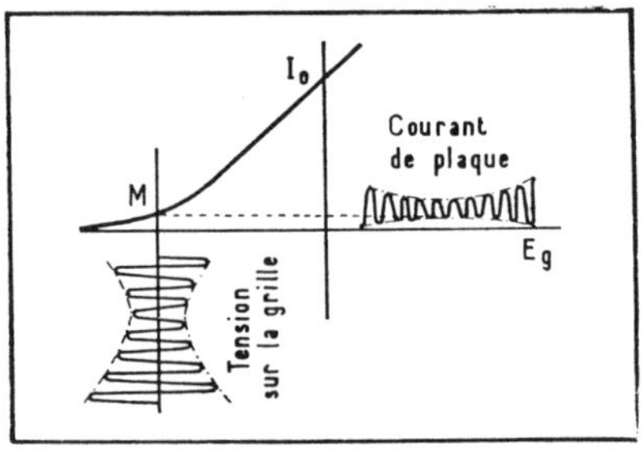

FIG. 43. — Au point de fonctionnement M des tensions alternatives de grille créent un courant redressé dans la plaque.

dont l'intensité varie. Le petit condensateur C permet de les totaliser et, en se déchargeant dans l'écouteur, il alimente celui-ci en courant de basse fréquence, exactement comme dans le cas de la détection par diode.

CUR. — Vous avez très bien compris la détection. La méthode représentée dans la figure 42 s'appelle *détection par courbure de la caractéristique de plaque*. Vos amis vous parleront probablement aussi de la « détection par la grille ». Mais ne les croyez pas. C'est un terme qui sert à cacher l'ignorance des « techniciens » qui n'ont pas compris la technique. Sur cette prétendue détection, nous reviendrons bientôt.

Commentaires à la 10me Causerie

ÉCOUTEUR.

Si la chaîne de la transmission radiophonique commence par le microphone, elle aboutit, en fin de compte, à l'ÉCOUTEUR. C'est, en effet, l'écouteur (ou son proche et plus puissant parent, le haut-parleur) qui assume les fonctions inverses de celle du microphone : la transformation des courants de basse fréquence en ondes sonores.

L'écouteur (fig. VI) se compose d'un électro-aimant à noyau d'acier aimanté placé derrière une membrane mince en acier flexible. Le tout est fixé dans un boîtier en métal ou en matière moulée. Les courants variables de basse fréquence parcourant les enroulements de l'électro-aimant augmentent et diminuent alternativement l'aimantation du noyau qui attire plus

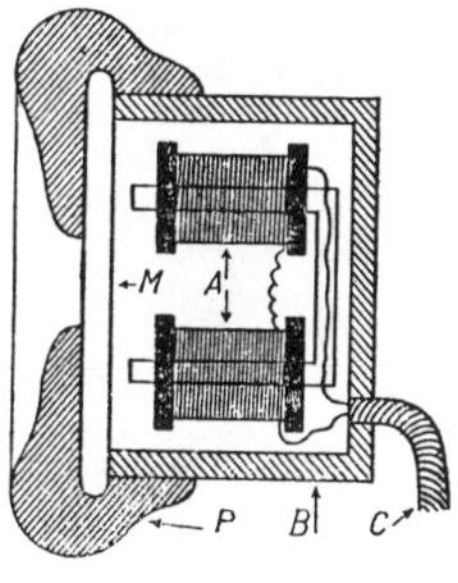

FIG. VI. — Constitution d'un écouteur : A, électro-aimant ; M, membrane ; P, pavillon acoustique ; B, boîtier ; C, cordon d'arrivée du courant.

ou moins la membrane. Celle-ci s'incurve donc plus ou moins à la cadence des variations du courant, et les vibrations ainsi produites se communiquent aux couches d'air environnantes, pour se propager sous forme d'ondes sonores. Si aucune des multiples transformations subies par le courant entre le microphone de l'émetteur et l'écouteur du récepteur ne l'a déformé, le son reproduit par l'écouteur sera semblable à celui qui est venu frapper le microphone.

DÉTECTION.

C'est bien le courant de basse fréquence qui doit parcourir l'écouteur. Il ne servirait à rien de tenter l'écoute d'un courant de haute fréquence modulé. La membrane, trop inerte, se refuserait à vibrer à une fréquence aussi élevée. Si, par miracle, elle le pouvait, le « son » produit serait d'une fréquence que l'oreille humaine ne perçoit pas... Mais, tout d'abord, le courant de haute fréquence ne peut pas circuler dans les enroulements de l'écouteur qui lui opposent une inductance trop forte. Trois raisons, dont chacune serait à elle seule suffisante, nous conduisent donc à procéder à une opération inverse de la modulation : extraire du courant de haute fréquence modulé sa composante de basse fréquence. Cette opération porte le nom de DÉTECTION.

Pour mettre en évidence la composante basse fréquence d'un courant modulé, il suffit de le redresser, c'est-à-dire de supprimer toutes les demi-périodes (ou alternances) allant dans un sens. On obtient alors des impulsions de courant allant toutes dans le même sens, se succédant au rythme de la haute fréquence et dont l'amplitude varie suivant la forme de la basse fréquence (fig. 41 B). Il suffit d'accumuler ces impulsions sur les armatures d'un condensateur de faible capacité pour que, en se déchargeant à travers l'écouteur (ou toute autre impédance), il y engendre un courant de basse fréquence (fig. 41 C). Tel est l'aspect général de la détection ; voyons de plus près le mode de réalisation.

DÉTECTEURS.

Le redressement du courant est effectué à l'aide d'un conducteur unidirectionnel. Un tel conducteur oppose au courant une résistance relativement faible pour son passage dans un sens et beaucoup plus forte (ou même infinie) dans le sens contraire. La diode est un exemple de détecteur à résistance infinie dans le « sens interdit », puisque le courant ne peut pas passer de l'anode à la cathode. Les détecteurs dits « à contact imparfait », dont le plus connu est celui formé par une pointe métallique s'appuyant sur un cristal de galène, laissent passer le courant beaucoup plus facilement dans un sens que dans l'autre.

Curiosus a raison en disant que toute dissymétrie (physique, chimique ou géométrique) entre deux corps en contact détermine une conductibilité inégale suivant le sens du courant. Et, comme la symétrie parfaite n'existe jamais, on peut dire que tous les contacts imparfaits détectent plus ou moins. C'est là un phénomène souvent fort peu désirable. D'où le danger des contacts mal réalisés et la nécessité, dans le montage d'un appareil radio, d'assurer des contacts parfaits entre les connexions à l'aide de soudures exécutées avec soin.

Si le détecteur à galène a, sur la diode, l'avantage de ne pas nécessiter un courant de chauffage, en revanche, il ne peut détecter que des courants très faibles. Il n'est utilisé, de nos jours, que dans les récepteurs sans lampes, qui ne comportent donc aucune amplification et où le très faible courant de l'antenne, après détection, agit sur l'écouteur. Ces postes, dits « A GALÈNE », ne doivent être utilisés que pour la réception des émissions régionales. Mais n'est-ce pas déjà un miracle que réalise un tel récepteur où l'infime parcelle d'énergie recueillie dans l'espace par l'antenne suffit pour animer d'un mouvement la membrane de l'écouteur ?...

Le condensateur qui sert à accumuler les impulsions unilatérales du courant redressé doit être de capacité suffisamment faible pour opposer une grande résistance au courant de basse fréquence ; sinon, celui-ci le traverserait. La valeur usuelle est de l'ordre de 2 mμF.

Ajoutons que, dans les récepteurs à lampes, on utilise souvent des détecteurs à semiconducteurs tels que germanium ou silicium qui forment des redresseurs aussi bons que la diode sans nécessiter un courant de chauffage.

DÉTECTION PAR LA PLAQUE.

Le tube triode permet d'assurer à la fois la détection et l'amplification du courant modulé. A cet effet, la tension à détecter est appliquée entre la grille et la cathode, la grille étant polarisée beaucoup plus que pour l'amplification : il faut que le point de fonctionnement soit amené sur le coude inférieur de la courbe caractéristique. Dans ces conditions, les alternances négatives de la tension de haute fréquence n'amèneront que de faibles diminutions du courant de plaque, alors que les alternances positives donneront lieu à de fortes augmentations du courant de plaque. Celui-ci présentera donc de nouveau l'aspect de la série d'impulsions unilatérales de haute fréquence et d'amplitude variant à la cadence de la B.F.

Un condensateur placé dans le circuit de plaque et chargé par des impulsions les débitera dans l'écouteur (ou une autre impédance) sous forme de courant de basse fréquence. Tel est le mécanisme de LA DÉTECTION PAR LA COURBURE DE LA CARACTÉRISTIQUE DE PLAQUE. Elle se ramène, en somme, à une amplification affligée d'une déformation voulue.

✶

CE QU'IL NE FAUT PAS FAIRE :

1. Ecrire le symbole de l'unité entre la partie entière et la fraction (ne pas écrire 6 V 3, mais 6,3 V).

2. Ecrire les symboles avec des petites lettres supérieures (ne pas écrire 110 ^{v}, mais 110 V).

3. Mettre « s » au pluriel des symboles (ne pas écrire 10 cms, mais 10 cm).

4. Ecrire c/m pour centimètre (cm) et m/m pour millimètre (mm).

Etre correct n'est pas difficile... et c'est tellement mieux !

ONZIÈME CAUSERIE

Cette fois-ci, le long entretien de nos deux amis est consacré à l'amplification. Après en avoir établi la nécessité, aussi bien pour les courants de H.F. que pour ceux de B.F., Curiosus expose le principe de liaison par transformateur. Incidemment, il examine différents « problèmes alimentaires », en expliquant notamment la méthode de polarisation généralement utilisée dans les récepteurs alimentés par le courant du secteur.

Les fatigues du voyage.

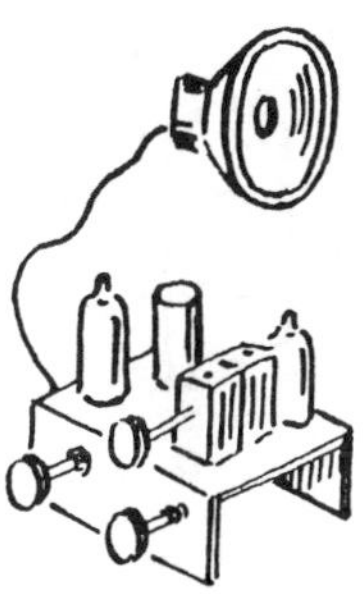

IG. — Grâce à notre dernière causerie, cher Curiosus, je sais enfin comment on procède à la détection, c'est-à-dire comment le voyageur de basse fréquence descend du train de haute fréquence qui l'a amené au récepteur. Maintenant, je brûle du désir de commencer le montage d'un poste, au demeurant très modeste, car il se composera uniquement d'un circuit d'accord, d'un détecteur à diode et d'un haut-parleur.

CUR. — Décidément, Ignotus, vous êtes pétri d'idées irréalisables ! Votre haut-parleur restera muet comme une carpe. N'oubliez pas qu'après avoir effectué son voyage à la vitesse de 300 000 kilomètres par seconde, votre voyageur arrive au récepteur très fatigué et affaibli !,..

IG. — Il y a de quoi !...

CUR. — Le courant sera donc trop faible pour ébranler la membrane du haut-parleur. Il faut le revigorer, l'amplifier, après la détection et avant de l'appliquer au

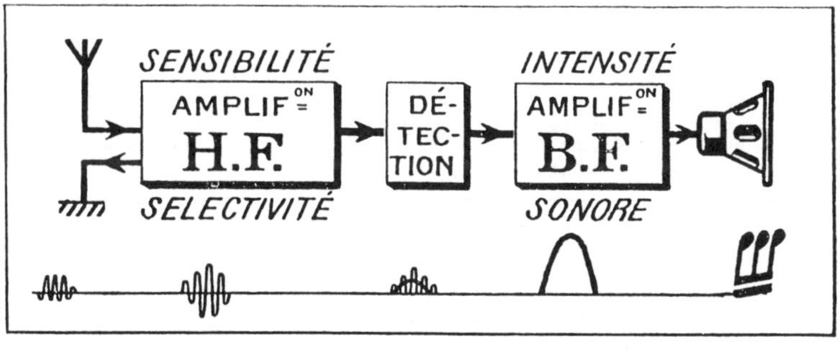

FIG. 44. — Schéma le plus... schématisé d'un récepteur.

haut-parleur. C'est là le rôle de l'*amplification à basse fréquence* qui a pour effet d'augmenter l'amplitude du courant musical. Mais, d'autre part, si le voyageur vient de loin, il sera tellement exténué qu'il n'aura même pas la force de descendre du train. Autrement dit, le courant que les ondes auront engendré dans l'antenne du récepteur sera tellement faible qu'il ne sera même pas possible de le détecter.

IG. — Je pense qu'il serait bon, dans ce cas, de renforcer le voyageur, même avant sa descente du train.

CUR. — C'est bien ainsi que l'on opère. Avant de détecter, on amplifie le courant en haute fréquence, de manière à le rendre parfaitement « détectable ». Grâce à cette *amplification à haute fréquence*, on parvient à détecter même les signaux les plus faibles. Elle contribue donc à augmenter la *sensibilité* du récepteur et, par conséquent, son rayon de réception.

Ignotus formule le problème.

IG. — En somme, dans un récepteur bien conçu, il faut amplifier et avant et après la détection (fig. 44). Mais, en ce qui concerne l'amplification, je crois que nous avons déjà tout appris.

CUR. — Grande est votre erreur, ami. Vous savez tout juste en quoi consiste le rôle amplificateur de la lampe. Je vous ai, en effet, expliqué comment les moindres variations de la tension appliquée à l'entrée, c'est-à-dire entre la grille et la cathode, provoquent des variations relativement grandes du courant de plaque. Mais vous ignorez totalement comment sont établis les circuits de liaison qui permettent de lier deux lampes amplificatrices consécutives.

IG. — Mon professeur de mathématiques a toujours affirmé qu'un problème clairement formulé est à moitié résolu. Je vais donc tenter de bien énoncer celui que vous êtes en train de poser. Dans le tube (fig. 45), nous avons une « entrée » : c'est la grille et la cathode. Entre ces deux électrodes, nous appliquons une tension alternative de haute ou de basse fréquence. D'autre part, nous avons la « sortie » : c'est le circuit

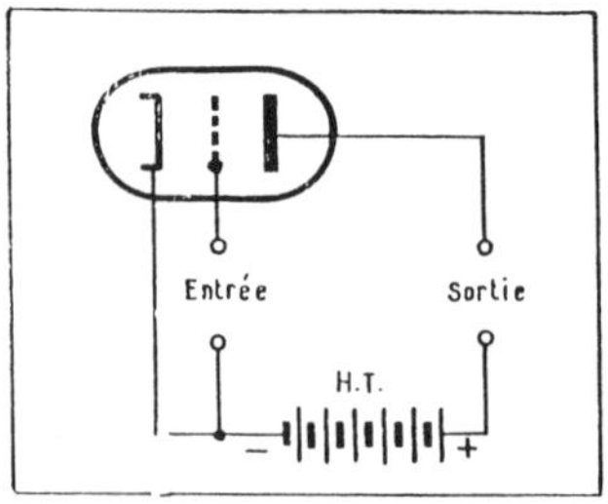

FIG. 45. — Les quatre « points cardinaux » du tube : **l'entrée** entre la grille et la cathode; la **sortie** entre l'anode et le + H.T.

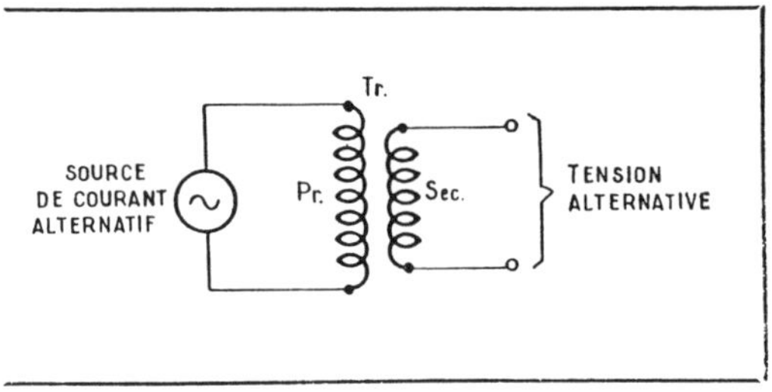

FIG. 46. — Le courant alternatif qui parcourt le primaire Pr du transformateur Tr, induit une tension alternative aux bornes de son secondaire Sec.

de plaque où, entre l'anode et le pôle positif de la source de haute tension, nous pouvons recueillir le courant variable. Mais ce n'est pas un *courant* variable qu'il nous faut pour agir sur la lampe suivante : c'est une *tension* variable que nous voulons appliquer entre sa grille et sa cathode.

CUR. — Vous êtes dans le droit chemin de la logique. La conclusion s'impose : il faut transformer le courant variable de plaque en une tension variable.

IG. — C'est facile à dire, mais je ne vois pas le moyen qui le permette.

CUR. — Cette transformation peut être faite à l'aide d'un... *transformateur.*

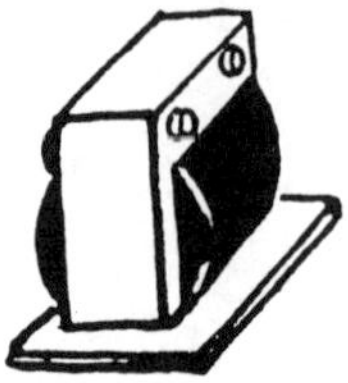

Une vieille connaissance.

IG. — Qu'est-ce précisément que cet engin ?

CUR. — Le transformateur est, pour vous, une vieille connaissance dont vous ignoriez cependant le nom. On appelle ainsi, en effet, deux enroulements couplés par induction. Or, vous savez que lorsque le premier enroulement est parcouru par un courant variable, un courant de même forme est induit dans le deuxième enroulement. Toutefois, si ce deuxième enroulement est ouvert (c'est-à-dire n'est fermé par aucune résistance), il n'y aura pas de courant induit, mais seulement une tension induite. Ainsi, lorsque le premier enroulement (dit *primaire* du transformateur) est parcouru par un courant alternatif, dans le deuxième enroulement *(secondaire)* les électrons se déplaceront constamment au rythme du courant inducteur en créant ainsi des tensions alternatives entre ses extrémités (fig. 46).

Ig. — Eh bien ! maintenant je vois la solution : il suffit tout bonnement d'intercaler dans le circuit de plaque de la première lampe le primaire d'un transformateur et de connecter son secondaire entre la grille et la cathode de la deuxième lampe (fig. 47). Ainsi le primaire sera parcouru par le courant variable du circuit de plaque de la première lampe. Il induira des tensions alternatives aux extrémités du secondaire, et ces tensions se trouveront être appliquées entre la grille et la cathode de la deuxième lampe... comme cela doit se faire dans toutes les bonnes maisons !

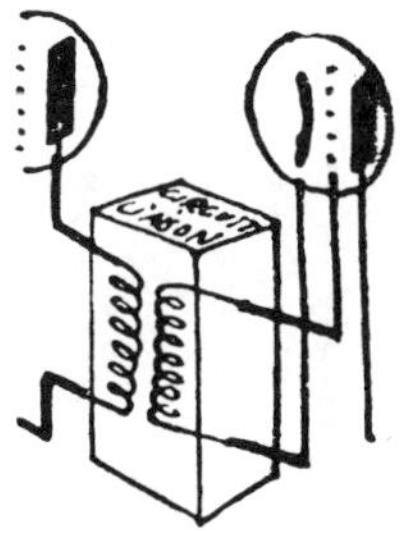

Cur. — Attendez de triompher, cher ami. Au demeurant, notre schéma présente un grave inconvénient : vous remarquez que chaque tube nécessite, pour son fonctionnement une source spéciale de haute tension destinée à la création du courant de plaque. Or, cette source, qu'il s'agisse d'une batterie ou d'un dispositif d'alimentation par le courant du secteur, est assez coûteuse. Et si nous voulons, en poursuivant l'amplification, lier à la deuxième lampe une troisième et ainsi de suite, il nous faudra autant de sources de haute tension que de tubes, ce qui s'avèrera assez onéreux.

Les problèmes alimentaires.

Ig. — Ne peut-on pas utiliser une source commune pour toutes les lampes ?

Cur. — C'est ce que l'on fait en réalité. Ainsi, voyez (fig. 48), trois lampes amplificatrices sont alimentées par la même source de haute tension. Leurs cathodes sont toutes connectées au pôle négatif.

Ig. — Cela me semble très rationnel. Au lieu de préparer la nourriture de chaque lampe individuellement, on les alimente à la cuisine commune du restaurant.

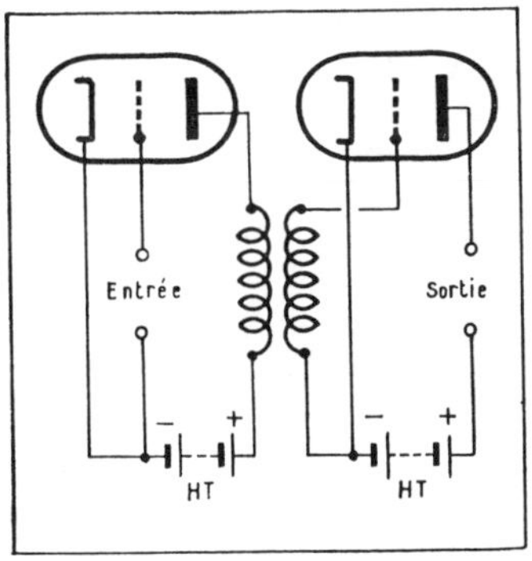

FIG. 47. — Couplage par transformateur de deux lampes amplificatrices.

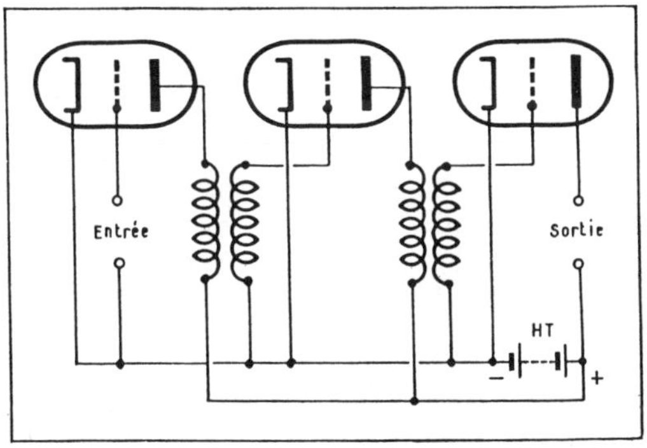

FIG. 48. — Alimentation de trois lampes par une source commune H.T. de haute tension.

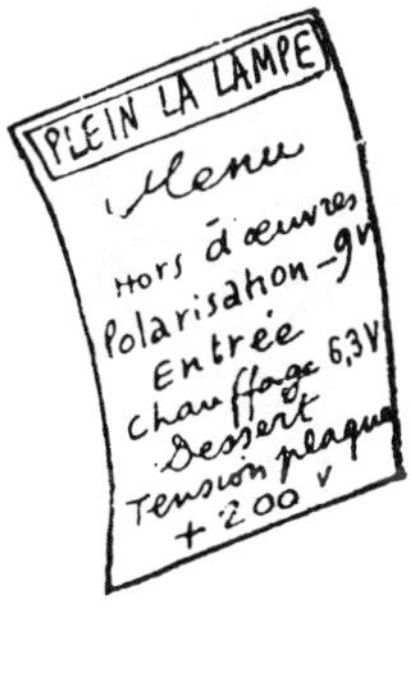

Cur. — Puisque vous en êtes là de vos réflexions, laissez-moi vous rappeler que l'alimentation de la lampe ne comprend pas uniquement le chauffage de son filament et la fourniture, sous haute tension, de son courant de plaque, mais également la polarisation de grille.

Ig. — En effet, j'avais complètement oublié ce hors-d'œuvre dont vous m'avez jadis parlé. Si mes souvenirs sont précis, la grille doit être portée à une tension négative par rapport à la cathode, de manière que le point de fonctionnement de la lampe se trouve dans la portion rectiligne de sa caractéristique et que, sous l'effet de la tension alternative qui lui est appliquée, la grille ne devienne à aucun moment positive.

Cur. — Vous oubliez cependant que la grille ne doit pas, non plus, pénétrer dans la portion courbée de sa caractéristique, sous peine de déformation des signaux à amplifier.

Ig. — Et de quelle manière rendrons-nous pratiquement la grille négative par rapport à la cathode ? Je pense que le plus simple serait d'utiliser à cet effet une petite batterie.

Cur. — C'est ainsi que l'on fait dans les récepteurs dont toute l'alimentation est assurée par batteries. Mais la majorité des récepteurs à **tubes** sont alimentés par le courant du secteur. Et, pour obtenir la tension de polarisation, on emploie un dispositif aussi ingénieux que simple, qui utilise la chute de tension produite par le courant anodique dans une résistance.

Ignotus se met dans la peau de l'électron.

Ig. — Dites-moi d'abord ce que c'est qu'une chute de tension.

Cur. — Lorsqu'un courant rencontre, sur son passage, une résistance, les électrons ne la traversent que difficilement. Ils s'accumulent donc à l'entrée et sont plus rares à la sortie de cette résistance. Par conséquent, l'entrée sera plus négative que la sortie. La tension ainsi créée par le passage du courant à travers une résistance

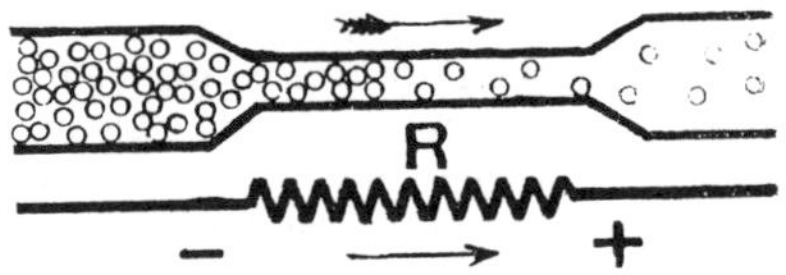

FIG. 49. — En traversant une résistance R, le courant crée à ses extrémités une tension.

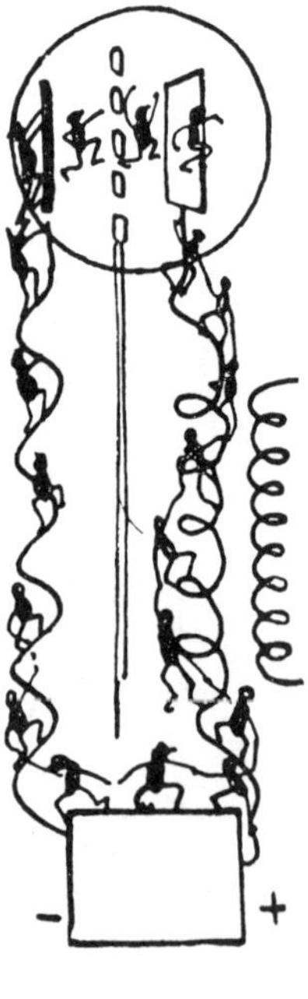

s'appelle *chute de tension* du courant. Elle est évidemment d'autant plus grande que le courant est plus intense et que la résistance est plus forte (1).

Ig. — C'est exactement comme la foule qui, pour sortir d'un vaste local en empruntant un étroit couloir, se masse devant l'entrée du couloir. Quand on doit passer ainsi, on est d'abord bien comprimé et lorsque, en sortant, on respire enfin librement, on comprend fort bien ce que c'est qu'une différence de pression ou une chute de tension...

Cur. — Je vois que vous vous mettez aisément dans la peau de l'électron, si l'on peut dire. Pour en revenir à la polarisation, nous disposerons une résistance R sur le trajet du courant anodique (fig. 50), entre le pôle négatif de la source de haute tension et la cathode. Le courant anodique va de la cathode à l'anode, traverse le primaire du transformateur de liaison, passe à travers la source de haute tension et, par la résistance R, revient à la cathode. En traversant cette résistance R, il produit une chute de tension en rendant son extrémité inférieure négative par rapport à l'extrémité supérieure. Or, la grille est connectée à l'extrémité inférieure, et la cathode à l'extrémité supérieure. Ainsi la grille se trouvera polarisée négativement par rapport à la cathode.

Ig. — Cela paraît assez simple. Mais à quoi sert le condensateur C (fig. 50) qui est connecté en parallèle avec la résistance R ?

---

(1) La chute de tension (en volts) est égale au produit de l'intensité du courant (en ampères) par la résistance (en ohms) : E = I × R.

C'est une nouvelle expression de la loi d'Ohm formulée dans notre première causerie sous la forme : I = E : R et qui en découle directement.

Ainsi un courant de 3 ampères traversant une résistance de 5 ohms créera une chute de tension de 15 volts.

Cur. — N'oubliez pas que le courant anodique de la lampe n'est constant que lorsque le potentiel de grille est constant. Quand vous appliquez à la grille une tension alternative, il apparaît, dans le courant anodique, des variations de même fréquence. Ces variations passeraient difficilement à travers la résistance R, alors que le condensateur leur offre un passage aisé. On dit que le condensateur C est traversé par la « composante » alternative du courant de plaque en sorte que la composante continue, elle, assure une polarisation constante.

Ig. — Ainsi, un tel dispositif de polarisation doit être inséré dans le circuit de plaque de chaque lampe amplificatrice ?

Cur. — Parfaitement. A titre d'exemple (fig. 51), je vous dessine le schéma de deux lampes amplificatrices liées par transformateur. La première est polarisée à l'aide de la résistance R_1, la seconde à l'aide de R_2.

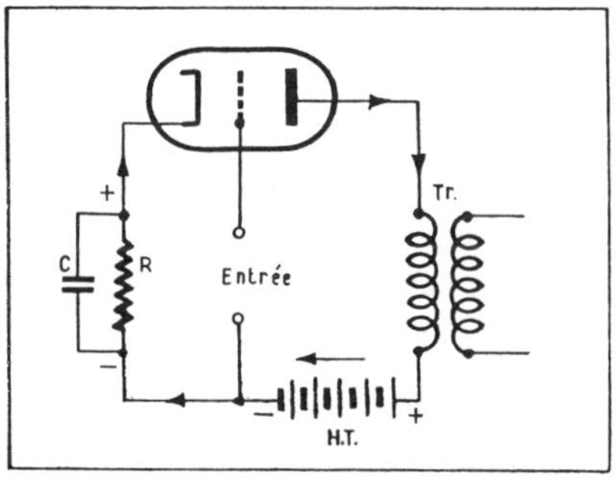

FIG. 50. — Le courant de plaque, en traversant la résistance R, crée une tension entre la grille et la cathode.

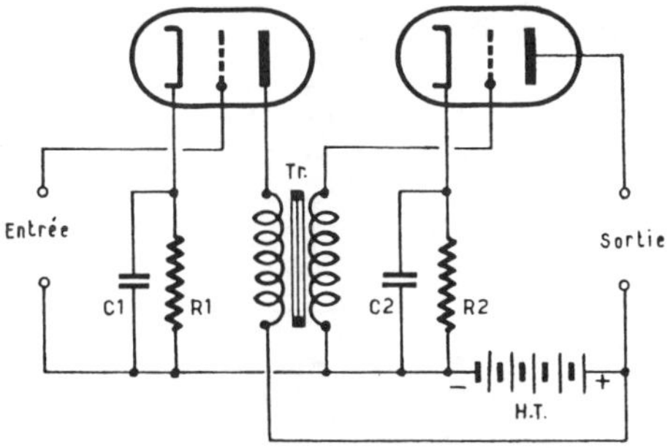

FIG. 51. — Amplificateur à deux lampes avec polarisation des grilles par les résistance R_1 et R_2.

Transformateurs H.F. et B.F.

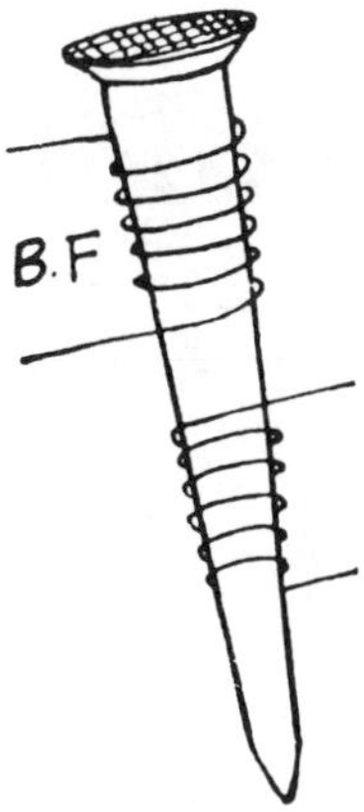

Ig. — Et qu'est-ce que ces barres parallèles que vous avez placées sur le dessin entre les enroulements du transformateur ?

Cur. — C'est le symbole du noyau de fer utilisé dans le transformateur de basse fréquence. Le fer étant plus facilement pénétré par le champ magnétique que l'air, on augmente la self-induction des enroulements en les bobinant sur un noyau de fer. Pour que le courant alternatif des enroulements ne puisse pas induire dans le fer des courants d'induction, on utilise des noyaux en fer feuilleté composés de tôles isolées les unes des autres.

Ig. — Et pourquoi n'emploie-t-on des noyaux que dans les transformateurs de basse fréquence ?

Cur. — Parce que les courants de haute fréquence, en raison de la rapidité de leurs variations, auraient induit dans le fer des courants qui seraient autant de pertes pour le courant inducteur. C'est pourquoi, en haute fréquence, on renonce aux noyaux en tôles isolées.

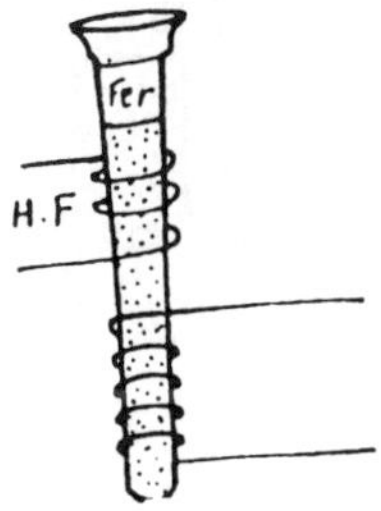

Ig. — Ne pourrait-on pas cependant réduire au minimum les courants induits en rendant les noyaux très résistants. On pourrait, par exemple, les constituer par d'infimes parcelles de fer isolées les unes des autres.

Cur. — C'est ce que l'on fait souvent. On utilise alors, pour les transformateurs de haute fréquence, des noyaux en poudre de fer enrobée dans une masse isolante. Mais, aux très hautes fréquences, on préfère des transformateurs à air.

Ig — En somme, la seule différence entre l'amplification de la haute ou de la basse fréquence consiste, si j'ai bien compris, dans la composition du noyau. Dans le premier cas, c'est de l'air ou de la poudre de fer. Dans le second cas, c'est du fer feuilleté ?

Cur. — Non, la différence va beaucoup plus loin. Lorsque nous amplifions les courants de basse fréquence, nous prenons toutes les précautions pour les amplifier dans la même proportion afin que toutes les notes de la musique soient reproduites avec leurs intensités relatives. Nous n'avons aucun intérêt à privilégier, à favoriser une fréquence musicale au détriment des autres. Par contre, en ce qui concerne les

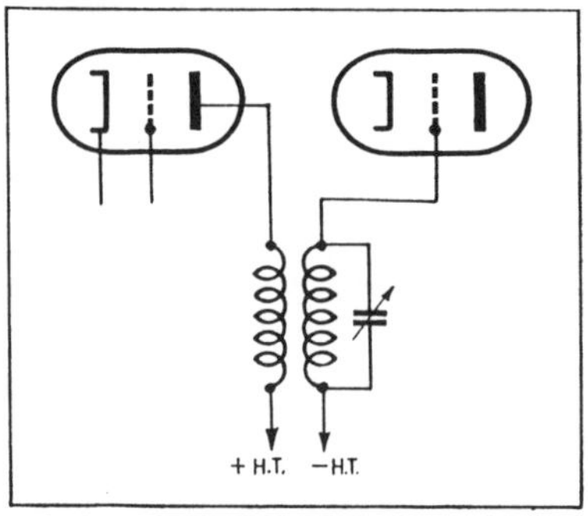

FIG. 52. — Liaison par transformateur H.F. à secondaire accordé.

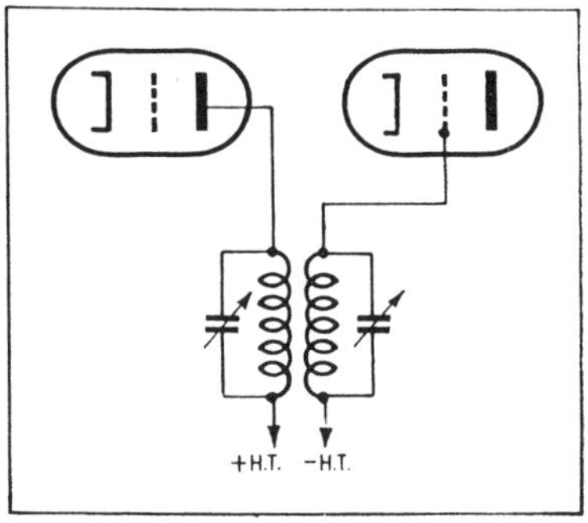

FIG. 53. — Liaison par transformateur H.F. à primaire et secondaire accordés.

courants de haute fréquence, nous n'oublierons jamais tout l'intérêt qu'il y a à en sélectionner un seul, celui produit par l'émetteur que nous voulons écouter, tout en éliminant tous les autres.

Ig. — Donc, dans l'amplification de haute fréquence, il faut utiliser des circuits de liaison sélectifs, autrement dit des circuits accordés ?

Cur. — Bien entendu. Il faut que le travail de sélection, commencé dans le circuit d'accord de l'antenne, soit poursuivi dans les circuits de liaison de l'amplification à haute fréquence. Nous utiliserons donc des transformateurs sélectifs, en accordant l'un (fig. 52) ou même les deux (fig. 53) enroulements. De tels transformateurs ne laisseront passer que le courant de la fréquence sur laquelle ils sont accordés, à l'exclusion de tout autre.

L'art d'utiliser les oppositions.

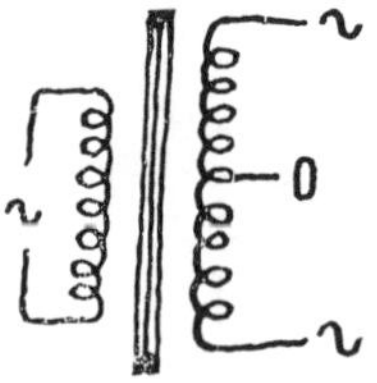

Ig. — Il y a, Curiosus, quelque chose qui me « chiffonne ». Puisque le passage d'un courant variable dans l'enroulement primaire d'un transformateur fait apparaître des tensions alternatives aux extrémités de son secondaire, pourquoi n'utilisons-nous que celle de l'une des extrémités ?

Cur. — Que voulez-vous dire par là ?

Ig. — Je me demande si l'on ne pourrait pas faire sur l'enroulement secondaire une prise juste au milieu, que l'on relierait au négatif de la source de tension anodique. Dès lors, par rapport à ce point (qui, en somme, si j'ai bien compris, est considéré comme étant de « potentiel zéro »), chacune des extrémités serait à tour de rôle positive ou négative.

Cur. — C'est exact, cher ami. Cela ressemble à la balançoire que l'on forme à l'aide d'une planche posée par son milieu sur un point d'appui fixe et où l'enfant assis à l'une des extrémités s'élève en l'air alors que celui placé sur l'autre descend et inversement. Votre idée est excellente. On peut, en effet, appliquer les tensions opposées des deux extrémités du secondaire simultanément aux grilles de deux tubes Et l'on obtient ainsi un étage d'amplification *symétrique* ou *push-pull* (ces mots anglais, qu'il faut prononcer « pouche-poull » signifient « pousse » et « tire », montrant ainsi les variations opposées des potentiels appliqués aux deux grilles).

IG. — Encore une invention que l'on me vole avant que je la fasse ! Qu'importe... Je suis content de voir ainsi deux tubes faire la balançoire. Mais, ce qui m'ennuie, c'est la manière d'utiliser leurs courants anodiques. C'est que, lorsque l'un augmente, parce que la grille correspondante devient plus positive, l'autre diminue au même instant, car la deuxième grille devient alors négative. Que faire ?

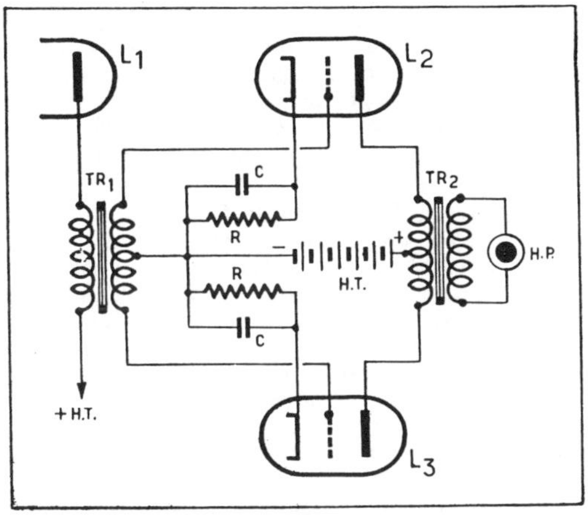

FIG. 54. — Schéma du montage push-pull.

CUR. — Vous voilà bien ennuyé, mon pauvre Ignotus ! La solution est pourtant bien simple. Il suffit de diriger les deux courants anodiques présentant ainsi des variations inverses vers les extrémités de l'enroulement primaire d'un autre transformateur et de pratiquer sur cet enroulement une prise médiane qui, elle, sera reliée au positif de la source de tension anodique (fig. 54).

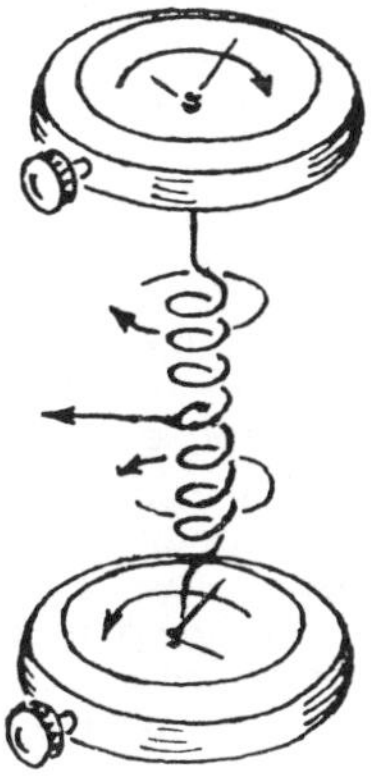

IG. — Et nous serons bien avancés ! Comment voulez-vous que cela donne quelque chose ? Lancés dans le même enroulement, nos deux courants vont s'annuler, puisque quand l'un augmente l'autre diminue et inversement.

CUR. — Vous oubliez simplement que nous les avons dirigés dans des sens opposés : des deux extrémités vers le milieu. Ainsi, quand un courant augmente en tournant dans les spires dans un sens, l'autre diminue, mais en tournant en sens contraire. Les effets, c'est-à-dire les courants induits dans le secondaire, s'ajoutent alors.

IG. — Je suppose que vous avez raison, car deux négations équivalent à une affirmation. Mais, si vous permettez, je vais analyser les phénomènes méthodiquement. Supposons que le courant de L_2 augmente alors que celui de L_3 diminue au même moment.

CUR. — Admettez, en plus, que, dans le primaire du deuxième transformateur, le courant de L_2 parcourt les spires en tournant dans le sens des aiguilles d'une montre, en sorte que celui de L_3 tournera en sens inverse. Que se passera-t-il ?

IG. — Les lois de l'induction sont inexorables. Le courant de L_2 qui augmente induira dans le secondaire un courant de sens contraire, donc opposé à celui des aiguilles de notre fameuse montre.

CUR. — Et le courant de L_3 ?

IG. — Puisqu'il diminue, il doit induire un courant du même sens, c'est-à-dire, une fois de plus, contraire à celui des aiguilles. Formidable ! Les deux courants induits sont du même sens !... Et à quoi sert le push-pull ?

CUR. — On utilise ce montage principalement dans les étages de sortie pour communiquer au haut-parleur une puissance plus élevée, due à la coopération des deux tubes. Mais je crains que si, ce soir, nous poussons plus loin notre coopération, la puissance de raisonnement diminuera...

Commentaires à la 11me Causerie

AMPLIFICATION H.F. ET B.F.

Dans la majorité des récepteurs, l'amplification a lieu tant avant qu'après la détection. La haute fréquence doit être amplifiée pour que la tension appliquée au détecteur ne soit pas trop faible, de manière que la détection ait lieu dans des conditions normales. Il faut noter que tout détecteur a son « seuil de sensibilité » représenté par la plus faible tension qu'il est encore apte à détecter correctement. Ainsi, quand pour une raison quelconque (éloignement ou faible puissance de l'émetteur) la tension appliquée au détecteur est inférieure à la tension du seuil, aucune détection n'aura lieu ou celle-ci sera défectueuse.

L'amplification H.F. (haute fréquence) permet donc d'entendre même des émetteurs faibles ou lointains ; elle sert ainsi à augmenter la SENSIBILITÉ du récepteur. Accessoirement, on s'arrange pour que les circuits de liaison entre lampes amplificatrices H.F. contribuent à l'accroissement de la sélectivité du récepteur.

La tension détectée est généralement trop faible pour pouvoir être directement appliquée à un haut-parleur. Celui-ci nécessite une énergie plus ou moins grande, ce qui conduit à amplifier, après la détection, le courant B.F. (basse fréquence) auquel elle donne lieu.

Une triode amplifie avec la même efficacité les tensions de H.F. et de B.F. Appliquée à l'entrée de la lampe (entre grille et cathode), une tension variable engendre des variations dans le courant anodique. Si nous voulons faire subir au courant amplifié une nouvelle amplification dans une deuxième lampe, il faut tout d'abord transformer le courant variable en tension variable.

TRANSFORMATEUR.

Cette opération peut être réalisée de plusieurs manières. L'une des plus courantes consiste à la confier à un TRANSFORMATEUR. Rappelons qu'un transformateur n'est rien d'autre qu'un ensemble de deux enroulements couplés par induction. Si nous appliquons une tension variable à l'un des deux enroulements (que nous appellerons PRIMAIRE), une tension induite de la même forme apparaîtra dans l'autre enroulement (appelé SECONDAIRE). Si les deux enroulements comportent le même nombre de spires, la tension induite dans le secondaire sera égale à la tension appliquée au primaire. Si le secondaire a deux fois plus de spires que le primaire, la tension y sera le double de celle du primaire, car il peut être considéré comme composé de deux enroulements en série et dont chacun a le même nombre de spires que le primaire ; dans ce cas, chacun de ces enroulements développera la même tension que le primaire, et en série les deux tensions s'additionneront.

En général, *le rapport de la tension du secondaire à celle du primaire est égal au rapport de leurs nombres de spires.* Si le secondaire comporte plus de spires que le primaire, le transformateur est dit ÉLÉVATEUR de tension. Dans le cas contraire, c'est un ABAISSEUR de tension. Le rapport du nombre de spires du secondaire à celui du primaire s'appelle RAPPORT DE TRANSFORMATION. Pour un élévateur de tension, il est supérieur à 1 et, pour un abaisseur, inférieur à 1.

Compte tenu de la haute perméabilité magnétique du fer, les transformateurs destinés aux courants de B.F. comportent un noyau en fer. Pour que des courants induits (dits COURANTS DE FOUCAULT) ne puissent pas se développer dans le noyau, — ils seraient cause d'une néfaste perte d'énergie, — le noyau, au lieu d'être massif, se compose de tôles minces et isolées.

Les transformateurs pour H.F. peuvent également comporter un noyau magnétique. Mais là, vu la fréquence élevée, le simple fait de feuilleter le noyau ne suffit plus pour éviter des pertes par courants de Foucault : il faut constituer le noyau en fer pulvérisé, chaque grain microscopique du fer étant isolé des grains voisins par une matière isolante.

Enfin, dans les transformateurs pour très hautes fréquences, tout fer doit être prohibé. Ainsi, les transformateurs pour ondes ultra-courtes ne comportent aucun noyau de fer et sont, de préférence, bobinés en fil nu et rigide, sans support isolant (car des pertes se produisent aussi dans des isolants placés dans un champ électrique H.F.).

LIAISON PAR TRANSFORMATEUR.

Pour servir de circuit de liaison entre deux tubes, le transformateur est branché ainsi :

le primaire à la sortie du premier tube (entre l'anode et le pôle positif de la source de tension anodique) ; le secondaire à l'entrée du deuxième tube (entre grille et cathode). Ainsi les variations de l'intensité du courant anodique dans le primaire développent dans le secondaire des tensions variables appliquées à l'entrée du tube suivant.

POLARISATION AUTOMATIQUE.

Une source commune de tension anodique sert à l'alimentation de toutes les lampes du récepteur. Quant à la polarisation négative des grilles, elle est obtenue par la « chute de tension » que le courant anodique produit dans une résistance intercalée entre la cathode de chaque tube et le pôle négatif de la source de tension anodique.

On appelle « chute de tension » la tension créée entre les extrémités d'une résistance par le courant qui la traverse. D'après la loi d'Ohm, cette chute de tension est égale au produit de l'intensité du courant (en ampères) par la résistance (en ohms) :

$$E = I \times R.$$

Ainsi, si nous intercalons entre la cathode et le négatif de tension anodique une résistance de 2 000 ohms, un courant anodique de 0,003 A y produira une chute de tension de

$$0{,}003 \times 2\,000 = 6 \text{ volts}.$$

Le sens du courant montre que c'est l'extrémité de la résistance connectée au négatif de la tension anodique qui devient ainsi négative par rapport à la cathode. C'est à cette extrémité que sera précisément connecté le circuit de grille, de manière que la grille devienne négative par rapport à la cathode.

Une difficulté surgit cependant. Alors que la polarisation doit avoir une valeur fixe aussi stable que possible, le courant anodique qui crée la chute de tension est variable, du moins lorsqu'une tension variable est appliquée à l'entrée de la lampe. Or, dans ces conditions, la chute de tension servant à polariser la grille devient variable elle aussi. Comment y remédier ?

SÉPARATION DES COMPOSANTES.

En examinant de plus près la forme du courant de plaque, nous voyons que, tout en étant unidirectionnel (puisque dans le tube il ne peut aller que dans un seul sens : de la cathode à l'anode), son intensité varie conformément aux variations de la tension de grille. Par une abstraction mentale, on peut considérer que

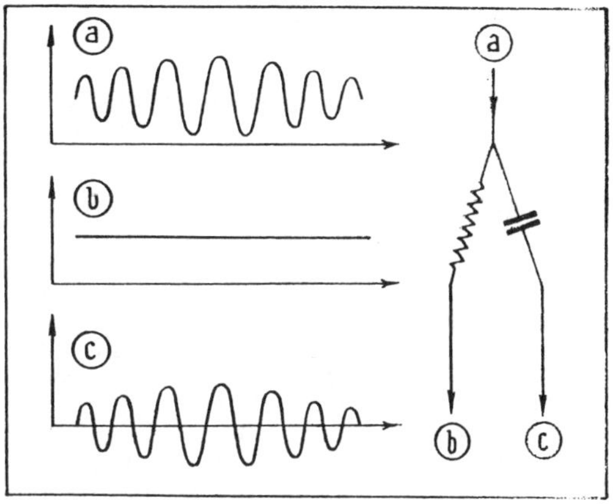

FIG. VII. — Un courant anodique variable a peut être considéré comme la somme de deux composantes une continue **b** et une alternative **c**. — A droite, montage de séparation des deux composantes.

le courant de plaque se compose de deux courants distincts : un courant continu (courant de repos tel qu'il est en l'absence de la tension variable sur la grille) et un courant alternatif résultant des variations de la tension de grille. La composante alternative fait varier l'intensité du courant de plaque autour de la valeur de la composante continue, les alternances positives s'y ajoutant, les alternances négatives s'en retranchant.

Cette image que notre esprit peut se faire de la forme du courant anodique en le considérant comme la somme d'une composante continue et d'une composante alternative, nous aidera à résoudre la difficulté surgie au sujet de la polarisation. Il suffit, en effet, pour que celle-ci soit stable, que la chute de tension soit due uniquement à la composante continue du courant anodique. Quant à la composante alternative, nous l'empêcherons de passer dans la résistance de polarisation en la dérivant à travers un condensateur. Si celui-ci est de capacité suffisamment élevée, il offrira au courant alternatif un chemin bien plus facile que la résistance et... le tour sera joué.

Une telle séparation des composantes continue et alternative est une opération très courante en radio-électricité et nous aurons encore maintes fois l'occasion d'y avoir recours. On conçoit que la capacité du condensateur doit être d'autant plus élevée que la fréquence est plus basse, pour que la capacitance qu'il oppose à la composante alternative ne soit pas forte. D'autre part, plus la résistance de polarisation est faible, plus la capacité doit être forte, pour que la composante alternative ait un réel intérêt à emprunter le chemin du condensateur. C'est du moins ainsi que se serait exprimé Curiosus...

TRANSFORMATEURS B.F. ET H.F.

Après cette digression consacrée aux questions d'alimentation, revenons à notre transformateur. Destiné à la B.F., il comporte un grand nombre de spires (plusieurs milliers) à chaque enroulement. Entre les spires se forment des capacités, de même qu'entre les deux enroulements. Des pertes dues aux courants de Foucault et à d'autres causes ont lieu. Tout cela fait que toutes les fréquences ne sont pas transmises avec la même efficacité : le transformateur introduit une certaine déformation. Il faut qu'il soit de très bonne qualité pour que la distorsion soit faible. L'idéal serait, évidemment, que toutes les fréquences musicales soient transmises d'une façon identique. Mais ce n'est qu'un idéal...

Et une telle exigence, idéale en B.F., serait inadmissible en H.F. où, au contraire, on recherche à privilégier une seule fréquence, celle de l'émetteur à recevoir, au détriment de toutes les autres. Les transformateurs H.F. doivent donc être sélectifs. A cet effet, on accorde à l'aide de condensateurs variables, soit l'un de leurs enroulements (primaire ou secondaire), soit les deux à la fois.

MONTAGE PUSH-PULL.

Pour clore le chapitre de l'amplification à transformateurs, il reste encore à étudier un montage qui est très répandu et mérite de l'être. Il s'agit du montage PUSH-PULL ou symétrique.

Dans ce montage (fig. 54), la première lampe L_1 attaque, à travers le transformateur TR_1, simultanément les deux tubes L_2 et L_3 qui composent l'étage push-pull proprement dit. Le dessin met en évidence la parfaite symétrie du montage dont nous analyserons maintenant le fonctionnement.

Les grilles des deux lampes L_2 et L_3 sont, à chaque instant, soumises à des tensions opposées. En effet, si, pendant une alternance, les électrons dans le secondaire de TR_1 sont chassés de haut en bas, la grille de L_2 devient moins négative et celle de L_3 plus négative. C'est le contraire qui a lieu lors de l'alternance suivante. Ainsi, quand le courant anodique de L_2 augmente, celui de L_3 diminue et inversement. Les deux lampes fonctionnent en opposition de phase, ce qui explique aussi le nom : PUSH — pousse ; PULL — tire.

Pour utiliser les courants anodiques aux variations opposées, on emploie un deuxième transformateur TR_2 avec prise médiane au primaire. Le courant de chaque tube ne parcourt donc qu'une moitié du primaire. Comme les courants font ce parcours en directions opposées, mais comme, d'autre part, leurs variations sont elles aussi opposées, les actions des deux courants s'additionnent en fin de compte, car leurs champs magnétiques ont le même sens. Et ainsi, les deux composantes alternatives, en collaborant, induisent dans le secondaire un courant qui agira sur le haut-parleur H.P.

Si les composantes alternatives des courants anodiques collaborent, par contre, les composantes continues, toutes les deux d'intensité égale, mais circulant dans les deux moitiés du primaire en sens opposé, créent des champs magnétiques de sens contraire qui s'annulent mutuellement. Et c'est là l'un des avantages du push-pull. Du fait de l'absence d'un champ magnétique continu, le noyau du transformateur travaille dans les meilleures conditions, toute son aimantation résultant uniquement des composantes alternatives. La perméabilité du fer, qui augmente lorsque l'intensité du champ diminue, se trouve ainsi bien plus élevée qu'en présence d'un champ permanent créé par la composante continue.

A cet avantage, d'autres viennent s'ajouter. Ainsi, dans le push-pull, grâce à la mise en opposition des deux tubes, certaines déformations dues à la courbure de la caractéristique (distorsions non linéaires) se neutralisent.

DOUZIÈME CAUSERIE

Tout semble aller pour le mieux. Ignotus s'initie aisément aux méthodes de liaison par impédances. Il en fait facilement application au cas particulier de la liaison entre détectrice diode et première lampe B.F. Bien mieux : il redécouvre ce que l'on appelle vulgairement « détection par la grille »... Pourquoi faut-il donc qu'avant de mettre un terme à cet aimable entretien, Curiosus plonge son ami dans le plus sombre désespoir ?...

Les liaisons dangereuses.

CUR. — La dernière fois, nous avons examiné le fonctionnement des amplificateurs à liaison par transformateur. Je dois vous faire un aveu...

IG. — Arrêtez-vous ! Je crois deviner ce que vous voulez me dire : il existe probablement d'autres catégories d'amplificateurs. N'est-ce pas cela ?

CUR. — En effet. Mais comment l'avez-vous deviné ?

IG. — C'est peut-être une bêtise, mais il me vient une idée formidable. Je crois que l'on peut se passer parfaitement de tout transformateur pour la liaison entre lampes amplificatrices. Vous m'avez dit, la dernière fois, que le courant, en traversant une résistance, crée aux extrémités de celle-ci une chute de tension. Si le courant est variable, la tension aux extrémités de la résistance le sera, je pense, également.

CUR. — C'est exact.

IG. — Or, que cherchions-nous pour la liaison entre lampes ? Le moyen de transformer les variations de l'intensité du courant de plaque d'un premier tube en variations de tension à appliquer entre la grille et la cathode d'un deuxième tube. Il suffit donc de placer une résistance dans le circuit anodique de la première lampe. Les variations de tension que le courant produira dans cette résistance seront appliquées entre la grille et la cathode de la deuxième lampe (fig. 55).

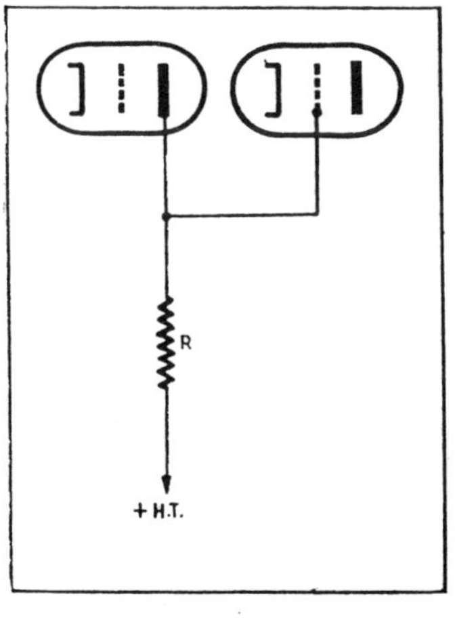

FIG. 55. — Les tensions développées dans R par le courant de plaque de la première lampe sont transmises à la grille de la deuxième.

CUR. — Doucement, mon cher. L'idée est, en principe, excellente. Mais on ne peut pas connecter directement la grille de la deuxième lampe à la résistance placée dans le circuit de plaque de la première.

IG. — Pourquoi pas ?

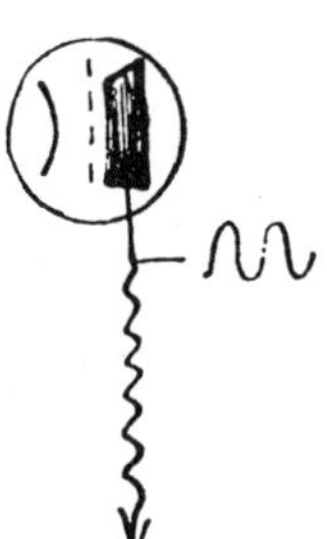

CUR. — Parce que cette résistance est connectée au pôle positif de la source de haute tension. Et si nous y connectons la grille, comme vous l'avez fait, elle deviendra beaucoup trop positive. C'est là une liaison dangereuse...

IG. — En quoi donc ?

CUR. — Malheureux ! Vous avez déjà oublié que la grille d'une lampe amplificatrice doit être polarisée négativement. Le domaine des tensions positives est, pour la grille, une zone interdite. En l'occurrence, si vous portez la grille de la deuxième lampe à une tension positive aussi élevée que celle de l'anode de la première, cette grille se conduira comme une anode.

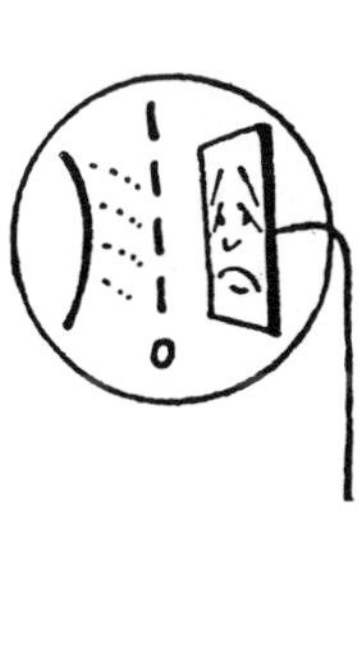

IG. — En effet. Trop positive, la grille appellera tous les électrons émis par la cathode.

CUR. — Vous voyez donc où nous conduit votre imprudent projet.

IG. — Alors, il n'y a rien à faire ?

CUR. — Mais si. Ce que nous voulons transmettre à la grille, ce sont les tensions variables. Nous les transmettrons aisément à travers la capacité d'un condensateur C placé entre la résistance R_1 (fig. 56) et la grille de la deuxième lampe. La grille sera ainsi isolée de la haute tension positive, mais les tensions alternatives auront vers elle libre accès.

IG. — Et à quoi sert la résistance R_2 ?

CUR. — Si elle n'existait pas, une partie des électrons émis par la cathode s'accumulerait sur la grille qui, du point de vue du courant continu, serait tout à fait isolée ou, comme on dit, « en l'air ». Ces électrons rendraient vite la grille à tel point négative qu'elle ne laisserait plus passer aucun courant. La lampe serait alors « paralysée ». Pour permettre aux électrons de s'écouler librement de la grille, nous utilisons

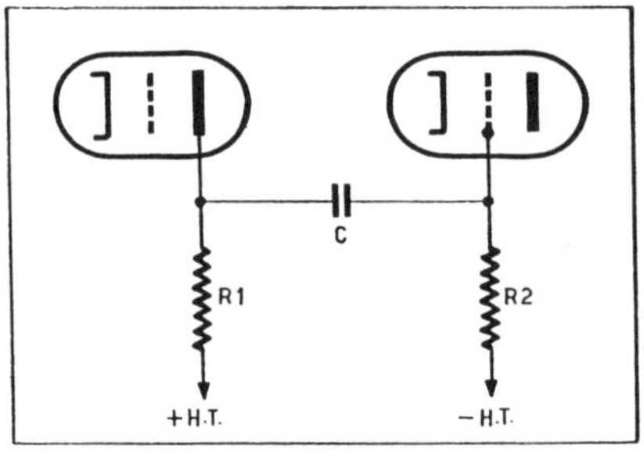

FIG. 56. — Liaison par résistances et capacité. R_1, résistance de plaque ; C, condensateur de liaison ; R_2, résistance de fuite.

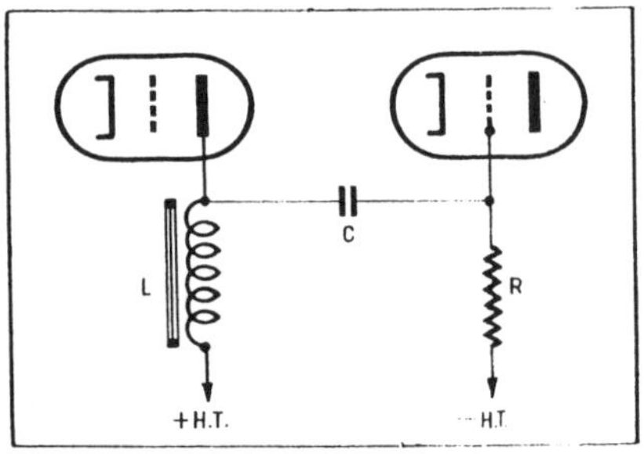

FIG. 57. — Liaison par inductance L à fer Le condensateur C transmet les tensions alternatives au tube suivant.

cette « résistance de fuite » R_2 qui fixe le potentiel de la grille en la reliant au pôle négatif de la source de haute tension. En général, R_2 a une valeur assez élevée, de l'ordre du mégohm.

IG. — Ainsi la tension alternative est amenée vers la grille de la deuxième lampe par le condensateur de liaison C, et la tension continue, qui fixe le point de fonctionnement, par la résistance R_2 ?

Dans le royaume des impédances.

CUR. — C'est exact. Ce système s'appelle « liaison par résistances et capacité ». Mais à la place de la résistance R_1, on pourrait utiliser toute autre impédance sur laquelle le courant variable développerait des tensions alternatives.

IG. — Pourrait-on par exemple utiliser une inductance ?

CUR. — Bien entendu. Parfois, dans l'amplification à basse fréquence, on utilise la liaison à inductance (fig. 57). Dans ce cas, l'inductance L est constituée par un enroulement à noyau de fer.

IG. — Que vaut-il mieux utiliser parmi ces différents modes de liaison ?

CUR. — Cela dépend... Chacun a ses inconvénients et avantages. La liaison par résistances a le défaut de la grande chute de tension continue qui se produit dans la résistance R_1 (fig. 56). Ainsi, il ne reste plus sur l'anode qu'une partie plus ou moins faible de la tension totale de la source. Par contre, la résistance en courant continu d'une inductance peut être assez réduite, et, par conséquent, la perte de tension y sera faible. Mais d'autre part, la liaison par inductance a le défaut de ne pas amplifier dans la même mesure toutes les fréquences musicales.

IG. — Comment cela ?

CUR. — Vous n'ignorez pas que l'inductance d'un enroulement dépend de la fréquence du courant. Ainsi, pour les fréquences plus élevées, correspondant aux notes aiguës, l'inductance sera, elle aussi, plus élevée. Les tensions alternatives développées sur l'inductance seront donc plus fortes. Résultat : les notes aiguës seront amplifiées davantage.

IG. — Tandis que la résistance simple donnera une amplification égale de toutes les fréquences. N'est-ce pas ?

CUR. — Oui, du moins en théorie. En réalité, dans les deux cas, des capacités parasites existant entre l'anode et le reste des éléments du montage atténuent les notes aiguës. Il reste, enfin, encore une impédance souvent utilisée dans les circuits de liaison.

IG. — La capacitance ?...

CUR. — Non, mon ami. On ne peut pas insérer dans le circuit de plaque un condensateur tout seul, car la plaque ne pourra alors recevoir aucune tension continue.

IG. — Dans ce cas je ne sais pas de quelle impédance vous voulez parler et je donne ma langue au chat.

CUR. — Je vous rappelle que le circuit oscillant constitue, lui aussi, une impédance d'un ordre particulier : il n'oppose une grande résistance qu'au passage du courant sur la fréquence duquel il est accordé.

IG. — Je n'y songeais plus. On peut donc réaliser un circuit de liaison en utilisant

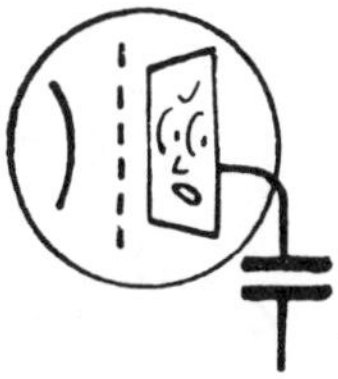

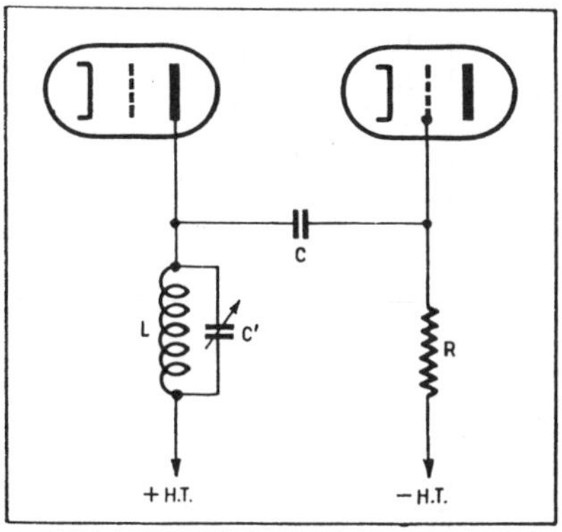

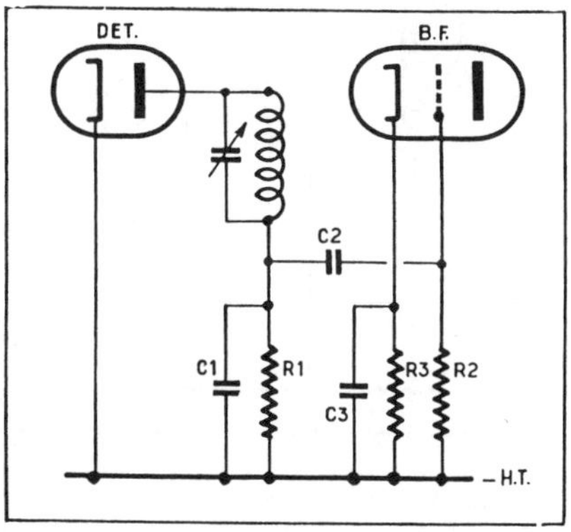

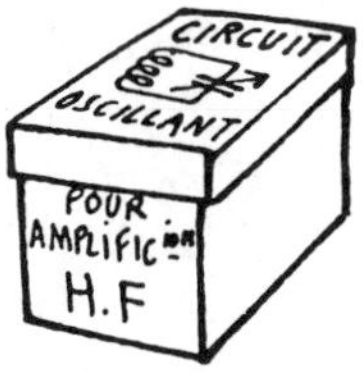

FIG. 58 (à gauche). — Liaison par circuit oscillant LC' avec condensateur de liaison C et résistance de fuite R.

FIG. 59 (à droite). — Liaison entre diode et triode B. F. Les tensions développées dans C_1 R_1 sont transmises à travers C_2 à la grille B. F. avec sa résistance de fuite R_2. Quant à C_3 et R_3, ils assurent la polarisation de la lampe B. F.

comme impédance un circuit oscillant LC' (fig. 58). Evidemment, une telle liaison n'a de raison d'être que pour l'amplification à haute fréquence ?

CUR. — Certes. Et vous voyez que c'est essentiellement un circuit de liaison sélectif, car, seuls, les courants de la fréquence d'accord du circuit oscillant développeront à ses extrémités des tensions alternatives qui, à travers le condensateur de liaison C, seront transmises à la grille de la deuxième lampe.

IG. — Je crois avoir bien compris les différentes méthodes de liaison que vous m'avez expliquées, Curiosus. Cependant, j'ai peur de ne pas pouvoir les appliquer au cas de la détectrice diode où je ne distingue pas très bien l'entrée et la sortie.

Un cas particulier.

Cur. — C'est en effet, un cas un peu spécial. Mais la solution est on ne peut plus simple. Vous vous souvenez que, grâce à la conductibilité unilatérale de la diode, nous obtenons dans le circuit cathode-anode des impulsions unilatérales qui sont accumulées par un petit condensateur, en sorte que l'écouteur est traversé par un courant de basse fréquence.

Ig. — Oui, mais puisqu'il s'agit d'amplifier ce courant, il n'y aura plus d'écouteur immédiatement après la diode.

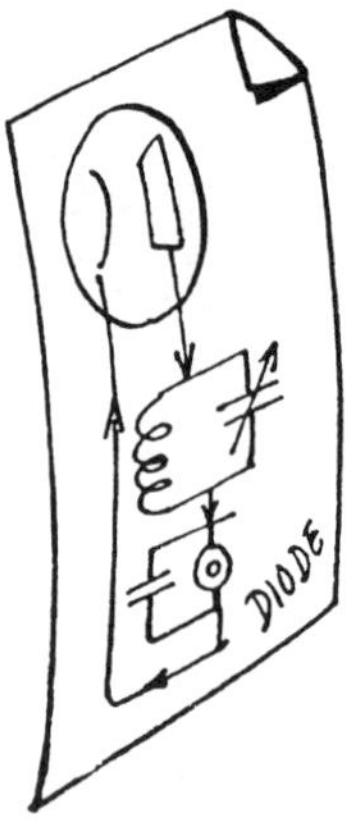

Cur. — Bien entendu. A la place de l'écouteur, nous disposerons une résistance R_1, tout en conservant le condensateur-réservoir C_1 (fig. 59). Le courant de basse fréquence qui traversera R_1 développera aux extrémités de cette résistance une tension alternative que nous appliquerons, à travers le condensateur de liaison C_2, à la grille de la première lampe de basse fréquence.

Ig. — Et la résistance R_2 ?...

Cur. — C'est la classique résistance de fuite que vous avez eu tort de ne pas identifier instantanément.

Ig. — Par contre, je reconnais parfaitement en R_3 la résistance de polarisation de la lampe de basse fréquence.

Cur. — A la bonne heure !... Notez à présent que le circuit oscillant peut être

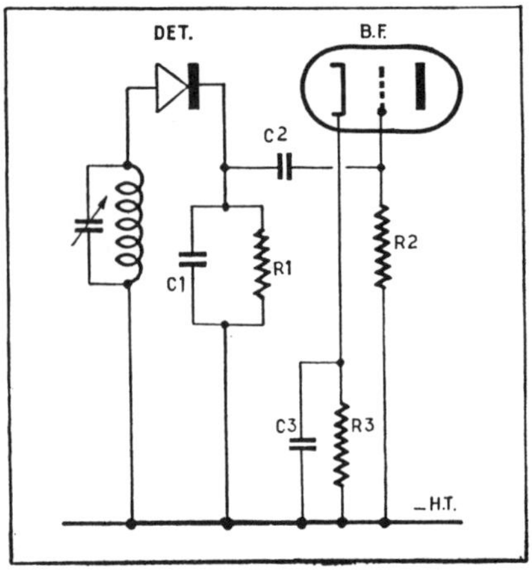

FIG. 60. — Emploi d'une diode à semiconducteur à la place de la diode à vide de la fig. 59.

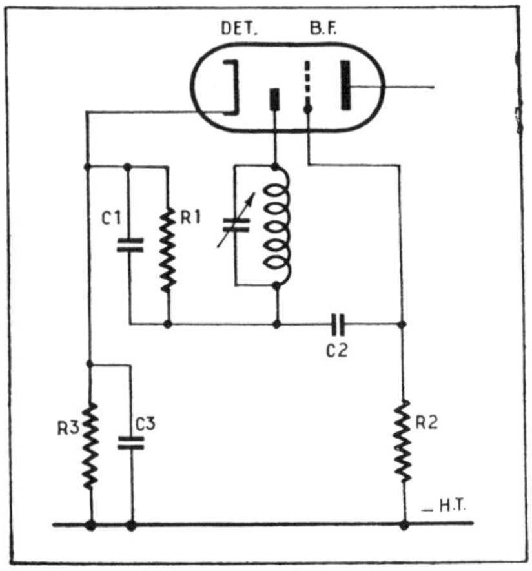

FIG. 61. — Les deux lampes de la fig. 59 sont réunies en une diode-triode. Le schéma demeure le même comme on constate en comparant les figures dont les éléments sont désignés par les mêmes lettres.

indifféremment placé dans la connexion de l'anode (comme le montre notre schéma) ou dans celle de la cathode.

Ig. — Evidemment. Dans les deux cas, il déterminera des variations du potentiel de l'une des électrodes de la diode par rapport à l'autre.

Cur. — J'ajouterai encore que la diode à vide peut être remplacée par une diode à semiconducteur (fig. 60).

Ig. — C'est-à-dire non plus la vieille galène, mais le germanium ou le silicium ?

Cur. — Exactement... Maintenant, je vous ferai remarquer que, fréquemment, à la place d'une lampe diode autonome et d'une amplificatrice à basse fréquence, on utilise une lampe combinée, *diode-triode*, qui, dans la même ampoule, contient les deux systèmes d'électrodes. La simplification va, d'ailleurs, plus loin, puisque la diode et la triode utilisent une cathode commune.

IG. — Cette lampe permet donc de réaliser une économie d'encombrement et de courant de chauffage ! C'est une lampe-type pour notre époque de crise...

CUR. — Le montage utilisant la diode-triode (fig. 61) est absolument identique à celui de la diode et de la triode séparées. Vous remarquerez que la présence de la résistance R_3 permet de polariser négativement la grille, en rendant la cathode positive par rapport au pôle négatif de la haute tension. Mais l'anode de la diode se trouve, en l'absence d'oscillations, au même potentiel que la cathode, car le courant de la diode, après avoir traversé R_1, revient directement à la cathode.

Une idée d'Ignotus.

IG. — Il me vient une idée...

CUR. — Je m'en méfie généralement ! Mais dites toujours.

IG. — Je me demande si l'on ne peut pas pousser la simplification encore plus loin en confondant tout bonnement l'anode de la diode avec la grille de la triode. Les tensions de haute fréquence appliquées ainsi entre la grille et la cathode (fig. 62) seront redressées par le procédé normal de la détection diode, la grille jouant en

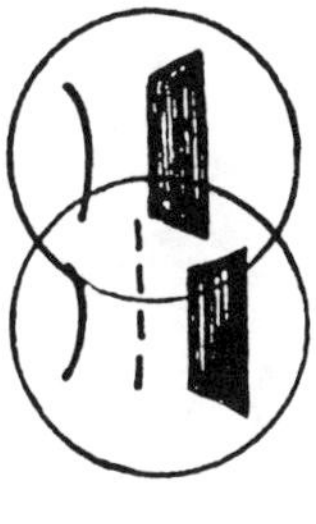

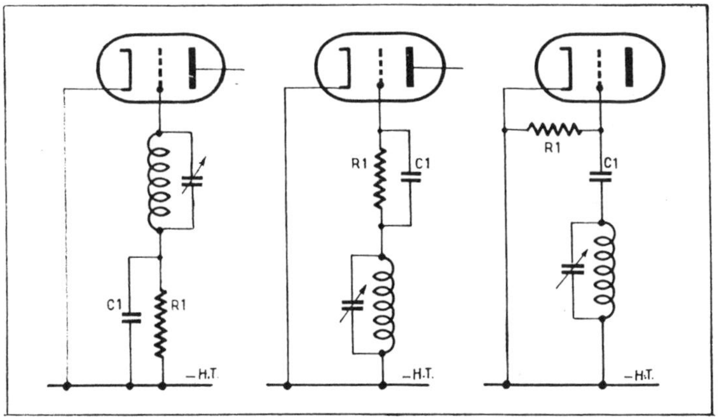

FIG. 62. — La soi-disant « détection par la grille ».

FIG. 63. — Modification du schéma de la fig. 62.

FIG. 63 bis. — Variante du schéma de la fig. 63.

l'occurrence le rôle de l'anode de la diode. Les tensions de basse fréquence qui se trouveront, en conséquence, développées aux extrémités de la résistance R_1 (grâce à l'action accumulatrice du condensateur C_1), seront alors appliquées entre cette même grille et la cathode. La lampe fonctionnera donc en amplificatrice de basse fréquence... Pourquoi riez-vous, Curiosus ? Ai-je encore dit des bêtises ?

CUR. — Bien au contraire ! Ce qui m'amuse, c'est que vous, Ignotus, venez de redécouvrir et d'expliquer très clairement un procédé jadis très usité que l'on appelait « détection par la grille ». Comme vous l'avez si bien dit, il ne s'agit pas d'une méthode de détection spéciale, mais de la détection diode combinée avec l'amplification à basse fréquence, en faisant jouer à la même électrode les rôles de l'anode de la diode et de la grille de la triode. Or, ce point de vue, cependant très logique, a échappé à tous les techniciens qui, pour expliquer cette fameuse « détection par la grille », se lançaient dans des élucubrations aussi complexes que parfaitement obscures.

IG. — Toujours à votre disposition pour éclaircir ainsi tous les problèmes de la radio-électricité.

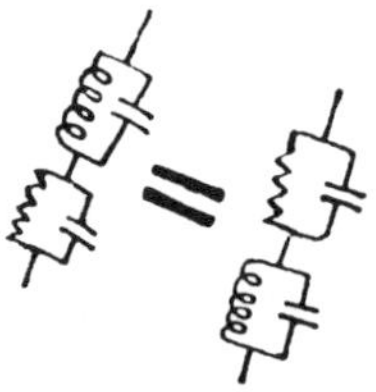

CUR. — Ne devenez pas insolent, mon cher Ignotus, sinon je ne vous montrerai pas le véritable schéma de la « détection par la grille ».

IG. — Ce n'est donc pas le mien ?

CUR. — Il n'en diffère guère. Pour des raisons de commodité de montage, on intervertit les places du circuit oscillant et de la résistance R_1 avec son condensateur C_1 (fig. 63), ce qui ne change rien. D'ailleurs, au lieu d'être connectée à la cathode à travers le circuit oscillant (fig. 63), la résistance R_1 peut y être reliée directement (fig. 63 *bis*)... Mais que griffonnez-vous là ?

Un schéma d'Ignotus.

IG. — Encouragé par les compliments que vous m'avez faits, j'ai dessiné le schéma d'un récepteur à 5 lampes (fig. 64). Il comporte, comme vous voyez, deux étages d'amplification à haute fréquence. La liaison entre les deux premières lampes est réalisée à l'aide de l'impédance du circuit oscillant L_3C' et du condensateur de liaison C_2. Entre la deuxième amplificatrice à haute fréquence et la diode, la liaison

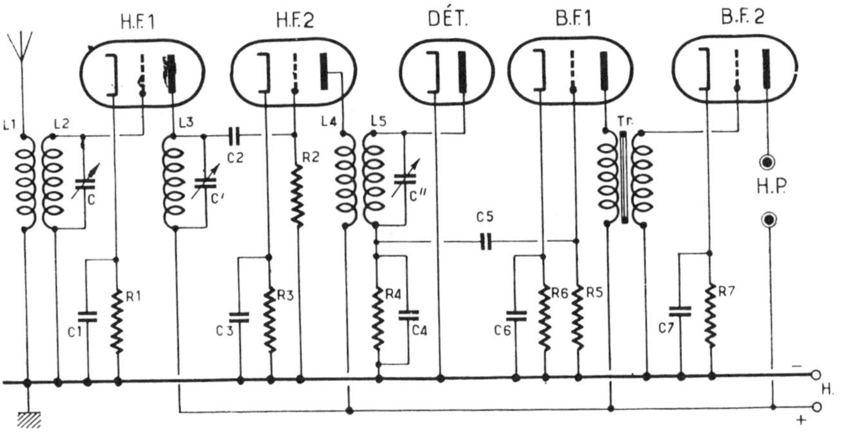

FIG. 64. — C'est Ignotus qui a tracé ce schéma !... Les résistances de polarisation sont désignées par R_1, R_3, R_6 et R_7 et les condensateurs correspondants par C_1, C_3, C_6 et C_7. - R_2 et R_5 sont les résistances de fuite.

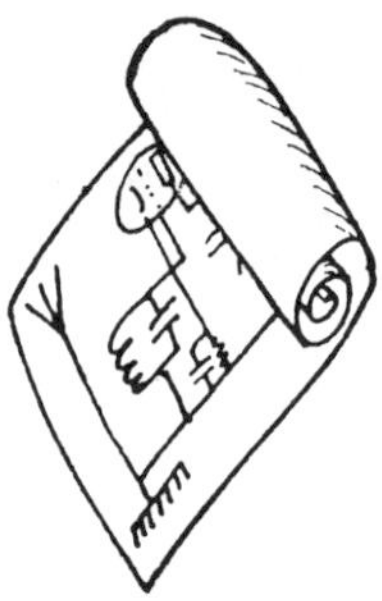

est établie à l'aide d'un transformateur L_4 L_5 à secondaire accordé par C''. Les tensions détectées et recueillies sur R_4 sont, à travers le condensateur C_5, appliquées à la grille de la première lampe de basse fréquence. Celle-ci, par un transformateur Tr, attaque la dernière lampe dont le circuit de plaque comprendra le haut-parleur. Mon schéma est-il correct ?

CUR. — Tout ce qu'il y a de plus correct. Mais si vous réalisez un récepteur en suivant votre schéma, il y a des chances pour qu'il fonctionne mal.

IG. — Pourquoi, mon Dieu ?

CUR. — Parce que, dans ce montage, il y aura des choses que votre schéma ne montre pas, mais qui n'en seront pas moins nuisibles.

IG. — Cela me paraît bougrement compliqué et tout à fait idoine à me donner une bonne migraine...

Commentaires à la 12me Causerie

DIVERS RÉGIMES D'AMPLIFICATION.

Dans le montage push-pull, on peut choisir le point de fonctionnement des tubes sur le coude inférieur de la caractéristique. Il suffit de les polariser beaucoup plus que dans les conditions normales de fonctionnement des lampes amplificatrices que nous avons examinées précédemment. A ce moment, seules les alternances positives de la tension de grille donneront lieu à des variations appréciables du courant anodique. Ainsi, les deux tubes fonctionneront-ils alternativement. Mais, dans le transformateur de sortie TR_2, les variations complètes seront reconstituées, puisque les alternances s'y succèderont avec leurs sens respectifs.

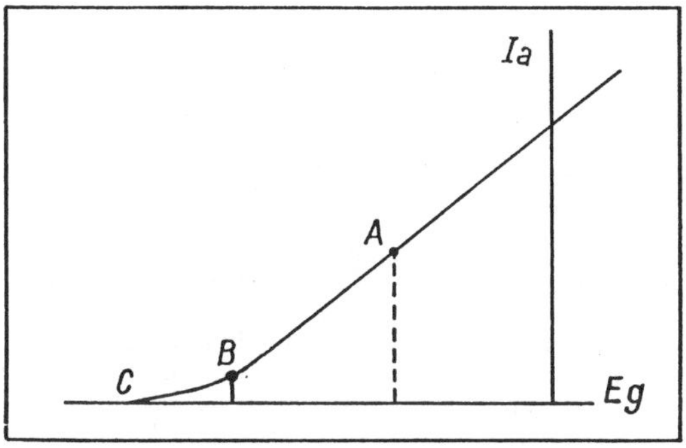

FIG. VIII. — Point de fonctionnement des lampes amplifiant en classes A, B et C.

Dans ce mode de fonctionnement, dit en CLASSE B, on peut appliquer aux grilles des tensions alternatives d'amplitude bien plus élevée (environ le double) qu'en CLASSE A, c'est-à-dire dans le régime ordinaire d'amplification où le point de fonctionnement doit être fixé au milieu de la portion rectiligne utilisable de la caractéristique. Dans un push-pull fonctionnant en classe B, les lampes sont utilisées à fond et l'on en tire une puissance plus grande qu'en classe A.

Bien entendu, le point de fonctionnement des tubes d'un push-pull peut être choisi dans un quelconque des points intermédiaires entre ceux qui correspondent aux classes A et B. On dit alors que les tubes fonctionnent en classe A' ou en classe AB (fig. VIII).

Mentionnons, pour mémoire, le fonctionnement en CLASSE C où le point de fonctionnement est à gauche du coude inférieur de la caractéristique et où, seules, les pointes des alternances positives donnent lieu à un courant anodique. On ne fait usage d'un tel régime que dans certains émetteurs ou appareils de mesure.

LIAISONS A IMPÉDANCES.

Dans cette causerie, nos deux amis ont examiné la deuxième catégorie de liaisons entre lampes : les liaisons à impédances.

Leur principe est simple. Une impédance est placée dans le circuit anodique d'une première lampe. Le courant anodique y produit, nous le savons, une chute de tension variable, puisque le courant lui-même comporte une composante variable. A travers un condensateur de capacité convenable, la tension variable est alors communiquée à la grille de la lampe suivante. Enfin, le potentiel moyen de cette grille (point de fonctionnement autour duquel ses tensions instantanées varient) est fixé à l'aide d'une « résistance de fuite » connectée au pôle négatif de la source de haute tension (H.T.).

La valeur du condensateur de liaison placé entre l'anode de la lampe précédente et la grille de la lampe suivante doit être suffisante pour que les tensions alternatives passent sans difficulté. En H.F., il suffit d'avoir 0,5 mμF, mais la B.F. passant moins aisément à travers la capacité, il faudra adopter une valeur de l'ordre de 10 mμF pour l'amplification B.F.

La résistance de fuite a généralement une valeur de plusieurs centaines de milliers d'ohms ; 0,5 MΩ est une des valeurs les plus usuelles.

AMPLIFICATEUR A RÉSISTANCE.

Quant à l'impédance du circuit anodique, le plus simple est de la constituer par une résistance ohmique. C'est la solution qui est adoptée pour l'amplificateur B.F. dans la majorité des récepteurs actuels. En H.F. elle est inapplicable, ne serait-ce que du fait qu'elle ne procure aucun gain de sélectivité. Mais en B.F. elle offre l'avantage d'amplifier dans un rapport à peu près égal toutes les fréquences musicales et d'être d'une réalisation très économique.

La valeur de la résistance anodique dépend de plusieurs facteurs, notamment de la résistance interne de la lampe. Suivant le modèle de la lampe adoptée, elle sera de l'ordre de plusieurs dizaines ou centaines de mille ohms.

Il ne faut pas oublier non plus que la composante continue du courant de plaque produit, elle aussi, une chute de tension dans cette résistance, et cela au détriment de la tension réelle entre anode et cathode. Ainsi, si la source de haute tension est de 250 V, si la résistance anodique est de 150 000 Ω et si le courant anodique moyen est de 1,2 mA (soit 0,0012 A) la chute de tension sera de

$$0{,}0012 \times 150\,000 = 180 \text{ V}$$

et il ne restera entre anode et cathode que 250 — 180 = 70 V.

AMPLIFICATEUR A INDUCTANCE.

L'emploi d'une inductance à la place d'une résistance ohmique permet de réduire considérablement la chute de tension continue, ce qui rend cette solution particulièrement indiquée quand on dispose d'une source de courant anodique de tension relativement faible.

Cependant, par rapport à l'amplificateur à résistance, l'amplificateur à inductance présente l'inconvénient de favoriser les notes aiguës (fréquences musicales élevées) au détriment des notes graves. L'inductance étant proportionnelle à la fréquence, les fréquences plus élevées développent dans l'inductance des tensions proportionnellement plus fortes, d'où sur-amplification des aiguës. En pratique, des enroulements B.F. judicieusement réalisés n'accusent le défaut signalé que dans une faible mesure ; il ne faut donc pas rejeter l'amplification à inductance comme si elle était sujette à des distorsions inadmissibles.

AUTRES MONTAGES A IMPÉDANCE.

En H.F., l'amplification à inductance est employée très rarement, car elle ne procure aucun gain de sélectivité. Dans ce domaine, on préfère lui substituer cette impédance très particulière que constitue le circuit oscillant à la résonance. Nous sommes alors en présence d'un circuit de liaison (fig. 58) à faible résistance ohmique et à forte impédance pour les courants de la fréquence de résonance. Pas de chute de tension continue appréciable, sélectivité accrue, bonne amplification, voilà les caractéristiques essentielles qui militent en faveur de ce montage que, par une bizarrerie de langage, on appelle parfois « montage à circuit-bouchon ».

Il faut encore noter que quelquefois on a avantage à utiliser un circuit de liaison combinant les principes du transformateur et de résistance tel que celui de la figure IX. Dans ce montage, les deux composantes du courant anodique bifurquent à la sortie de l'anode.

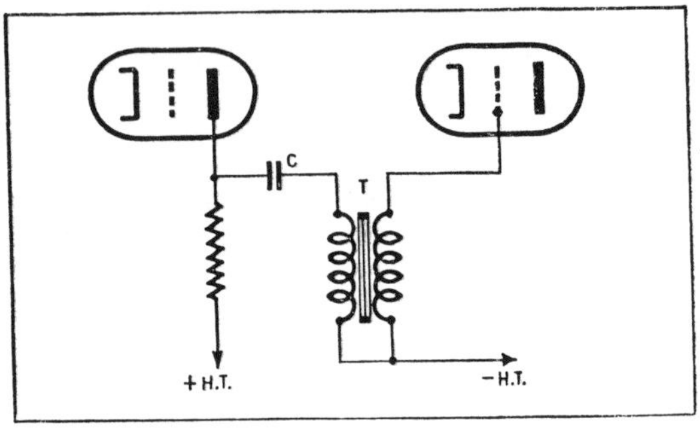

FIG. IX. — Circuit de liaison mixte à résistance et transformateur.

Alors que la composante continue emprunte le chemin de la résistance R, la composante variable traverse le condensateur de liaison C et le primaire du transformateur T, en faisant apparaître au secondaire des tensions variables qui attaquent la grille de la lampe suivante. L'avantage de ce procédé réside dans le fait que le transformateur n'étant parcouru par aucun courant continu, son noyau travaille dans les meilleures conditions. C'est aussi, rappelons-le, l'un des avantages du montage push-pull.

MONTAGES DÉPHASEURS.

Et puisque nous mentionnons ce montage, saisissons l'occasion pour signaler que, là aussi, on peut aisément substituer à la liaison par transformateur une liaison par résistance et capacité. A la place du transformateur d'entrée, dont le rôle est d'appliquer aux grilles des deux tubes du push-pull des tensions en opposition de phase, on utilise un ÉTAGE DÉPHASEUR.

Un déphaseur classique est schématiquement représenté dans la figure X. On voit que le tube pré-amplificateur attaque la grille de la première lampe du push-pull à travers le condensateur C_1. En même temps, à travers C_3, *une partie* de la tension développée sur la résistance R_1 est appliquée à la grille du tube déphaseur. On trouve à sa sortie, sur la résistance R_2, des tensions opposées en phase à celles qui sont appliquées à son entrée.

Pourquoi ? Mais parce qu'une alternance positive sur la grille fait croître le courant anodique et, par conséquent, la chute de tension dans R_2 ; or, cette chute de tension se retranche de la tension de l'alimentation, en sorte que la tension restant sur l'anode diminue.

C'est donc cette tension, opposée en phase à celle transmise par C_1 au premier tube du push-pull PP_1, que l'on applique au deuxième tube PP2.

On devine aisément que si l'on n'applique au tube déphaseur qu'une fraction de la tension développée sur R_1, c'est pour tenir compte du pouvoir amplificateur de ce tube. Il faut, en effet, que les tensions appliquées aux deux tubes du push-pull soient équilibrées.

On notera que les grilles des deux tubes du push-pull sont polarisées par une résistance cathodique commune R_3. De plus, celle-ci

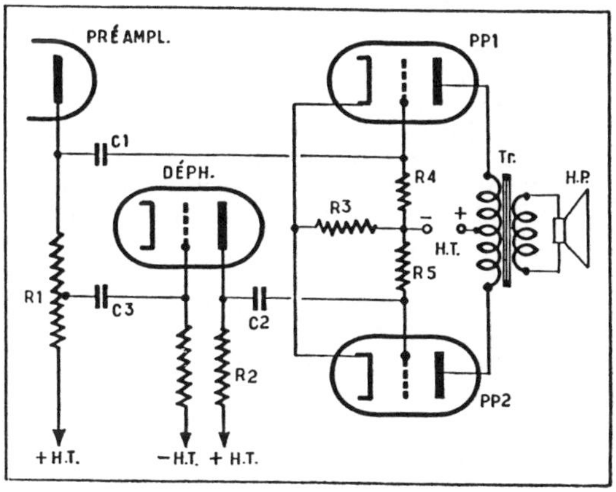

FIG. X. — Montage d'un étage déphaseur pour l'attaque d'un push-pull.

n'a pas besoin d'être découplée par un condensateur, car les composantes alternatives des deux tubes sont en opposition de phase et s'annulent ainsi.

Un autre montage déphaseur est constitué (fig. XI) par un CATHODYNE (ou montage à CHARGE CATHODIQUE). Dans ce montage, on trouve une résistance de liaison R_1 dans l'anode et une autre R_2 dans la cathode. On constate aisément que les tensions développées par les variations du courant anodique aux points A et B de ces résistances, sont en opposition de phase. Ainsi, lors d'une alternance positive sur la grille, qui entraîne une augmentation du courant anodique, le point B devient plus positif et le point A moins positif.

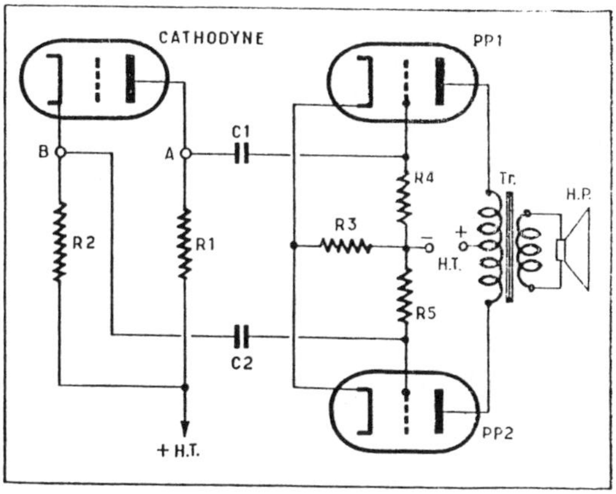

FIG. XI. — Dans le cathodyne, des tensions de phases opposées sont prélevées sur les résistances de charge placées dans l'anode (R_1) et dans la cathode (R_2) afin d'attaquer les deux tubes du push-pull.

On réunit ces deux points, à travers des condensateurs de liaison C_1 et C_2, aux deux tubes du push-pull... et le tour est joué.

Remarquons qu'un étage cathodyne ne procure pas d'amplification.

LIAISON DE LA DIODE.

Jusqu'à présent, en examinant les différents montages de liaison entre lampes, nous avons toujours supposé que la lampe qui précède est une triode. Tout ce qui a été dit à ce sujet pourrait s'appliquer également à des lampes à plus de trois électrodes que nous examinerons plus loin. Mais il faut étudier à part le cas de la diode.

Dans ce qui a été dit jusqu'à présent au sujet de la détectrice diode, il a été supposé que le courant détecté était appliqué à un écouteur. Or, la majorité des récepteurs comprennent, après la détectrice, un ou plusieurs tubes servant à l'amplification B.F.

La liaison entre la diode et les lampes suivantes s'effectue à l'aide d'une résistance branchée dans le circuit à la place de l'écouteur (comparer les figures 39 et 59). Cette résistance jouant le rôle d'impédance anodique, le reste du montage n'offre aucune particularité.

La tendance vers la réduction de l'encombrement et du prix des récepteurs a conduit les constructeurs à créer des lampes combinées comprenant, dans la même ampoule et avec cathode commune, une diode et une triode servant de première amplificatrice B.F. (Il existe même des tubes comprenant deux diodes et une pentode, comme nous le verrons plus loin.)

Le montage d'une lampe combinée détectrice-amplificatrice est le même que dans le cas où l'on emploie deux lampes distinctes (comparer les figures 59 et 61). Comme l'amplificatrice a besoin d'être négativement polarisée, la résistance de fuite R_2 est connectée à l'extrémité négative de la résistance de polarisation R_3. Mais l'anode de la diode ne doit pas être portée à un potentiel négatif ; aussi sa résistance anodique R_1 est-elle directement branchée à la cathode.

DÉTECTION « PAR LA GRILLE ».

Au lieu de transmettre la tension B.F. à la grille à travers le condensateur de liaison C_2, on peut confondre la grille et l'anode de la diode en une seule électrode. On obtient ainsi une triode montée en DÉTECTION PAR LA GRILLE, comme le montre la figure 62 avec ses variantes équivalentes des figures 63 et 64. Cette méthode de détection et d'amplification combinée, jadis très répandue, est encore souvent employée de nos jours. Elle offre les avantages de la simplicité et de la sensibilité. Mais elle est loin d'être exempte de distorsion, ne serait-ce que du fait que la grille ne peut pas être polarisée à un potentiel négatif fixe, ce qui serait souhaitable pour son fonctionnement en amplificatrice.

Notons que, dans ce montage, les valeurs traditionnelles des éléments de détection sont R_1 de l'ordre du mégohm ; C_1 de 0,05 à 0,15. mμF.

NOMBRE D'ÉTAGES B.F.

Une lampe avec le circuit de liaison qui la précède compose un ÉTAGE d'un récepteur. Dans le montage push-pull les deux lampes avec le transformateur qui les précède ne forment qu'un seul étage.

Dans les récepteurs actuels, l'amplification B.F. est rarement assurée par plus de deux étages. Habituellement la détection est suivie d'un premier étage dit PRÉ-AMPLIFICATUER B.F. à amplification poussée et d'un étage final dit ÉTAGE DE PUISSANCE, puisque le rôle de la lampe (ou des deux lampes en cas de push-pull) qui l'équipe est de développer une puissance suffisante pour actionner le haut-parleur. Quelquefois, un seul étage B.F. est employé, équipé d'une lampe qui procure à la fois une amplification et une puissance suffisantes.

TREIZIÈME CAUSERIE

La réaction, qui faisait naguère les délices des premiers amateurs de radio et qui continue à se manifester (sans qu'on le veuille) dans les récepteurs modernes, fait les frais de cette causerie. Parmi les différentes méthodes proposées pour son réglage, Curiosus n'explique que les principales... Ignotus a, enfin, la joie de faire la connaissance des tubes à plus de trois électrodes : les tubes à grille-écran et les trigrilles ou pentodes. Voulez-vous le suivre dans cette voie ?

Propos réactionnaires.

IG. — Vous me faites subir un véritable régime de douche écossaise, Curiosus. Tantôt vous me chantez des louanges, tantôt votre ironie brise les plus beaux élans de ma pensée créatrice de radio-électricien...

CUR. — Soyez moins pathétique, Ignotus, et dites-moi en quoi je me suis montré injuste à votre égard.

IG. — La dernière fois, j'ai esquissé, non sans peine, le schéma d'un excellent récepteur. Après l'avoir analysé et m'en avoir fait des compliments, vous me déclarez froidement que « en raison de choses que l'on ne voit pas sur papier, mais qui n'en existent pas moins, ce récepteur ne fonctionnera pas ». C'est nébuleux... et vexant.

CUR. — Rassurez-vous, ami. Je voulais seulement mentionner les couplages parasites qui ne manqueraient pas de perturber le fonctionnement de votre montage. Il s'agit surtout des couplages entre les circuits de grille et de plaque de chaque lampe.

IG. — Quels sont la nature et les effets de ces pernicieux couplages ?

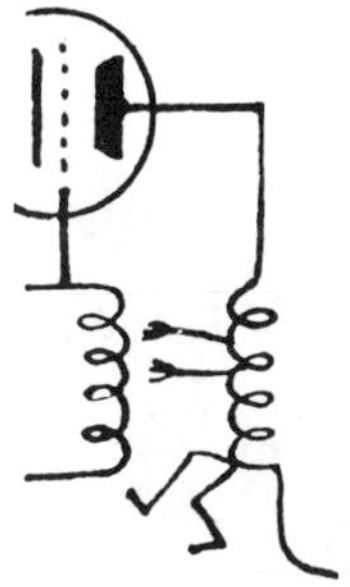

CUR. — Pour vous l'expliquer, revenons un moment en arrière au schéma de l'hétérodyne (fig. 65). Dans celle-ci, la bobine L′ du circuit de plaque est couplée avec la bobine L faisant partie du circuit oscillant de grille. Vous souvenez-vous de ce qui résulte d'un tel couplage ?

IG. — Bien entendu : des oscillations prennent naissance dans les circuits de grille et de plaque, et notre hétérodyne constitue un véritable petit émetteur.

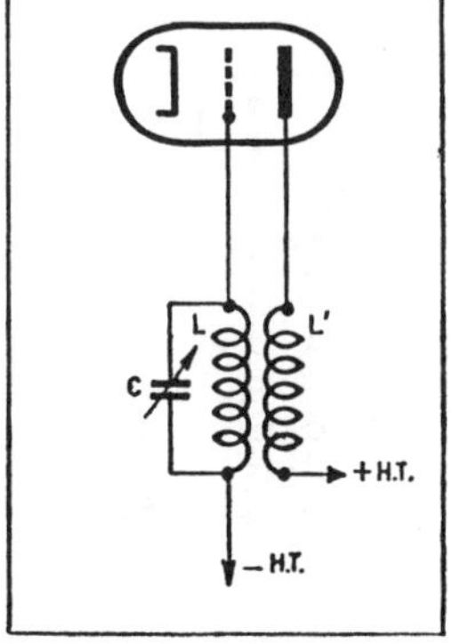

FIG. 65. — Schéma de l'hétérodyne : L, bobine de grille ; L', celle de plaque.

CUR. — C'est exact, du moins si le degré du couplage entre les deux bobines est suffisamment élevé. Si le couplage est faible, il n'y aura pas d'oscillations, mais le cas n'en sera pas moins intéressant, car nous aurons toujours une action inductive du circuit de plaque sur le circuit de grille, action du circuit de sortie sur celui d'entrée, que l'on appelle *réaction*.

IG. — C'est en somme le symbole de sagesse des anciens : le serpent qui se mord la queue ?

CUR. — Si vous voulez... Admettez qu'une telle lampe (fig. 65) avec réaction soit utilisée comme lampe amplificatrice dans un récepteur. Nous avons donc dans le circuit LC des tensions à amplifier et, dans la bobine L′, des courants amplifiés. Mais ces courants amplifiés induiront dans la bobine de grille L de nouvelles tensions. Si la « bobine de réaction » L′ est convenablement disposée par rapport à L, les tensions induites par L′ dans L viendront renforcer les tensions qui y étaient primitivement produites.

Ig. — Ainsi, la réaction de L′ sur L, si j'ai bien compris, renforce les oscillations dans L. Mais, dans ce cas, ces oscillations renforcées seront, à leur tour, amplifiées par la lampe et donneront lieu, dans la bobine de réaction L′, à un courant encore plus fort. Ce courant, par induction, renforcera encore davantage les oscillations dans L et ainsi de suite. L'amplification croîtra donc indéfiniment ?...

Cur. — Doucement, mon cher. Lorsque les oscillations se renforcent dans le circuit de grille, les pertes d'énergie (par l'effet de la résistance et aussi pour d'autres raisons) y augmentent également et finissent par équilibrer l'apport de l'énergie du circuit anodique. Néanmoins, le gain obtenu grâce à la réaction est très appréciable, surtout lorsque le couplage est suffisamment grand pour que les circuits soient à la limite de la naissance des oscillations.

Comment doser la réaction.

Ig. — La réaction me fait penser aux piqûres des moustiques.

Cur. — Je vous avoue ne pas très bien saisir le rapport...

Ig. — C'est pourtant clair. Quand vous êtes piqué par un moustique, vous frottez l'endroit piqué pour calmer la démangeaison. Celle-ci, bien entendu, ne fait qu'augmenter. Vous vous grattez alors avec plus d'acharnement, et cela vous démange davantage... Alors, enragé, vous perdez toute prudence... et cela finit par une effusion de sang... De même, la faible oscillation du circuit de grille est, par induction, renforcée par le courant amplifié de plaque. Elle produit alors, dans le circuit de plaque, un courant plus fort. Celui-ci excite davantage le circuit de grille, etc., mais, par contre, cela finit sans effusion de sang, car les pertes dans le circuit de grille jouent ce rôle modérateur que notre raison aurait dû jouer quand un moustique nous a piqués.

Cur. — Voulez-vous que des moustiques nous revenions à nos moutons... Je vous ai donc dit que l'effet de la réaction est le plus efficace lorsque le couplage entre les circuits de plaque et de grille maintient le tube au seuil de la naissance des oscillations sans toutefois le dépasser.

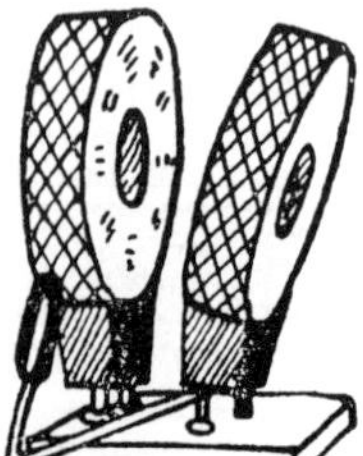

Ig. — Il me semble que c'est très facile à obtenir. Il faut simplement disposer une fois pour toutes les deux bobines L et L′ à une distance assurant le couplage le plus serré que la lampe supporte sans entrer en oscillation.

Cur. — Eh bien, ce couplage, qui sera parfait pour une émission, ne le sera plus pour les autres. Car, vous l'avez oublié, Ignotus, l'action de l'induction varie suivant la fréquence du courant et augmente avec elle. Ainsi la réaction, qui sera optimum pour une émission donnée, sera trop énergique pour une émission de fréquence supérieure et pas assez forte pour une émission de fréquence inférieure.

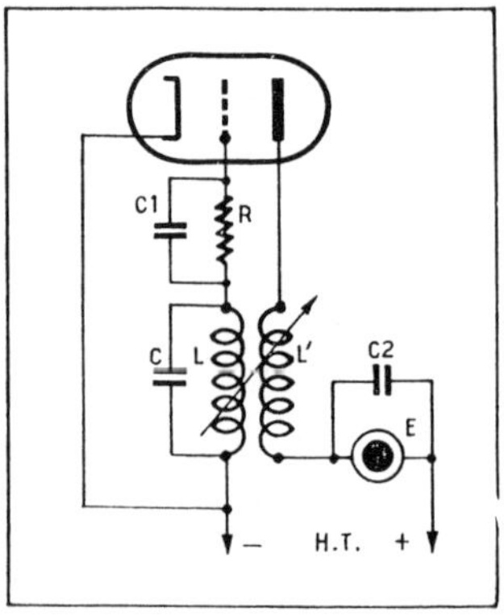

FIG. 66. — Détectrice à réaction réglable par variation du couplage entre les bobines L et L'.

Ig. — Alors ça devient bougrement compliplique, et je ne vois pas le moyen d'arranger les choses.

Cur. — Il est cependant fort simple : il suffit de rendre le couplage des deux circuits *variable*, par exemple en rendant la bobine de plaque L′ mobile par rapport à la bobine de grille L. Voici le schéma (fig. 66) de la détectrice à réaction qui faisait la joie de tous les amateurs, aux environs de 1925. C'est une lampe montée en détectrice dite « par la grille » et comprenant dans son circuit de plaque une bobine L′ mobile par rapport à la bobine de grille L (comme l'indique la flèche traversant ces deux bobines).

IG. — Je ne pense pas que ce soit très commode de déplacer ainsi la bobine.

CUR. — C'était pourtant un sport passionnant. Mais, bien entendu, on a trouvé des moyens plus pratiques pour le réglage de la réaction. C'est ainsi que l'on jugea fort opportun de la régler à l'aide d'un condensateur variable.

IG. — J'avoue ne pas entrevoir en quoi consiste cette possibilité.

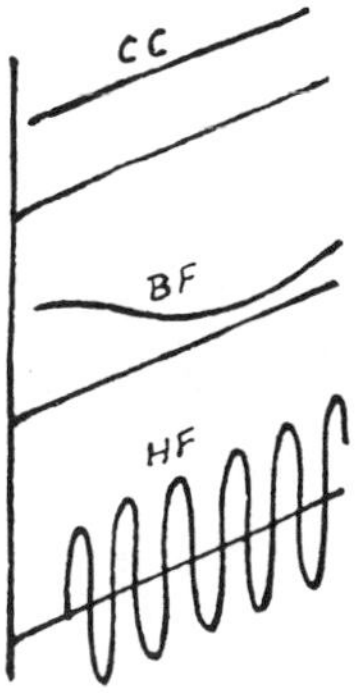

Le condensateur robinet.

CUR. — Voyez-vous, ami, le courant de plaque d'une détectrice dite « par la grille» se compose de trois choses bien différentes. Il y a tout d'abord le courant continu, celui qui passe par la lampe au repos. Ensuite, nous y trouvons la composante de basse fréquence, c'est-à-dire l'ondulation qui résulte de la détection. Enfin, il y a également la composante de haute fréquence constituée par des impulsions unilatérales de courant dont l'accumulation donne précisément lieu au courant de basse fréquence. C'est cette composante de haute fréquence qui, seule, produit l'effet de réaction. Nous allons donc la séparer des deux autres composantes...

IG. — Par quel moyen ?

CUR. — Voici le schéma (fig. 67). Nous faisons bifurquer le courant de plaque sur deux voies différentes. Celle marquée H.F. comprend un condensateur de faible

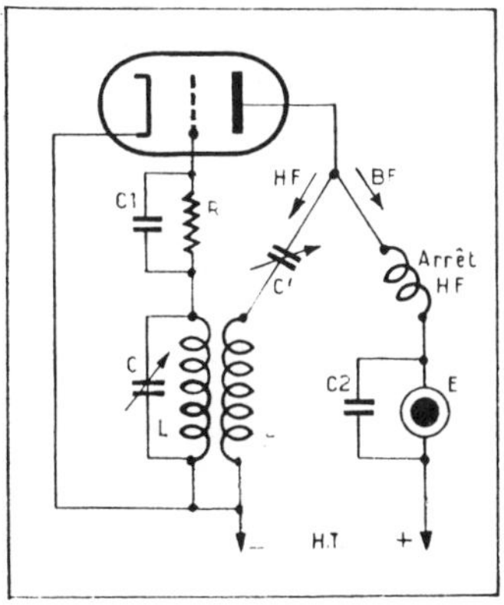

FIG. 67. — Réglage de la réaction à l'aide du condensateur variable C'.

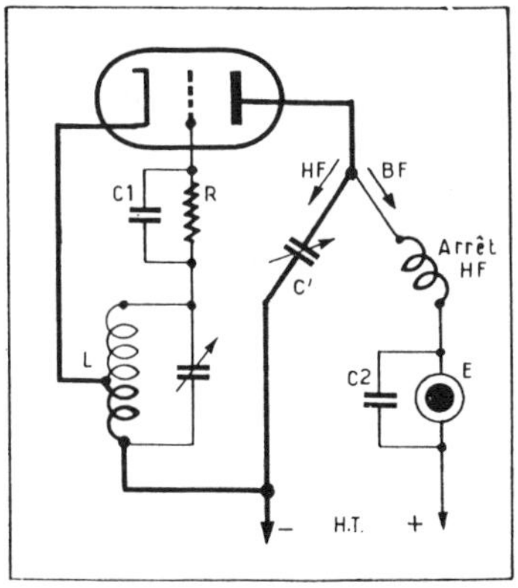

FIG. 68. — Montage dit « Hartley ». Le trajet de la haute fréquence est marqué en gros trait.

capacité. Ni le courant continu, ni la composante de basse fréquence ne pourront le traverser. Seule la composante de haute fréquence pourra emprunter ce chemin qu'elle suivra plus ou moins facilement, suivant la capacité du condensateur C'.

IG. — Ça y est ! J'ai compris ! Le condensateur C' est variable et, pour la haute fréquence, il constitue un véritable robinet qui peut être plus ou moins ouvert ou fermé. Nous réglons donc, à l'aide de ce condensateur, l'admission de la haute fréquence dans la bobine L' et, par conséquent, dosons ainsi l'effet de la réaction. Mais pourquoi la composante de haute fréquence n'emprunterait-elle pas, avec la même facilité, le deuxième chemin que vous avez désigné B.F. ?

CUR. — Parce que là nous avons placé une *bobine d'arrêt*, c'est-à-dire un enroulement de self-induction élevée. Cette bobine, comme vous le savez, offre au courant une résistance inductive d'autant plus élevée que la fréquence du courant est plus haute. Alors que le courant continu et la composante de basse fréquence passeront aisément à travers la bobine d'arrêt, pour la haute fréquence elle constituera un obstacle infranchissable.

IG. — Bien ingénieuse cette nouvelle application du vieux principe *divide ut regnes.*

CUR. — Bravo pour votre latin... D'ailleurs, si vous voulez un schéma vraiment ingénieux, c'est celui du montage Hartley qui est une variante de la détectrice à réaction et qui est appelé ainsi du nom d'un amateur américain qui jure ne l'avoir jamais inventé. Dans ce montage (fig. 68), la même bobine L sert à l'accord du circuit de grille et à la réaction. Munie d'une prise médiane, elle forme, dans sa totalité avec le condensateur variable, un circuit d'accord de grille. Mais sa moitié inférieure est, en outre, parcourue par la composante de haute fréquence du courant de plaque. Et le condensateur C′ sert à régler l'intensité de cette composante de la même façon que dans le schéma précédent.

IG. — C'est très bien, et si l'on avait appelé cela « montage Ignotus », je n'aurais pas protesté comme l'a fait mon collègue américain... Mais, tout compte fait, je ne vois pas encore en quoi le principe de la réaction peut entraver le bon fonctionnement du montage que je vous ai soumis lors de notre précédent entretien.

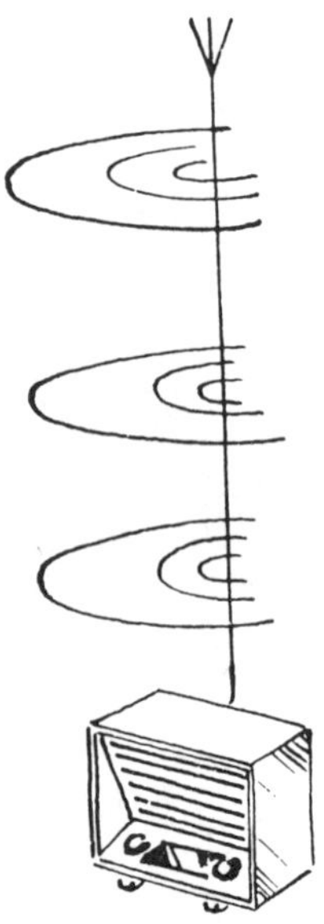

CUR. — Vous le comprendrez maintenant. Des réactions, c'est-à-dire des couplages entre les circuits de plaque et de grille peuvent exister dans un récepteur indépendamment de notre volonté. Echappant à notre contrôle, ils deviennent alors dangereux.

IG. — J'avoue ne pas déceler comment peuvent se produire ces couplages entre les circuits de plaque et de grille et en quoi ils peuvent constituer un danger.

La réaction est la meilleure et la pire des choses.

CUR. — Comme toute réaction, ils sont susceptibles de donner naissance à des oscillations intempestives que les techniciens appellent « accrochages spontanés ». La lampe, au lieu de fonctionner en amplificatrice, devient alors oscillatrice, ce qui n'est pas du tout son rôle. Quant aux raisons mêmes de ces couplages parasites qui produisent le phénomène de réaction, elles sont de plusieurs ordres. Supposez qu'une lampe amplificatrice comprenne un circuit oscillant LC dans la grille et un autre L′ C′ dans la plaque (fig. 69). Les bobinages L et L′, bien qu'éloignés, se trouvent l'un dans le champ magnétique de l'autre. Ainsi la bobine L′ agit-elle réactivement sur la bobine L. En plus de ce couplage inductif, il peut y avoir d'autres couplages par capacités parasites formées entre les connexions voisines des circuits de grille et de plaque.

IG. — Ne peut-on pas écarter ces connexions suffisamment les unes des autres pour réduire au minimum les capacités ainsi formées ?

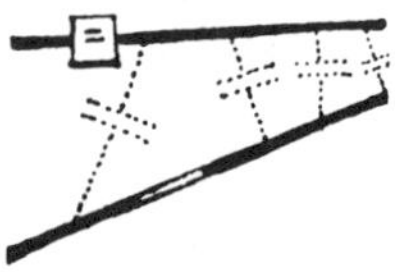

CUR. — C'est ce que l'on fait. Il n'en demeure pas moins une capacité dont jadis on ne pouvait se débarrasser et qui ainsi, pendant de longues années, déterminait toute l'évolution de la technique.

IG. — Quelle est donc cette maudite capacité ?

CUR. — C'est la très petite capacité que forment, à la manière d'armatures de condensateur, la grille et la plaque d'une lampe (C_1 dans la figure 69). Le couplage qu'elle établit entre les circuits de grille et de plaque suffit pour compromettre la stabilité d'un amplificateur de haute fréquence dès que le nombre d'étages dépasse un.

IG. — J'aurais considéré la situation comme épouvantable, si je ne savais pas que vous avez l'habitude d'accumuler les obstacles pour les faire disparaître ensuite en soufflant dessus. Quel est donc le remède ?

CUR. — Il y en a trois : blindage, blindage et blindage. Chaque groupe de bobinages est hermétiquement enfermé dans un boîtier métallique qui intercepte le champ magnétique et empêche les bobines d'agir par induction sur leurs semblables. C'est encore le blindage que nous utiliserons (fig. 70) à l'intérieur même de la lampe pour annuler la capacité entre la grille et la plaque.

Le blindage grille-plaque.

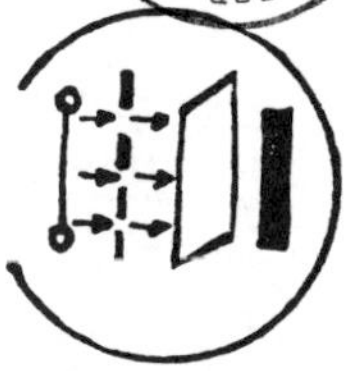

IG. — Là je vous arrête. Si vous placez un blindage entre la grille et la plaque, il barrera le passage aux électrons, et il n'y aura plus de courant de plaque !

CUR. — Rassurez-vous, Ignotus. Ce blindage, à l'intérieur de la lampe, sera percé de nombreux trous à travers lesquels les électrons passeront d'autant plus aisément que nous le porterons à un potentiel égal à peu près à la moitié du potentiel de la plaque, en sorte qu'il accélèrera le mouvement des électrons en ajoutant son effet d'attraction à celui de l'anode. En réalité, ce blindage sera constitué par une grille à mailles serrées que l'on appelle *grille-écran*. La lampe ainsi conçue s'appelle *lampe à grille-écran* ou, étant donné qu'elle a quatre électrodes, *tétrode* (tetra, en grec veut dire « quatre »).

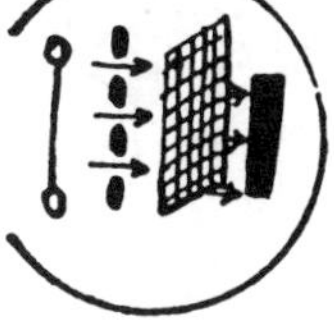

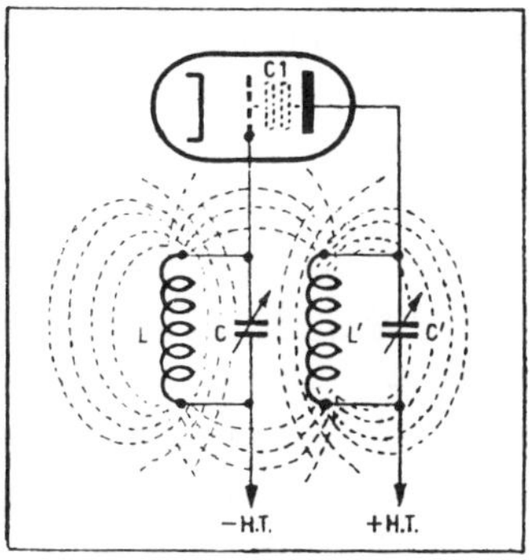

FIG. 69. — Couplages parasites par induction (champs magnétiques des bobinages en pointillé) et par capacité C_1 entre grille et plaque.

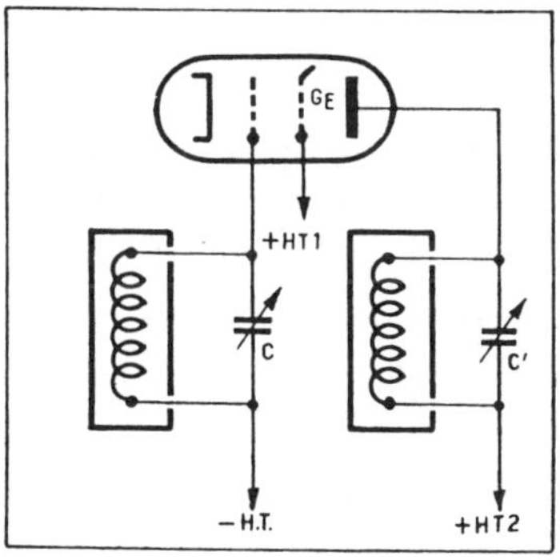

FIG. 70. — Suppression des couplages par blindage des bobines et par la grille-écran placée entre grille et anode.

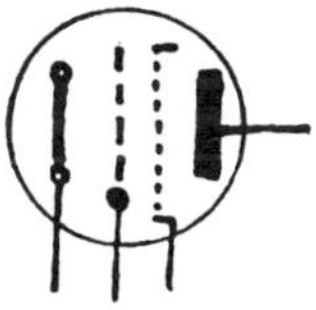

IG. — Je suis bien content d'apprendre enfin l'existence d'une lampe à plus de trois électrodes. Ça, c'est vraiment un tube moderne !

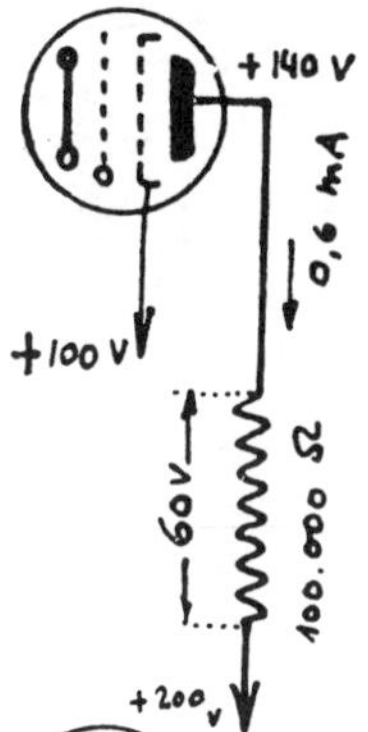

CUR. — Pas tant que cela, mon ami. Il possède, en effet, un défaut qui a obligé les techniciens, pour sa suppression, d'ajouter encore une électrode. Lorsque, pour être amplifiée, une tension alternative est appliquée à la grille de cette lampe, son courant de plaque varie évidemment. Ce courant produit, dans l'impédance qui est placée dans le circuit de plaque, des chutes de tension qui, elles aussi, varient proportionnellement à l'intensité du courant. Ces chutes de tension diminuent d'autant la tension qui reste effectivement entre la plaque et la cathode et...

IG. — Attendez, Curiosus, un exemple numérique me ferait du bien.

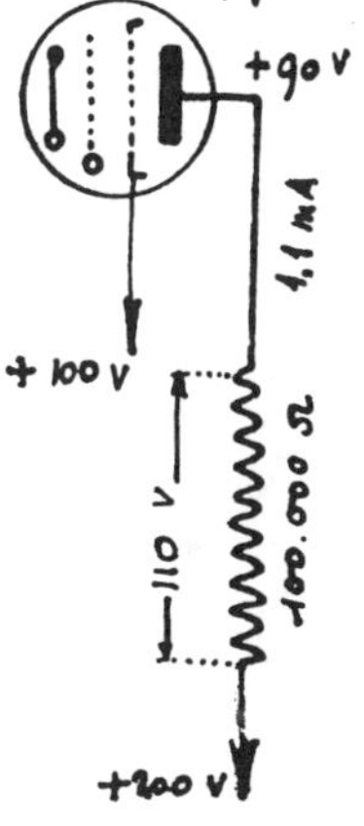

CUR. — En voici un. Supposez que la source de haute tension vous donne 200 volts. Cette tension est appliquée entre la cathode (je néglige la polarisation) et l'impédance d'anode. Supposez, pour simplifier, que celle-ci soit représentée par une résistance de 100 000 ohms et que le courant anodique soit au repos de 0,6 milliampère. Dans ces conditions, la chute de tension dans l'impédance sera de 60 volts, et entre la plaque et la cathode il y aura non pas 200 volts, mais seulement 140. Je suppose, d'autre part, que la grille-écran soit portée à + 100 volts. Si nous appliquons maintenant à la grille une tension alternative qui fera varier le courant de plaque entre 0,1 et 1,1 milliampère, la chute de tension dans l'impédance variera entre 10 et 110 volts et la tension effective de la plaque par rapport à la cathode oscillera entre 190 et 90 volts. Vous voyez donc que, par instants, la plaque se trouvera à un potentiel inférieur à celui de la grille-écran. Ça n'a pas l'air de vous impressionner...

IG. — Non, en effet. En quoi cela peut-il être inquiétant ?

L'émission secondaire.

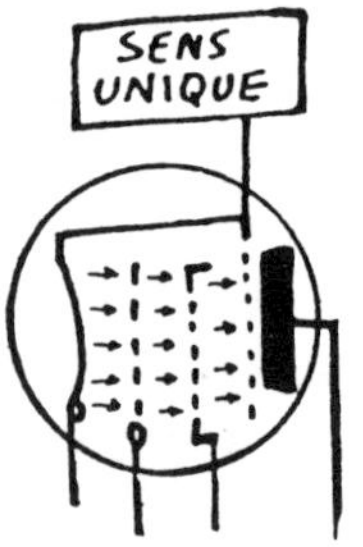

CUR. — Votre ignorance vous permet de côtoyer paisiblement les pires précipices ! Pensez donc à ce qui se passe lorsque, à un tel moment, un électron émis par la cathode, après avoir traversé la grille et la grille-écran (qui en a accéléré le mouvement) tombe, tel un obus, sur la surface de la plaque. Par son choc, il arrache aux atomes de la plaque un ou plusieurs électrons qui jaillissent à la manière de gerbes d'eau que provoque la chute du corps d'un plongeur. Ces électrons se conduisent comme tous leurs semblables : ils vont vers l'électrode qui les appelle le plus fort, c'est-à-dire vers l'électrode la plus positive. Normalement, c'est la plaque, et ils réintègrent leur domicile sans perturber en rien le fonctionnement de la lampe. Mais, en l'occurrence, l'électrode la plus positive sera la grille-écran, du moins par instants. C'est donc vers elle que se précipiteront les électrons brusquement libérés de la plaque.

IG. — Formidable !... Il y aura donc un courant qui ira de l'anode à la grille-écran ? Et cette anode jouera, par rapport à la grille-écran, le rôle de cathode secondaire ?

CUR. — Parfaitement. On dit d'ailleurs qu'il se produit une *émission secondaire* allant de la plaque vers la grille-écran. Cette émission diminue d'autant le courant de plaque et le déforme par conséquent.

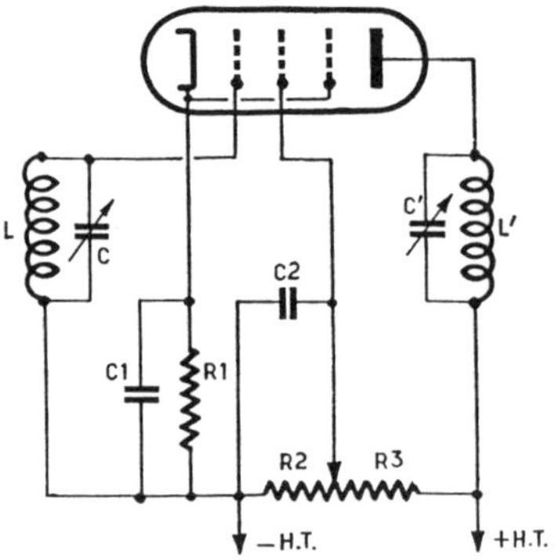

FIG. 71. — Montage d'une pentode R_1 et C_1, polarisation ; R_2, R_3 et C_2, tension de la grille-écran.

IG. — Nous voilà de nouveau en présence d'un obstacle. Soufflez donc là-dessus, je vous prie.

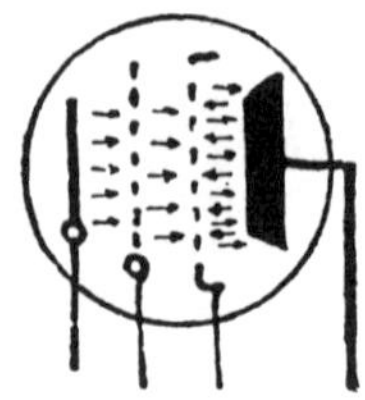

CUR. — Ce n'est pas difficile. Pour supprimer l'émission secondaire, nous interposerons entre la plaque et la grille-écran, une troisième grille *(suppresseur)* à mailles très lâches qui sera portée au potentiel de la cathode (souvent elle y est reliée à l'intérieur même du tube). Cette grille empêchera les électrons de l'émission secondaire de s'éloigner de la plaque.

IG. — Eh bien, je ne suis pas fâché de faire ainsi la connaissance de la lampe à cinq électrodes qui, si mes connaissances de grec ne sont pas en défaut, doit s'appeler *pentode*.

CUR. — C'est exact. Vous voyez donc que la pentode est un perfectionnement de la tétrode et qu'elle a été créée pour éliminer les effets néfastes de l'émission secondaire. Voici comment (fig. 71) est monté un étage d'amplification avec pentode. Les résistances R_2 et R_3 placées entre les pôles de la source de haute tension servent à fixer à peu près à la moitié de cette tension le potentiel de la grille-écran. Quant au condensateur C_2, son rôle consiste à laisser passage au faible courant de haute fréquence que produiront dans la grille-écran des électrons du courant allant de la cathode à la plaque qui s'égareront dans ses mailles. On peut également, dans la plupart des modèles actuels des pentodes, fixer le potentiel de la grille-écran en utilisant la chute de tension que le courant de cette électrode détermine dans une résistance. Supprimez, dans le schéma de la figure 71, la résistance R_2 et vous obtiendrez le schéma correspondant. La chute de tension dans R_3 fixera le potentiel de la grille-écran. Quant au condensateur C_2, il aura toujours pour fonction de laisser passer la composante variable du courant de cette électrode.

IG. — J'espère que les blindages et les tétrodes et pentodes apportent la solution définitive au problème des couplages parasites.

CUR. — Vain espoir, Ignotus !

Commentaires à la 13me Causerie

RÉACTION.

Dans la 9e causerie, nous avons déjà eu l'occasion d'examiner les effets d'un couplage entre les circuits de plaque et de grille de la même lampe. Grâce à un tel couplage, dit réactif, le circuit de plaque réagit sur le circuit de grille en y suscitant, à chaque variation du courant anodique, une tension induite. Cette tension peut coïncider avec les tensions propres du circuit de grille ; pour qu'une telle concordance de phase ait lieu, il suffit que les spires du bobinage de réaction soient parcourues par le courant anodique dans le sens convenable.

Si le couplage entre les deux circuits est suffisamment serré, l'énergie réinjectée dans le circuit de grille par celui de plaque suffit pour compenser les pertes qui y ont lieu et pour entretenir des oscillations qui font du montage un véritable émetteur.

Mais si le couplage n'est pas suffisamment serré, la RÉACTION sera insuffisante pour contribuer à l'entretien d'oscillations. Cependant, en compensant une partie plus ou moins grande des pertes du circuit de grille, la réaction permet d'en réduire l'amortissement. Ainsi, les tensions variables, qui y seront développées par une lampe précédente ou par les courants d'antenne, atteindront-elles une valeur plus élevée qu'en l'absence de réaction.

La tension de grille agissant sur le courant de plaque et celui-ci réagissant sur le circuit de grille, nous obtenons une suramplification qui offre un moyen précieux pour assurer une sensibilité considérable sans avoir recours à de nombreux étages d'amplification H.F.

DÉTECTRICES A RÉACTION.

L'application classique de la réaction est représentée par la détectrice à réaction, éventuellement suivie par un ou deux étages d'amplification B.F. C'est un montage qui fut naguère très populaire. Il permet d'assurer une bonne sensibilité et une sélectivité acceptable sans que la fidélité de la reproduction soit trop mauvaise. *L'amplification atteint le maximum lorsque le couplage est poussé à l'extrême limite de l'*ACCROCHAGE, c'est-à-dire du point à partir duquel commencent les oscillations de la lampe. Tout l'art du réglage d'une détectrice à réaction consiste justement dans la recherche de ce couplage qui, une fois dépassé, donne lieu à l'accrochage qui s'oppose à toute réception. Il faut avouer que dans cette recherche de la sensibilité, on sacrifie la musicalité, puisque à la limite de l'accrochage le circuit devient trop sélectif, ce qui conduit à l'atténuation des notes aiguës (nous en verrons plus loin les causes). Mais que ne ferait un amateur débutant pour entendre Honolulu !...

La tension induite dépendant de la fréquence, pour chaque émission reçue il faut rechercher le degré convenable de couplage. Plusieurs moyens peuvent être envisagés à cet effet. On peut, tout d'abord, rendre l'une des deux bobines mobile par rapport à l'autre. En la rapprochant ou l'écartant, ou encore en la tournant, on peut modifier le couplage à volonté.

Mais on peut également, en laissant les bobinages fixes, régler l'intensité du courant H.F. qui parcourt la bobine de réaction. A cet effet, on dédouble la voie du courant anodique en plaçant dans l'une de ses branches la bobine de réaction en série avec un condensateur variable. Ce dernier arrêtera non seulement la composante continue du courant anodique, mais aussi, étant de faible capacité, la composante B.F. C'est la deuxième branche qui offrira un passage à ces composantes. Dans cette deuxième branche sera inclus l'élément de liaison avec la lampe suivante (transformateur B.F. ou résistance ou inductance) ou un écouteur ; de plus, en série sera branchée une BOBINE D'ARRÊT qui, grâce à sa self-induction relativement élevée, s'opposera au passage de la composante H.F., tout en laissant passer la B.F. C'est donc encore à une séparation des composantes analogue à celle de la figure VII que nous avons recours dans ce montage.

Le condensateur variable placé en série avec la bobine de réaction permet de doser à volonté l'intensité du courant H.F. qui la parcourt et de régler ainsi l'effet même de réaction. C'est une méthode pratique permettant un réglage très précis. Il en existe plusieurs variantes basées, cependant, toutes sur le même principe et ne différant entre elles que par des détails du schéma.

Il faut bien se garder de tomber dans l'erreur commune qui fait appeler cette méthode « réaction par capacité ». Il s'agit toujours ici d'une *réaction due à l'effet d'induction entre deux bobinages ; le rôle du condensateur se borne à celui de robinet* réglant le débit de la haute fréquence.

On peut aussi envisager la véritable *réaction par capacité* en plaçant un condensateur variable entre la plaque et la grille de la lampe.

Mais les résultats obtenus sont généralement décevants.

Une méthode mixte de réaction par induction et par capacité est réalisée dans le montage Hartley (fig. 68) où la grille et la plaque sont couplées à la fois par la capacité du condensateur d'accord et par l'induction d'une moitié

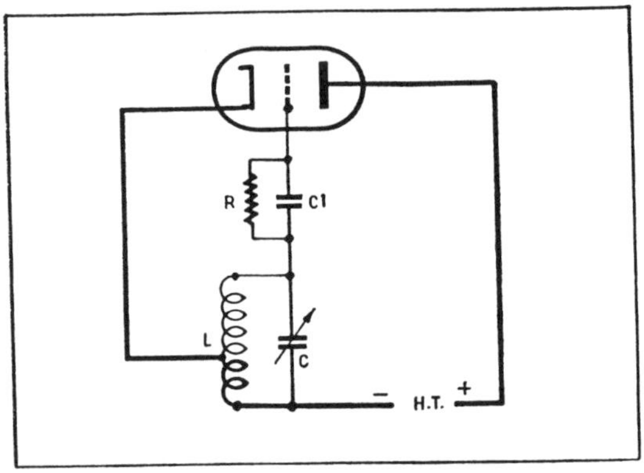

FIG. XII. — Oscillateur ECO. Le trajet du courant de plaque est tracé en gros trait.

du bobinage d'accord sur sa totalité. Là encore, le dosage de la réaction est effectué par un condensateur variable C′.

Du montage Hartley, on peut rapprocher celui de l'oscillateur à couplage électronique (fig. XII) également appelé ECO (de l'anglais *Electron Coupled Oscillator*). Utilisé souvent dans les hétérodynes, cet oscillateur ne permet pas de doser le degré de réaction, puisque la portion de bobinage en gros trait est parcourue par la totalité de la composante H.F. Certes, l'effet de la réaction deviendrait réglable si l'on rendait la prise sur le bobinage variable de manière à régler le nombre de spires parcourues par le courant de réaction.

COUPLAGES PARASITES.

Si la réaction réglable constitue souvent un moyen très apprécié pour tirer les résultats optima d'un récepteur à petit nombre de lampes, la réaction spontanée due à des couplages parasites représente l'un des phénomènes les plus ennuyeux de la pratique radio-électrique. Ces couplages parasites peuvent être classés en trois catégories : inductifs, capacitifs et par résistance commune. La dernière catégorie servira de sujet au prochain entretien de nos amis. Quant aux couplages par induction et par capacité, ils ont lieu partout où les éléments du circuit de plaque d'une lampe voisinent avec les éléments des circuits de grille de cette même lampe ainsi que des tubes précédents.

Deux connexions voisinant sur une partie de leur parcours forment condensateur. Deux bobinages sont, sauf disposition spéciale, couplés par induction. Même les électrodes d'un tube, malgré leurs faibles dimensions, forment des capacités entre elles et aussi avec des éléments voisins du montage.

Si les couplages parasites ainsi créés sont de « bon » sens, c'est-à-dire réinjectent des circuits anodiques dans les circuits de grille des tensions en concordance de phase avec celles qui y existent, pour un certain degré de couplage des oscillations spontanées prennent naissance, et voilà votre récepteur transformé en émetteur. Pratiquement, ces « accrochages » spontanés se traduisent par des sifflements, ronflements ou, tout au moins, par de violentes déformations de l'audition, autant de phénomènes qui rendent le récepteur inutilisable.

BLINDAGE.

Pour parer à tous ces inconvénients, plusieurs moyens s'offrent au technicien. Tout d'abord une *disposition judicieuse des éléments de montage* évitant des connexions trop longues et des promiscuités dangereuses. En second lieu, le blindage des bobinages, des lampes et parfois même des sections entières des montages (« compartimentage »).

Des boîtiers métalliques en tôle de cuivre ou d'aluminium servent à enfermer bobinages et lampes. Grâce à ces « cages de Faraday », tous les champs électriques sont interceptés et les couplages parasites évités. Même certaines connexions doivent parfois être blindées à l'aide de souples gaines métalliques. Quant aux transformateurs B.F., ils sont blindés à l'aide de boîtiers en fer épais.

Tous les blindages doivent être connectés à un point de potentiel stable, par exemple au pôle négatif de la haute tension, de même que le châssis métallique supportant le montage.

TÉTRODE.

On va jusqu'à installer le blindage à l'intérieur des lampes, entre grille et anode. Pour que le passage des électrons puisse néanmoins s'effectuer librement, ce blindage revêt lui-même l'aspect d'un grillage dit grille-écran. Ainsi sont composées les lampes à 4 électrodes ou TÉTRODES. Pour ne pas freiner les électrons, la grille-écran est portée à un potentiel positif élevé (en H.F. moitié de la tension anodique ; en B.F. même potentiel que la plaque). De cette manière elle sert d'accélératrice des électrons.

Grâce à la présence de la grille-écran, la capacité nuisible entre l'anode et la grille est rendue pratiquement nulle, et ainsi disparaît l'une des causes les plus pernicieuses des accrochages. A cet avantage des lampes à grille-écran, il faut ajouter celui qu'offre leur coefficient d'amplification élevé pouvant atteindre 1 000.

En effet, dans les tétrodes, le courant anodique dépend presque entièrement de la tension de la grille principale (dite GRILLE DE COMMANDE) et de la tension de la grille-écran ; quant à la tension anodique, elle exerce une très faible influence sur le courant anodique, en raison de la séparation entre l'anode et les autres électrodes qu'opère la grille-écran. Dans ces conditions, conformément à sa définition, le coefficient d'amplification doit être très élevé.

D'autre part, la pente des tétrodes étant du même ordre de grandeur que celle des triodes, pour que la relation fondamentale $K = \rho \times S$ soit satisfaite avec un K élevé, il faut que ρ le soit également. De fait, la résistance interne des tétrodes est très forte, souvent de l'ordre du mégohm.

Pour fixer la tension de la grille-écran, on emploie un montage « diviseur de tension » (on dit aussi « montage en potentiomètre ») en plaçant deux résistances en série entre les pôles de la source de haute tension. Suivant la valeur de la somme de ces deux résistances, un courant plus ou moins intense les parcourra en créant dans chacune une chute de tension proportionnelle à la valeur de la résistance (la somme de ces deux chutes de tension sera, bien entendu, égale à la tension de la source). Ainsi le point commun des deux résistances se trouvera-t-il à une tension intermédiaire que l'on peut fixer à la valeur désirée par un choix judicieux des résistances. C'est à ce point commun que sera connectée la grille-écran (fig. 71).

Comme cette électrode capte au passage un certain nombre d'électrons, il existe un faible courant de la grille-écran. Pour que ses variations ne viennent pas compromettre la stabilité de la tension de la grille-écran, un condensateur placé entre elle et la cathode déviera la composante variable du courant directement vers la cathode.

On peut aussi, dans les lampes dont le courant de la grille-écran est stable, fixer le potentiel de cette électrode à l'aide d'une résistance chutrice de tension la reliant au positif de la haute tension. Là encore, un condensateur servira à dévier vers la cathode la composante variable du courant (fig. XIII).

ÉMISSION SECONDAIRE.

Lorsque, au terme de leur course rapide, les électrons atteignent l'anode, leur choc arrache, aux atomes de l'anode, des électrons qui sont projetés dans l'espace. Le flux de ces électrons émis par l'anode sous l'effet du bombardement électronique porte le nom d'ÉMISSION SECONDAIRE. La vitesse des électrons secondaires est relativement faible et, après une courte promenade, ils reviennent vers l'anode qui, étant positive, exerce sur eux son attraction. C'est du moins ainsi que les choses se passent dans une triode.

Mais, dans une tétrode, l'émission secondaire peut sérieusement perturber le fonctionnement de la lampe. Que l'anode tombe à

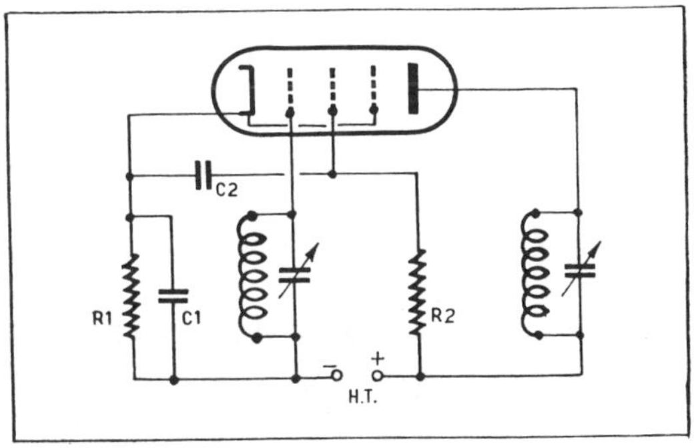

FIG. XIII. — Le potentiel de la grille-écran est fixé ici par la chute de tension dans R_2. La composante variable est écoulée à travers C_1 vers la cathode.

un potentiel inférieur à celui de la grille-écran, et les électrons secondaires, au lieu de retomber sur l'anode, seront attirés par la grille-écran. Il y aura donc à ce moment un véritable courant allant de l'anode à la grille-écran ; ce courant est de *sens opposé* au courant anodique normal et se retranche, par conséquent, de celui-ci. Un milliampèremètre placé dans le circuit anodique marquera une intensité égale à la différence du courant anodique normal et du courant inverse.

Dans quelles conditions pareil accident peut-il avoir lieu ? Autrement dit, comment la tension anodique peut-elle devenir inférieure à la tension de la grille-écran ? Cette dernière, rappelons-le, est fixe. Mais la tension réelle de l'anode varie à chaque instant, puisque de la tension de la source du courant anodique se retranche la chute de tension qui se produit dans l'impédance placée dans le circuit anodique.

Or, si la tension alternative sur la grille dépasse une certaine valeur, l'amplitude des variations du courant anodique peut devenir telle que la chute de tension dans l'impédance anodique ne laisse plus sur l'anode qu'une tension inférieure à celle de la grille-écran. Et c'est alors que se produit l'accident de l'émission secondaire de l'anode vers la grille-écran que nous venons d'analyser.

PENTODE.

Le remède est simple : entre la grille-écran et l'anode on interpose une grille portée au potentiel de la cathode. Cette grille suppresseuse n'aura aucun effet sur les électrons primaires dans leur course rapide de la cathode vers l'anode. Mais, beaucoup plus lents, les électrons secondaires seront freinés par cette grille suppresseuse et regagneront bien sagement l'anode.

La lampe TRIGRILLE ou PENTODE ainsi constituée est donc à l'abri des accidents de l'émission secondaire. Cette question mise à part, elle possède les mêmes propriétés et les mêmes avantages que la tétrode. La pentode est, actuellement, la lampe la plus employée tant dans l'amplification H.F. que B.F. Dans les deux cas, elle procure une amplification très énergique. Et en H.F. elle présente, de plus, l'avantage de la très faible capacité grille-plaque, en évitant ainsi des accrochages spontanés.

Avez-vous bien assimilé tout ce qui précède ?
Si non, relisez les cent premières pages avant de poursuivre la lecture.

QUATORZIÈME CAUSERIE

Moins les circuits d'une lampe ont de rapports avec les circuits voisins, et mieux cela vaut pour le fonctionnement du récepteur. Telle est la conclusion de l'étude que nos amis ont poursuivie sur les couplages parasites. En plus du blindage préconisé précédemment, ils examinent le « découplage » qui permet d'éliminer les liaisons dangereuses... Passant à l'étude d'un schéma pratique, Curiosus apporte des précisions intéressantes sur la commutation des circuits d'accord.

Couplages inextricables.

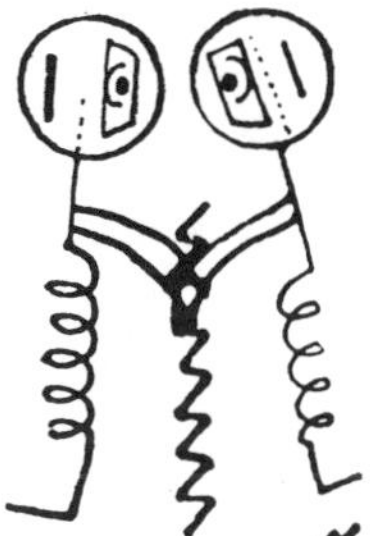

CUR. — Jusqu'ici, nous n'avons parlé que des couplages par induction magnétique ou par capacité. Mais il existe également des couplages par résistance (ou, d'une manière plus générale, par impédance) commune.

IG. — Je n'entrevois pas où se nichent ces résistances communes.

CUR. — Voici (fig. 72), très schématiquement dessinés, trois étages d'amplification à haute fréquence. Pour plus de clarté, je n'ai dessiné que les trajets des courants de plaque i_1, i_2 et i_3 des tubes V_1, V_2 et V_3 respectivement. Les circuits de grille et de grille-écran sont omis. Suivez maintenant, crayon en main, les trajets des courants de plaque. Vous voyez que i_1, quittant la cathode de V_1, passe par LC, par les connexions marquées i_1, par la source HT du courant de plaque et, par d'autres connexions

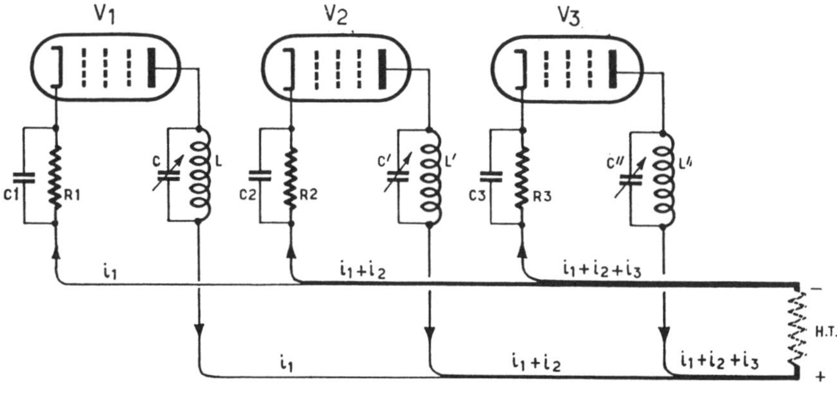

FIG. 72. — Dans ce montage, les courants de plaque de différentes lampes empruntent des trajets communs. La source de HT est symbolisée par une résistance.

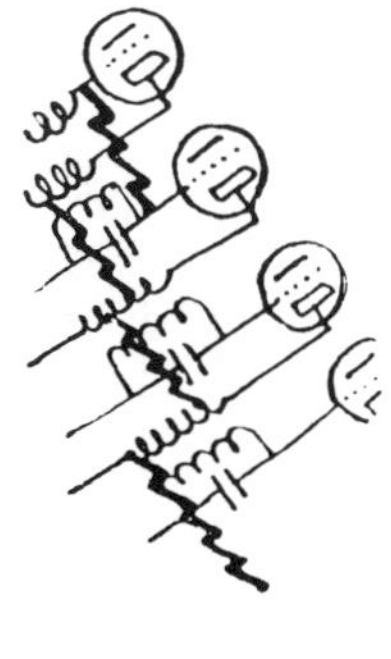

marquées i_1, et revient, à travers R_1 (résistance de polarisation), à la cathode. Maintenant, examinez de la même façon le courant de plaque i_2 de la deuxième lampe. Que voyez-vous ?

IG. — En effet, sur une partie de son trajet, il emprunte les mêmes connexions et aussi la source HT que le courant i_1. Il en est de même en ce qui concerne i_3 ; et la source HT, ainsi que les connexions marquées $i_1 + i_2 + i_3$ sont parcourues à la fois par les trois courants. Il doit s'y produire un mélange inextricable !

CUR. — Si la source HT et les connexions ne possédaient aucune résistance, aucun mélange ne serait à craindre. Malheureusement, cela n'est pas le cas. Chacun des courants produit, dans ces résistances communes, des chutes de tension. Celles qui sont produites par les composantes continues des courants sont constantes et ne présentent aucun inconvénient. Il n'en est pas de même en ce qui concerne les composantes variables qui, elles, produisent dans les résistances communes, des tensions variables qui se communiquent aux autres circuits. Ainsi, les tensions produites par la composante variable de i_1 se trouveront appliquées entre les cathodes et les anodes de V_2 et de V_3. Il en sera de même pour les autres courants.

IG. — Je vois ainsi que cela constitue un terrible couplage entre toutes les lampes, car les oscillations de courant de chacune d'elles se répercutent immédiatement sur les tensions des électrodes des autres. Cela doit sans doute donner lieu à des phénomènes fort désagréables.

CUR. — Bien entendu. Suivant le cas, il se produit une diminution de l'amplification (lorsque les tensions venant des autres lampes agissent dans le sens inverse des oscillations de la lampe même) ou bien, au contraire, ces couplages donnent lieu à des « accrochages » spontanés (si les oscillations imposées par les autres lampes agissent dans le même sens que les propres oscillations de la lampe).

IG. — Mais il doit y avoir un moyen de rendre chacune des lampes indépendante des autres.

CUR. — Oui. Ce moyen, appelé *découplage*, consiste à ne pas laisser les composantes variables des courants de plaque se promener à travers tout le récepteur, par les connexions et la source HT communes.

Le triomphe de l'individualisme.

IG. — Je suppose que, à cet effet, il faut tout d'abord les séparer de la composante continue.

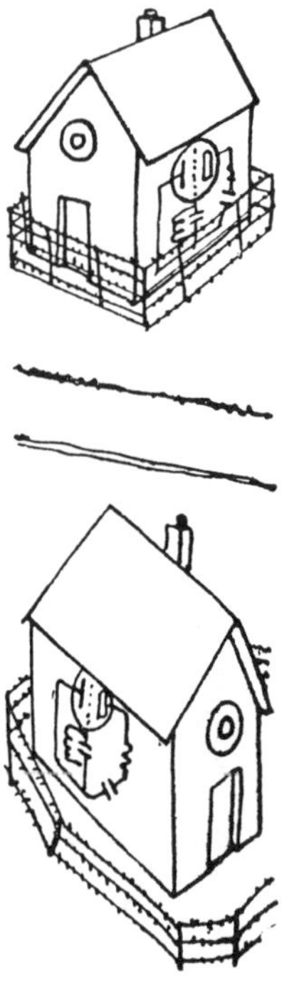

CUR. — C'est ce que l'on fait. Dès que le courant de plaque total est passé par l'impédance de plaque, en l'occurrence le circuit LC (fig. 73), on sépare ses composantes alternative et continue par une bifurcation analogue à celle que vous avez utilisée pour le réglage de la réaction à l'aide d'un condensateur variable. La composante alternative revient directement à la cathode à travers le condensateur C_4 qui s'oppose, par contre, au passage de la composante continue. Celle-ci emprunte le chemin de la résistance R_4 et ne revient à la cathode qu'après avoir passé par la source HT et par la résistance de polarisation R_1. Vous voyez ainsi que le trajet de la composante alternative est limité au circuit cathode-anode (marqué en gros trait)

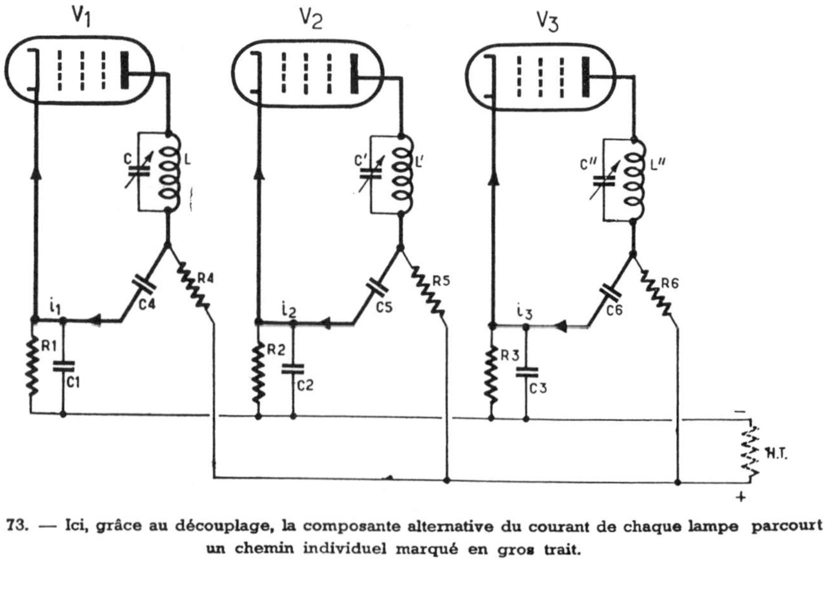

FIG. 73. — Ici, grâce au découplage, la composante alternative du courant de chaque lampe parcourt un chemin individuel marqué en gros trait.

propre à chaque lampe. Nulle part, la composante alternative d'un tube ne marche dans les plates-bandes de celles des autres lampes.

IG. — En somme, si j'ai bien compris, le découplage assure aux lampes le triomphe complet de l'individualisme.

CUR. — C'est tout à fait exact. Remarquez que, accessoirement, le découplage a aussi l'avantage, en raccourcissant les chemins des composantes alternatives, de diminuer les risques des inductions parasites. Maintenant, je peux vous dessiner (fig. 74) le schéma complet d'un étage d'amplification tel qu'on le conçoit dans les récepteurs modernes. C'est exactement la même chose que le schéma de la figure 73.

IG. — Pas tout à fait, me semble-t-il. Dans la figure 73, les condensateurs de découplage C_4, C_5 et C_6 reviennent directement aux cathodes des lampes correspondantes. Or, dans la figure 74, le condensateur de découplage C_3 va au — HT.

CUR. — Vous avez raison. Théoriquement, cette dernière disposition est moins efficace, car la composante variable du courant de plaque, au lieu de revenir à la cathode par le condensateur de découplage seul, doit, en outre, traverser également

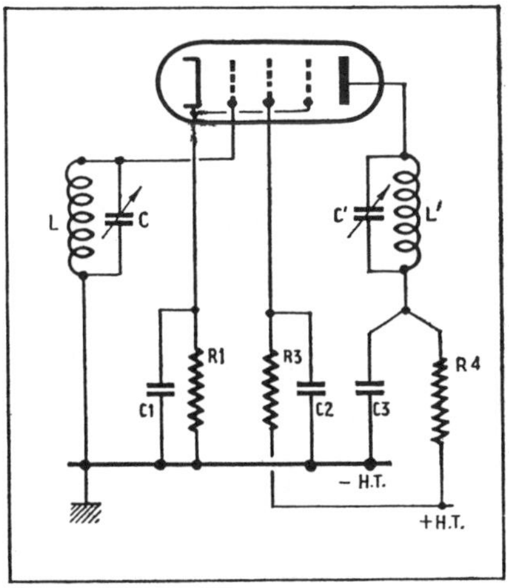

FIG. 74. — Montage découplé d'une pentode.

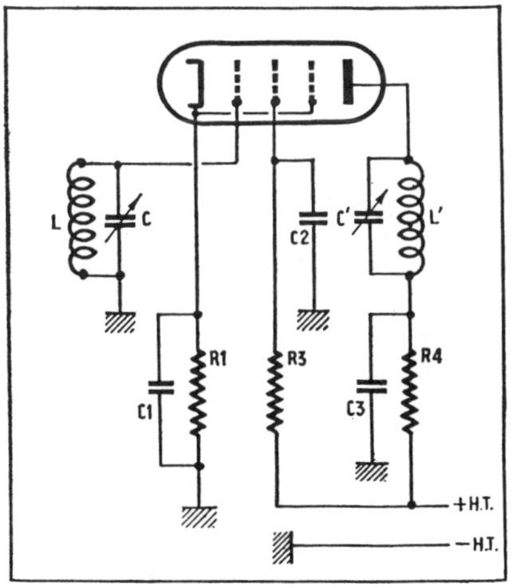

FIG. 75. — Même schéma que fig. 74 dessiné avec symbole « masse ».

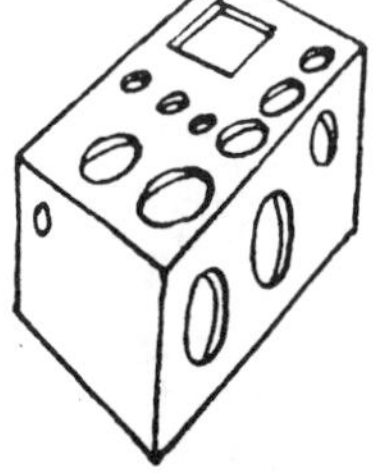

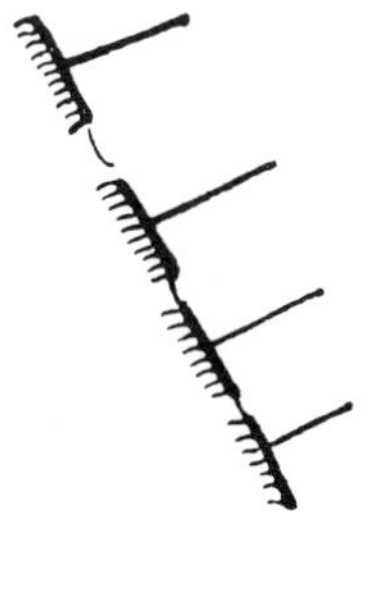

le condensateur de polarisation C_1, ce qui, évidemment, est pour elle plus fatigant. Cependant, en pratique, cette disposition offre certains avantages. Vous avez déjà remarqué sans doute que nombre de connexions d'un récepteur aboutissent au pôle négatif de la haute tension. Afin d'avoir ce pôle négatif à la plus courte distance possible des différents éléments qui y sont reliés, on établit une connexion commune de — HT en fil très fort qui parcourt tout le récepteur. Ou, ce qui est plus fréquent, mais moins recommandable, le récepteur étant monté sur un châssis métallique, c'est la masse même du châssis qui sert de connexion commune — HT. D'ailleurs, au lieu de dire qu'une connexion aboutit au — HT, on dit qu'elle va à *la masse*.

Du « schéma-squelette » au schéma complet.

IG. — En somme, si j'ai bien compris, il est plus facile de connecter les condensateurs de découplage à la masse du châssis, que de conduire une connexion jusqu'à la cathode.

Cur. — C'est bien cela, Ignotus. D'ailleurs, on a pris l'habitude de désigner la masse par le même symbole que la terre, en sorte que, au lieu de représenter une seule connexion commune de — HT, on dessine plusieurs « masses ». D'après cette méthode de représentation, la figure 74 sera dessinée comme le schéma de la figure 75. Mais il faut bien vous enfoncer dans la tête que, lorsque vous voyez, sur un schéma, plusieurs « masses », il ne s'agit, en réalité, que d'une unique connexion qui va au pôle négatif de la haute tension.

Ig. — Et, maintenant, est-ce que je sais tout ce qu'il faut sur les dangers cachés des montages de réception pour pouvoir composer un schéma convenable d'après lequel on pourrait monter un récepteur qui fonctionne ?

Cur. — Oui, je pense que, à présent, vous connaissez à peu de chose près tout ce qu'il faut pour cela. Nous n'avons d'ailleurs qu'à reprendre le schéma que, dans votre candeur naïve, vous avez tracé au cours de notre douzième causerie, et à essayer de le rendre pratique. Dessinons-le d'abord — c'est une excellente méthode — sous une forme... schématisée.

Ig. — J'espère que vous équiperez les deux étages H.F. de pentodes.

Cur. — Comme vous pouvez le constater (fig. 76), je vais même plus loin en utilisant également une pentode en deuxième étage de basse fréquence. Les pentodes

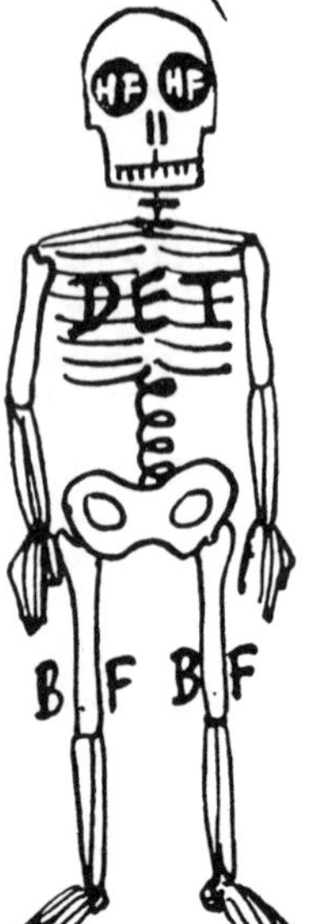

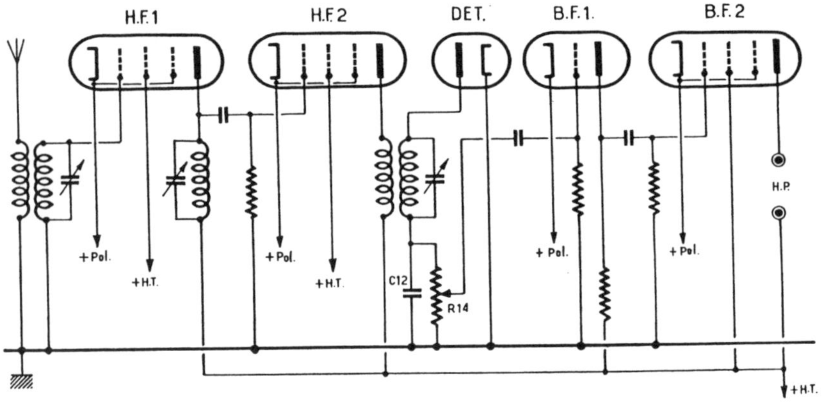

FIG. 76. — « Schéma-squelette » du récepteur à deux étages H.F.

sont, aujourd'hui, volontiers utilisées dans ce rôle. Vous voyez que, dans ce schéma, ne figurent que les circuits essentiels de liaison entre les lampes. Quant aux éléments de découplage, ainsi qu'aux résistances fixant les tensions de polarisation et des grilles-écrans, le « schéma schématisé » ne les comprend pas.

Ig. — En somme, vous avez représenté le « squelette » d'un montage à deux étages d'amplification de haute fréquence, détection par diode et deux étages de basse fréquence. Pourriez-vous, maintenant, entourer ce squelette de la chair qui en fera un organisme complet ?

Cur. — Ce n'est pas difficile. Voici (fig. 77) le schéma complet. Avant toute autre particularité, remarquez les résistances de polarisation R_1, R_2, R_3 et R_4 ; les résistances fixant les tensions des grilles-écrans R_5 et R_6 ; les résistances de découplage R_7, R_8 et R_9, et tous les condensateurs correspondants de découplage marqués des mêmes numéros.

Ig. — Attendez... Il y a une autre chose qui m'intrigue beaucoup : ce sont les bobinages L_1, L_2, L_3, L_4 et L_5 qui ont l'air d'être en trois morceaux.

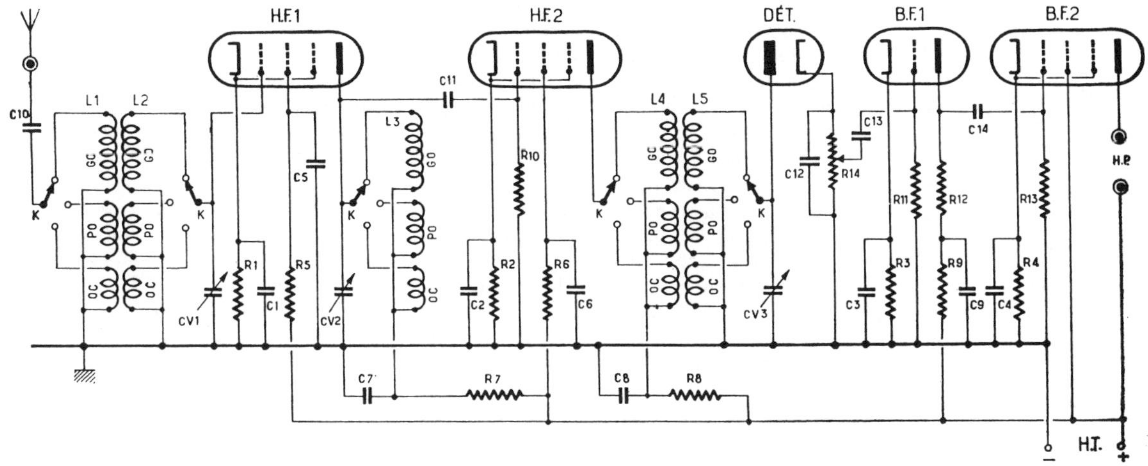

FIG. 77. — Schéma définitif du récepteur.

Il y a ondes et ondes...

CUR. — Cela nécessite une explication. Vous savez qu'il existe, dans le monde, un très grand nombre d'émetteurs de radiodiffusion. Leurs longueurs d'onde sont réparties en trois gammes principales :

1) *Grandes ondes* (G.O.) : de 1 000 à 2 000 mètres (300 à 150 kHz) ;
2) *Petites ondes* (P.O.) : de 200 à 600 mètres (1,5 à 0,5 MHz) ;
3) *Ondes courtes* (O.C.) : de 10 à 50 mètres (30 à 6 MHz).

A chacune de ces gammes correspond l'un des trois enroulements composant chacun de nos bobinages. On l'introduit à volonté dans le circuit à l'aide du commutateur K.

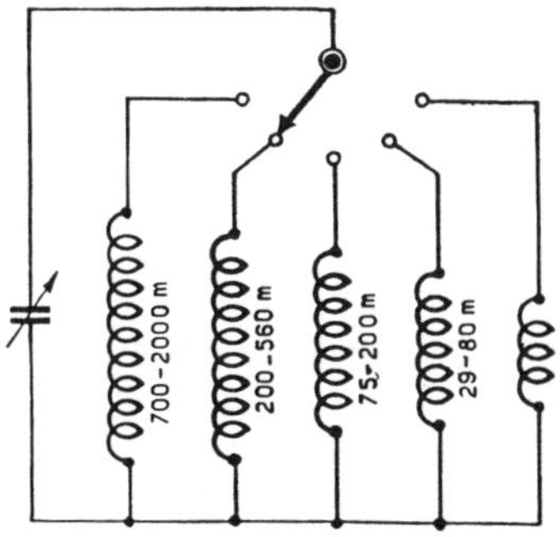

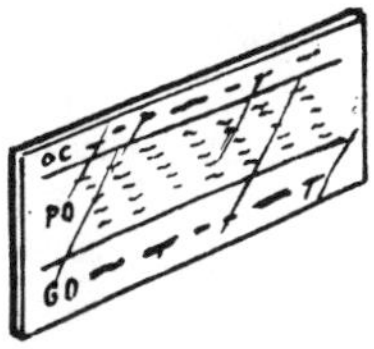

FIG. 78 et 79. — Méthode de commutation pour 5 gammes d'ondes.

IG. — Mais alors, pour régler tous ces enroulements sur la gamme voulue, il faut manœuvrer simultanément cinq commutateurs. Faut-il, comme une araignée, avoir un grand nombre de pattes pour effectuer rapidement un tel réglage ?

CUR. — Non, rassurez-vous, Ignotus : un seul bouton de commande suffit pour agir sur tous les contacts en même temps.

IG. — Heureusement qu'il n'y a que trois gammes ; sinon, cela deviendrait bougrement compliqué.

CUR. — En réalité, il y aussi des émissions faites sur d'autres longueurs d'onde. Et si vous voulez, avec des condensateurs variables de l'ordre de 500 pF, couvrir tout l'intervalle des longueurs d'onde allant de 12 à 2 000 mètres, il faut disposer de 5 valeurs de self-induction. On utilise alors un commutateur à 5 positions (fig. 78).

IG. — Heureusement qu'on n'utilise pas des ondes plus courtes.

CUR. — Erreur. En télévision et en modulation de fréquence, on utilise des ondes métriques. Et dans le radar on fait appel à des ondes de l'ordre du décimètre et du centimètre. Mais n'en parlons pas aujourd'hui.

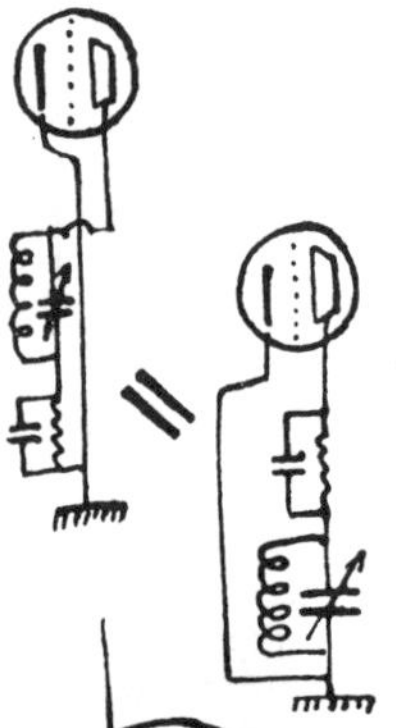

IG. — Je regarde à nouveau le schéma du récepteur (fig. 77) et ne puis pas m'expliquer la position bizarre du condensateur C_7. En apparence, c'est le condensateur de découplage (avec la résistance R_7) du circuit de plaque de la première lampe. Mais pourquoi se trouve-t-il placé dans le circuit oscillant même formé par L_3 et CV_2 ?

CUR. — Pour une raison bien prosaïque. Dans les condensateurs variables modernes, les armatures mobiles ne sont pas isolées du bâti métallique du condensateur (seules les armatures fixes le sont). A son tour, le bâti du condensateur est fixé sur la masse métallique du châssis qui, elle, est au potentiel négatif de la haute tension. Il est donc obligatoire que, dans notre montage, les armatures mobiles de CV_2 soient au potentiel — HT. Or, la bobine L_3 est, à travers R_7, connectée au + HT. Il fallait donc séparer CV_2 de L_3 au point de vue tension continue, sans toutefois interrompre le circuit oscillant pour la haute fréquence. Le condensateur C_7, qui est de grosse capacité, se prête fort bien à ce rôle : tout en laissant libre passage à la haute fréquence, il empêche le courant continu de passer entre — HT et + HT à travers R_7.

IG. — Eh bien, cette explication éclaire pour moi un autre problème qui m'intriguait depuis un moment. Je me demandais pourquoi les organes de détection R_{14} et C_{12} qui, dans le schéma-squelette, se trouvaient entre le circuit L_5-CV_3 et la masse, sont maintenant placés entre la masse et la cathode de la diode. Je pense que vous l'avez fait également en vue de laisser les armatures de CV_3 à la masse.

CUR. — Je vois que vous avez fort bien compris les choses et je crois que, comme les horloges les plus lentes ont sonné les douze coups de minuit, nous pourrions clore là-dessus notre entretien.

Une étymologie trompeuse.

IG. — Dites encore, pourquoi cette flèche qui s'appuie sur la résistance de détection R_{14} ?

CUR. — Cette résistance est en réalité un potentiomètre...

IG. — Serait-ce un instrument pour la mesure du potentiel ?

CUR. — Non, Ignotus, l'étymologie du mot vous induit en erreur. Le *potentiomètre* est une résistance sur laquelle un curseur (représenté par la flèche) permet de faire contact sur l'un des points intermédiaires.

IG. — Mais quelle est, ici, sa raison d'être ?

CUR. — Sur la résistance R_{14}, nous recueillons la tension détectée. Or il se peut qu'elle soit trop grande et que, après l'amplification B.F., elle nous procure une audition trop forte. Pour réduire l'intensité sonore, il suffit de n'appliquer à la lampe suivante qu'une partie de la tension détectée. C'est ce que permet de faire le potentiomètre R_{14} dont le curseur intercepte une partie plus ou moins grande de la tension développée. Ainsi R_{14} sert-il au *réglage de l'intensité sonore.*

IG. — C'est en effet une chose très utile, et je regrette que mon voisin de dessus, qui adore l'accordéon, ne s'en serve pas plus souvent.

Commentaires à la 14me Causerie

COUPLAGE PAR IMPÉDANCES COMMUNES.

Si le blindage permet de supprimer ou d'atténuer les couplages parasites dus à l'induction magnétique et à la capacité, il n'en demeure pas moins que d'autres couplages peuvent être occasionnés par des résistances (ou, plus généralement, des impédances) communes à plusieurs circuits.

Si la même impédance (ne serait-ce que la source de haute tension) est parcourue par les courants variables de plusieurs lampes, chacun y produit des chutes de tension variables qui se répercutent sur les tensions de toutes les électrodes des lampes. Suivant leur phase, de tels couplages, comme ceux étudiés précédemment, peuvent conduire à la naissance d'oscillations spontanées ou, au contraire, atténuer fortement l'amplification.

Ce qui rend néfaste l'action des impédances communes, ce sont les *composantes alternatives* des courants des lampes ; quant aux composantes continues, du fait même de leur stabilité, aucune interaction dangereuse n'est à redouter. Aussi, pour combattre ce genre de couplages, s'attaque-t-on aux composantes alternatives des courants anodiques auxquelles un DÉCOUPLAGE convenable permet d'éviter des chemins communs, en offrant à chacune d'elles un trajet individuel, court et facile.

DÉCOUPLAGE.

Puisque la fonction essentielle de la composante variable du courant anodique est de créer une tension variable dans le circuit de liaison, à la sortie de ce dernier sa mission est déjà accomplie. Le plus simple est alors de lui faire regagner le point de départ, la cathode, en lui offrant le moyen de passage à l'aide d'un condensateur de capacité suffisante. Et pour l'empêcher d'emprunter le même trajet que la composante continue, on disposera sur ce trajet-là une impédance s'opposant à son passage.

Nous sommes donc de nouveau en présence du procédé coutumier de la *séparation des deux composantes du courant anodique* (fig. VII) : d'une part, un condensateur laisse passer la composante variable et arrête le courant continu ; d'autre part, une résistance ou une bobine de self-induction convenable, tout en laissant passer le courant continu, s'oppose au passage de la composante variable.

Pour le découplage, on utilise dans la branche du courant continu des résistances ohmiques et l'on en profite pour fixer la tension anodique de chaque lampe à sa valeur optimum grâce à la chute de tension qui se produit dans la résistance de découplage.

En ce qui concerne les condensateurs de découplage, leur valeur doit être d'autant plus élevée que la fréquence des courants à découpler est plus basse et que les résistances de découplage sont plus faibles. En H.F. on utilise des condensateurs de l'ordre de 0,1 µF, ce qui est largement suffisant, puisque pour une fréquence de 1 000 kHz (correspondant à la longueur d'onde de 300 mètres) la résistance capacitive n'est que de 1,5 ohm. En B.F. on utilise des condensateurs de découplage de l'ordre de 20 µF ; et ces capacités élevées ne sont pas un luxe superflu, puisque leur capacitance à 50 p/s est de 150 ohms.

RÉALISATION DES DÉCOUPLAGES.

Dans le montage, les éléments de découplage doivent être disposés aussi près que possible de la lampe et du circuit de liaison, de manière que les composantes alternatives retournent à la cathode par le chemin le plus court.

En pratique, les condensateurs de découplage n'aboutissent pas toujours à la cathode, mais plutôt au pôle négatif de la haute tension, ce qui oblige la composante alternative à passer, en outre, à travers le condensateur branché en dérivation sur la résistance de la cathode. Cette pratique est à condamner, puisque la capacité équivalente des deux condensateurs en série que le courant doit parcourir pour aboutir à la cathode, est inférieure à la capacité du plus faible des deux condensateurs. Mais on procède ainsi du fait qu'il est très commode de faire aboutir toutes les connexions allant au négatif de H.T. (haute tension) à une connexion commune constituée par un gros fil ou par la masse métallique du châssis ; la première solution est, d'ailleurs, à préférer. Rappelons que les blindages des bobinages, lampes et connexions, doivent, eux aussi, être connectés à la « masse », terme servant à désigner la connexion commune du — H.T.

Et, maintenant que nous avons démontré l'utilité du découplage, notons que maints récepteurs fonctionnent mieux... sans découplage. Et cela est dû au fait que les couplages parasites peuvent créer une réaction, de phase favorable à l'amplification, sans que la limite de l'accrochage soit dépassée. Ainsi voit-on des récepteurs de bas prix où, pour raison d'économie, le découplage est négligé, manifester une très bonne sensibilité. Cette constatation quasi paradoxale ne doit pas faire douter de l'utilité des découplages. Car il est préférable de se rendre maître des réactions et ne les appliquer qu'à bon escient là où leur effet est utile, plutôt que de laisser au hasard le soin d'en commander l'action.

QUINZIÈME CAUSERIE

Jusqu'à présent, Curiosus a laissé délibérément de côté le problème de l'alimentation. Il parlait des sources de courant de chauffage et de plaque sans en préciser la nature. Aujourd'hui, Ignotus apprendra comment sont réalisés les dispositifs de redressement et de filtrage du courant alternatif. Le cas du secteur à courant continu sera traité également, en sorte que l'alimentation n'aura plus de secret pour le lecteur.

Problèmes alimentaires.

IG. — Je me fais parfois l'impression du voyageur assoiffé qui, en vain, poursuit dans le désert un mirage tentateur. C'est ainsi que, lors de notre dernière causerie, je croyais avoir, enfin, examiné un schéma complet et définitif d'un récepteur. Mais, une fois rentré chez moi, j'ai constaté avec amertume qu'il y manquait quelque chose.

CUR. — Quoi donc, mon pauvre Ignotus ?

IG. — Une partie fort essentielle : le dispositif d'alimentation que vous vous êtes contenté de désigner par les initiales H.T. (haute tension). Cette haute tension cependant ne nous vient pas du ciel sous forme de foudre !

CUR. — Vous avez raison. Mais vous pouvez toujours supposer qu'elle est fournie au récepteur par une batterie de piles ou d'accumulateurs.

IG. — Je ne tiens pas du tout à faire de telles suppositions. Je sais fort bien que, depuis belle lurette, on n'utilise plus les piles et les accumulateurs que dans les petits postes portatifs ou dans les récepteurs destinés à des régions sauvages qui n'ont pas encore connu les bienfaits de l'électrification. Mais dans la plupart des récepteurs actuels, l'alimentation est assurée par le courant du secteur. Comme disent les annonces, « une prise de courant — et c'est tout ». Ce qui me paraît incompréhensible, c'est que le courant du secteur est, dans la plupart des endroits, alternatif, et cependant on s'en sert pour créer une tension continue entre les cathodes et les anodes des lampes...

CUR. — On y parvient en le redressant au préalable. *Redresser* un courant alternatif, c'est l'empêcher de circuler dans les deux sens, en lui imposant une direction unique.

IG. — En somme, le redressement n'est autre chose qu'une détection.

CUR. — Oui, le procédé et les moyens mis en œuvre sont les mêmes. Seulement, ici nous avons affaire à un courant de fréquence industrielle comprise entre 25 et 60 périodes par seconde (en Europe, c'est presque partout 50 et en Amérique 60 périodes par seconde) et nous avons besoin de redresser une intensité relativement élevée : plusieurs dizaines de milliampères. Pour le redressement, nous utilisons, bien entendu, une diode, dont les électrodes sont cependant plus importantes que celles de la diode détectrice. Cette diode est parfois appelée « valve » ou « redresseuse ».

IG. — Il suffit donc, en somme, de disposer une telle valve sur le trajet du courant du secteur pour lui imposer un sens unique, car les électrons ne peuvent aller que de la cathode à l'anode et non inversement.

CUR. — C'est bien cela. Cette valve (fig. 80) peut être, indifféremment, placée du côté + HT ou — HT, c'est-à-dire à la sortie ou à l'entrée des électrons. L'essentiel est d'observer que le sens de la circulation imposé par la valve soit tel que les électrons entrent dans le récepteur pour parcourir, dans ses tubes, des chemins allant des cathodes aux anodes.

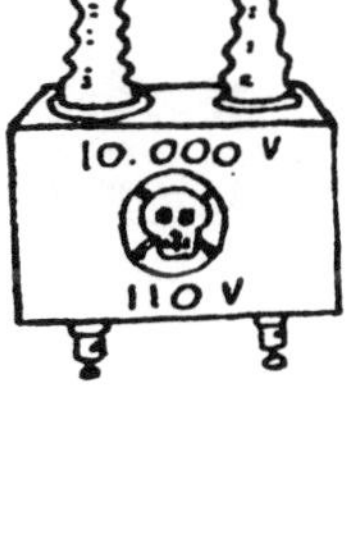

Danger !... Haute tension !

IG. — Mais j'ai bien peur que la haute tension ainsi obtenue soit insuffisante. Ainsi le secteur dont je dispose ne donne que 110 volts. Or, vous m'avez dit que certaines lampes exigent entre l'anode et la cathode une tension de plusieurs centaines de volts. Que ferai-je avec mes 110 volts ?...

CUR. — Vous en perdrez tout d'abord une partie par chute de tension dans la valve qui, ne l'oubliez pas, possède une certaine résistance interne. Vous ne serez donc pas bien avancé... Heureusement, nous disposons d'un moyen très simple permettant d'élever dans la proportion voulue la tension du courant alternatif.

IG. — Quel est donc ce moyen merveilleux ?

CUR. — C'est notre vieille connaissance : le transformateur. Supposez, Ignotus, que nous ayons un transformateur possédant le même nombre de spires dans les enroulements primaire et secondaire. Si vous appliquez 110 volts au primaire, quelle tension apparaîtra aux extrémités du secondaire ?

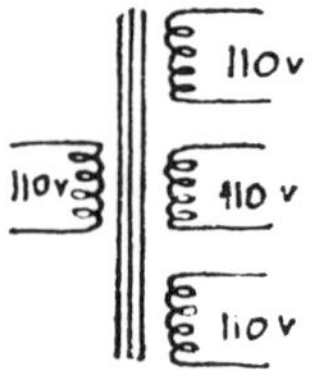

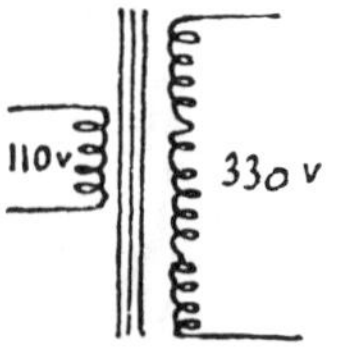

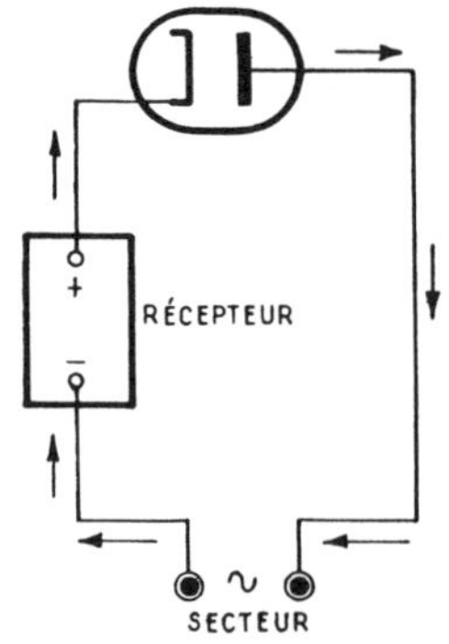

FIG. 80. — Schéma du redresseur le plus simple.

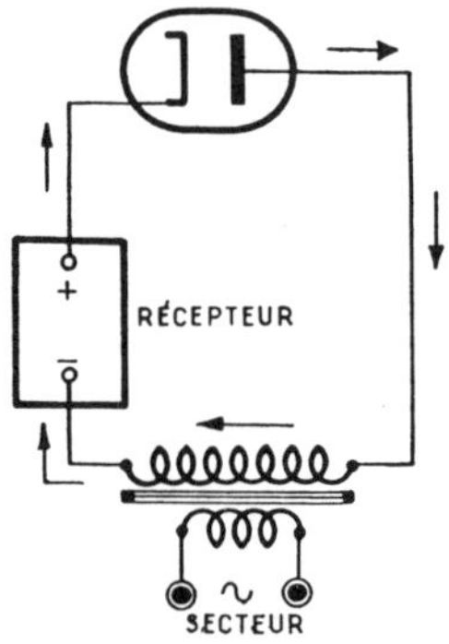

FIG. 81. — Redresseur avec transformateur élevant la tension.

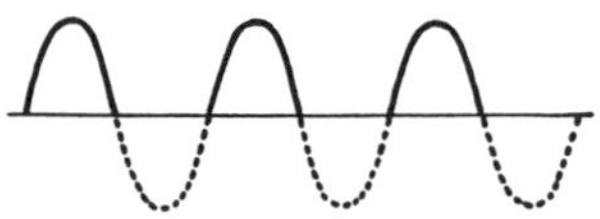

FIG. 82. — En trait plein, forme du courant redressé par les dispositifs des fig. 80 et 81. — En pointillé, alternances arrêtées par la valve et non utilisées.

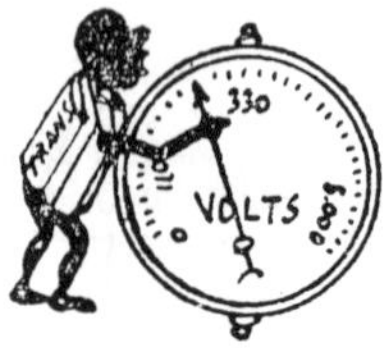

IG. — La même, je suppose, puisque les enroulements sont identiques.

CUR. — Bien raisonné. Maintenant, supposez que le transformateur possède plusieurs secondaires, trois par exemple, ayant toujours le même nombre de spires que le primaire. Dans ce cas, en appliquant 110 volts au primaire, nous obtiendrons toujours 110 volts sur chacun des secondaires. Réunissons donc les trois secondaires l'un à la suite de l'autre. Les tensions s'ajouteront alors, et entre le commencement du premier et le bout du troisième, nous obtiendrons 330 volts.

IG. — Je vois que nos trois secondaires ne font plus qu'un seul enroulement. Et, pour vous montrer mes facultés d'induction, j'en conclus que le transformateur permet d'élever (ou d'abaisser) une tension autant de fois que son secondaire comporte plus (ou moins) de spires que le primaire.

CUR. — Je vous en félicite, Ignotus. Vous parlez comme un traité de physique et méritez de moins en moins votre nom... Vous voyez donc que le transformateur permet d'élever aisément la tension avant le redressement du courant (fig. 81). Nous choisirons le rapport des nombres de spires (ou *rapport de transformation*) suivant la tension que nous voudrons obtenir.

L'art d'utiliser les alternances de rebut.

IG. — Il y a cependant, dans tout cela, une chose qui m'ennuie. Chaque période du courant alternatif comporte deux alternances : l'aller et le retour. Or, nous n'en utilisons qu'une seule (fig. 82). Ne pourrait-on pas, par quelque artifice, obliger également le courant de la deuxième alternance à prendre, dans le récepteur qu'il alimente, le même sens obligatoire ?

CUR. — Si, c'est réalisé dans le « redressement des deux alternances ». Nous utiliserons pour cela deux dispositifs d'alimentation identiques à celui de la figure 81. En les disposant côte à côte (fig. 83), nous voyons que, dans les deux, le courant parcourt le récepteur dans le même sens. Nous pouvons donc alimenter ainsi un seul récepteur (fig. 84). Chacune des valves redressera l'une des deux alternances. Vous pourrez, d'ailleurs, facilement suivre le chemin du courant pour chaque alternance.

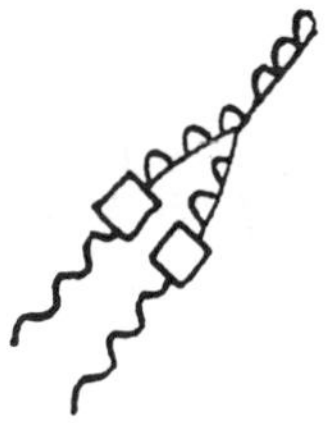

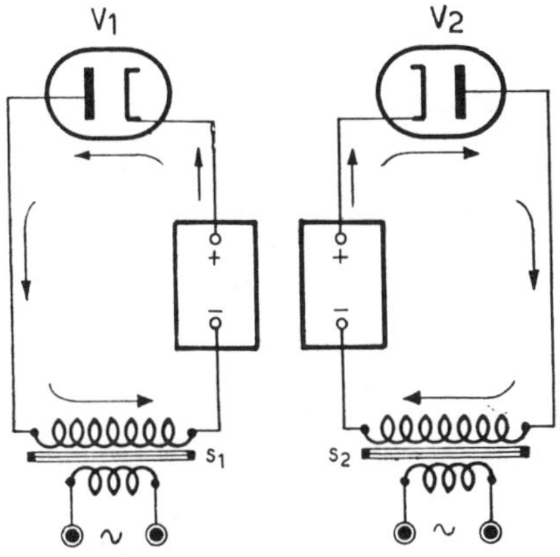

FIG. 83. — Ces deux redresseurs sont identiques à celui de la figure 81, chacun redresse une alternance.

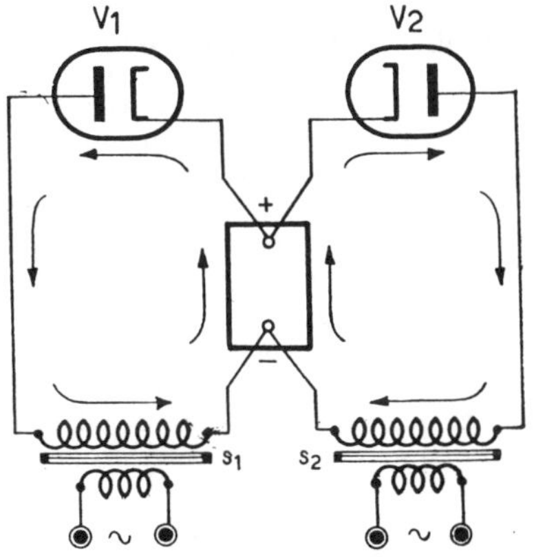

FIG. 84. — Les deux redresseurs de la figure 83 alimentent le même récepteur en redressant les deux alternances.

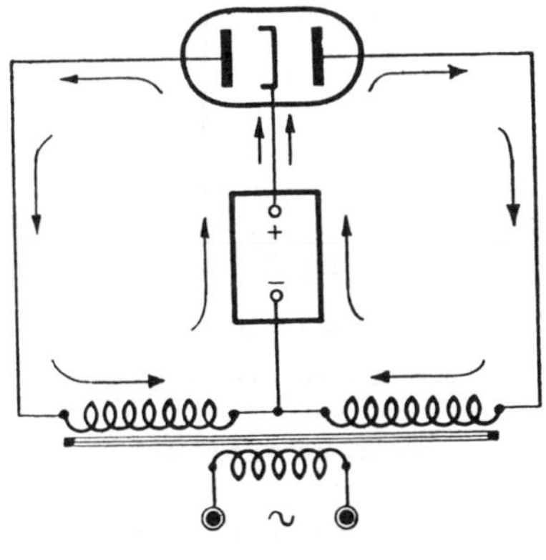

FIG. 85. — On peut remplacer les deux valves de la figure 84 par une seule valve biplaque.

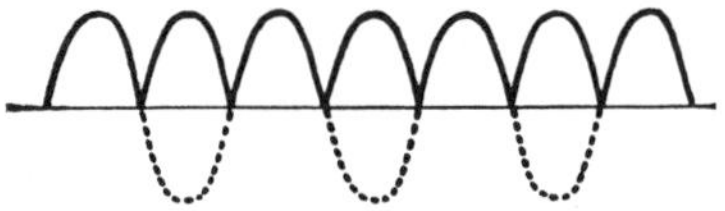

FIG. 86. — En trait plein, forme du courant obtenu par le redressement des deux alternances. — En pointillé, alternance arrêtée par une plaque, mais redressée par l'autre.

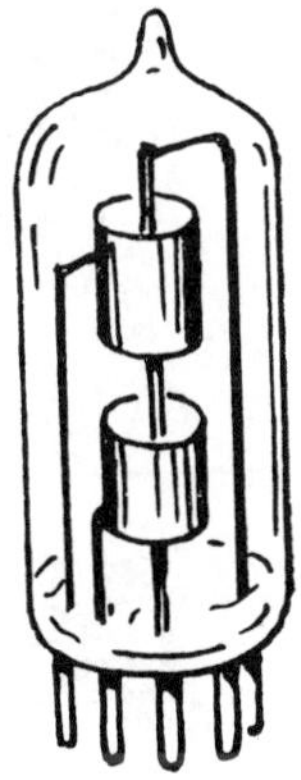

IG. — En effet. Lorsque, pendant une alternance, les électrons parcourent les enroulements secondaires en allant de gauche à droite, ils traverseront le récepteur en sortant de S_1, iront de la cathode à l'anode de V_1 et reviendront à S_1. Par contre, ils ne pourront pas circuler dans S_2, car le sens de l'anode à la cathode V_2 leur est interdit. Lors de l'alternance suivante, allant dans les secondaires de droite à gauche, ils se heurteront, en sortant de S_1, à l'anode de V_1 où ils seront arrêtés. Mais ils se promèneront facilement, en sortant de S_2, à travers le récepteur et la valve V_2, pour revenir vers S_2. Dans les deux cas, les électrons traverseront le récepteur dans le même sens.

Cur. — Vous voyez donc que nous utilisons les deux alternances du courant (fig. 86). Remarquez maintenant que les deux secondaires ont un point commun. Nous remplacerons les deux transformateurs par un seul dont le secondaire comportera une prise médiane. En outre, les cathodes des deux valves sont réunies ensemble. Plaçons donc les deux valves dans la même ampoule de verre et remplaçons les deux cathodes par une cathode commune. Nous obtenons ainsi une valve à deux anodes ou valve « biplaque » dont le montage est représenté dans la figure 85.

Problèmes d'équilibre.

Ig. — Mais, dans tous ces montages de redressement, comment chauffez-vous le filament de la valve pour porter la cathode qui l'entoure à la température nécessaire pour que l'émission électronique ait lieu ?

Cur. — Ce filament est chauffé par un courant alternatif sous basse tension, 4 ou 6,3 volts généralement. On peut utiliser à cet effet un deuxième transformateur abaisseur de tension. Mais, le plus souvent, la tension de chauffage est obtenue à partir d'un petit enroulement secondaire placé sur le transformateur d'alimentation en plus de l'enroulement de haute tension. D'ailleurs, étant donné le courant relativement intense que doivent fournir les valves, elles sont souvent à chauffage direct : c'est le filament lui-même qui sert alors de cathode émettrice d'électrons.

Ig. — Et, dans ce cas, on le chauffe également par le courant alternatif ?

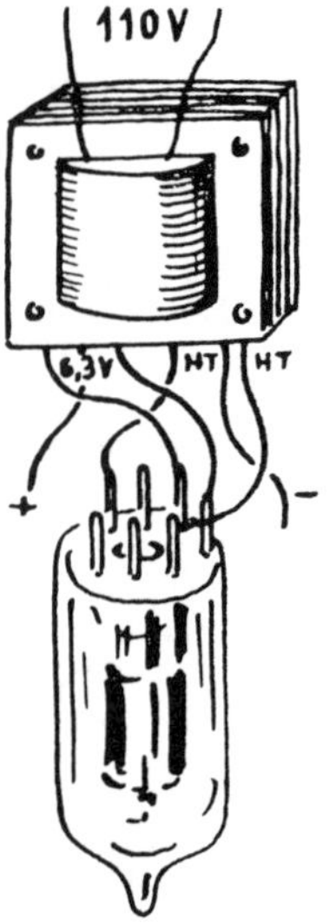

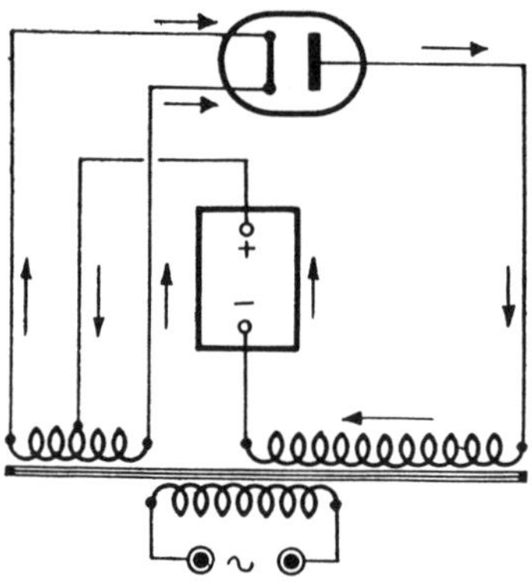

FIG. 87. — Schéma pratique du redresseur de la figure 81.

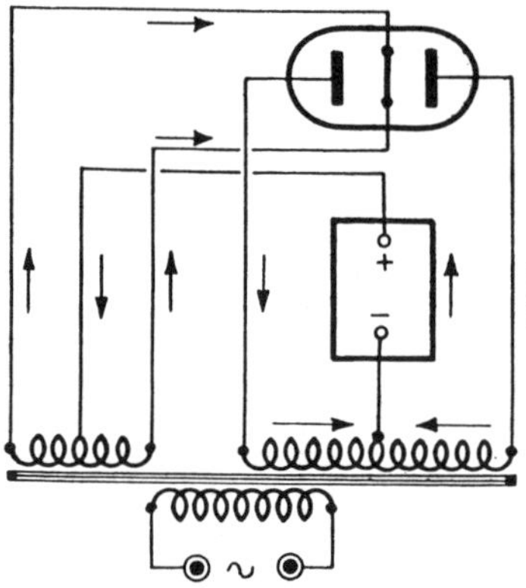

FIG. 88. — Schéma pratique du redresseur de la figure 85.

Les flèches indiquent le sens du courant redressé

Cur. — Bien entendu. Ainsi, pratiquement, nos dispositifs de redressement à une alternance (fig. 81) ou à deux alternances (fig. 85) se présentent comme l'indiquent les figures 87 et 88 respectivement.

Ig. — Pourquoi donc, dans ces schémas, au lieu d'être directement relié au filament de la valve, le récepteur est-il connecté à une prise médiane de l'enroulement de chauffage du transformateur ?

Cur. — Parce que, si la cathode des valves à chauffage indirect a le même potentiel dans tous ses points, ici, par contre, le filament qui est parcouru par du courant alternatif a dans tous ses points un potentiel variable. Par rapport à son point milieu, ses extrémités ont alternativement + 3,15 et — 3,15 volts dans les valves chauffées sous 6,3 volts.

Ig. — Cela me rappelle cette balançoire que, dans ma prime jeunesse, j'ai confectionnée en mettant une longue planche en équilibre sur un trépied.

Cur. — Eh bien, le seul point de cette balançoire qui restait immobile était son point milieu. De même dans le filament le seul point de potentiel constant est son point milieu. Seulement, comme il est difficile de l'atteindre au milieu de l'ampoule, nous connectons le récepteur au point milieu de l'enroulement de chauffage. Du point de vue potentiel, ces deux points sont équivalents. D'ailleurs, actuellement, on utilise surtout des valves à chauffage indirect, en sorte que le pôle positif de la haute tension est constitué par leur cathode même.

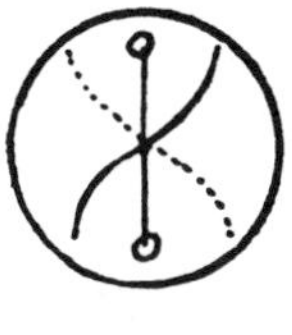

Eau de Cologne... et nivellement du courant redressé.

IG. — Ce qui me paraît un peu inquiétant, c'est que dans nos redresseurs c'est la cathode qui constitue le pôle positif et c'est l'enroulement de l'anode qui est le pôle négatif. Jusqu'à présent, dans les lampes du récepteur, j'ai été habitué à trouver le positif du côté de l'anode et le négatif du côté de la cathode.

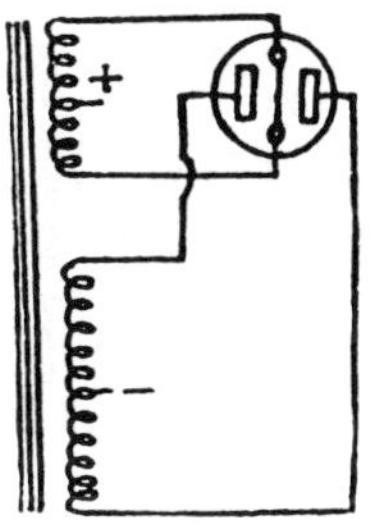

CUR. — Vos inquiétudes sont vaines, Ignotus. N'est-il pas normal que ce qui sert de source d'énergie soit conçu à l'envers de ce qui la consomme ?... Et puis, n'oubliez pas que nous appelons « anode » le point par lequel les électrons sortent et « cathode » celui par lequel ils entrent. Or, *sortant* des anodes des lampes du récepteur, les électrons *entrent* dans la cathode du redresseur, *sortent* de son anode et *entrent* dans les cathodes des lampes de réception. Vous voyez que tout est normal.

IG. — En effet. Mais... excusez-moi : aujourd'hui j'ai une terrible envie de formuler des objections... Mais, dis-je, le courant que fournit le redresseur (fig. 82 ou 86) est loin d'avoir cette agréable constance qui caractérise le courant continu. Votre courant redressé, s'il ne change pas de direction, n'en est pas moins un courant d'intensité constamment variable.

CUR. — Certes, si vous l'appliquez aussi brut aux lampes du récepteur, leurs courants de plaque suivront ces variations qui se traduiront dans le haut-parleur par un épouvantable ronflement.

IG. — Mais il doit y avoir sûrement un moyen pour le rendre parfaitement continu, ce courant redressé.

CUR. — Bien entendu. Cela est obtenu par un « nivellement » ou, comme on dit, *filtrage*. Le courant redressé brut est comparable à ce jet d'eau de Cologne que donnent les pulvérisateurs bon marché à un seul ballon que l'on comprime plusieurs fois successivement. Grâce à des valves placées à l'entrée et à la sortie du ballon, le mouvement alternatif de compression et de dépression donne lieu à un mouvement unilatéral, bien que saccadé, de l'air.

IG. — C'est donc un redressement !

CUR. — Vous l'avez dit... Mais dans les pulvérisateurs plus perfectionnés on obtient un débit continu de l'eau de Cologne grâce à un deuxième ballon placé à la suite du premier. Ce deuxième ballon, dont les parois de caoutchouc sont très minces

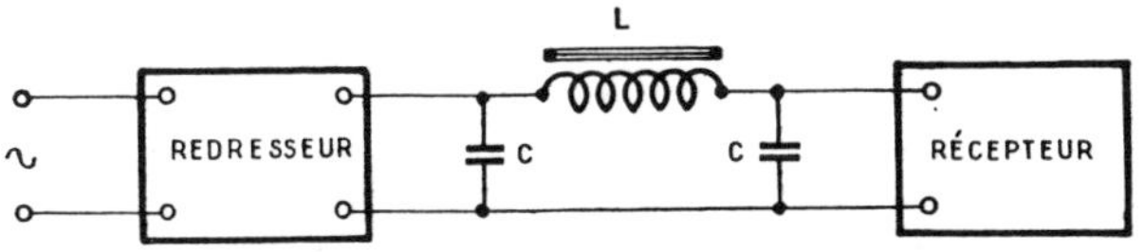

FIG. 89. — Une cellule de filtrage CLC, placée entre le redresseur et le récepteur, sert au « nivellement » du courant.

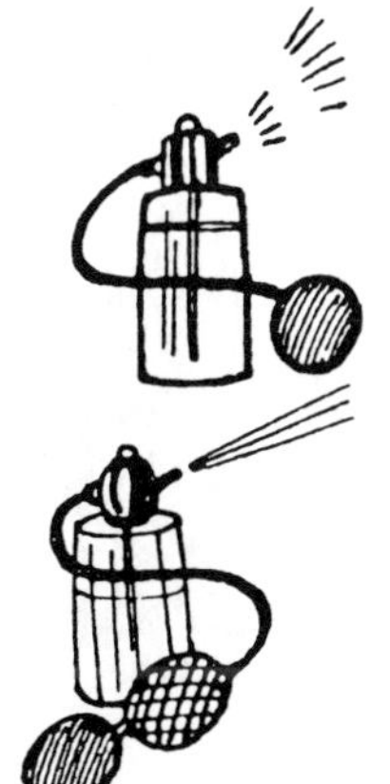

et extensibles, se gonfle au moment où le premier lui envoie une bouffée d'air. Ensuite, pendant que le premier aspire une nouvelle bouffée en se distendant, le deuxième ballon se dégonfle lentement en débitant dans l'orifice du pulvérisateur un jet régulier d'air. Ainsi, le deuxième ballon joue le rôle de réservoir destiné à égaliser le débit en emmagasinant l'excédent de l'air au moment où il en reçoit une poussée, et en se déchargeant ensuite... N'avez-vous pas souvenance de quelque chose qui joue le même rôle en électricité ?

IG. — Le condensateur !... Lui aussi est capable de se charger et de se décharger.

CUR. — C'est donc un condensateur que nous utiliserons pour le filtrage. En le plaçant entre les pôles positif et négatif du redresseur, nous en égaliserons le débit. Cependant, un condensateur, même de forte capacité, ne suffira peut-être pas. Alors faisons appel au principe du volant qui, dans les machines à vapeur et les moteurs à combustion interne, sert à égaliser l'irrégularité du mouvement produit par le va-et-vient des pistons. Par son inertie, le volant maintient la régularité du mouvement. Connaissez-vous une grandeur électrique qui, à la manière de l'inertie, s'oppose aux variations du courant ?

IG. — Bien entendu. C'est la self-induction.

CUR. — Parfait. Aussi, sur le chemin du courant redressé placerez-vous une bobine à noyau de fer (ne sommes-nous pas en très basse fréquence ?) de self-induction élevée. Enfin, nous fermons notre filtre (fig. 89) par un deuxième condensateur qui servira à parfaire le nivellement. D'ailleurs, quand on veut obtenir un filtrage très soigné, on peut utiliser consécutivement deux ou trois « cellules » de filtrage composées comme celle de la figure 89. Mais, ordinairement, après le filtrage par une seule cellule, le courant est suffisamment filtré pour être utilisé, sans donner lieu à des ronflements.

IG. — Une dernière question : comment chauffe-t-on les lampes du récepteur ? Je pense, également par le courant alternatif.

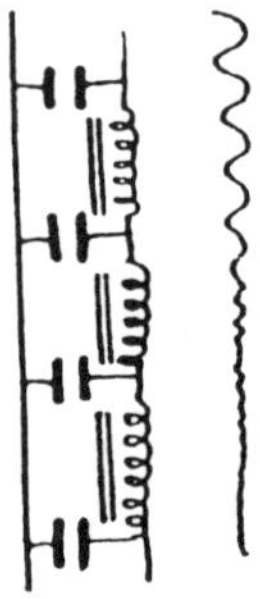

Derniers mots sur le chauffage.

CUR. — Et vous ne vous trompez pas. A cet effet, sur le transformateur d'alimentation, on dispose un troisième secondaire de basse tension qui sert au chauffage des filaments des lampes. Pour que ces filaments soient à un potentiel constant et déterminé, cet enroulement est, parfois, relié au pôle négatif de la haute tension.

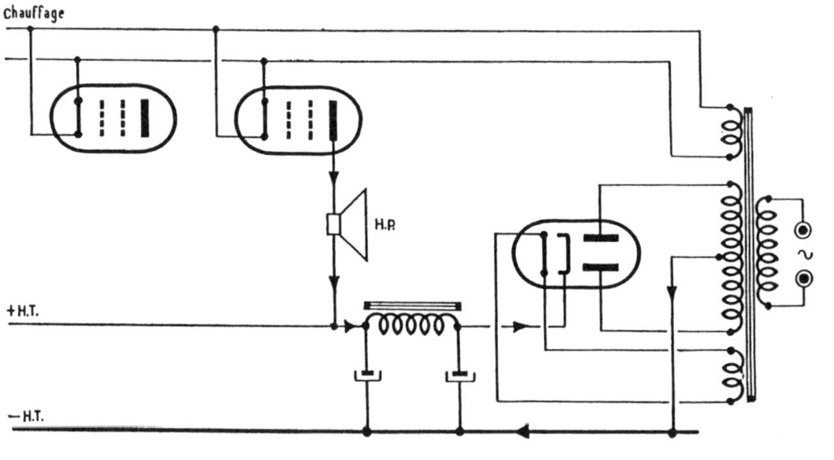

FIG. 90. — **Alimentation complète d'un récepteur sur courant alternatif du secteur : chauffage, redressement HT par une valve biplaque à chauffage indirect et filtrage HT.**

Là encore, pour que l'équilibre soit parfait, on établit la connexion au point médian de l'enroulement de chauffage. Et voilà, Ignotus, vous connaissez maintenant tout ce qu'il faut savoir sur l'alimentation des recepteurs (fig. 90).

Ignotus commet une faute inexcusable.

IG. — Ce n'est pas du tout mon avis. N'oubliez pas que j'ai un oncle qui est dessinateur humoriste, à qui j'ai promis de monter un récepteur et qui est desservi par un secteur à courant continu sous 110 volts.

CUR. — « Desservi », c'est bien le mot !... Car, dans le cas du courant continu, à moins d'utiliser un moteur électrique entraînant une machine génératrice de courant, il ne faut pas songer à élever la tension.

IG. — Et le transformateur ?...

CUR. — Ignotus ! Vous me faites rougir de votre ignorance ! Avez-vous donc oublié, malheureux, que le transformateur est basé sur le principe de l'induction et qu'il n'y a induction que lorsqu'il y a variation de courant ?...

IG. — C'est pourtant vrai. Je n'y ai pas songé. Par conséquent le transformateur ne sert à rien en courant continu. Mais comment faire alors ?

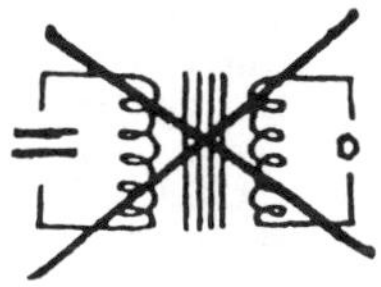

CUR. — Se contenter de la tension disponible, dont on dissipe en pertes le moins possible. Il existe, heureusement, des lampes spécialement étudiées pour ce cas qui, même avec une tension de plaque de 100 volts, possèdent encore un bon rendement. Bien entendu, nous n'avons pas besoin de « redresser » le courant continu. Il est néanmoins nécessaire de le filtrer.

IG. — Filtrer le courant continu ? ? ?... Mais puisqu'il est continu ! ! !...

CUR. — Ne vous énervez pas, ami. Le courant du secteur que nous appelons « continu » est, en réalité, sujet à une légère ondulation. Cela est dû au mode même de sa production par des machines dites « à courant continu », mais qui, en fait, font du courant alternatif redressé à l'aide d'un redresseur synchrone appelé « collecteur ».

IG. — C'est bougrement compliqué et je n'y comprends rien.

CUR. — Si vous aviez quelques notions rudimentaires sur les machines électriques, vous m'auriez compris. Mais ces notions ne sont nullement nécessaires pour notre étude de la Radio. Il suffit que vous sachiez que, en raison de sa légère ondulation, le courant continu du secteur doit être filtré par un filtre analogue à celui de la figure 89, avant d'être admis aux lampes du récepteur.

IG. — Et le chauffage ?

CUR. — Là encore, le continu se manie avec moins de souplesse que l'alternatif. Dans l'impossibilité d'abaisser sa tension à l'aide d'un transformateur, on peut produire une chute de tension dans une résistance judicieusement calculée, de manière à n'appliquer aux filaments que juste la tension nécessaire. D'ailleurs, pour le chauffage par courant continu, on réalise des lampes dont le filament est chauffé sous une tension de plusieurs dizaines de volts. Enfin, on peut connecter ces filaments en série. Ainsi cinq filaments, nécessitant chacun 20 volts, reliés en série, nécessitent 100 volts. On peut, sans danger, leur appliquer les 110 volts du secteur de votre oncle.

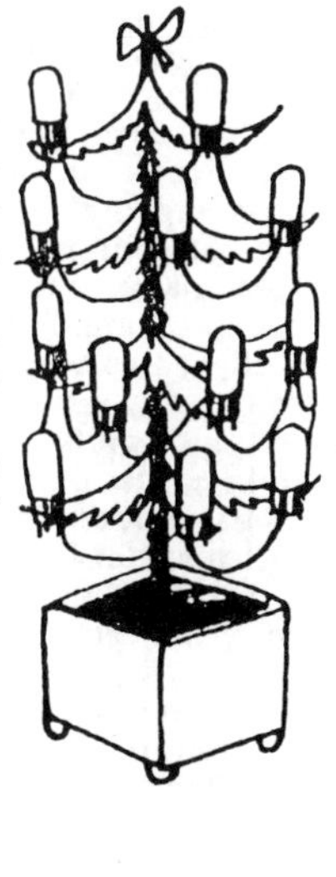

IG. — C'est donc le même principe qui sert à composer des guirlandes lumineuses pour les arbres de Noël à l'aide de plusieurs ampoules de faible tension connectées en série.

CUR. — Bien entendu. Et maintenant, Ignotus, que vous connaissez tous les mystères angoissants de l'alimentation sur alternatif et continu, ai-je le droit d'aller me reposer ?...

Commentaires à la 15me Causerie

PROBLÈME DE L'ALIMENTATION.

L'alimentation d'un récepteur nécessite deux sources de courant : la source H.T. fournissant le courant anodique et la source de basse tension fournissant le courant de chauffage. La première doit avoir une tension continue de l'ordre de 100 à 250 volts. Quant au chauffage, excepté des lampes spécialement prévues pour l'emploi de batteries, il peut être indifféremment assuré par le courant continu ou alternatif.

En ce qui concerne la tension de polarisation, nous avons déjà vu comment elle est obtenue à partir de la haute tension par la chute de tension dans une résistance intercalée dans le circuit de la cathode.

Laissons de côté le cas du *poste-batteries* où piles ou accumulateurs procurent toutes les tensions nécessaires et où l'on utilise des lampes à chauffage direct consommant un courant très faible sous une tension de l'ordre de 2 volts ou de 1,5 volt. Ce type de récepteur tend à disparaître étant remplacé par le poste à transistors.

CAS DU SECTEUR ALTERNATIF.

Le cas le plus fréquent est celui du récepteur alimenté par un secteur à courant alternatif. Un cordon muni d'une fiche sert à amener le courant d'une prise au primaire d'un transformateur d'alimentation, après passage à travers l'interrupteur de mise en marche du récepteur. Une sage précaution consiste à placer dans ce circuit un fusible qui, en cas de court-circuit accidentel, arrête par sa fusion l'admission du courant.

Le primaire d'un transformateur d'alimentation peut comporter plusieurs prises prévues pour différentes tensions du secteur. En France, on trouve des secteurs de 110, 117, 130, 150, 220 et 240 volts (et même certaines autres valeurs). Si la tension d'un secteur dit « de 110 volts » n'est pas bien stable, pour prévenir les effets néfastes d'une surtension, il est prudent de brancher le transformateur sur la prise du primaire prévue pour 130 volts.

Généralement, le transformateur d'alimentation comprend trois secondaires : chauffage des lampes, chauffage de la valve et H.T. Tous les trois comportent des prises médianes, du moins dans les montages courants.

Les valves utilisées sont en majorité à deux plaques ; si l'on veut ne redresser qu'une seule alternance, on a toujours la ressource de réunir les deux plaques en réalisant ainsi une anode commune. Les valves étaient jadis chauffées sous 4 volts (lampes européennes) ou 2,5 volts (lampes américaines). Actuellement. la tension de chauffage de la plupart des valves est de 6,3 volts. Et, de plus en plus, on se sert de valves à chauffage indirect, ce qui permet de brancher la connexion de + H.T. directement à la cathode (au lieu du milieu du secondaire « chauffage valve »).

En ce qui concerne le secondaire H.T. qui développe le courant anodique, ses extrémités sont connectées aux plaques de la valve et c'est son point médian qui constitue le pôle négatif de H.T. On ne doit pas perdre de vue le fait qu'à chaque alternance la tension appliquée à la valve est celle d'une moitié de l'enroulement de H.T. Ainsi, si la tension totale du secondaire H.T. est de 600 volts, c'est une tension de 300 volts seulement qui subit l'action de redressement à chaque instant donné ; il ne faut donc pas s'attendre à trouver une tension redressée de 600 volts.

Les fabricants des transformateurs d'alimentation ont la bonne habitude d'indiquer non seulement les tensions données par les enroulements secondaires, mais aussi les intensités des courants. Il ne faut pas se méprendre sur le sens de ces dernières indications : il ne s'agit pas d'intensités que les enroulements débiteront *dans tous les cas,* mais simplement *d'intensités qu'il ne faut pas dépasser* sous peine de provoquer un échauffement anormal. Plus le fil est gros et, par conséquent, moins résistant, plus l'enroulement qu'il compose peut fournir de milliampères sans échauffement notable. Quant à savoir quel sera le débit de chaque secondaire, il suffit de calculer la résistance totale du circuit sur lequel il débite et d'appliquer la loi d'Ohm.

FILTRAGE.

Le courant obtenu après redressement est *unidirectionnel* sans être pour autant un courant continu. Pour être utilisable, il doit être FILTRÉ. Or, on peut considérer un tel courant comme résultant de la coexistence de deux courants : un continu et un variable. Dès lors, le problème du filtrage se réduit à ceci : laisser passer la composante continue tout en éliminant la composante variable.

Nous avons déjà eu l'occasion de résoudre un problème analogue dans l'étude du découplage. La solution consiste à offrir à la composante variable le chemin commode d'un condensateur tout en lui interdisant une autre direction par une impédance qui laisse passer la composante continue. En l'occurrence, on prend comme impédance une inductance de résistance ohmique relativement faible, que l'on place sur le parcours du courant (dans les récepteurs les plus simples on utilise une résistance ohmique). Le condensateur servant à dévier la composante variable est branché en dérivation sur le système redresseur. Enfin, un deuxième condensateur, placé à la sortie de la CELLULE DE FILTRE, complète ainsi sa composition et permet d'éliminer le résidu de la composante alternative qui a pu traverser l'inductance.

Si l'on a besoin d'un filtrage particulièrement soigné, *deux cellules de filtrage* peuvent être mises en série ; dans ce cas, les deux condensateurs du milieu peuvent être remplacés par un seul, commun aux deux cellules et dont la capacité doit être *double* de celle de chacun des condensateurs extérieurs.

Comme la fréquence des variations est très basse (dans le cas d'un secteur à 50 p/s, nous aurons une fréquence de 100 p/s, puisque chaque période, dans le redressement des deux alternances, donne lieu à deux variations), les self-inductions et les capacités des filtres doivent avoir des valeurs relativement importantes. Les self-inductions mesureront plusieurs dizaines de henrys et seront composées d'enroulements à noyaux de fer. Quant aux condensateurs, leur capacité étant de plusieurs microfarads, l'emploi d'un diélectrique solide tel que le papier paraffiné conduirait à des encombrements prohibitifs. On se sert d'un modèle spécial appelé CONDENSATEUR ÉLECTROLYTIQUE.

CONDENSATEURS ÉLECTROLYTIQUES.

Les condensateurs de ce genre contiennent un liquide ou une pâte que l'on appelle ÉLECTROLYTE. Dans cet électrolyte est plongée une armature en aluminium d'une surface relativement importante. On multiplie l'étendue de la surface en lui faisant subir un traitement approprié de gravure chimique.

Lorsqu'une tension est appliquée entre l'électrolyte et l'aluminium (ce dernier étant porté au potentiel positif), le courant qui s'établit provoque aussitôt la décomposition de l'électrolyte ; comme résultat de cette décomposition, une couche d'alumine entoure l'aluminium et, en l'isolant ainsi, interrompt le courant. L'épaisseur de cette couche étant infime (de l'ordre du millième de millimètre !), on conçoit combien est importante la capacité du condensateur dont l'aluminium et l'électrolyte représentent les deux armatures.

Remarquons que le condensateur électrolytique, contrairement à ceux que nous avons examinés jusqu'à présent, est *polarisé :* il est obligatoire d'appliquer le positif de la tension à l'armature en aluminium. En inversant les polarités, on risque de le détériorer. Il ne faut donc pas appliquer à un tel condensateur une tension alternative (à moins de lui superposer une tension continue supérieure et appliquée dans le « bon sens »).

Chaque modèle de condensateur est prévu pour une certaine tension de service indiquée par le fabricant et qu'il ne faut pas dépasser. La capacité même de ce condensateur dépend de la tension appliquée entre ses armatures ; elle diminue lorsque la tension augmente.

Si le condensateur électrolytique « claque » sous l'effet d'une surtension instantanée (c'est-à-dire si une étincelle éclate entre ses armatures), le mal n'est pas bien grave, puisque la couche d'alumine se reforme aussitôt. On ne peut pas en dire autant du condensateur au papier ; le papier se carbonise sous l'effet d'une étincelle, perd ainsi ses belles qualités d'isolant et établit entre les armatures un court-circuit plus ou moins franc.

Les condensateurs électrolytiques sont en général présentés dans des boîtiers métalliques qui établissent le contact avec l'électrolyte et servent ainsi à brancher le négatif. Les valeurs courantes de capacité sont comprises entre 8 et 32 µF.

On les utilise non seulement pour le filtrage, mais partout où un découplage est pratiqué dans la partie B.F. et notamment pour le découplage des résistances de polarisation.

CHAUFFAGE DES FILAMENTS.

En ce qui concerne le chauffage, si la tension jadis universellement employée en Europe était de 4 volts (et en Amérique de 2,5 volts), aujourd'hui les deux continents se sont mis d'accord en adoptant 6,3 volts comme valeur standard pour chauffage par courant alternatif. Cela n'exclut pas l'existence de nombreux modèles chauffés sous des tensions variées allant même jusqu'à 110 volts (ce qui évite la nécessité d'un transformateur abaisseur de tension).

Dans les postes fonctionnant sur secteur alternatif, les filaments sont branchés en dérivation sur l'enroulement de chauffage du transformateur d'alimentation.

Le cas est différent lorsqu'il s'agit de récepteurs alimentés par le secteur à courant continu. Puisqu'on ne peut plus avoir ici recours à un transformateur qui, avec très peu de pertes, abaisse à la valeur exigée la tension du secteur, on connecte les filaments des tubes en série (il faut, bien entendu, que toutes les lampes se contentent de la *même intensité* du courant de chauffage). On se sert alors non seulement de lampes chauffées sous 6,3 volts, mais aussi — surtout en tant que lampe finale — de tubes ayant des tensions de chauffages supérieures. Si la tension totale exigée par les filaments mis en série est inférieure à la tension du secteur, l'excédent devra être dissipé sous forme de chute de tension dans une résistance. Ainsi, un récepteur comprenant cinq lampes dont quatre chauffées sous 6,3 V et une sous 25 V, exigera, comme tension de chauffage, pour les cinq filaments mis en série

$$6{,}3 \times 4 + 25 = 50{,}2 \text{ V}.$$

Si le secteur est de 110 V, il faut donc perdre dans une résistance 60 volts environ. En admettant que le courant de chauffage soit de 0,3 A, il nous faudra (la loi d'Ohm l'indique) une résistance « chutrice » de 60 : 0,3 = 200 ohms. Evidemment, plus de la moitié de l'énergie sera dissipée en chaleur dans la résistance, ce qui rend ce système peu économique. C'est cependant le seul qu'autorise le manque de souplesse du courant continu. La résistance « chutrice » est quelquefois placée dans le cordon d'amenée du courant du secteur que l'on appelle alors « cordon chauffant ».

CAS DU SECTEUR CONTINU.

Pour l'alimentation anodique des récepteurs fonctionnant sur secteur continu, il n'est pas question — et pour cause ! — de redressement, mais le filtrage du courant s'impose néanmoins, car ce que les compagnies de distribution d'électricité appellent « courant continu » est en fait affligé d'une légère ondulation qu'un bon filtre n'a pas de mal à éliminer.

Comme nous ne pouvons pas élever la tension continue, il faut réduire au minimum la chute de tension dans la self-induction du filtre, pour que la tension filtrée appliquée aux anodes des lampes ne soit pas trop faible.

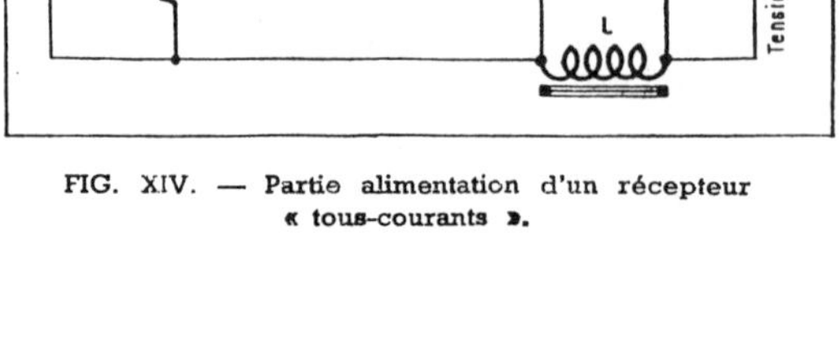

FIG. XIV. — Partie alimentation d'un récepteur « tous-courants ».

Aussi fait-on pour le filtrage du courant continu des bobinages de filtre en fil relativement gros (pour en réduire la résistance ohmique), quitte à avoir moins de spires et à compenser la trop faible self-induction qui résulte de ce fait par l'emploi de condensateurs de filtrage de capacité plus élevée. Fort heureusement, pour les tensions de l'ordre de 110 volts qu'ils ont à supporter, on parvient à faire des condensateurs électrolytiques dont la capacité dépasse 100 μF.

POSTES « TOUS - COURANTS ».

Si nous avons jugé utile d'analyser ainsi en détail la composition des récepteurs alimentés par le courant continu du secteur, ce n'est point en raison de la diffusion de ce genre d'appareils. Bien au contraire, le récepteur pour secteur continu est construit très rarement. Mais ce qui était assez répandu, ce sont les postes TOUS-COURANTS (ou à alimentation universelle) qui se branchent sur secteur continu ou alternatif et sont de composition semblable.

Dans le « tous-courants », les filaments sont chauffés d'une façon tout à fait identique, soit connectés en série avec interposition d'une résistance chutrice de tension.

Quant à la haute tension (fig. XIV), avant d'entrer dans le filtre, le courant du secteur traverse une valve monoplaque (que l'on obtient en réunissant ensemble les deux anodes d'une biplaque).

Si le courant du secteur est alternatif, il subit ainsi le redressement d'une alternance, et tout se passe comme dans une alimentation H.T. normale dans le cas d'un secteur alternatif. Si le courant du secteur est continu, deux cas peuvent se présenter : ou bien nous avons branché le récepteur à la prise de courant de telle manière que le filament de la valve est relié au positif et aucun courant ne pourra passer en sorte que le récepteur restera muet ; ou bien, ayant connecté le récepteur dans le bon sens, nous ferons aisément passer, à travers la valve, le courant continu qui, n'ayant nul besoin d'être redressé, n'en partage pas moins le sort commun avec l'alternatif.

Notons encore que les récepteurs pour continu et les « tous-courants » sont en liaison directe avec le secteur, puisque aucun transformateur n'y est interposé. Or, le secteur peut se trouver à un potentiel assez élevé par rapport à la terre. Aussi ne doit-on jamais brancher la prise de terre à de tels récepteurs sans intercalation d'un condensateur qui, tout en laissant passer la H.F. de l'antenne, s'oppose à un dangereux passage du courant du secteur vers la terre. De même on s'abstiendra de toucher aux connexions d'un tel montage lorsqu'il est sous tension. Gare aux chocs sinon à l'électrocution !...

SEIZIÈME CAUSERIE

Dans cette causerie, nos amis abordent, enfin, le principe du changement de fréquence sur lequel sont basés les récepteurs connus sous le nom de « superhétérodynes ». Le début de cette causerie nécessitera, de la part d'Ignotus — et aussi du lecteur —, une attention soutenue. Une fois le point critique dépassé, rien n'est plus simple ni plus clair que les différents montages étudiés, y compris ceux à heptode et à octode.

Ignotus met en colère son voisin.

IG. — Je ne veux pas me poser en martyr, cher Curiosus ; néanmoins, il me semble que je suis une victime de la science...

CUR. — Pourquoi donc, mon pauvre Ignotus ?

IG. — Tout à l'heure, en sortant de chez moi, j'ai rencontré dans l'escalier un voisin qui, l'air furibond, a promis de me tirer les oreilles la prochaine fois que je ferai siffler *son* récepteur. Comme si je pouvais faire siffler, chanter ou pleurer sa boîte à musique ! ! !

CUR. — Détrompez-vous, Ignotus. Avec votre détectrice à réaction (qui m'avait déjà valu d'amers reproches de votre mère), vous pouvez parfaitement faire siffler tous les récepteurs du voisinage. Il suffit, pour cela, que vous dépassiez la limite de « l'accrochage » et qu'à ce moment votre détectrice à réaction devienne un véritable petit émetteur.

IG. — Que me dites-vous là, Curiosus ? Même en admettant que les autres perçoivent les ondes émises par le mien, ces ondes ne donneront lieu à aucun son. Ne sont-elles pas dues à un courant de haute fréquence pur, sans aucune modulation musicale ?

CUR. — Il est exact que votre émetteur diffuse de la haute fréquence non modulée. Ce courant, après détection dans le récepteur de votre voisin, ne ferait rien entendre, s'il ne se superposait pas aux courants de haute fréquence des stations d'émission que votre voisin veut écouter. Or, lorsque deux courants alternatifs de fréquences différentes se superposent, il se produit entre eux un phénomène d'*interférence* ou de *battements* qui peut donner lieu à un courant de fréquence audible.

IG. — C'est bizarre. Il me semble que, en se superposant, deux courants de haute fréquence devraient produire un courant de fréquence encore plus élevée.

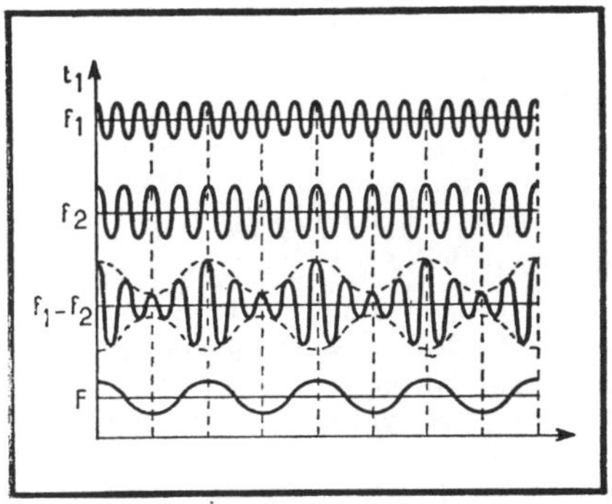

FIG. 91. — Deux oscillations f_1 et f_2, en se superposant, donnent lieu à une oscillation composée $f_1 - f_2$ qui, après détection, donne lieu au courant F.

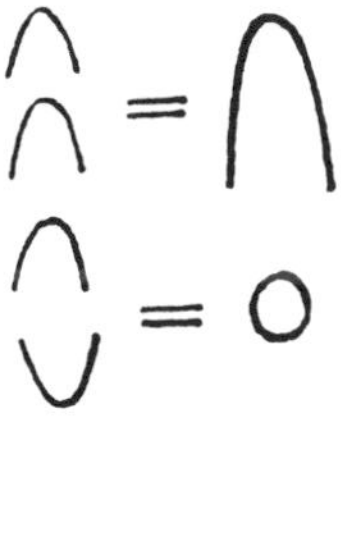

CUR. — Examinons, si vous voulez, cette question de plus près. Supposez que nous ayons deux courants dont les fréquences (et, par conséquent, les périodes) ne sont pas tout à fait les mêmes (f_1 et f_2, fig. 91) et que ces deux courants « commencent » au même instant. Au début, ils se renforcent mutuellement, c'est-à-dire leurs amplitudes s'additionnent. Mais au bout de quelques périodes, le décalage s'accentue, les amplitudes ne s'ajoutent plus et, bientôt, au contraire, les deux courants, allant dans des

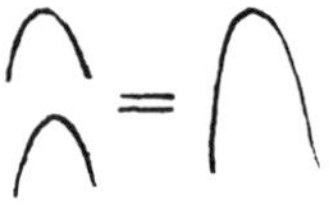

sens opposés, s'affaiblissent **et peuvent même (si leurs amplitudes sont égales)** s'annuler pendant le bref instant au cours duquel ils sont exactement en opposition. Mais le décalage continue, et peu à peu, s'affaiblissant de moins en moins, puis se renforçant de plus en plus, les deux courants finissent par coïncider à nouveau pendant un court instant. Et tout recommence à nouveau, car le décalage persiste... Vous voyez donc que le courant résultant est une série d'**ondulations** dont l'amplitude augmente et diminue périodiquement ($f_1 - f_2$ dans la fig. 91) et avec une fréquence bien inférieure à celle de nos deux courants composants. Si vous détectez ce courant résultant, vous obtenez un courant (fig. 91) de fréquence F qui caractérise la variation de l'amplitude des pulsations. La fréquence du courant résultant est égale à la différence des fréquences des deux courants composants.

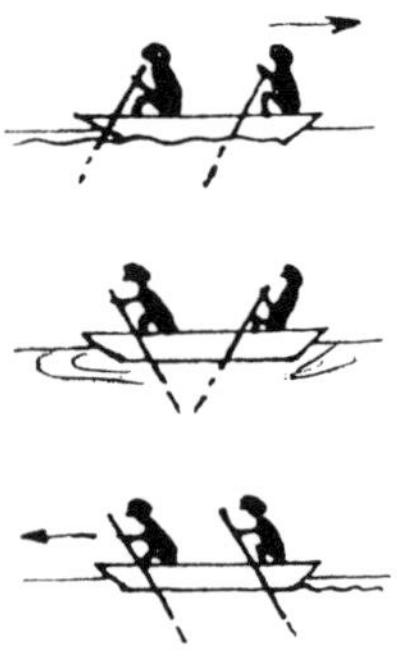

IG. — Dieux, que c'est bougrement compliqué !... J'aime mieux m'imaginer un exemple concret, ne serait-ce que deux rameurs qui, *sans sortir les rames de l'eau*, rament avec des rythmes légèrement différents. Là aussi, je crois, qu'il y aura des battements. Tant que leurs mouvements coïncideront, leur petit bateau oscillera très fort. Puis il y aura un décalage, l'oscillation du bateau diminuera. Enfin, leurs mouvements seront opposés. Le bateau sera immobile. Peu à peu, les mouvements reviendront à coïncidence, et le bateau recommencera ses oscillations. Et ainsi de suite, le bateau oscillant et s'immobilisant alternativement.

CUR. — Je vois que vous avez compris le phénomène de l'interférence résultant de la composition des mouvements périodiques de fréquences différentes. Supposez maintenant que votre voisin écoute une émission faite sur une fréquence de 1 000 000 de périodes par seconde et qu'avec votre sacrée petite détectrice à réaction vous émettiez 1 005 000 p/s. Ces deux courants, se superposant dans le récepteur de votre malheureux voisin, donneront lieu à un courant dont la fréquence est égale à la différence de leurs fréquences, soit :

$$1\,005\,000 - 1\,000\,000 = 5\,000 \text{ p/s}$$

Ce courant résultant de 5 000 p/s est parfaitement audible et se manifeste sous forme de sifflement aigu. Et voilà comment vous embêtez votre voisin !

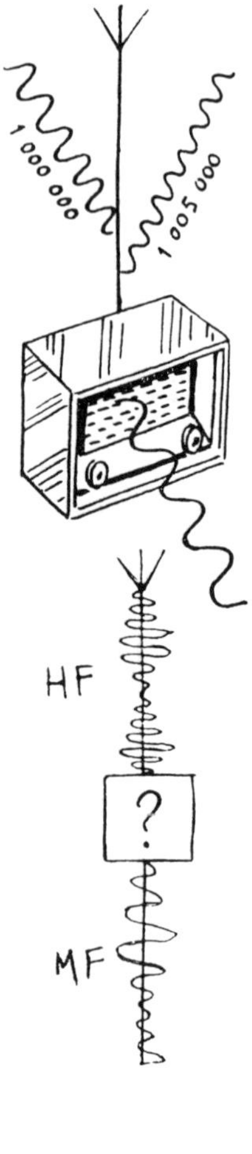

IG. — Je vous assure que je péchais par ignorance ; et maintenant que je sais, je...

CUR. — ... vous pourrez, mon ami, comprendre aisément la théorie du superhétérodyne, récepteur basé sur le phénomène d'interférence.

IG. — Serait-ce un récepteur qui siffle constamment ?

CUR. — Non... ou, si vous voulez, c'est un récepteur qui a un sifflement inaudible.

IG. — Et c'est en me donnant de telles explications que vous affirmez cependant que la Radio est très simple !...

De la haute, par la moyenne, vers la basse fréquence.

CUR. — Ne vous fâchez pas, mon cher. Dans les superhétérodynes, on crée des battements entre le courant de haute fréquence de la station écoutée et le courant de haute fréquence d'une hétérodyne incorporée dans le récepteur même. Seulement, on accorde l'hétérodyne sur une fréquence telle que le courant résultant de l'interférence ait lui-même une fréquence relativement élevée, généralement plus de 100 000 p/s ; le courant d'une telle fréquence est, évidemment, inaudible.

IG. — Je ne vois pas l'intérêt qu'il y a à remplacer ainsi une fréquence élevée par une autre, moins élevée, mais encore inaudible.

CUR. — Laissez-moi vous résumer en deux mots le mécanisme du superhétérodyne, et tout sera clair pour vous. Nous avons donc, dans le superhétérodyne, le courant de haute fréquence induit dans l'antenne par les ondes d'un émetteur et, d'autre part, un courant de fréquence un peu différente produit par l'hétérodyne locale. Ces deux courants se superposent et donnent lieu à un troisième courant de fréquence beaucoup plus basse que l'on appelle *fréquence intermédiaire* ou *moyenne fréquence* (M.F.). Ce courant est modulé de la même façon que le courant initial de l'antenne, car le changement de fréquence n'a affecté en rien la modulation musicale que le microphone du studio d'émission a incorporée dans le courant de haute fréquence. Mais notre courant de moyenne fréquence est beaucoup plus facile à amplifier que le courant initial, car sa fréquence est plus basse et que, par conséquent, les capacités parasites auront moins d'effet sur lui. Nous l'amplifierons dans les étages d'amplification à moyenne fréquence, puis nous le détecterons, comme tout courant de haute fréquence, et enfin, après avoir amplifié le courant de basse fréquence ainsi obtenu, nous le dirigerons dans le haut-parleur.

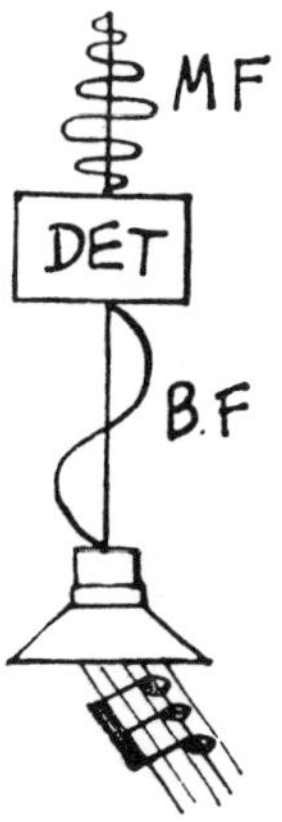

IG. — Je vois que le superhétérodyne est un engin horriblement compliqué. Jusqu'à présent, les récepteurs que nous avons étudiés se composaient d'étages H.F., d'une détectrice et d'étages B.F. Tandis que, dans le superhétérodyne, il y a une

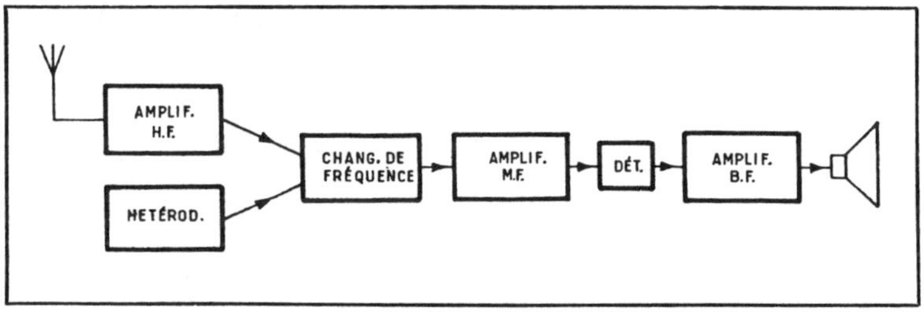

FIG. 92. — Composition schématisée d'un superhétérodyne.

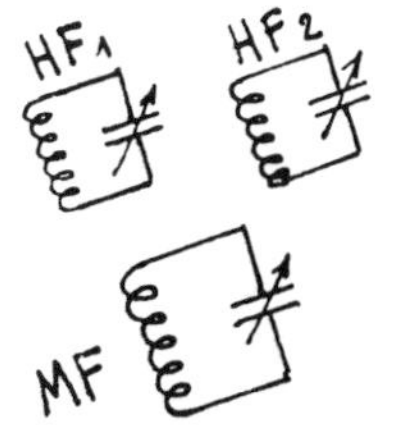

hétérodyne locale, un changeur de fréquence, des étages M.F., une détectrice et des étages B.F. Et un récepteur de ce genre doit être d'un réglage très difficile : au lieu d'accorder les circuits sur une seule fréquence, comme nous l'avons vu jusqu'ici, il faut accorder le circuit d'entrée sur la fréquence de l'émission désirée, le circuit de l'hétérodyne sur une autre fréquence et les circuits de l'amplificateur M.F. sur une troisième fréquence...

Ignotus séduit par le superhétérodyne.

CUR. — Rassurez-vous, Ignotus, je ne vous ai pas encore dévoilé l'un des principaux avantages du superhétérodyne : les circuits M.F. sont accordés une fois pour toutes sur une fréquence déterminée. On s'arrange donc à régler l'hétérodyne pour chaque émission de manière que son courant, se superposant à celui d'antenne, donne toujours *la même fréquence* résultante.

IG. — Je pense qu'un exemple numérique ne serait pas superflu.

CUR. — Supposez que nous ayons un superhétérodyne dont les étages M.F. soient accordés sur 125 000 p/s. Pour recevoir une émission de 600 000 p/s (longueur d'onde : 500 mètres), il suffit d'accorder l'hétérodyne sur 725 000 p/s. En effet, la fréquence résultante sera égale à la différence des fréquences composantes, soit :

$$725\,000 - 600\,000 = 125\,000 \text{ p/s.}$$

Pour recevoir une autre émission faite sur 850 000 p/s, nous accorderons l'hétérodyne sur 975 000 p/s et nous obtiendrons de nouveau :

$$975\,000 - 850\,000 = 125\,000 \text{ p/s.}$$

IG. — Maintenant, je crois comprendre. En somme, les circuits d'accord M.F. n'ont pas besoin d'être accordés chaque fois qu'on passe d'une émission à l'autre. Je pense qu'on n'a même pas besoin d'y utiliser des condensateurs variables, puisque leur accord ne varie pas. Donc, dans un superhétérodyne, il n'y a que deux circuits à accorder : le circuit d'entrée (sur l'émission) et le circuit de l'hétérodyne (sur une fréquence supérieure ou inférieure à la fréquence initiale de la valeur de la moyenne fréquence). Ainsi le réglage devient donc très simple.

CUR. — Encore plus que vous ne pensez. Les deux condensateurs sont commandés,

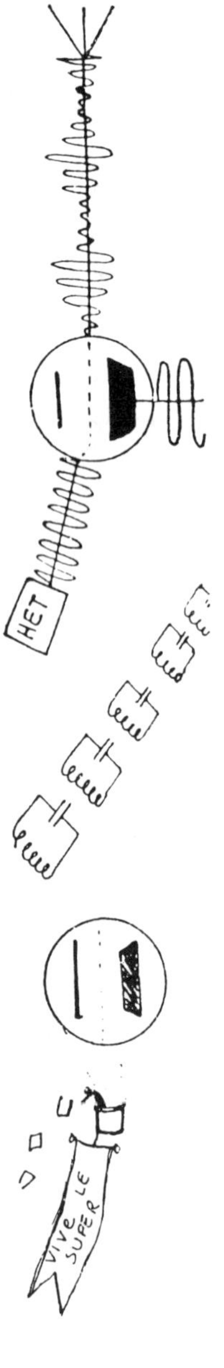

généralement, par le même bouton. On s'arrange de manière que les deux fréquences d'accord aient une différence constante dans toutes les positions.

IG. — Mais comment réalise-t-on pratiquement la superposition des deux oscillations ?

CUR. — Il existe mille et un systèmes de changement de fréquence. Leur principe est sensiblement le même, et il suffira que je vous en décrive les principaux et — surtout — les plus usuels. Le système le plus ancien est celui qui, en quelque sorte, schématise le principe même du superhétérodyne (fig. 93). Une hétérodyne (ou, comme on dit, une *oscillatrice*) séparée V_2 comprend, dans son circuit oscillant L_2-C_2 un

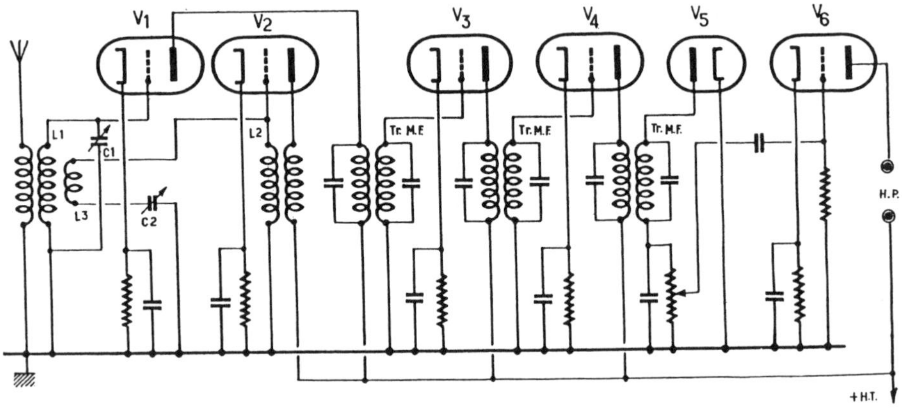

FIG. 93. — **Schéma du superhétérodyne à lampe oscillatrice séparée V_2.**

petit enroulement « de liaison » L_3 qui est couplé par induction avec le bobinage L_1 du circuit d'entrée. Grâce à ce couplage, l'oscillateur « injecte » ses oscillations dans le circuit L_1C_1. Ainsi, à la grille de la lampe V_1, se trouvent simultanément appliquées deux tensions alternatives : celle provenant de l'antenne et celle de l'oscillatrice. La lampe V_1 fonctionne en détectrice par courbure de la caractéristique de plaque, en raison de la polarisation appropriée qu'assure la résistance dans la cathode. Aussi, le courant de plaque représentera-t-il l'oscillation résultant de la superposition des deux oscillations appliquées à la grille : ce sera le courant de moyenne fréquence. Tel que j'ai dessiné le récepteur, il comprend ensuite deux étages d'amplification à moyenne fréquence (V_3 et V_4) à liaison par transformateurs à primaire et secondaire accordés. Ensuite vient la détectrice diode (V_5) et l'amplificatrice B.F. (V_6).

IG. — Je m'aperçois que les circuits de liaison M.F. se composent de six circuits oscillants. Je pense qu'ils doivent assurer au récepteur une sélectivité énorme.

CUR. — Certes. Et c'est là encore un avantage pratique du superhétérodyne. Dans les récepteurs à amplification directe en haute fréquence, on ne peut pas multiplier aisément le nombre des circuits accordés, ne serait-ce qu'en raison de la difficulté de régler simultanément autant de condensateurs variables. Par contre, dans les superhétérodynes, rien ne s'oppose à la multiplication du nombre des circuits oscillants, puisque leur accord, du moins en moyenne fréquence, est invariable.

IG. — Je me sens, à présent, tout à fait séduit par les avantages du changement de fréquence. Pourrais-je monter un récepteur suivant votre schéma ?

Les grilles se multiplient.

CUR. — N'y songez pas. Ce schéma est plein de défauts. Depuis longtemps, on n'applique plus les deux oscillations à la même électrode de la lampe et on évite un couplage aussi serré entre les circuits oscillants d'entrée et de l'hétérodyne.

Ig. — Y a-t-il un inconvénient à ce qu'il soit serré ?

Cur. — Oui, et un grave. Leurs accords n'étant pas très différents, l'hétérodyne peut se mettre à osciller non pas sur la fréquence de son circuit L_2C_2, mais sur celle du circuit d'entrée L_1C_1 ; et nous n'aurons alors aucun changement de fréquence. On appelle cela « blocage » des oscillations.

Ig. — Bien ennuyeux, cela. Je ne vois cependant pas le moyen de superposer les oscillations tout en supprimant le couplage entre les deux circuits.

Cur. — Le moyen est offert par les lampes à plusieurs grilles, ne serait-ce que par la lampe à deux grilles ou *bigrille*. L'oscillation de l'hétérodyne est appliquée (fig. 94) à la première grille et l'oscillation de l'émission captée à la deuxième grille.

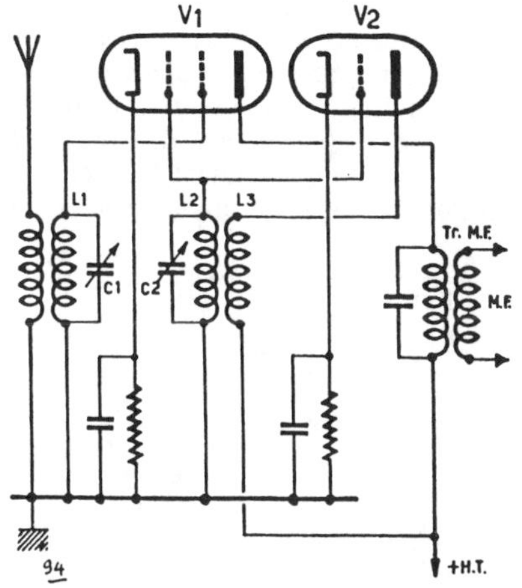

FIG. 94. — Changement de fréquence par modulatrice bigrille V_1 et oscillatrice triode V_2.

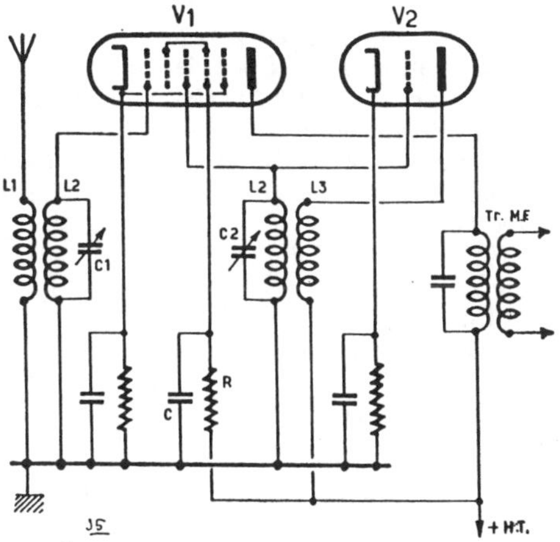

FIG. 95. — Une hexode s'acquitte des fonctions de changeuse de fréquence bien mieux que l'antique bigrille.

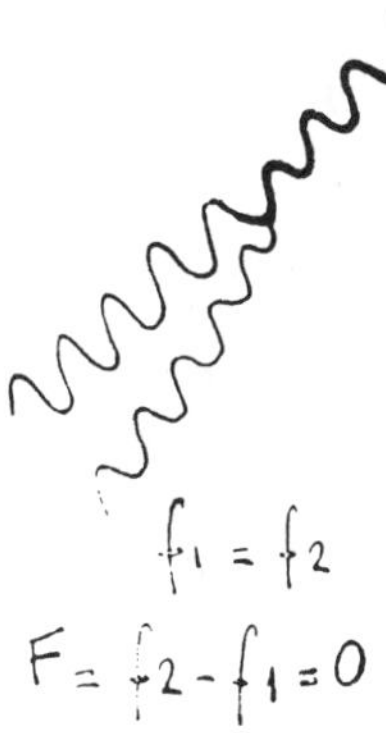

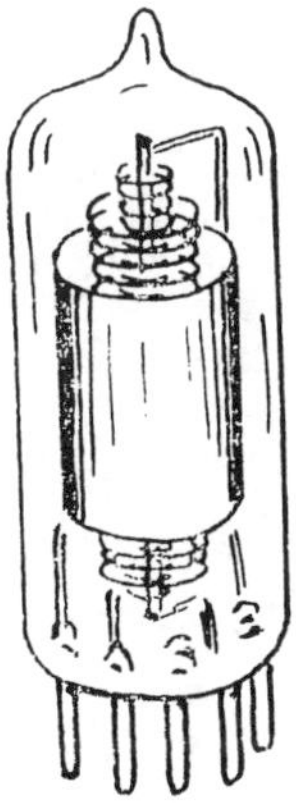

Ainsi, simultanément, les deux oscillations agissent sur le courant de plaque qui sera leur résultante. Vous voyez que, dans ce montage, il n'y a pas de couplage magnétique entre les circuits L_1C_1 et L_2C_2.

Ig. — En effet, les deux oscillations attaquent le courant de plaque indépendamment l'une de l'autre.

Cur. — Ce montage, jadis en vogue, n'est plus utilisé de nos jours. Il a, en effet, parmi d'autres défauts, celui de présenter un couplage parasite entre les deux circuits accordés par...

Ig. — ... j'ai deviné : par la capacité entre les deux grilles. Est-ce bien cela ?

Cur. — Vous avez raison. Et puisque vous êtes en veine de deviner mes pensées, saurez-vous préconiser un remède à la situation ?

IG. — Bien entendu. Il suffit de placer entre les deux grilles une cloison séparatrice, autrement dit une grille-écran.

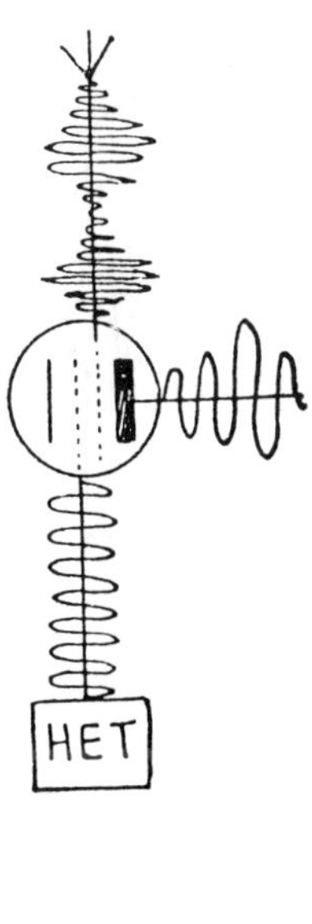

Cur. — On fait mieux encore, cher ami, en plaçant l'une des deux grilles, celle à laquelle est connectée l'oscillatrice locale, entre deux grilles-écrans et en ajoutant une grille suppresseuse.

Ig. — Sur votre schéma (fig. 95), je vois que la grille ainsi prise en sandwich est celle qui est la plus proche de l'anode. Je n'y vois, d'ailleurs, pas d'inconvénient. Mais comment appelez-vous un tel tube à sept électrodes ?

Cur. — C'est une *hexode*. On considère, en effet, les deux grilles-écrans comme une seule électrode, en sorte qu'au total on en compte six. Et en grec, *hexa* exprime ce nombre. Avec un tel tube, on n'a plus à redouter des liaisons parasites entre le circuit accordé sur l'émission à recevoir et celui de l'oscillatrice locale équipée d'une triode.

Cette dernière peut, d'ailleurs sans inconvénient, être placée dans la même ampoule que l'hexode ; et les deux systèmes d'électrodes peuvent alors avoir une cathode commune. C'est la *triode-hexode* que l'on emploie le plus fréquemment dans les changeurs de fréquence modernes.

IG. — Je vois que les deux grilles-écrans sont réunies entre elles à l'intérieur de l'ampoule.

CUR. — C'est tout à fait légitime, puisque toutes les deux sont au même potentiel que l'on peut fixer à l'aide d'une résistance chutrice de tension R reliée au pôle positif de la haute tension et découplée par le condensateur C.

Dans le royaume des grilles.

IG. — Votre triode-hexode est drôlement compliquée avec ses huit électrodes. Ne pourrait-on pas, au lieu de mettre les deux systèmes d'électrodes côte à côte, les confondre en un seul ? Je verrais volontiers une triode dont l'anode serait très petite, juste suffisante pour entretenir les oscillations de l'hétérodyne locale. Elle laisserait ainsi passer le flux des électrons vers les électrodes suivantes qui seraient les éléments de l'hexode, soit une première grille-écran, la grille à laquelle est appliqué le signal à recevoir...

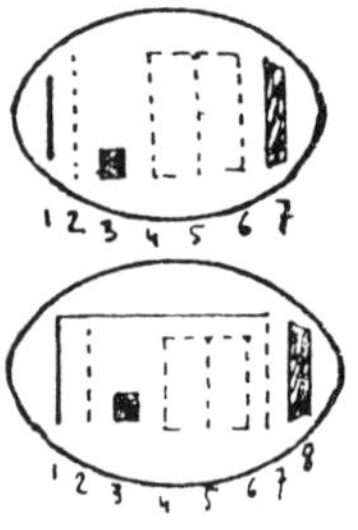

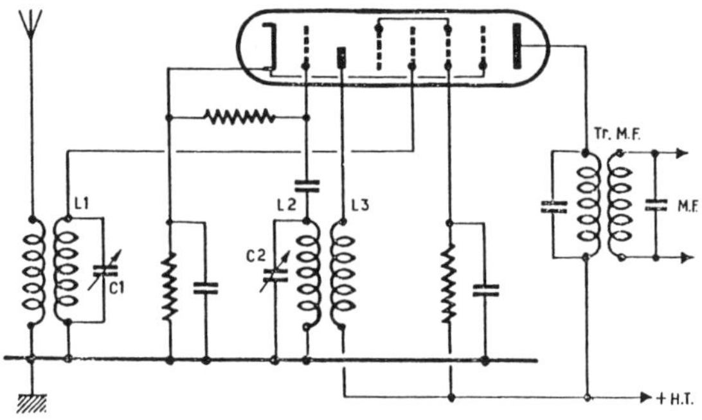

FIG. 96. — Montage de l'octode changeuse de fréquence. (La lampe heptode ne possède pas la dernière grille.)

CUR. — On l'appelle grille modulatrice...

IG. — Merci ! Et enfin la deuxième grille-écran et l'anode.

CUR. — Vous venez, mon cher Ignotus, de réinventer l'*heptode* (tube à 7 électrodes). Et si vous y ajoutez encore une grille suppresseuse, vous atteindrez les huit électrodes de l'*octode* (fig. 96).

IG. — Ça existe donc ?...

CUR. — Disons plutôt que ça existait, car on renonce actuellement aux heptodes et octodes en leur préférant les triodes-hexodes dans lesquelles la séparation s'opère mieux entre les oscillations locales et le signal à recevoir.

IG. — Vous me voyez complètement anéanti par cette abondance d'électrodes... Pour m'y retrouver, je vais essayer de résumer les rôles des différentes électrodes de l'octode :

1° Cathode qui sert, évidemment, à l'émission des électrons ;

2° La première grille qui est celle de l'hétérodyne locale. C'est donc la grille oscillatrice ;

3° La petite anode de l'hétérodyne ou anode oscillatrice ;

4° La première grille-écran destinée à éliminer l'effet de la capacité entre la grille-oscillatrice et la grille à laquelle sont appliquées les oscillations d'antenne ;

5° C'est précisément cette grille à laquelle on applique les oscillations d'antenne :

6° Deuxième grille-écran destinée à accélérer la marche des électrons ;

7° Grille suppresseuse de l'émission secondaire qui empêche les électrons de revenir de la plaque vers la deuxième grille-écran ;

8° Enfin, l'anode qui fournit le courant résultant de moyenne fréquence.

CUR. — C'est parfait, Ignotus. Je vois que vous vous y reconnaissez facilement.

IG. — Mais ce que je ne comprends pas, c'est comment les électrons, eux, arrivent à s'y reconnaître et ne se trompent pas de chemin...

différence) sera donc nulle, ce qui n'est le résultat escompté ; on dit alors qu'il duit un « blocage ».

r l'éviter, il faut supprimer tout cou- entre les circuits d'accord H.F. et d'hé- yne. Blindage et découplage étant à cet mis en œuvre, on superpose les oscil- s dans une lampe à deux grilles de com- le, chacune étant affectée à l'une des deux ations. Le courant anodique d'une telle e (dite MODULATRICE) est donc commandé fois par la H.F. de l'antenne et par la fré- ce de l'oscillateur local. Il y a donc bien rposition ; et, comme la lampe détecte le ant résultant, nous trouvons dans son ant anodique la composante M.F. recher- (fig. 94).

MPES MULTIPLES OSCILLATRICES-MODULATRICES.

La même lampe peut remplir simultanément fonctions de modulatrice et d'oscillatrice. suffit pour cela de placer, à la suite de la lle affectée aux oscillations locales, une petite

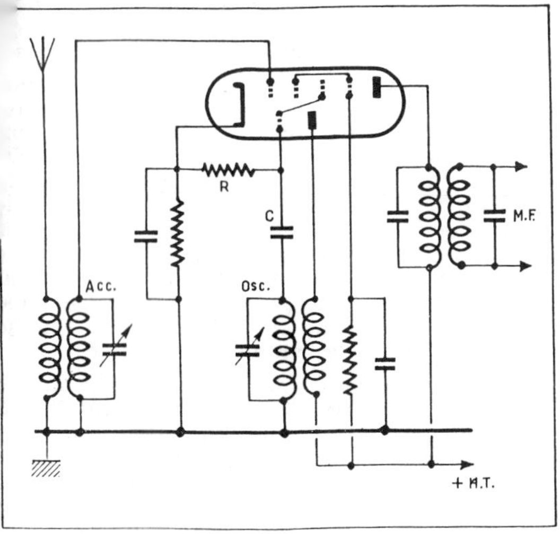

FIG. XV. — Changement de fréquence par triode-hexode.

anode auxiliaire dont le courant, par le truchement d'une bobine de réaction, servira à l'entretien des oscillations locales. Une lampe ainsi composée serait, en somme, une double triode, la première triode étant montée en oscillatrice, la seconde en modulatrice.

Mais les capacités entre les électrodes d'une telle lampe suffiraient pour créer un couplage entre les circuits et amener de ce fait des blocages. Aussi entoure-t-on la deuxième grille (grille modulatrice) de deux grilles-écrans portées à un potentiel positif élevé et l'on obtient ainsi une lampe à sept électrodes ou HEPTODE. Pour éviter l'émission secondaire de l'anode principale, on peut encore placer, entre elle et la deuxième grille-écran, une grille suppresseuse, ce qui porte le nombre des électrodes à 8 et constitue une OCTODE.

D'autres méthodes et d'autres modèles de tubes peuvent être envisagés pour assumer la double fonction d'oscillation et de modulation qu'exige le changement de fréquence. C'est ainsi qu'une lampe peut contenir deux systèmes d'électrodes distincts ayant une cathode commune et dont le premier sert à la production des oscillations locales, alors que le second est réservé à la modulation. Tel est le cas de la triode-hexode (fig. XV) où la triode est montée en oscilliatrice et l'HEXODE (lampe à 6 électrodes) en modulatrice. Noter que l'oscillation locale est appliquée à la 3e grille de l'hexode par une très courte connexion établie à l'intérieur même de certains modèles. C'est le tube changeur de fréquence le plus employé.

AMPLIFICATION M.F.

L'oscillateur local est toujours accordé de telle manière que la différence entre sa fréquence et celle de l'émission reçue dans le circuit d'accord soit égale à la valeur fixe de la M.F. Cette valeur de la M.F. est actuellement normalisée en France : pour certaines raisons, on a adopté la valeur de 455 kilohertz. Bien que légèrement supérieure à la fréquence des émetteurs de la gamme des Grandes Ondes, cette fréquence est inférieure aux fréquences des Petites Ondes et, surtout, des Ondes Courtes, ces deux gammes ayant, rappelons-le, précisément le plus grand besoin d'avoir leurs fréquences abaissées.

La valeur standard de la M.F. adoptée en France avant 1950 était légèrement supérieure : 472 kHz.

L'amplificateur M.F. comprend généralement un étage, bien plus rarement deux, et est équipé de pentodes. Les circuits de liaison sont constitués par des transformateurs à primaire et secondaire accordés sur la valeur de la M.F. Dans le cas d'un seul étage M.F., nous aurons ainsi quatre circuits accordés : deux composant le transformateur de liaison avec la changeuse de fréquence et deux compo-

Commentaires à la 16me Causerie

AMPLIFICATION DIRECTE.

Les récepteurs étudiés jusqu'à présent appartiennent à la catégorie des récepteurs à AMPLIFICATION DIRECTE. Avant d'être détecté, le courant H.F. de l'antenne y est amplifié dans un ou plusieurs étages.

Cependant, une telle amplification ne peut pas être poussée très loin, car, quelles que soient les précautions prises pour le blindage et le découplage, des accrochages spontanés sont difficilement évités si le nombre d'étages H.F. dépasse un ou deux. Les difficultés augmentent avec la fréquence, et cela non seulement à cause du risque des oscillations spontanées, mais aussi en raison de la baisse du gain même de l'amplification. Ainsi, en ondes courtes (fréquences très élevées) l'amplification s'avère-t-elle peu efficace.

Par ailleurs, la multiplication des étages H.F. a pour corollaire l'augmentation du nombre des circuits oscillants qui doivent être simultanément accordés, ce qui ne va pas non plus sans difficultés de toute nature.

La conclusion s'impose. Le récepteur à amplification directe ne doit être employé que lorsqu'on n'exige qu'une sensibilité limitée. Il est tout indiqué dans le rôle de récepteur régional. La pêche aux ondes lointaines n'est pas, en principe, de son ressort et doit être réservée au SUPERHÉTÉRODYNE.

PRINCIPE DU SUPERHÉTÉRODYNE.

Dans ce dernier montage, on commence par abaisser la fréquence des courants H.F. avant de leur faire subir une énergique amplification ; ou mieux, quelle que soit la fréquence des courants dans l'antenne, on les ramène à une fréquence donnée, toujours la même pour un récepteur donné, dite MOYENNE FRÉQUENCE (M.F.) ou fréquence intermédiaire. Dès lors, l'amplificateur M.F. n'est prévu que pour *une seule fréquence ;* on n'a donc pas besoin de varier l'accord de ses circuits en passant d'une émission à une autre ; et, comme il fonctionne à une fréquence relativement basse (mais qui n'en est pas moins encore du domaine des hautes fréquences), l'amplification y est efficace, et il est facile de parer au risque des accrochages spontanés.

Le principe et les avantage
superhétérodyne étant ainsi dé
les moyens mis en œuvre pou

CHANGEURS DE FRÉQU
A DEU

L'abaissement ou, pour être p
CHANGEMENT DE FRÉQUENCE, est
phénomène des « battements » dor
offre de nombreux exemples dan
vibrations lumineuses (interféren
tiques et mécaniques (pendules co

Lorsque deux mouvements périod
quences différentes se trouvent s
mouvement résultant contient
sante de fréquence égale à la diffé
quences des deux mouvements. Ainsi,
posant deux courants de fréquenc
nous obtenons un courant composé
plitude des oscillations varie à la
$f_1 - f_2$ (fig. 91) ; cette dernière
dite fréquence des battements, est
évidence après détection du courant

Ainsi opéré, un changement de
n'affecte en rien la forme de la m
B.F. qui peut se trouver incorporée
des courants composants. Si au cour
modulé de l'antenne nous superp
courant, de fréquence différente, d'
lateur local, le courant composé aur
détection, une fréquence égale à la d
des fréquences du courant d'antenne
courant de l'oscillateur local ; il sera,
porteur de la même modulation B.F.
courant incident de l'antenne.

L'oscillateur local n'est autre chose
hétérodyne comprise dans le monta
récepteur même. Son oscillation peu
superposée à celle de l'antenne en étab
un léger couplage entre le circuit d'a
de l'antenne et celui de l'hétérodyne.
du moins ainsi que les choses se pratiqu
dans les premiers montages à changemen
fréquence (fig. 93). Mais cette façon d'o
présente un sérieux inconvénient : l'hét
dyne risque, du fait du couplage, de se «
chroniser » avec le circuit d'antenne, c'es
dire se mettre à osciller à la fréquence de
dernier, au lieu de sa fréquence propre.
deux fréquences composantes étant ainsi éga
la fréquence résultante (qui doit être égale

sant celui qui relie l'amplificatrice à la détectrice (car après l'amplification M.F., le courant est détecté, puis amplifié en B.F.).

On conçoit aisément combien, d'une part, la présence de ces quatre circuits accordés contribue à l'accroissement de la sélectivité et combien, par ailleurs, leur réglage aurait été malaisé s'ils étaient placés dans la partie H.F. Or, ici, ils sont *accordés une fois pour toutes* sur la valeur de la M.F. et, si leurs éléments constituants sont suffisamment stables, aucune retouche n'est à faire ultérieurement.

Actuellement, les transformateurs M.F. se composent de deux enroulements en « nid d'abeille » avec, le plus souvent, un noyau en fer pulvérisé ; l'accord peut être assuré à l'aide de petits CONDENSATEURS AJUSTABLES. Une réalisation très rationnelle de ces derniers est représentée par des lamelles de mica argentées sur les deux faces, le mica jouant le rôle de diélectrique et l'argent composant les armatures. Par le grattage de la couche d'argent, on parvient à réduire la capacité à la valeur convenable. D'autres condensateurs ajustables sont constitués par des lamelles métalliques élastiques que le réglage d'une vis rapproche plus ou moins. Il existe également des modèles qui reproduisent en miniature la construction des condensateurs variables.

Cependant, le plus souvent, l'accord des transformateurs M.F. est obtenu non par la variation de la capacité, mais par celle de la self-induction des bobinages, les condensateurs d'accord étant fixes. A cet effet, les noyaux magnétiques sont rendus réglables et peuvent se déplacer à l'intérieur des bobinages, en agissant ainsi sur leur self-induction.

Quelle que soit la construction des transformateurs M.F., ils sont, avec leurs condensateurs d'accord, enfermés dans des blindages, afin d'éviter des couplages parasites par induction.

Si la présence des quatre circuits accordés M.F. (sans compter ceux qui peuvent se trouver dans la partie H.F., c'est-à-dire avant la changeuse de fréquence) contribue, comme nous l'avons dit, à l'accroissement de la sélectivité, celle-ci se trouve encore accrue par le fait même de l'abaissement de la fréquence. La démonstration de ce phénomène, cependant très simple, sortirait du cadre de nos commentaires. Qu'il nous suffise donc de mentionner ce fait qui explique la sélectivité très poussée dont jouissent les superhétérodynes.

RÉGLAGE UNIQUE.

L'un des problèmes les plus ardus que pose le superhétérodyne, est la réalisation du RÉGLAGE UNIQUE ou de la MONOCOMMANDE de ses circuits H.F. Lorsqu'il s'agit d'un récepteur à amplification directe en H.F., la monocommande est assurée d'une façon relativement simple ; il suffit que tous les circuits soient composés de bobinages de self-induction identique et qu'ils soient accordés par autant de condensateurs variables identiques ayant un axe de rotation commun et commandés par un seul bouton. De faibles écarts (dus, par exemple, à des capacités parasites entre connexions) sont rattrapés par des condensateurs ajustables de faible capacité branchés en dérivation sur les circuits oscillants.

Mais, dans le cas du superhétérodyne, le problème du réglage unique apparaît autrement complexe. Il s'agit maintenant d'accorder le circuit H.F. et le circuit de l'oscillateur sur deux fréquences distinctes, *en maintenant entre elles un écart constant* (égal à la valeur de la M.F.) tout au long de chaque gamme de réception. Ainsi, dans un récepteur dont la M.F. est accordée sur 455 kHz, il faut que la fréquence de l'oscillateur soit de 455 kHz supérieure (ou inférieure) à la fréquence du circuit d'accord H.F., et cela dans toutes les positions du condensateur variable et pour toutes les gammes. Or, les condensateurs variables accordant les deux circuits ont des capacités identiques ; pour établir une telle différence on est donc tout naturellement conduit à adopter des self-inductions différentes pour les circuits H.F. et oscillateur. De cette manière, on établit un écart entre les fréquences d'accord.

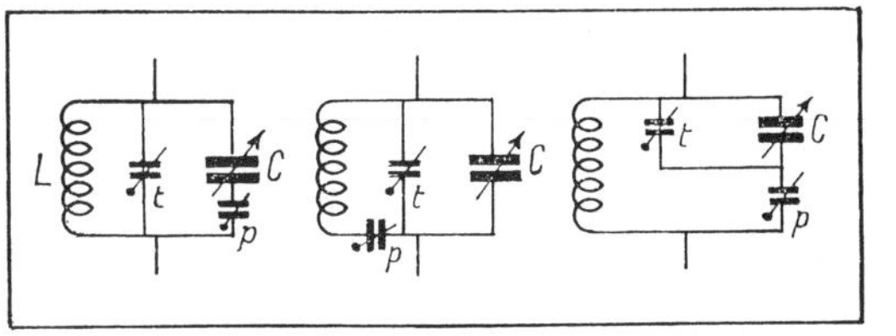

FIG. XVI. — Trois modes de connexion des trimmers t et des paddings p dans le circuit d'accord de l'oscillateur en vue d'assurer le réglage unique.

Malheureusement, cet écart ne se maintient pas constant pour *toutes* les positions du condensateur variable. Pour le rendre constant, on a recours à un artifice qui permet de modifier l'allure de la variation de l'accord du circuit oscillateur en fonction de la position du condensateur variable : on branche en dérivation sur le condensateur variable C de l'oscillateur un petit condensateur *t* appelé TRIMMER et, en série avec C, un autre condensateur ajustable *p* de capacité plus élevée, appelé PADDING.

Le branchement de ces ajustables peut être effectué suivant l'une des trois méthodes indiquées dans la figure XVI.

En nous rappelant les règles de l'association des condensateurs en série et en parallèle, nous voyons que le *trimmer vient augmenter la capacité du condensateur variable ;* par contre, mis en série, *le padding la diminue.*

Mais chacun de ces ajustables agit plus ou moins suivant que C est au début ou en fin de course. En effet, lorsque le condensateur variable est au minimum de sa capacité, le trimmer, malgré sa faible capacité, s'avère, par comparaison, important ; mais, pour la même position de C, le rôle du padding est bien effacé, car placé en série avec la capacité déjà très faible de C, il ne peut que la réduire un peu plus. Ainsi, au début de la course du condensateur variable (c'est-à-dire *pour les fréquences les plus élevées* ou les ondes les plus courtes d'une gamme) *c'est le trimmer qui joue le rôle principal* dans la correction de la capacité d'accord.

Tout autre est la situation lorsque, en fin de course, le condensateur variable atteint sa capacité maximum. Alors la faible capacité du trimmer devient, en comparaison, négligeable. Mais le padding, lui, exerce sur la capacité résultante de l'ensemble une action marquée en diminuant la capacité de C.

Ainsi, en jouant sur les capacités de nos deux ajustables, *le trimmer au début et le padding en fin de course*, parvient-on à donner, une fois pour toutes, à la variation de la capacité de l'ensemble (que produit la rotation du condensateur variable), l'allure qu'il convient. Dès lors, le condensateur variable de l'oscillatrice peut être commandé par le même bouton que celui de l'accord de H.F.

Bien entendu, le bobinage de chaque gamme doit être muni de ses trimmer et padding. L'ensemble de tous ces condensateurs est ajusté une fois pour toutes au cours de l'opération qui porte le nom d'ALIGNEMENT. Accessoirement, l'alignement doit permettre de faire coïncider les émissions reçues avec les indications portées sur le cadran étalonné du condensateur d'accord.

Dans les montages modernes, bien souvent les paddings sont fixes, et l'alignement se fait par ajustage des noyaux des bobines.

DIX-SEPTIÈME CAUSERIE

Ignotus a longuement réfléchi au sujet du superhétérodyne et lui a trouvé un défaut rédhibitoire. Heureusement, Curiosus a l'habitude de souffler sur les obstacles... et ainsi nos amis parviennent à dresser le schéma d'un récepteur parfaitement réalisable. Pour terminer cet entretien, Curiosus expose à son élève la conception et le fonctionnement de différents modèles de haut-parleurs. Mais ce n'est pas encore la fin de ces causeries !...

Une histoire de brigand.

IG. — J'ai eu quelque peine à « digérer » mentalement tout ce que vous m'avez appris au sujet du superhétérodyne. Heureusement, mon érudition dans le domaine de l'Histoire ancienne m'a aidé à tout comprendre.

CUR. — Nom d'une octode, si je vois le rapport qu'il y a...

IG. — Ne vous énervez pas ! Le superhétérodyne me rappelle singulièrement ce sympathique gangster de l'Antiquité qui s'appelait Procuste (ou Procruste... les dictionnaires ne sont pas d'accord là-dessus). Poussant très loin le sens de l'hospitalité, il étendait ses invités sur son lit de fer et leur coupait les pieds lorsqu'ils dépassaient le lit ou les allongeait pour qu'ils en atteignissent l'extrémité.

CUR. — Oui, je connais l'histoire de ce brigand de l'Attique, mais...

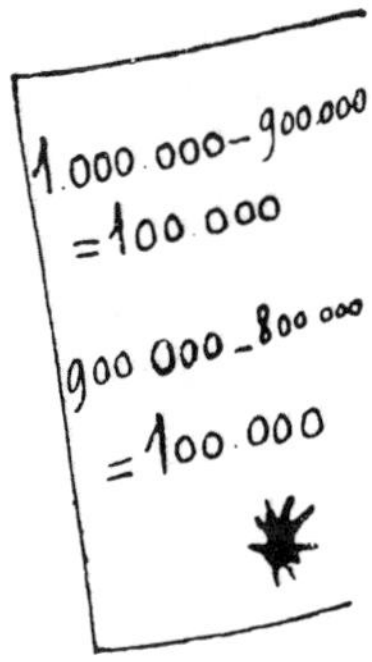

IG. — N'est-ce pas le même principe qui est à la base du superhétérodyne ? Quelle que soit la fréquence de l'émission que l'on reçoit, on s'arrange pour la changer de manière à obtenir toujours la même fréquence constante : celle sur laquelle sont accordés les circuits de liaison de l'amplificateur à fréquence intermédiaire.

CUR. — Vous avez raison, Ignotus : le superhétérodyne est un véritable lit de Procuste pour les fréquences des différents émetteurs.

IG. — Si j'ai bien compris le principe, il n'en reste pas moins une chose qui m'inquiète beaucoup.

CUR. — Quoi donc, cher ami ?

IG. — Supposez que la moyenne fréquence soit de 100 000 p/s et que nous voulions écouter une émission faite sur 1 000 000 p/s. Il suffit d'accorder l'oscillateur sur 900 000 p/s. Car la différence entre les deux fréquences composantes sera bien égale à 100 000 p/s. Mais supposez qu'une autre émission, faite sur 800 000 p/s, parvienne également jusqu'à la lampe changeuse de fréquence. Cette fréquence, se superposant aux 900 000 p/s de l'oscillateur local, donnera lieu, elle aussi, à un courant résultant de 100 000 p/s. Donc, elle aussi sera amplifiée en moyenne fréquence et deviendra également audible !

CUR. — Votre raisonnement est juste. En effet, pour chaque accord de l'hétérodyne local, il y a deux émissions qui peuvent donner lieu à la même moyenne fréquence : l'une de ces émissions est de fréquence supérieure, l'autre inférieure à celle de l'hétérodyne local. On les appelle « fréquences-images ».

IG. — Mais c'est très ennuyeux s'il faut entendre deux émissions à la fois !

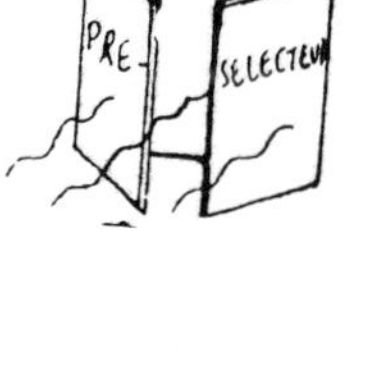

CUR. — Tout à fait de votre avis. Aussi, s'arrange-t-on de manière à ne laisser parvenir jusqu'à la lampe changeuse de fréquence que celle des deux fréquences que l'on désire. Vous avez sans doute remarqué que l'intervalle entre les deux fréquences-images est égal au double de la valeur de la moyenne fréquence. Si on adopte pour elle une valeur assez élevée, par exemple 455 kHz, les fréquences-images sont séparées par 910 kHz. Il suffit d'avoir une bonne sélectivité à l'entrée pour éliminer l'émission non désirée. A cet effet, on utilise, à l'entrée du récepteur, un circuit d'accord suffisamment sélectif, appelé « présélecteur ». On peut même multiplier le nombre des circuits accordés sur le signal à recevoir en faisant précéder le changement de fréquence d'une *préamplification* à haute fréquence, ce qui accroît la sensibilité tout en éliminant mieux les fréquences-images.

IG. — Je préfère cette dernière méthode. Il me semble qu'il est bon, avant de lui faire subir l'épreuve du changement de fréquence, de renforcer un peu le courant de haute fréquence qui arrive à l'antenne affaibli par un long voyage... Ne pensez-vous pas que, maintenant que nous connaissons le superhétérodyne, il est temps de songer sérieusement au récepteur de votre marraine qui l'attend depuis si longtemps. Pourriez-vous en dessiner le schéma ?

Le poste de marraine.

CUR. — Le voici tout prêt (fig. 97). Vous voyez que, *grosso modo*, il se compose d'un étage de préamplification à haute fréquence, d'une octode changeuse de fréquence, d'une pentode amplificatrice à moyenne fréquence, d'une diode-triode

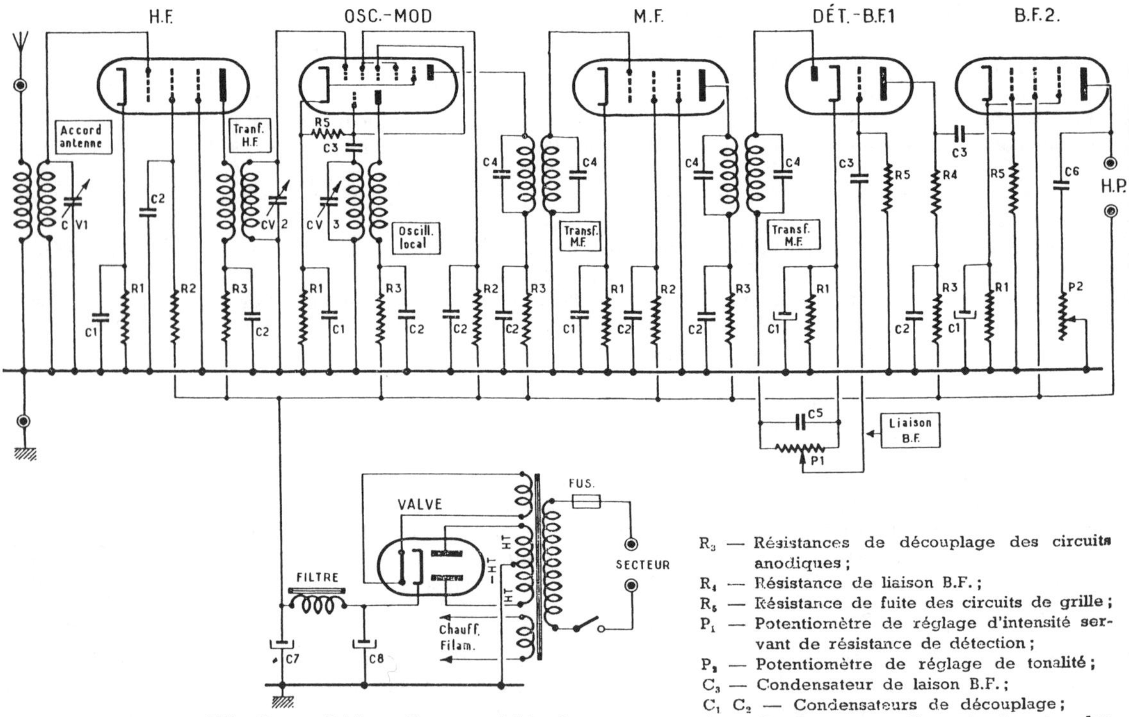

FIG. 97. — Schéma d'un superhétérodyne avec pré-amplificateur H.F. et changement de fréquence par triode-hexode.

R_1 — Résistances de polarisation;

R_2 — Résistances fixant la tension des grilles-écrans;

R_3 — Résistances de découplage des circuits anodiques;

R_4 — Résistance de liaison B.F.;

R_5 — Résistance de fuite des circuits de grille;

P_1 — Potentiomètre de réglage d'intensité servant de résistance de détection;

P_2 — Potentiomètre de réglage de tonalité;

C_3 — Condensateur de laison B.F.;

C_1 C_2 — Condensateurs de découplage;

C_4 — Condensateurs d'accord des transformateurs M.F.;

C_5 — Condensateur de détection;

C_6 — Condensateur de réglage de tonalité;

C_7 C_8 — Condensateurs électrolytiques de filtrage.

combinée qui assure la détection et la préamplification de la basse fréquence et, enfin, d'une pentode chargée de la puissante amplification finale. Vous connaissez déjà séparément tous les éléments de ce schéma, y compris l'alimentation sur le courant alternatif du secteur.

Le haut-parleur à travers les âges.

IG. — Il y a pour moi, cependant, encore un élément de l'ensemble qui ne m'est guère familier : le haut-parleur.

CUR. — En effet, nous avons omis d'en parler jusqu'à présent.

IG. — Je suppose, d'ailleurs, qu'il est fait de la même façon que l'écouteur téléphonique, mais avec des aimants plus puissants et une membrane plus grande.

CUR. — C'est ainsi qu'étaient constitués les premiers haut-parleurs. En outre, pour assurer une meilleure diffusion du son, on les munissait d'un long pavillon en forme de col de cygne, emprunté à la technique des anciens phonographes. Ça faisait un bruit de ferraille, mais les premiers auditeurs se déclaraient positivement ravis...

FIG. 98 (à gauche). — Coupe d'un haut-parleur électromagnétique à pavillon.

FIG. 99 (à droite). — Haut-parleur électro-magnétique à palette vibrante et à diffusion du son par membrane conique.

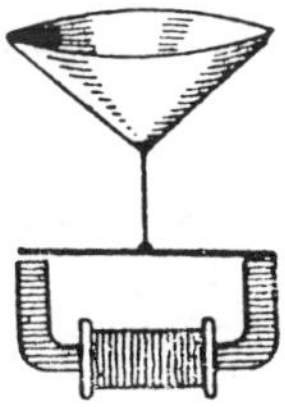

Dans ces haut-parleurs, la petite membrane en fer remplissait deux fonctions à la fois : d'une part, elle transformait le courant variable de basse fréquence en oscillations mécaniques ; d'autre part, en communiquant celles-ci aux couches d'air environnantes, elle créait des ondes sonores.

IG. — C'est beaucoup trop pour un pauvre petit bout de fer.

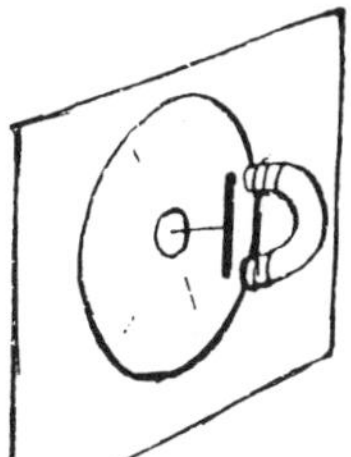

CUR. — C'est ce que les techniciens ont dû constater. On procéda alors à une séparation des fonctions. La membrane à tout faire a été remplacée d'une part par une palette de fer élastique qui vibrait sous l'influence du champ variable de l'électro-aimant ; d'autre part, une large membrane conique en papier ou en matière pareillement légère, recevait, par l'intermédiaire d'une tige qui les réunissait, les vibrations de la palette et les transmettait à une assez grande masse d'air.

IG. — Cela me paraît tout à fait bien. Pourquoi donc parlez-vous de ce haut-parleur au passé ?

CUR. — Car on ne s'en sert plus en raison d'un grave défaut dont il était affecté. Il s'agit de la trop faible amplitude de l'oscillation de la palette vibrante. Dès qu'elle vibrait trop fort, elle cognait l'aimant !

IG. — Ne pouvait-on pas la placer plus loin de celui-ci ?

CUR. — En augmentant la distance, on réduisait l'influence du champ magné tique et, par là, affaiblissait l'amplitude des vibrations. Votre suggestion nous fait tomber de Charybde en Scylla.

IG. — A-t-on fini par inventer un autre système exempt de ce défaut ?

Un haut-parleur moderne.

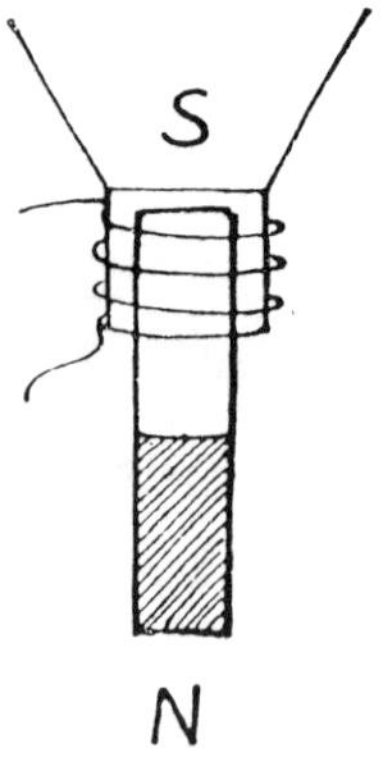

CUR. — Précisément, le haut-parleur électrodynamique est venu remplacer avantageusement les haut-parleurs électromagnétiques, basés sur le vieux principe du téléphone. Dans l'électrodynamique, il y a un électro-aimant, constitué par une bobine B sans noyau, qui est plongé dans un champ magnétique constant et très puissant, créé par un aimant A (fig. 100). La bobine B est parcourue par le courant de basse fréquence. Elle devient donc, à son tour, un petit aimant dont les pôles changent alternativement de sens. Aussi, tantôt est-elle attirée par l'aimant A qui tend à l'absorber, tantôt en est-elle repoussée. Cette bobine est fixée au centre d'une membrane conique M, à qui elle communique ses vibrations. Vous voyez qu'ici rien ne vient limiter l'amplitude des oscillations, sinon l'élasticité de la membrane.

IG. — C'est vraiment ingénieux. Mais, sur votre dessin, je vois que la bobine mobile B a très peu de place pour se loger.

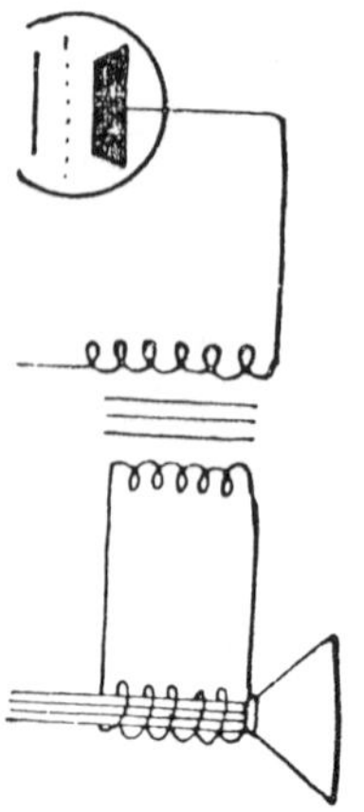

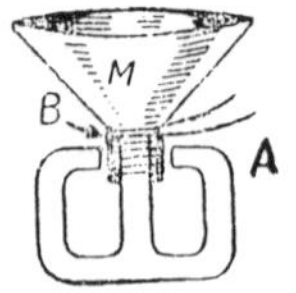

FIG. 100 (à gauche). — Coupe du haut-parleur électrodynamique. — A, aimant ; B, bobine mobile ; M, membrane.

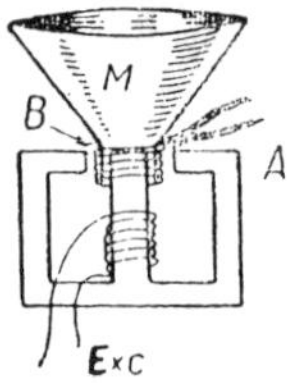

FIG. 101 (à droite). — Haut-parleur à excitation (courant magnétisant).

CUR. — En effet, pour concentrer le champ magnétique constant, on laisse très peu de place entre les pôles de l'aimant. Ainsi, — et aussi pour être très légère, — la bobine mobile ne comprend-elle que peu de spires enroulées en une seule ou, tout au plus, en deux couches. Le fil est très fin d'ailleurs. Toutefois, il ne risque pas d'être « grillé » par le courant de plaque de la lampe de sortie : ce dernier ne le parcourt pas directement, seule la composante variable agit par l'intermédiaire d'un transformateur abaisseur de tension dont la présence est, en outre, imposée pour d'autres raisons.

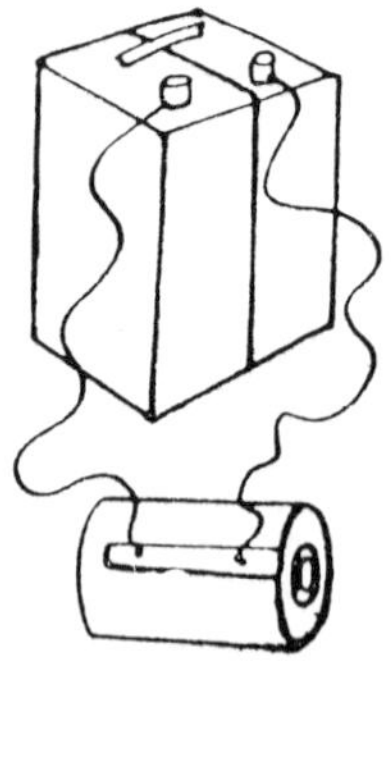

IG. — Quant à l'aimant permanent, il doit, je pense, être assez fort.

CUR. — Vous ne vous trompez pas. D'ailleurs, étant donné le prix élevé des bons aciers magnétiques, on employait naguère des électro-aimants, en plaçant un enroulement d'aimantation (ou, comme on dit, d'*excitation*) à l'intérieur même du « pot » formé par l'aimant.

IG. — Et d'où prenait-on le courant d'aimantation ?

CUR. — Pour les gros haut-parleurs, on se servait, à cet effet, d'un redresseur séparé avec filtre. Mais, pour les haut-parleurs normaux des récepteurs radio, on utilisait, comme courant d'excitation, le courant total des plaques, en faisant jouer, à l'enroulement d'excitation, le rôle de la self-induction du filtre (fig. 101)

Ig. — C'est bougrement pratique ! On a ainsi gratuitement le courant d'excitation !

Cur. — Pas tout à fait. Car, dans l'enroulement d'excitation, il se produit une assez grosse chute de tension dont il faut tenir compte en prévoyant une tension redressée plus grande.

Ig. — Il me semble que, maintenant que je connais le haut-parleur qui est le chaînon final de la longue chaîne de la transmission radio-électrique, je n'ai plus rien à apprendre en Radio.

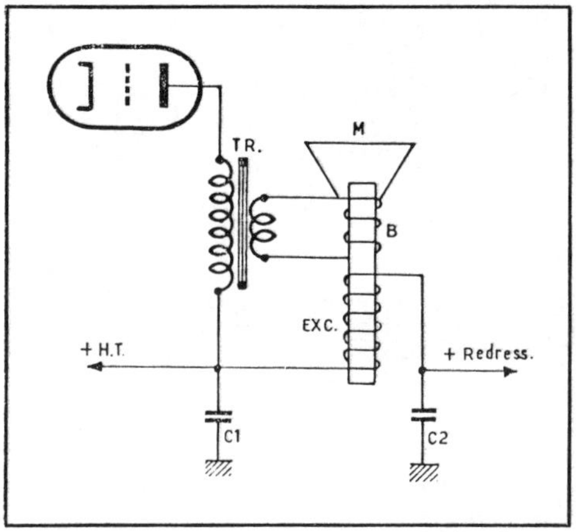

FIG. 102. — Le bobinage d'excitation servant d'impédance de filtre.

Cur. — En effet, nous aurions pu arrêter là nos causeries, car vous connaissez dans leurs grands traits tous les principes fondamentaux de la Radio. Mais un récepteur moderne est équipé d'un certain nombre de dispositifs ayant pour but d'en faciliter le réglage ou d'en améliorer la reproduction musicale. Nous étudierons donc les plus utiles de ces dispositifs de manière à parfaire ainsi votre éducation technique.

Quelques accessoires utilisés dans les montages radio-électriques

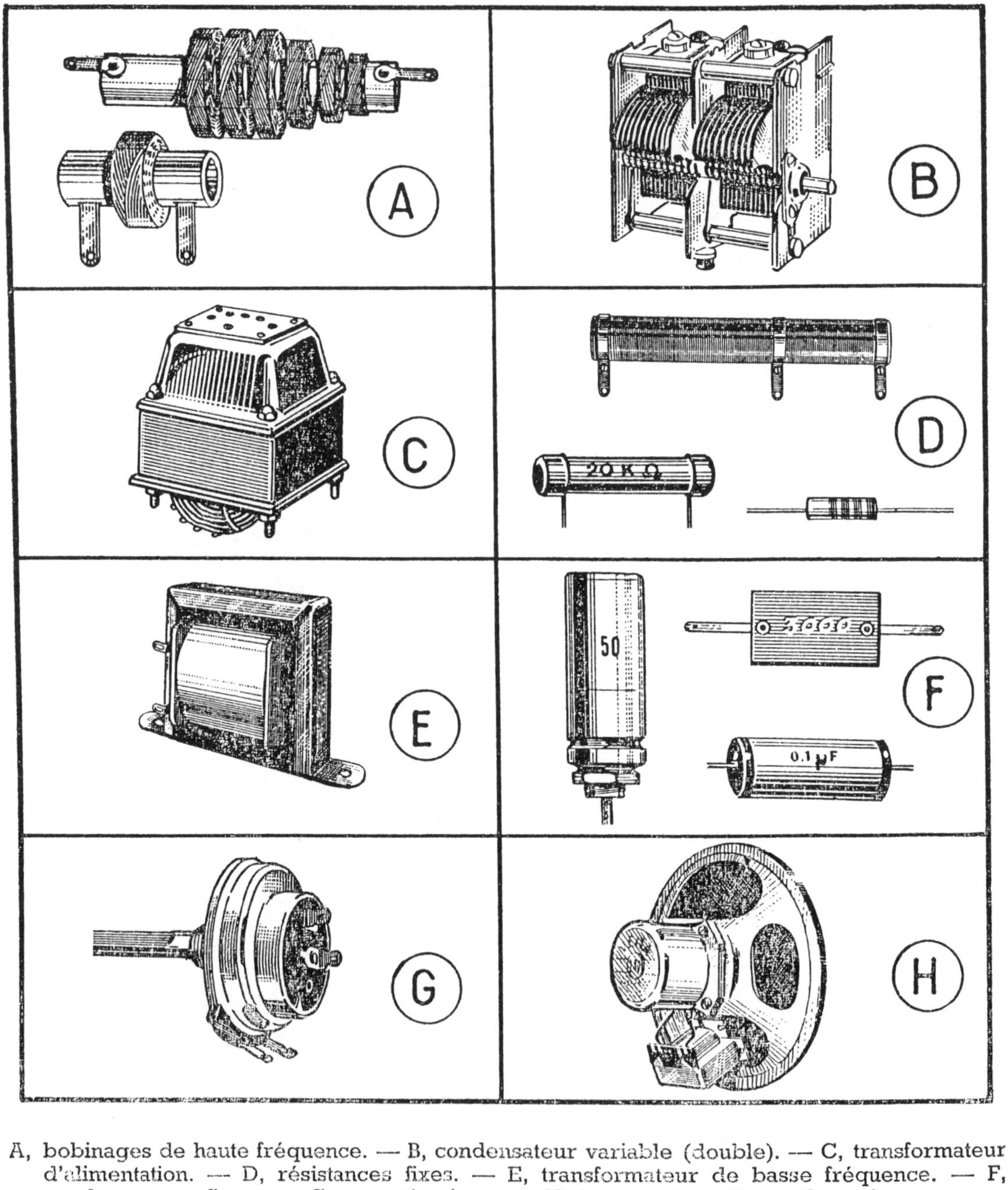

A, bobinages de haute fréquence. — B, condensateur variable (double). — C, transformateur d'alimentation. — D, résistances fixes. — E, transformateur de basse fréquence. — F, condensateurs fixes. — G, potentiomètre. — H, haut-parleur électrodynamique.

Commentaires à la 17me Causerie

FRÉQUENCES-IMAGES.

Si, dans un superhétérodyne, la moyenne fréquence est accordée sur une fréquence F, et l'hétérodyne sur une fréquence f, deux fréquences des ondes parvenant à l'antenne sont susceptibles d'être reçues : d'une part celles de fréquence f + F, d'autre part celles de fréquence f — F.

En effet, la différence de chacune de ces fréquences avec la fréquence de l'hétérodyne donne la fréquence F sur laquelle est accordé l'amplificateur à fréquence intermédiaire :

$$(f + F) - f = f - (f - F) = F.$$

Ainsi, dans un superhétérodyne à M.F. accordée sur 50 kHz, lorsque l'hétérodyne est accordée sur 750 kHz, nous pouvons recevoir aussi bien les émissions faites sur 800 kHz (puisque 800 — 750 = 50) que celles faites sur 700 kHz (puisque 750 — 700 = 50).

Or, si la sélectivité du circuit d'entrée n'est pas suffisante pour éliminer l'une des deux fréquences recevables, nous entendrons les deux émetteurs simultanément.

Pour éliminer la « fréquence-image » gênante, il faut filtrer le courant d'antenne par des circuits très sélectifs. On peut prévoir à cet effet une PRÉ-AMPLIFICATION H.F. de manière que, avant d'atteindre la lampe changeuse de fréquence, le courant d'antenne soit amplifié et filtré non seulement par le circuit d'accord d'antenne, mais aussi par un circuit de liaison sélectif placé entre l'amplificatrice H.F. et la changeuse fréquence.

On peut également constituer le circuit d'accord d'antenne de façon à lui assurer une sélectivité très poussée. Nous verrons comment c'est réalisable en examinant plus loin les filtres de bande.

M.F. DE VALEUR ÉLEVÉE.

Cependant, le problème de l'élimination des fréquences-images se trouve résolu d'une façon radicale par l'emploi d'amplificateurs M.F. accordés sur des fréquences relativement élevées, telle la fréquence standard actuelle de 455 kHz. Il faut noter que l'écart entre les deux fréquences-images est égal au double de la fréquence de M.F. :

$$(f + F) - (f - F) = 2\ F.$$

Dans l'exemple numérique donné plus haut, pour un récepteur avec M.F. 50 kHz, les deux fréquences-images étaient de 800 et 700 kHz. Leur écart, 100 kHz, est bien le double de la M.F.

En adoptant pour la M.F. une valeur élevée, nous écartons les deux fréquences-images à tel point que, pour peu que le circuit d'entrée du récepteur soit sélectif, l'élimination est totale. Ainsi, lorsque la M.F. est de 455 kHz, l'écart des fréquences-images est de 910 kHz. L'émission indésirable se trouve rejetée tellement loin de l'émission à recevoir qu'on peut être assuré qu'elle ne passera pas. Bien mieux, dans les gammes des petites et des grandes ondes, cet écart de 910 kHz suffit pour rejeter la fréquence-image en dehors de chaque gamme dans un domaine de fréquences où, par conséquent, les chances sont peu élevées de trouver un émetteur puissant.

HAUT-PARLEUR ÉLECTRODYNAMIQUE.

En passant maintenant à l'étude des HAUT-PARLEURS, notons que les haut-parleurs électromagnétiques ne sont, aujourd'hui, employés qu'exceptionnellement, soit dans certains récepteurs portatifs alimentés par batteries, soit dans des récepteurs de prix très bas. Le haut-parleur le plus utilisé est l'électrodynamique, rarement à excitation par courant, le plus souvent à aimant permanent en acier à haute teneur en cobalt et en aluminium.

La sensibilité du haut-parleur électrodynamique dépend essentiellement de l'intensité du champ magnétique dans lequel est plongée la bobine mobile. On l'augmente en réduisant au minimum l'entrefer (distance entre les pôles de l'aimant). Aussi la bobine mobile, qui se déplace dans un espace très limité, doit-elle être bien maintenue dans la bonne voie pour ne pas venir au contact de l'aimant, ce qui donnerait lieu à des frottements déformant le son. Le maintien de la bobine dans la position qu'elle doit occuper ou son « centrage » est assuré par une pièce ajourée en matière élastique, fixée d'une part à la membrane à sa jonction avec la bobine mobile, d'autre part à l'aimant, soit à l'intérieur soit à l'extérieur de la membrane. Grâce à l'élasticité de cette pièce appelée « speeder », le mouvement normal de la membrane n'est nullement entravé, mais tout déplacement latéral lui devient interdit.

La bobine mobile comprend seulement quelques dizaines de tours de fil fin bobinés en une ou deux couches.

La membrane est généralement faite en pâte de carton imprégnée pour rester insensible à l'humidité. L'épaisseur diminue en allant du sommet vers la base du cône que forme la membrane. Les bords sont ondulés de manière à assurer une grande liberté de mouvement. Les extrémités sont fixées à une armature métallique qui prend appui sur l'aimant et porte le nom curieux de « saladier ». Souvent, le transformateur servant à établir la liaison entre la dernière lampe du récepteur et la bobine mobile est fixé à l'extérieur du « saladier ». Le primaire de ce transformateur comporte parfois une prise médiane servant à brancher le positif de haute tension dans le montage push-pull.

CONDITIONS DE BONNE REPRODUCTION.

Le haut-parleur doit être monté sur une planche massive, de dimensions relativement importantes percée d'un trou du diamètre de la membrane. Cette planche constitue un ÉCRAN ACOUSTIQUE (ou BAFFLE) et a pour objet d'empêcher que les ondes sonores projetées par la face « avant » (concave) de la membrane viennent immédiatement en contact avec celles projetées par la face « arrière » (convexe). Le résultat d'un tel « court-circuit acoustique » serait la disparition des notes graves et l'atténuation du registre moyen. En allongeant le chemin des ondes « arrières », on sauvegarde la fidélité de la reproduction.

A défaut d'un véritable écran acoustique, l'ébénisterie d'un récepteur pourra assumer ces fonctions, à condition d'être massive et grande. Malheureusement, ces conditions sont rarement remplies, car on oublie trop le rôle essentiel de l'ébénisterie dans l'acoustique du récepteur. De là la mauvaise qualité musicale d'un grand nombre de récepteurs dont la partie électrique ne laisse cependant rien à désirer.

Un haut-parleur électrodynamique ne peut pas reproduire avec une fidélité parfaite toute la gamme des fréquences musicales. Ceux dont la membrane est de petit diamètre et, de ce fait, légère, reproduisent mieux les fréquences élevées (notes aiguës). Ce sont des haut-parleurs à grande membrane qui, par contre, font mieux l'affaire dans les notes graves. Aussi, dans certains récepteurs, utilise-t-on simultanément *deux haut-parleurs*, dont un pour les notes graves et moyennes, l'autre pour les notes aiguës. A l'aide d'un système de capacités et self-inductions, on sépare dans le courant les composantes, de manière à canaliser vers chaque haut-parleur les courants qu'il reproduit le mieux.

L'emploi de plusieurs haut-parleurs est particulièrement commode lorsqu'on les place dans une ENCEINTE ACOUSTIQUE distincte du récepteur proprement dit. On appelle ainsi un meuble spécialement conçu pour assurer la diffusion des ondes sonores engendrées par les haut-parleurs sans compromettre l'équilibre des divers registres des fréquences.

DIX-HUITIÈME CAUSERIE

Le problème du réglage et de la stabilité de la puissance sonore constitue l'un des chapitres les plus passionnants de la radio. Rendre la puissance sonore réglable, est aisé. Mais la maintenir à un niveau constant, l'est moins : le « fading » tend à varier constamment l'intensité de l'audition... Curiosus exposera le mécanisme de ce néfaste phénomène et montrera comment, dans les récepteurs actuels, le régulateur antifading en neutralise les effets.

Réflexions sur la réflexion des ondes.

IG. — La lecture des annonces des constructeurs Radio exerce sur moi les plus tristes effets. J'y découvre des termes absolument barbares, tel que, par exemple, *antifading*. Je suppose que c'est un emprunt fait à la langue anglaise, dans le genre de footing et de camping.

CUR. — Certes. Et, en bon français, cela se traduit par « régulation automatique de l'intensité sonore ». Cette régulation permet de maintenir constante la puissance de l'audition malgré les effets du fading.

IG. — Je vois que vous revenez aux mots anglais. Qu'est-ce donc que ce fameux fading auquel on oppose l'antifading ?

CUR. — *Fading* veut dire « évanouissement ». C'est un phénomène que l'on a constaté depuis longtemps en observant que certaines émissions lointaines sont, à la réception, reproduites avec une intensité qui varie sans raison apparente. Ces variations d'intensité, qui peuvent être lentes ou rapides et qui, par moments, rendent l'émission complètement inaudible, ont fortement intrigué les savants.

IG. — Je pense qu'elles ont surtout ennuyé les auditeurs, car les nuances que le fading vient imprimer à la musique ne correspondent probablement pas aux intentions du compositeur dont elles déforment ainsi les œuvres. Mais je pense que l'on a découvert les raisons du fading et, du même coup, le moyen de le combattre.

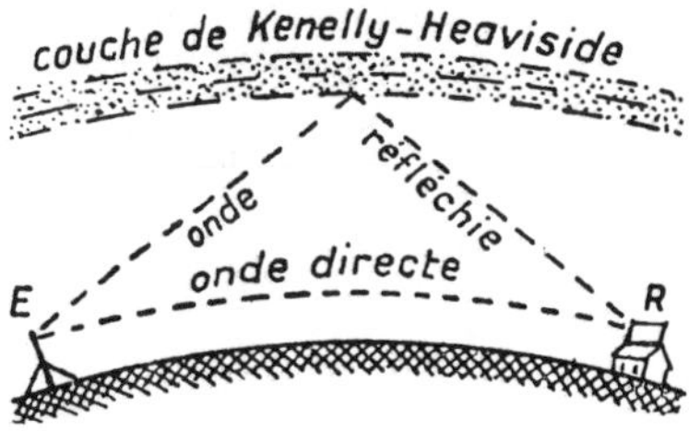

FIG. 103. — L'onde de l'émetteur E parvient à l'antenne de réception R par deux chemins différents : en suivant la surface du globe et après réflexion dans les hautes couches de l'atmosphère.

CUR. — Il en serait ainsi au cas où les raisons du fading résideraient dans l'émetteur ou le récepteur. Mais c'est entre les deux que le phénomène se produit ! Les ondes, émises avec une intensité constante, parviennent à l'antenne de réception avec des fluctuations notables.

IG. — Le fading serait donc une anomalie de la propagation des ondes hertziennes ?

CUR. — Parfaitement. D'après les théories actuelles, les ondes se propagent en suivant plusieurs chemins distincts. Il y a, d'une part, l'onde « terrestre » qui suit la surface du globe ; elle s'affaiblit relativement vite, dissipant son énergie dans tous les conducteurs qu'elle rencontre sur son trajet et dans lesquels elle fait naître des courants de haute fréquence. Mais il y a, d'autre part, des ondes qui, de l'antenne d'émission, partent en s'élevant sous un angle plus ou moins grand...

IG. — Celles-là sont pour nous perdues ; elles s'envolent sans doute dans les espaces interplanétaires ?

CUR. — Erreur ! A une certaine hauteur (120 km environ), elles se heurtent à une couche de gaz qui constitue, pour les ondes, un véritable miroir contre lequel elles se réfléchissent pour être rejetées vers le sol. Cette couche est appelée *ionosphère* ou, — d'après le nom de ceux qui, les premiers, émirent l'hypothèse de son existence, — « couche de Kenelly-Heaviside » (fig. 103).

IG. — Ainsi, d'après vous, une antenne de réception serait influencée par deux ondes à la fois, provenant toutes les deux du même émetteur : une onde terrestre et une onde réfléchie par l'ionosphère ?

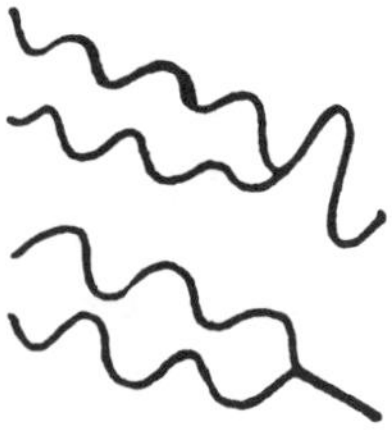

CUR. — Parfaitement. Remarquez que les longueurs des trajets accomplis par ces deux ondes sont assez inégales : alors que l'une, en suivant la surface du globe, a pris le chemin le plus direct, l'autre est allé se promener dans les couches supérieures de l'atmosphère avant de parvenir à destination. Au moment où les deux ondes se rencontrent dans l'antenne de réception, elles peuvent se trouver en cadence (ou « en phase ») et, dans ce cas, elles se renforceront mutuellement. Mais elles peuvent aussi y arriver à contretemps (ou « en opposition de phase ») ; alors leurs impulsions, opposées l'une à l'autre, s'affaibliront ou même s'annuleront mutuellement.

IG. — Cela n'explique pourtant pas le fading qui fait constamment varier l'intensité de la réception. Venant du même émetteur à la même antenne de réception, les deux ondes devraient donner lieu à une réception plus ou moins forte ou faible, mais dont l'intensité n'a aucune raison de varier dans le temps.

CUR. — Il en serait ainsi si l'ionosphère était un miroir rigide et immobile. En fait, elle peut être assimilée à une mer avec ses vagues, ses tempêtes et ses marées. La surface de l'ionosphère est constamment mouvante, et sa hauteur même subit d'importantes variations diurnes et saisonnières. Aussi, la longueur du trajet de l'onde réfléchie est-elle variable. Tantôt elle vient renforcer l'onde terrestre, tantôt, par contre, elle l'affaiblit. Et c'est cela qui provoque les fluctuations constantes dans l'intensité de l'audition.

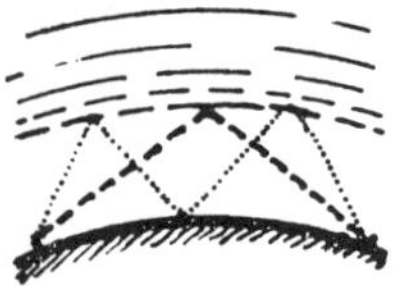

IG. — Mais vous m'avez dit que l'onde terrestre s'affaiblit relativement vite au fur et à mesure qu'elle s'éloigne de l'émetteur. Je pense donc qu'à partir d'une certaine distance de celui-ci, on ne se trouve plus en présence que de la seule onde réfléchie. Il n'y aura donc plus de fading ?

CUR. — Hélas, il peut y avoir plusieurs ondes réfléchies, ayant suivi des trajectoires différentes, et ayant subi plusieurs réflexions de l'ionosphère et du sol qui. lui aussi, agit sur les ondes à la manière d'un miroir.

IG. — En somme, il n'y aura pas moyen de supprimer le fading ?

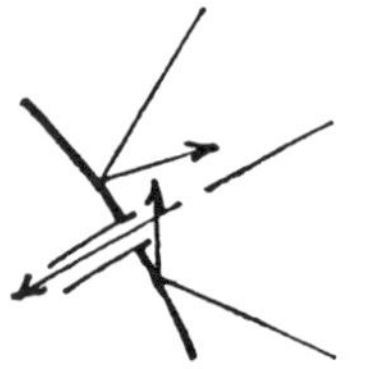

La lutte contre le fading.

CUR. — Tant qu'on permet à plusieurs ondes de parvenir au récepteur, le fading persiste. On ne peut l'atténuer qu'à l'aide d'antennes d'émission spéciales qui rayonnent les ondes sous un seul angle au-dessus de l'horizon ou, encore, à la réception, par des collecteurs d'ondes qui sélectionnent, parmi toutes les ondes qui leur parviennent, une seule venant sous un angle déterminé.

IG. — Si c'est cela l'antifading, ça doit être bigrement compliqué !

CUR. — Non, mon cher Ignotus. Tout en essayant de réduire l'acuité du fading par la conception particulière des antennes d'émission, on admet que l'antenne de réception reçoit des ondes fortement affectées par des fluctuations d'intensité. On s'efforce de maintenir constante l'intensité de l'audition en modifiant en conséquence l'amplification du récepteur.

IG. — On compense donc, si je comprends bien, les variations des ondes par la variation inverse de l'amplification. Quand les ondes arrivent plus faibles on augmente l'amplification et on la diminue quand les ondes deviennent plus fortes.

CUR. — C'est bien ainsi que l'on procède. Lorsque, par suite du fading, un signal (c'est-à-dire l'onde d'une émission) nous parvient très faible, nous augmentons la sensibilité du récepteur en accroissant l'amplification des étages H.F. (et, si c'est un superhétérodyne, également des étages M.F.).

IG. — Cependant, je ne vois pas par quel moyen on peut modifier l'amplification d'une lampe.

Le mystérieux « point X ».

CUR. — Vous savez que plus la pente d'une lampe est grande, plus elle amplifie. Or, pour la même lampe, la pente varie suivant le point de la courbe caractéristique sur lequel la lampe fonctionne. Ce « point de fonctionnement » est déterminé par la polarisation de la grille et...

IG. — Je vous arrête, Curiosus. Je sais parfaitement bien que la caractéristique d'une lampe n'a pas la même pente dans ses divers points. La pente est maximum dans la partie rectiligne de la courbe ; si nous polarisons la grille davantage, nous entrons dans la zone du coude inférieur où la pente diminue rapidement. Mais c'est là, vous me l'avez assez répété, une zone interdite : l'amplification n'est correcte que dans la partie rectiligne.

CUR. — C'est parfaitement exact lorsqu'il s'agit de lampes normales et d'amplitudes de tension à amplifier relativement importantes, comme celles que nous rencontrons dans les étages de basse fréquence. Mais, dans la haute ou moyenne fréquence, les amplitudes sont encore très faibles. Et, là, il suffit que la caractéristique de la

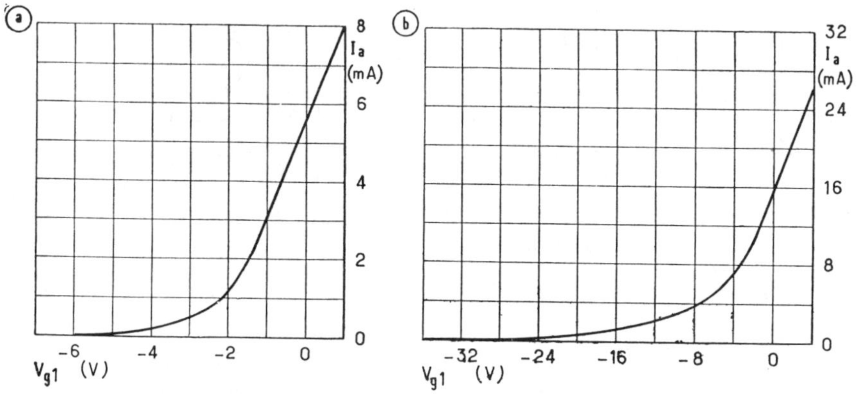

FIG. 104. — Courbes d'une lampe « à pente fixe » en a et « à pente variable » en b.

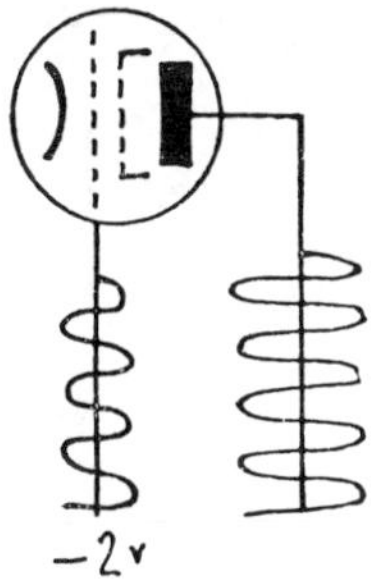

lampe soit, autour du point de fonctionnement, approximativement rectiligne. On fait donc des lampes spéciales dont la pente varie très progressivement, en sorte que leur caractéristique ne présente pas de coudes prononcés. Ces lampes sont dites *à pente variable.* Cela ne signifie certes pas que la pente des autres soit constante, mais que dans ces lampes spéciales on a le droit d'utiliser des points de fonctionnement de pentes différentes.

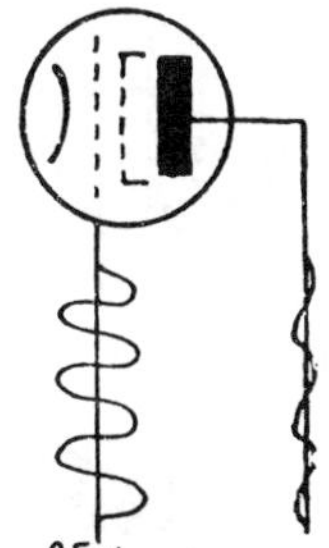

IG. — Si j'avais connu l'existence des lampes à pente variable, je n'aurais formulé aucune objection. Telle que vous l'avez présentée, la caractéristique de la lampe à pente variable montre que, si l'on polarise suffisamment sa grille, non seulement elle n'amplifiera pas, mais même affaiblira grandement les oscillations soumises à la grille.

CUR. — C'est ce qu'il faut. C'est ainsi que nous réussirons à ramener à un niveau sonore normal l'intensité de signaux trop forts... Pratiquement, pour régler l'amplification des lampes à pente variable, on se sert d'un dispositif permettant, à l'aide d'un potentiomètre P (fig. 105), d'en varier la polarisation.

IG. — Mais c'est épouvantable ! Il faut alors que l'auditeur, sans lâcher un instant le bouton du potentiomètre, le tourne constamment pour compenser les

variations dues au fading ! Je ne goûterais aucun plaisir à écouter de la musique dans de telles conditions...

Cur. — Il existe, heureusement, la possibilité de rendre ce réglage automatique. Pour cela, il suffit de trouver dans le récepteur un point tel que, lorsque les signaux deviennent plus forts, il devienne plus négatif et inversement. En connaissez-vous un ?

Ig. — Je n'en vois pas.

Cur. — Regardez ce schéma (fig. 106) de la détection par diode que vous connaissez depuis longtemps. Le point en question est l'extrémité X de la résistance R. Le courant H.F. redressé par la diode y crée, par rapport à la masse, une tension négative. Cette tension est d'autant plus grande que l'est l'intensité *moyenne* des signaux appliqués à la diode.

Ig. — J'ai compris ! Vous appliquez cette tension du point X aux grilles des lampes H.F. ou M.F. à pente variable. Quand les signaux deviennent forts, le point X devient plus négatif, et sa tension, appliquée aux grilles des lampes H.F. ou M.F.,

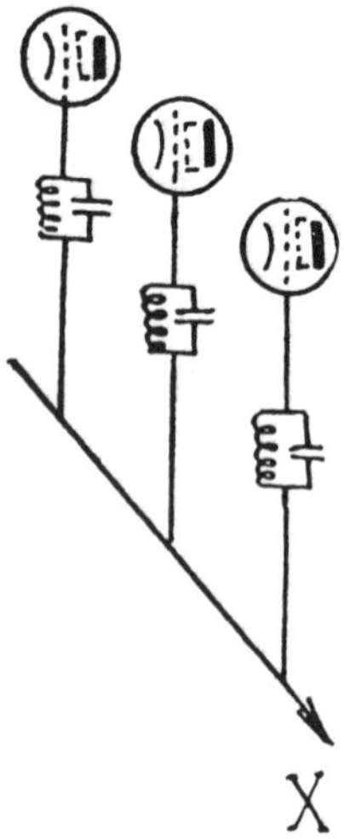

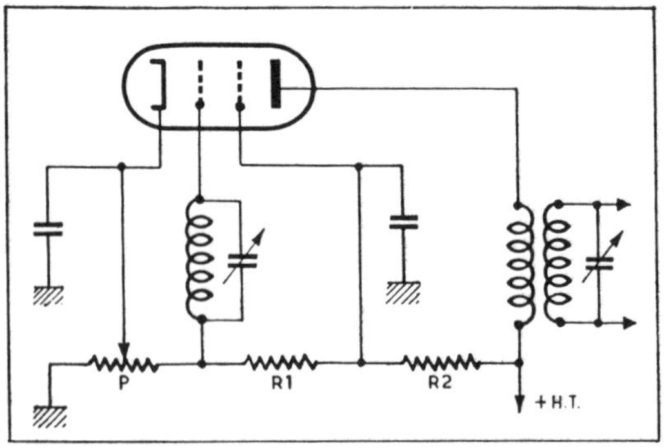

FIG. 105. — Réglage de l'amplification à l'aide du potentiomètre P faisant varier la polarisation de la lampe.

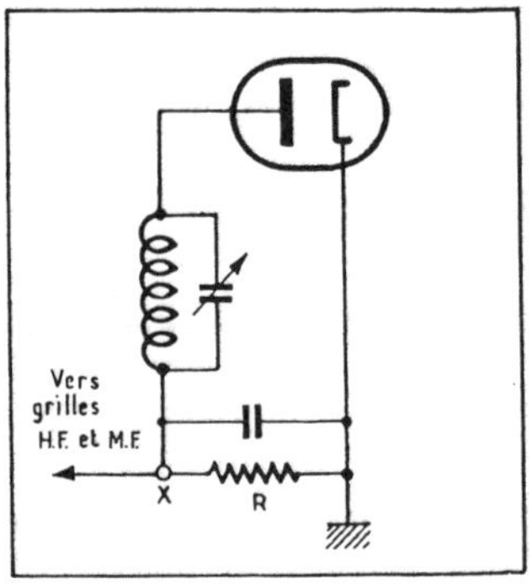

FIG. 106. — Suivant l'intensité moyenne des signaux, le point X deviendra plus ou moins négatif.

en réduit l'amplification. Par contre, lorsque, affectés par le fading, les signaux deviennent plus faibles, ils développent au point X une tension moins négative ; cette tension permet aux lampes H.F. et M.F. d'amplifier davantage. En fin de compte, ce dispositif compensera toutes les fluctuations de l'intensité des signaux et maintiendra constante l'intensité sonore, seule chose qui nous importe.

Cur. — Je vois que vous avez parfaitement saisi le fonctionnement du régulateur antifading. Vous remarquerez qu'il opère, en quelque sorte, le « nivellement par le bas » : seuls les signaux les plus faibles bénéficient de toute la réserve de sensibilité du récepteur ; au fur et à mesure que la force des signaux croît, l'antifading réduit dans le même rapport l'amplification.

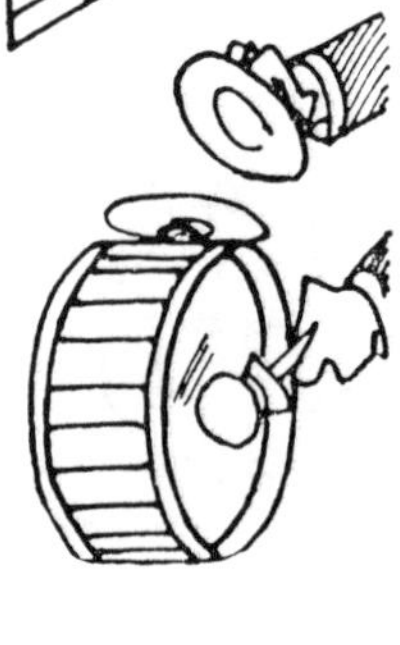

La radio à l'usage des sourds.

Ig. — Une objection, si vous me permettez. Supposez que, dans la musique, il y ait un éclat de grosse caisse, par exemple. Est-ce que, à ce moment, le régulateur ne produira pas une réduction instantanée de l'amplification ? Autrement dit, l'antifading, tel que vous me l'avez décrit, doit, à mon avis, « comprimer » en quelque sorte les nuances de la musique.

Cur. — Votre objection est valable, Ignotus. Aussi, afin d'éviter l'action des variations *instantanées* du courant détecté par la diode et de ne faire agir sur les lampes H.F. et M.F. que la valeur *moyenne* des signaux, intercale-t-on, entre le point X et les grilles des lampes, un système retardant le passage des tensions et les totalisant en quelque sorte pour en faire passer la moyenne. Ce système se compose d'une résistance R_1 de valeur élevée et d'un condensateur C. La résistance s'oppose au passage instantané des tensions ; le condensateur nivelle les tensions instantanées. L'action de l'ensemble R_1C offre une certaine analogie avec celle de la self-induction et du condensateur dans le filtre d'alimentation (fig. 107).

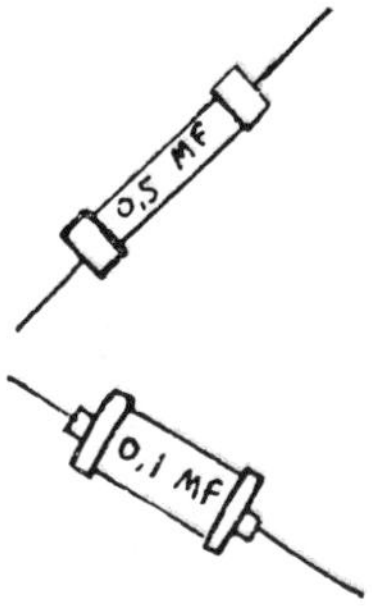

IG. — Comme je vois, dans tout récepteur à détection par diode, il suffit d'ajouter une résistance et un condensateur pour obtenir un régulateur antifading. C'est merveilleusement simple !

CUR. — Je vous ferai remarquer que, parfois, pour obtenir la tension de régulation pour antifading, on se sert d'une diode différente de celle qui assure la détection (fig. 108). Cette deuxième diode est comprise dans la même ampoule que la première et utilise la même cathode. Les tensions alternatives sont appliquées à la deuxième anode à travers un petit condensateur de liaison C′. Le courant détecté crée dans la résistance R′ une tension qui, prise au point X, est, à travers le dispositif R_1C, appliquée aux grilles des lampes commandées par le régulateur.

IG. — J'aime mieux ce schéma dans lequel, grâce à votre double diode, il y a une séparation des fonctions de la détection et de la régulation.

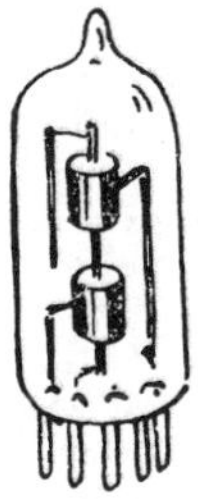

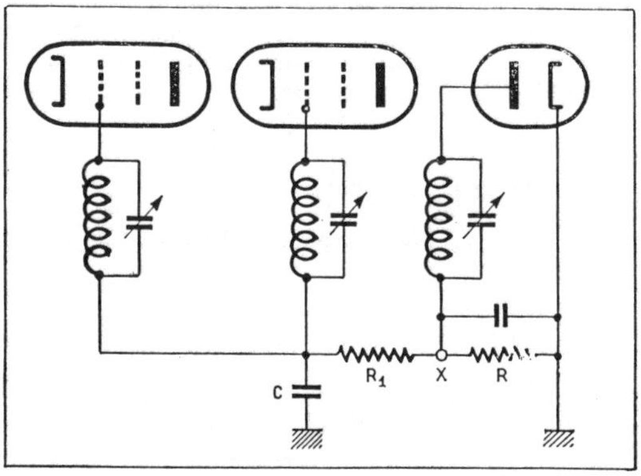

FIG. 107. — Deux lampes H.F. soumises à l'action de l'antifading commandé de X à travers R_1.

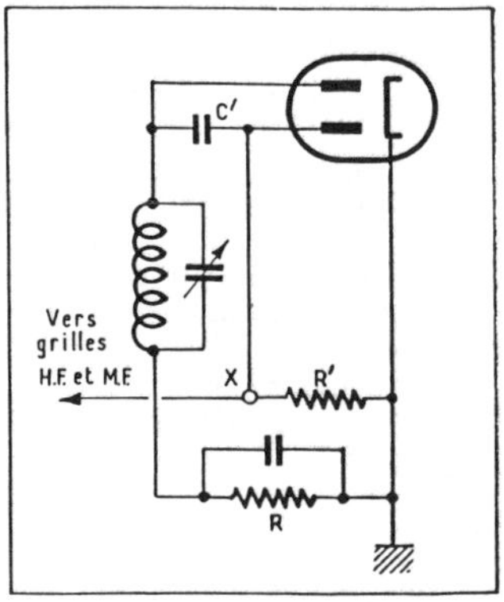

FIG. 108. — La double diode permet de séparer les fonctions de détection et de régulation antifading.

CUR. — Pourriez-vous, Ignotus, répondre à une question qui est une « colle ». Savez-vous comment varie le courant moyen de plaque d'une lampe H.F. ou M.F. commandée par l'antifading, suivant l'intensité des signaux ?

IG. — Voyons. Quand les signaux sont plus forts, la grille de la lampe recevra du point X une tension plus négative. Donc le courant de plaque deviendra plus faible.

CUR. — C'est parfait. Remarquez, maintenant, que le même phénomène se produira lorsque, en réglant les condensateurs d'accord, vous passerez sur la position de l'accord exact. Car, à ce moment, la tension appliquée à la diode est le plus forte. Par conséquent, en intercalant un milliampèremètre dans le circuit anodique d'une lampe H.F. ou M.F. commandée par l'antifading, nous pourrons juger de l'accord exact par le minimum du courant de plaque.

IG. — En somme, avec un tel milliampèremètre, même un sourd pourrait accorder le récepteur avec précision ?

CUR. — Bien entendu, car ce milliampèremètre constitue un indicateur visuel d'accord. Mais à quoi servirait-il à un sourd ?...

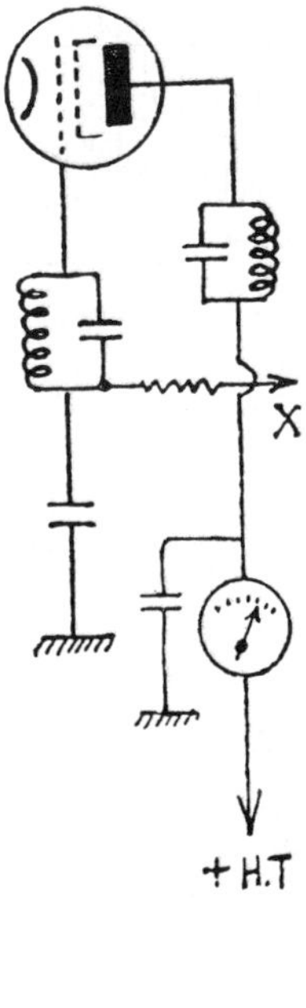

Commentaires à la 18me Causerie

COMMANDE AUTOMATIQUE DE VOLUME.

Le problème du réglage de l'intensité sonore (ou, comme on dit, du volume) d'un récepteur apparaît, à l'examen approfondi, plus complexe qu'il ne semble être de prime abord. Il s'agit, en effet, de pouvoir régler l'intensité moyenne d'une audition suivant le désir de l'auditeur et la maintenir ensuite parfaitement stable à ce niveau. Or, les fluctuations de la tension développée par les ondes hertziennes dans l'antenne du récepteur, s'opposent à une telle stabilité du volume sonore.

Le FADING (ou évanouissement) des ondes, dû à des réflexions simples ou multiples sur les couches supérieures de l'atmosphère, est une cause fréquente des fluctuations du signal. Cependant, l'intensité des signaux reçus peut également varier dans une installation mobile (par exemple, récepteur installé sur voiture automobile) du fait du déplacement du récepteur par rapport à des masses métalliques constituant écran ou réflecteur ; ainsi, le passage sous un pont métallique ou encore entre deux immeubles en ciment armé se traduira par un affaiblissement notable du signal.

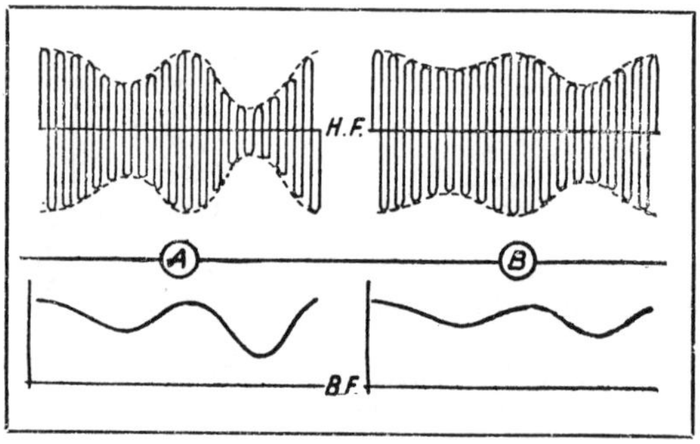

FIG. XVII. — L'émission en A est plus profondément modulée qu'en B. Dans la partie inférieure du dessin sont représentés les courants détectés.

Aussi le dispositif permettant de parer aux effets des fluctuations du signal reçu et que l'on appelle RÉGULATEUR ANTIFADING, mérite d'être désigné par le terme plus général de COMMANDE AUTOMATIQUE DE VOLUME (C.A.V.).

Un régulateur idéal devrait permettre l'obtention automatique de la même intensité sonore pour toutes les émissions reçues. Pratiquement, le régulateur antifading ne pourrait assurer une telle constance d'intensité sonore qu'à la condition que tous les émetteurs aient la même PROFONDEUR DE MODULATION. Qu'appelle-t-on ainsi ? Comme on le voit dans la figure XVII, un courant H.F. peut être modulé plus ou moins profondément par un courant de fréquence musicale. Les deux courants H.F. de notre figure ont la même amplitude maximum. Mais celui de A est modulé plus profondément que celui de B. Et, après détection, les deux courants modulés donneront lieu aux courants B.F. représentés dans la partie inférieure de notre figure, où l'on voit que le courant A, plus profondément modulé, donne naissance à un courant B.F. plus fort que B.

NÉCESSITÉ D'UNE COMMANDE MANUELLE.

Or, l'action de tous les régulateurs antifading se borne à *maintenir constante la tension H.F. appliquée à la détectrice.* En sorte que la présence d'un régulateur n'assure pas la même intensité sonore pour toutes les émissions. Il peut donc arriver, et la chose est courante, qu'une émission lointaine, mais profondément modulée, donne lieu à une audition plus puissante que celle d'un émetteur local faiblement modulé.

Le but essentiel d'un régulateur antifading est de maintenir constante l'intensité sonore d'une émission donnée pendant tout le temps de l'audition. Ainsi, *la présence d'un régulateur antifading n'exclut, en aucune façon, la nécessité d'un réglage manuel d'intensité sonore* permettant d'amener le volume du son à l'ampleur désirée, quelle que soit la profondeur de la modulation.

Comme ce réglage manuel d'intensité sonore ne doit affecter en rien les tensions à l'entrée de la détectrice qui, elles, ne sont commandées que par le régulateur automatique, le *réglage manuel doit être placé dans la partie B.F. du récepteur.* Il est habituellement réalisé à l'aide d'un potentiomètre permettant, dans un circuit de liaison, de n'appliquer à la grille de la lampe suivante qu'une partie plus ou moins grande de la tension disponible. Fréquemment, c'est sur la résistance du circuit de détection même que l'on prélève ainsi une partie seulement de la tension détectée.

ANALOGIE HYDRAULIQUE.

Maintenant que nous avons délimité le cadre de l'action du régulateur automatique, nous pouvons en exposer le principe fondamental.

D'après celui-ci, *le régulateur utilise une tension développée par le courant moyen détecté pour agir sur les électrodes des tubes qui précèdent le détecteur, de manière à en diminuer l'amplification lorsque l'intensité du signal augmente.*

Une très simple analogie hydraulique nous aidera à déchiffrer le sens de cette formule. L'intensité des signaux à l'entrée du récepteur sera figurée par le niveau du liquide dans un récipient A (fig. XVIII). Le niveau du liquide

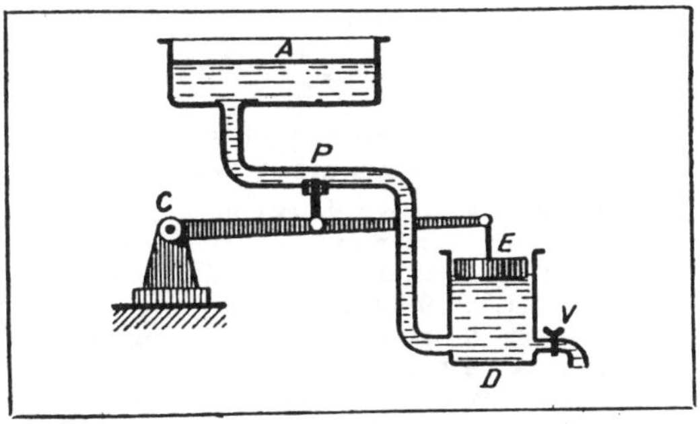

FIG. XVIII. — Dispositif hydraulique analogue au régulateur antifading.

dans le vase D représentera la tension appliquée à la détectrice. On remarquera qu'un tuyau établit la communication entre les deux récipients et qu'un robinet V permet au liquide de s'écouler du récipient D. Si notre installation se limitait aux dispositifs décrits, des variations de niveau dans A auraient pour effet des variations du niveau dans D (effet de fading). Mais un régulateur est prévu pour assurer la constance du niveau dans D. Il se compose d'un flotteur E solidaire d'un levier maintenu par la charnière C et supportant un bouchon P. Lorsque, par suite d'une augmentation du niveau dans A, le niveau dans D monte également, le flotteur E, en s'élevant, fait monter le bouchon P, de sorte que le débit du liquide diminue et le niveau dans D descend aussitôt. On comprend que, pratiquement, le niveau dans D est ainsi maintenu constant.

De même, dans un récepteur à régulateur antifading, une augmentation d'intensité du signal à l'entrée produit une augmentation du courant moyen détecté. Ce courant provoque dans une résistance une chute de tension qui, sous forme de polarisation, est appliquée aux électrodes d'une ou de plusieurs lampes précédentes, de manière à en atténuer le pouvoir amplificateur.

Mais ce qui nous intéresse en fin de compte, c'est le débit du liquide ou, côté radio, l'intensité sonore résultante. Or, en hydraulique, le débit de notre dispositif dépend non seulement des niveaux mais aussi de la nature du liquide et, principalement, de son poids spécifique. Si nous n'avons affaire qu'à un seul liquide, la quantité que le robinet V laisse passer par seconde demeure constante quel que soit le niveau en A. Mais si nous faisons passer tantôt du mercure, tantôt de l'huile, le débit ne sera plus le même pour ces deux liquides. C'est alors qu'intervient utilement le robinet V qui, en dernier ressort, déterminera le débit pour chaque liquide.

Pour en revenir à nos moutons de la radio, la nature du liquide, — le lecteur attentif l'aura deviné, — correspond à la profondeur de la modulation ; et le robinet V joue le rôle de réglage manuel d'intensité sonore placé dans la partie B.F. du récepteur.

Remarquons également que le régulateur hydraulique ne permet, en somme, que de diminuer le débit du liquide en empêchant ainsi une augmentation du niveau dans D. Si, pour une raison quelconque, le niveau dans A devenait trop faible, le niveau dans D baisserait également, sans que le régulateur puisse remédier à cette baisse. Il en est, encore une fois, de même en radio. *Le régulateur antifading ne fait que réduire plus ou moins la sensibilité du récepteur.*

Ainsi le régulateur antifading procède-t-il à un véritable « nivellement par le bas ». Il ne doit être appliqué qu'aux récepteurs possédant une suffisante réserve de sensibilité.

C'est donc, il faut bien insister là-dessus, la tension même développée par les signaux amplifiés sur la détectrice qui servira à la régulation antifading. Cette tension doit rester constante. Dès qu'elle aura tendance à varier, soit dans le sens de l'accroissement, soit dans le sens de la diminution, elle agira sur les tubes précédents, en variant leur amplification et en neutralisant ainsi les effets des fluctuations du signal dans l'antenne.

TUBES A PENTE VARIABLE.

C'est en modifiant leur pente que l'on varie l'amplification dans les lampes qui précèdent la détectrice. La pente, nous l'avons vu en examinant les caractéristiques des tubes, n'est constante que dans la partie rectiligne de la courbe représentative. Dès que la polarisation atteint le coude inférieur de la caractéristique, la pente diminue pour devenir finalement nulle au moment où le courant anodique lui-même est annulé par une polarisation excessive.

Toutes les lampes soumises à l'action d'un régulateur antifading ont une caractéristique un peu spéciale, dite à PENTE VARIABLE. La variation de pente suivant la variation de la polarisation y est très progressive. La courbe ne présente pas de coude brusque, en sorte que, dans toutes ses parties, un petit segment de la courbe peut être aisément assimilé à une droite.

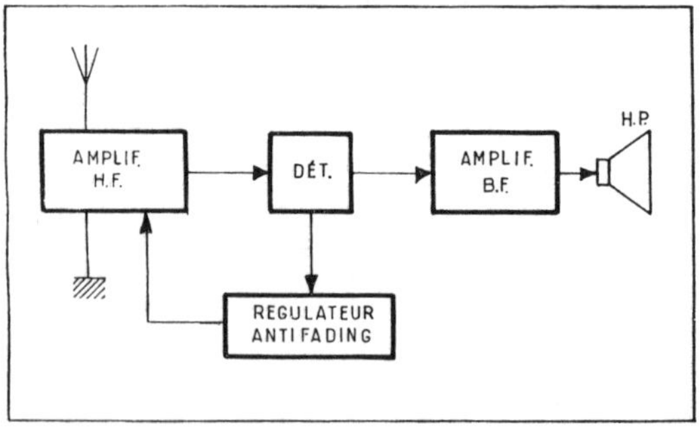

FIG. XIX. — Schéma général d'un récepteur équipé d'un régulateur antifading.

De cette manière, quel que soit le point de fonctionnement et tant qu'il ne s'agit que de faibles amplitudes de tension de grille, la distorsion introduite par la courbure sera insignifiante.

Plus la polarisation négative est grande en valeur absolue, plus la pente est réduite et avec elle l'amplification. Ainsi, en variant la polarisation d'une lampe à pente variable dans une certaine étendue, nous pouvons varier son amplification entre sa valeur maximum et une valeur tellement réduite que, en réalité, il s'agit plutôt d'affaiblissement que d'amplification.

FONCTIONNEMENT DE LA C.A.V.

Ce réglage de l'amplification avant la détectrice (qui n'est, en somme, autre chose qu'un réglage de la sensibilité du récepteur) pourrait être effectué à la main, par exemple à l'aide d'un potentiomètre fixant le potentiel de la grille ou, ce qui revient au même, de la cathode. Mais dans le régulateur automatique, ce réglage est obtenu en prélevant la tension de polarisation nécessaire sur la détectrice. On trouve, en effet, au point X (fig. 106) d'une détectrice diode, une tension B.F. qui est, à chaque instant, proportionnelle à l'intensité moyenne des signaux reçus.

Cette tension négative servira à polariser plus ou moins les grilles des lampes précédentes qui se trouvent ainsi asservies à l'action du régulateur antifading. Il faut noter que la polarisation normale de ces lampes est assurée par le procédé habituel de chute de tension dans des résistances placées entre cathode et — H.T. La tension du régulateur antifading vient donc s'y ajouter en « surpolarisant » les grilles de manière à réduire dans une proportion plus ou moins forte l'amplification de chaque tube.

Lorsque, par suite du fading, l'intensité des signaux captés par l'antenne diminue, la tension détectée au point X diminue elle aussi ; les lampes sont donc moins « surpolarisées », elles amplifient mieux et neutralisent ainsi l'effet du fading.

CONSTANTE DE TEMPS.

La fonction du régulateur antifading consiste à maintenir constante la puissance sonore de la reproduction. Il ne s'agit pas, bien entendu, de ramener la puissance de tous les sons à la même valeur, en privant ainsi la musique de toutes les nuances. Au contraire, les contrastes entre les *pianissimi* et les *fortissimi* doivent être maintenus dans toute la mesure du possible. Ce qui doit être stabilisé, c'est la *puissance moyenne* de l'audition.

Or, pour ce faire, il faut éviter que des variations instantanées de l'intensité des signaux (dues, par exemple, à un éclat d'orchestre) subissent l'action de l'antifading. On empêche l'action des variations rapides en opposant à la transmission instantanée de la tension régulatrice un circuit possédant une CONSTANTE DE TEMPS. Ce circuit est constitué par une forte résistance placée sur le chemin de la tension et par un condensateur dérivant ensuite vers un point à potentiel fixe (par exemple, le — H.T.) les composantes alternatives de la tension. On notera la parenté de ce dispositif avec le filtre de haute tension.

Ainsi placés, une résistance de R ohms et un condensateur de C farads mettent R × C secondes pour laisser passer une variation de tension. Par exemple, une résistance de 500 000 ohms et un condensateur de 0,1 μF (soit 0,000 000 1 F) auront une constante de temps de 500 000 × 0,000 000 1 = 0,05 seconde ou 1/20 de seconde. Ainsi toutes les variations plus rapides que 1/20 de seconde seront-elles arrêtées par notre ensemble de résistance et de capacité. Or, les fréquences musicales reçues par les postes de radio sont toutes supérieures à 20 p/s ; par contre, à de rares exceptions près, les variations d'intensité dues au fading sont bien moins rapides. Aussi, les tensions instantanées dues même aux notes les plus graves de la musique, n'auront aucune influence sur l'amplification avant détectrice ; mais les tensions dues aux fluctuations provoquées par le fading passeront à travers le système à constante de temps et agiront dans le sens convenable sur l'amplification des lampes.

ANTIFADING RETARDÉ.

Actuellement, les lampes détectrices comprennent généralement deux diodes ayant une cathode commune. Cela permet de séparer les fonctions de détection et de régulation automatique du volume. Comme le montre la figure 108, la diode supérieure est affectée à la détection ; quant à la diode inférieure, elle reçoit la tension H.F. à travers un condensateur C′ de faible capacité, et la chute de tension du courant détecté dans la résistance R′ donne lieu à la tension antifading. Cependant, ainsi envisagée, l'utilisation d'une double diode ne procure aucun avantage notable. En revanche, son emploi devient réellement intéressant dans la réalisation de l'ANTIFADING RETARDÉ.

On appelle ainsi un système de régulation qui n'entre en action que lorsque l'intensité des signaux reçus dépasse une certaine valeur minimum. Quel est l'intérêt d'un tel dispositif ?

Le régulateur antifading ordinaire, tel que nous venons de l'examiner, agit dès que le moindre signal est reçu par l'antenne ; et, en l'occurrence, « agir » veut dire *réduire la sensibilité du récepteur*. Or, dans le cas de signaux faibles, cela ne fait pas précisément notre affaire.

Pour que la réception des émissions lointaines ou faibles ne soit pas entravée de la sorte, il faut que le régulateur antifading ne se déclenche que pour des signaux dépassant un certain niveau. Nous *retardons* ou différons l'action du régulateur pour qu'il ne commence à agir que pour des signaux capables de développer sur la détectrice une certaine tension dite « tension de retard ». Tel est l'objectif de l'antifading retardé.

Sa réalisation est très simple (fig. XX). Pour que la tension antifading ne se développe que pour des signaux dépassant une certaine intensité, l'anode de la diode inférieure affectée à l'antifading est rendue négative par rapport à la cathode. Cette polarisation est obtenue par la chute de tension que produit le courant anodique de la partie triode d'une lampe combinée dans une résistance R_1 placée entre cathode et — H.T. La tension *e*, qui se produit entre la cathode et un point convenablement choisi de cette résistance, rend l'anode inférieure négative par rapport à la cathode de telle manière que les signaux développant sur la diode des tensions inférieures à *e* ne produiront aucun courant et, par conséquent, aucune chute de tension dans la résistance R'. La détection et la

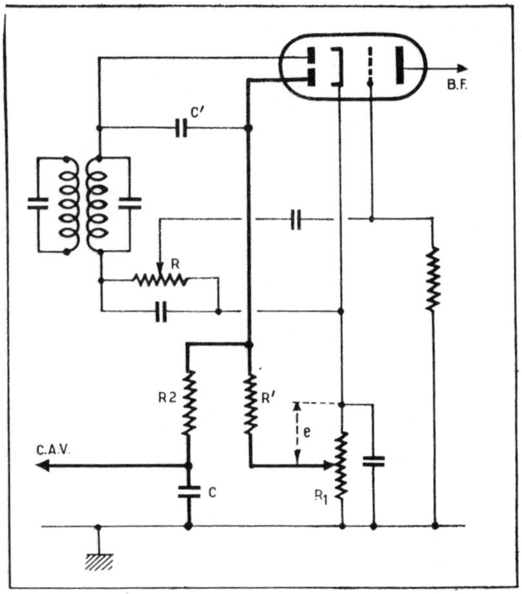

FIG. XX. — Antifading retardé. La partie essentielle du montage est représentée en gros trait. La tension e provoque le retard.

production d'une tension de régulation ne pourront avoir lieu que lorsque la tension développée par les signaux sur la diode sera supérieure à la tension *e* de retard.

Ainsi, présentant le maximum de sensibilité à l'égard des signaux faibles, le régulateur antifading entre en action pour des signaux plus forts.

On remarquera, dans la figure XX, que la diode supérieure (affectée à la détection en vue de l'obtention de la B.F.) n'est pas affectée d'une tension de retard, — qui n'aurait aucune raison d'être, — puisque la résistance de détection R est réunie directement à la cathode. Dans le schéma, cette résistance R est, d'ailleurs, montée en potentiomètre et sert au réglage manuel de la puissance sonore.

RÉGLAGE SILENCIEUX.

Quand un récepteur muni d'un régulateur antifading n'est accordé sur aucune émission, sa sensibilité est le plus élevée ; il reçoit donc, à ce moment, avec le maximum de puissance toutes les perturbations électriques que l'éther charrie et qui sont dues tant à l'électricité de l'atmosphère (PARASITES atmosphériques) qu'à d'innombrables appareils et machines d'électricité industrielle, ménagère et médicale (parasites industriels dus à des moteurs, alternateurs, dynamos, interrupteurs, surtout aux étincelles des machines électriques, etc...). Ces parasites créent dans un récepteur un bruit très désagréable lorsque l'on tourne le bouton du condensateur à la recherche d'une émission et que l'on passe dans les intervalles entre les émetteurs.

Pour épargner à l'auditeur l'inconvénient de ce bruit pénible, on prévoit dans certains récepteurs un dispositif de RÉGLAGE SILENCIEUX qui interdit toute audition lorsque le récepteur n'est pas accordé sur une émission. Nous n'entrerons pas ici dans l'examen de divers systèmes utilisés à cet effet. Les principaux sont basés sur l'action de la tension antifading sur une des lampes B.F. Celle-ci est, en l'absence des signaux, « paralysée » par une polarisation excessive, en sorte que le récepteur est rendu muet. Mais lorsque le récepteur est accordé sur une émission, la tension antifading qui apparaît alors sert à « déparalyser » la lampe B.F. en question en en ramenant la polarisation à la valeur normale.

A vrai dire, l'emploi des dispositifs de réglage silencieux est assez peu répandu, car leur fonctionnement est rarement satisfaisant et est même souvent une cause de graves distorsions.

INDICATEURS VISUELS D'ACCORD.

Ce qui, en revanche, est très généralisé, c'est l'emploi d'INDICATEURS VISUELS D'ACCORD qui permettent d'accorder un récepteur avec précision sur l'émission désirée. Il permet même de le faire après avoir placé dans la position de silence le régulateur manuel de puissance sonore : une fois l'accord ainsi assuré, sans bruit et uniquement à l'œil (et non à l'oreille), on règle le volume du son au niveau désiré.

Il existe deux classes d'indicateurs visuels. Les uns sont de simples milliampèremètres que l'on intercale dans un circuit anodique des lampes asservies à l'action de l'antifading. Comme, à l'accord précis, la tension antifading atteint la valeur maximum, la lampe se trouve le plus polarisée et son courant anodique passe par un minimum. C'est ce minimum d'intensité qui, marqué par le milliampèremètre, signale précisément l'accord exact.

Une autre catégorie, la plus répandue, d'indicateurs visuels est fondée sur le principe des tubes cathodiques utilisés en télévision. Dans ces indicateurs (fig. XXI) nous avons une cathode C émettrice d'électrons et une anode A portée à un potentiel positif et ayant la forme d'une coupelle. La surface intérieure de l'anode est recouverte d'une couche de matière fluorescente, c'est-à-dire devenant lumineuse sous l'action du bombardement électronique. Ainsi un observateur placé devant le sommet du tube voit la surface de l'anode uniformément lumineuse ; un écran noir E lui cache d'ailleurs la lumière provenant de la cathode incandescente.

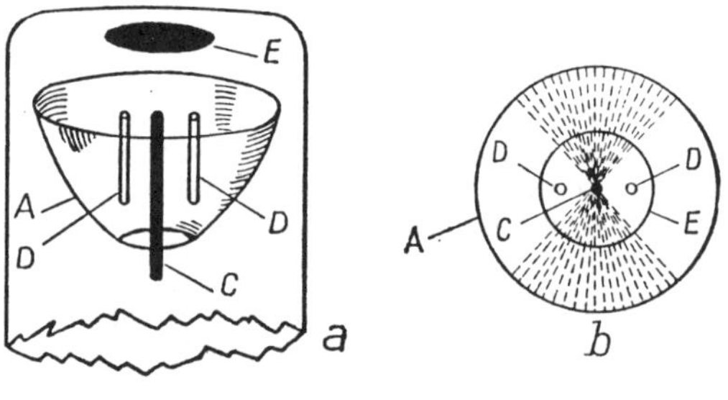

FIG. XXI. — Vue en perspective (a) et du côté du sommet de l'ampoule (b) d'un indicateur cathodique d'accord. — C, cathode ; A, anode fluorescente ; D, électrodes de déviation ; E, écran opaque.

Tel serait, du moins, le tableau s'il n'y avait pas une ou plusieurs électrodes de déviation D disposées sur le trajet des électrons. Constituées par des bâtonnets, les électrodes déviatrices D sont portées, par rapport à l'anode, à un potentiel négatif plus ou moins grand et, de ce fait, obligent les électrons, en les repoussant, à dévier plus ou moins de leur trajectoire normale. Chaque électrode déviatrice crée donc sur l'anode une « ombre » plus ou moins large suivant que son potentiel est plus ou moins négatif. Ainsi, dans le cas de deux bâtonnets, verrons-nous deux ombres larges (fig. XXII *a*), s'ils sont très négatifs par rapport à l'anode ; ou deux ombres très étroites (fig. XXII *b*), s'ils ont presque le même potentiel que l'anode. Tel est le principe de fonctionnement de l'ŒIL MAGIQUE ou du TRÈFLE CATHODIQUE, comme on appelle les indicateurs cathodiques d'accord, suivant le nombre des secteurs d'ombre produits.

On devine que le potentiel des électrodes déviatrices est commandé par la tension CAV du régulateur antifading. Celle-ci est d'abord amplifiée (fig. XXIII) par une triode. La tension développée dans la résistance anodique R

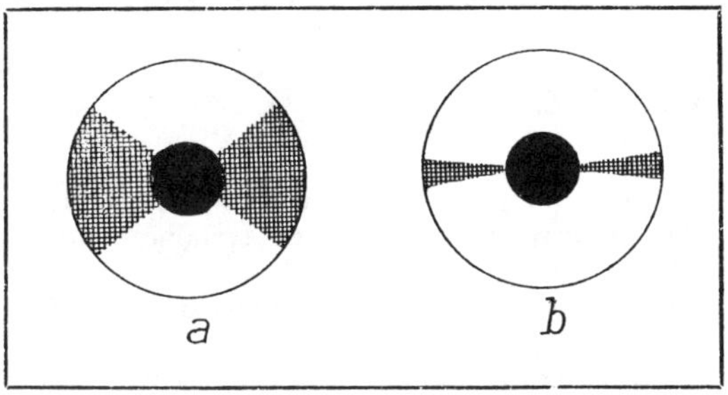

FIG. XXII. — Secteurs d'ombre d'un récepteur non accordé en (a) et au moment de l'accord exact en (b).

est alors appliquée à l'électrode déviatrice D de l'indicateur cathodique. Au moment de l'accord précis, la tension CAV est le plus négative. A ce moment, le courant de la triode est très faible, la chute de tension dans R devient insignifiante, et l'électrode D se trouve presque au même potentiel que l'anode fluorescente. Les secteurs d'ombre deviennent étroits... et nous savons que l'accord précis est réalisé.

Le système amplificateur et l'indicateur cathodique proprement dit sont, en réalité, montés dans la même ampoule, comme le montre le schéma de la figure XXIV, équivalent à celui de la figure XXIII.

La résistance R a pour valeur de 1 à 2 mégohms.

Grâce à l'indicateur visuel, on réalise l'accord exact, ce qui est une condition indispensable d'une reproduction exempte de déformations.

Ajoutons que l'on réalise actuellement des indicateurs cathodiques à deux sensibilités

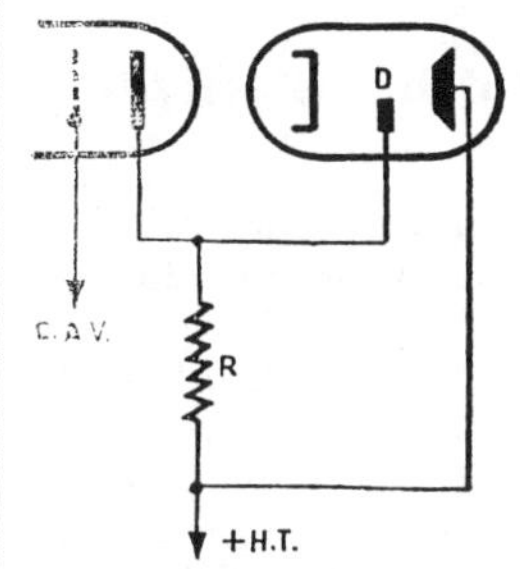

FIG. XXIII. — La tension CAV d'antifading, amplifiée par une triode, crée entre les électrodes D et l'anode de l'indicateur cathodique la tension de déviation nécessaire à son fonctionnement.

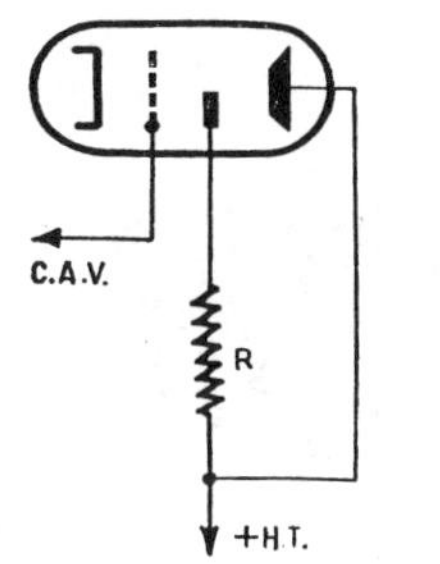

FIG. XXIV. — Montage pratique d'un indicateur cathodique groupant dans la même ampoule les deux systèmes d'électrodes de la figure précédente.

dans lesquels l'un des secteurs d'ombre ne se referme que sous l'action des signaux assez forts, alors que le second se ferme pour des signaux relativement faibles. Le premier sert donc à l'accord exact sur les émissions locales, le second facilitant la recherche des émissions lointaines.

DIX-NEUVIÈME CAUSERIE

Tous les efforts des techniciens de la radio tendent à l'amélioration de la fidélité de la reproduction. Or, longtemps, sélectivité et musicalité semblaient être des qualités incompatibles : un récepteur musical n'était pas sélectif et inversement... Mais les filtres de bande sont venus à temps pour concilier les sœurs ennemies. Curiosus conte avec sa verve habituelle les causes de leur conflit. Plus ébahi que d'habitude, Ignotus opte pour la sélectivité variable.

Match : sélectivité contre musicalité.

IG. — Hier soir j'ai été chez un ami qui possède un récepteur très sensible. Nous avons entendu une quantité d'émissions. Malheureusement, certaines stations sont entendues avec un sifflement. D'où vient-il ?

CUR. — C'est un sifflement d'interférence entre deux émissions dont les fréquences sont trop rapprochées.

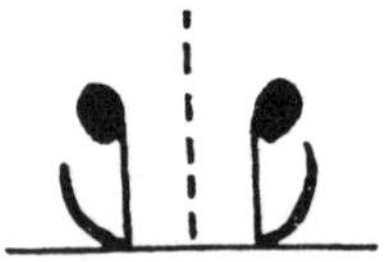

IG. — C'est donc le même phénomène que celui qui, dans les superhétérodynes, permet le changement de fréquence ? Autrement dit, entre deux émissions de fréquences trop voisines se produisent des battements qui donnent lieu à un courant dont la fréquence est égale à la différence des fréquences des deux émissions ?

CUR. — C'est bien cela. Et c'est pour cette raison que l'écart réglementaire de 9 000 p/s entre deux émissions voisines paraît à peine suffisant. Il permet d'accorder à chaque station une largeur de 4 500 p/s seulement pour la modulation musicale.

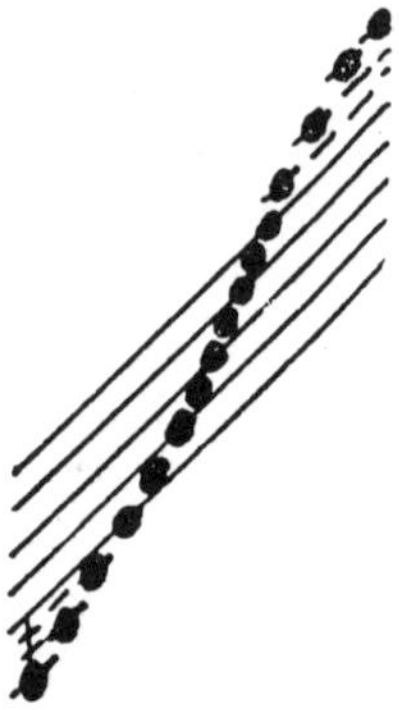

IG. — Je ne vois pas le rapport entre l'écart des fréquences des émetteurs et la modulation musicale.

CUR. — Il est cependant d'importance capitale. Tant qu'un émetteur n'est pas modulé par un son, il n'émet qu'une seule fréquence qui est celle de son « onde porteuse ». Mais la modulation par un son crée aussitôt deux autres fréquences symétriquement disposées par rapport à la fréquence de l'onde porteuse. Ainsi un émetteur fonctionnant sur 1 000 000 de p/s et modulé par un son de 400 p/s émettra, en plus de l'onde porteuse, deux ondes de fréquences 1 000 400 p/s et 999 600 p/s (fig. 109). Vous voyez que ces ondes résultent de l'addition et de la soustraction des fréquences de l'onde porteuse et du courant musical.

IG. — En somme, en modulant la haute fréquence, le courant de basse fréquence opère un véritable changement de fréquence ?

CUR. — Parfaitement. Maintenant, si chaque fréquence musicale crée, autour de celle de l'onde porteuse, deux fréquences symétriquement disposées, l'ensemble des sons de la musique qui peut aller jusqu'à 10 000 p/s (et même davantage) crée autour de l'onde porteuse deux *bandes* de fréquences symétriques dites *bandes latérales de modulation.*

IG. — Si je vous ai bien compris, les fréquences émises par une station transmettant de la musique s'étendent de part et d'autre de la fréquence de l'onde porteuse, sur 10 000 p/s de chaque côté. Par exemple, pour l'émetteur fonctionnant sur 1 000 000 p/s, les bandes de modulations vont de 9 99 000 à 1 010 000 p/s.

CUR. — C'est tout à fait exact. Mais si chaque émetteur occupait dans la gamme des fréquences disponibles une bande large de 20 000 p/s, il n'y aurait pas de place pour tous les émetteurs existants. Aussi, par une convention internationale, et à l'exception des ondes courtes où l'on est moins serré, a-t-on limité à 4 500 p/s la largeur de chaque bande de fréquences musicales. De la sorte, un émetteur n'occupe, dans l'éther, qu'un intervalle de 9 000 p/s. Et il suffit qu'il existe, entre deux ondes porteuses, un écart de 9 000 p/s, pour que deux émetteurs ne se gênent plus mutuellement... à condition, bien entendu, que le récepteur soit suffisamment sélectif pour séparer 9 000 p/s...

IG. — Je pense que l'on peut, avec un nombre suffisant de bons circuits oscillants, faire un récepteur assez sélectif pour ne recevoir qu'une seule fréquence.

CUR. — Ce serait du beau travail ! Vous rendez-vous compte, Ignotus, qu'un tel récepteur ne vous ferait entendre qu'une seule note musicale. Goûteriez-vous le charme de la *Symphonie Pastorale* si, de toute sa richesse de sons, vous n'entendiez que le mi-bémol de la troisième octave, par exemple ?

IG. — Certes non. Il faut donc, je vois, que le récepteur fasse passer intégralement es 9 000 p/s des bandes de modulation, pour reproduire toute la musique émise.

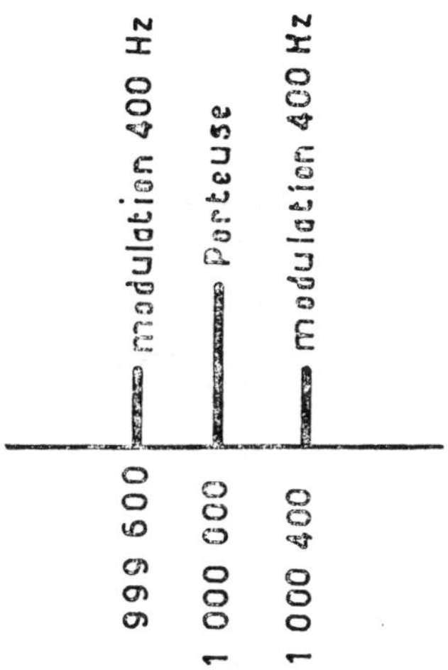

FIG. 109. — Modulation par 400 p/s d'une onde de 1 000 000 p/s.

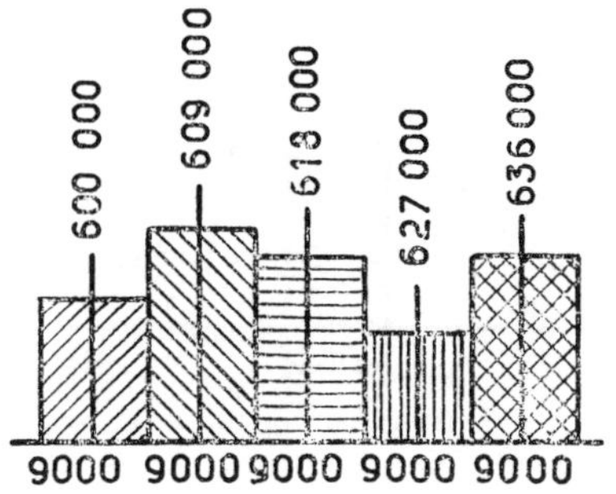

FIG. 110. — Spectre des fréquences des émetteurs. Les ondes porteuses sont écartées de 9 000 p/s. La bande de modulation ne dépasse pas 4 500 p/s.

CUR. — Mais il ne faut pas qu'il laisse passer une bande de fréquences plus large. Sinon, il y aura des interférences entre émissions voisines en fréquences. Et vous voilà en face de ce problème terrible qui oppose la musicalité à la sélectivité : moins le récepteur est sélectif, et plus il est musical.

IG. — De la sélectivité et de la musicalité, j'opte pour cette dernière.

Le filtre de bande réconcilie les adversaires.

CUR. — A quoi vous servira la reproduction fidèle de toutes les fréquences musicales, si l'audition doit être couverte par des sifflements d'interférence ?

IG. — Mais voyons. Est-ce qu'il n'existe pas la possibilité de laisser passer une bande de 9 000 p/s intégralement à l'exclusion de toute autre fréquence en dehors de cette bande ?

CUR. — Si. Du moins, on parvient à le réaliser d'une façon approximative. Un seul circuit oscillant ne permet pas de le faire. Sa *courbe de résonance* ..

IG. — Qu'est-ce ?... Vous ne m'en avez jamais parlé.

CUR. — On appelle ainsi la courbe qui montre comment varie, dans un circuit oscillant, l'intensité du courant suivant sa fréquence. L'intensité est, évidemment, au maximum pour la résonance. Puis, elle tombe plus ou moins brusquement. Si le circuit est résistant ou, comme on dit, *amorti*, sa courbe est très large et aplatie (fig. 111) ; il laisse passer une grande bande de fréquences, mais il n'est pas suffisamment sélectif. Si, par contre, le circuit est très peu amorti (fig. 112), il ne laisse passer qu'une bande étroite de fréquences : suffisamment sélectif, il ne laisse pas passer la totalité des fréquences de modulation. La courbe de résonance idéale serait rectangulaire, avec une

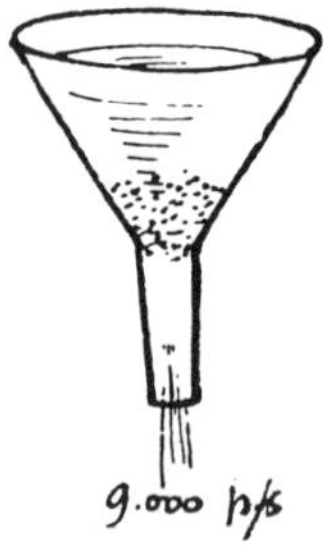

largeur de 9 000 p/s, ce qui indiquerait qu'elle laisse passer une bande de 9 000 p/s et rien d'autre !

IG. — Puisque vous dites qu'une telle courbe est idéale, c'est qu'il est impossible de l'obtenir.

CUR. — En effet. Mais on peut s'en approcher en utilisant des *filtres de bande*. Les filtres de bande les plus simples se composent de deux circuits oscillants faiblement amortis, accordés tous les deux sur la fréquence de l'onde porteuse. En les couplant plus ou moins, on obtient une courbe de résonance plus ou moins large (fig. 113) dont la forme s'approche de celle de la courbe idéale.

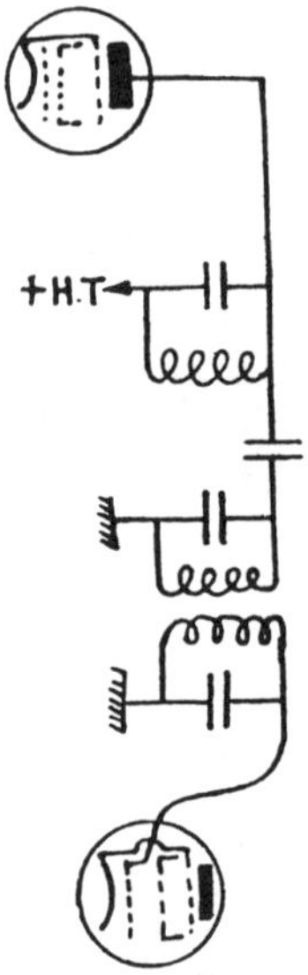

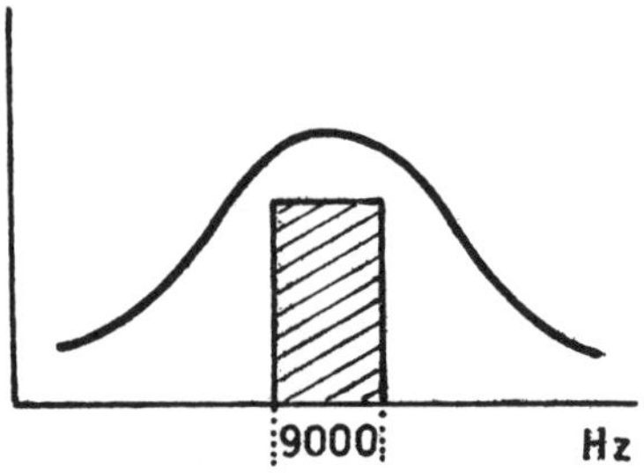

FIG. 111

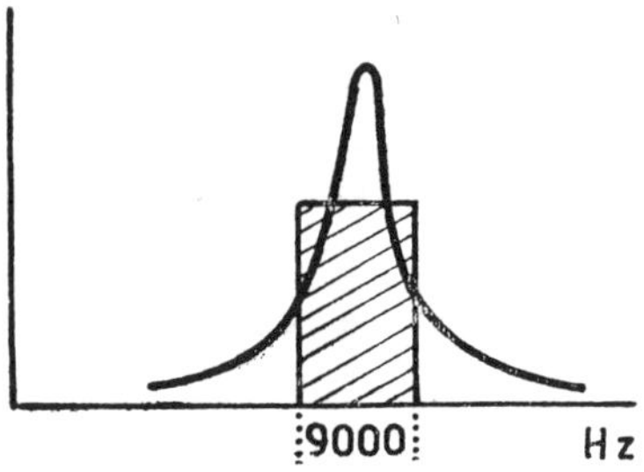

FIG. 112

DANS LES TROIS FIGURES, LA COURBE IDÉALE EST REPRÉSENTÉE EN GRISÉ.

FIG. 111. — Circuit amorti : mauvaise sélectivité, bonne musicalité.

FIG. 112. — Circuit peu amorti : bonne sélectivité, mauvaise musicalité.

FIG. 113. — Filtre de bande alliant une bonne sélectivité à une bonne musicalité.

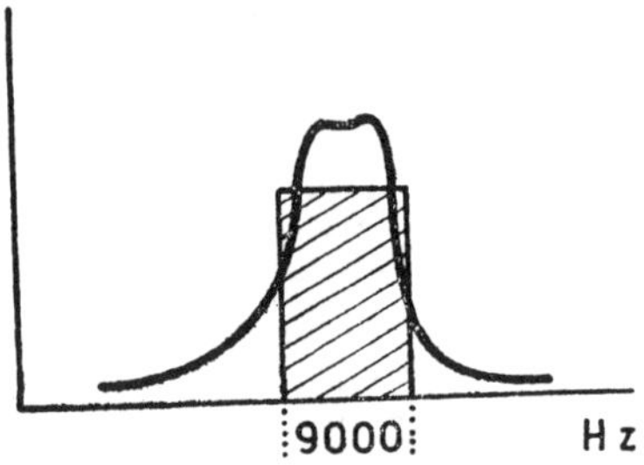

FIG. 113

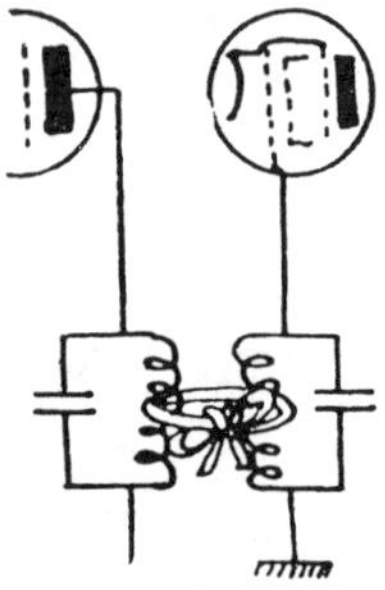

IG. — Et comment fait-on le couplage entre les deux circuits oscillants composant le filtre de bande ?

CUR. — La façon la plus simple est de les coupler par induction (fig. 114), ce qui constitue un transformateur à primaire et secondaire accordés, ou par faible capacité (fig. 115). Dans les filtres plus compliqués, on se sert d'un couplage par impédance commune I.

IG. — De quelle manière une telle impédance peut-elle produire le couplage ?

CUR. — Le courant circulant dans le premier circuit (fig. 116) développe dans cette impédance une tension alternative qui se trouve ainsi appliquée au deuxième circuit et excite en lui un courant. Si l'impédance est faible, la tension qui y sera développée sera faible aussi : cela équivaudra à un couplage lâche.

IG. — Quel genre d'impédances utilise-t-on habituellement ?

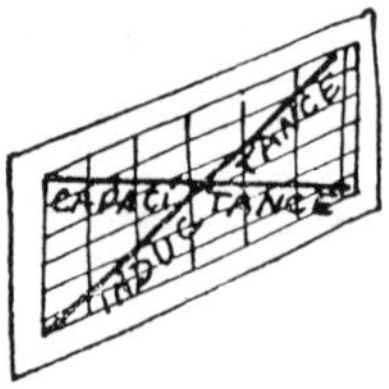

CUR. — Des capacitances (fig. 117) ou, moins souvent, des inductances (fig. 118). Pour obtenir une capacitance faible, il faut utiliser un condensateur de valeur assez élevée, d'autant plus élevée que la fréquence du courant est plus faible.

IG. — Je me souviens, en effet, que la capacitance diminue quand la capacité et la fréquence augmentent. Et, comme l'inductance se conduit de la manière inverse, je suppose que, dans les filtres à inductance, pour obtenir un couplage faible, il faut prendre un enroulement de self-induction faible, d'autant plus faible que la fréquence est plus élevée.

Cur. — Vous commencez à raisonner logiquement, mon ami. Tâchez donc de résoudre ce petit problème : nous avons deux filtres, un avec couplage par capacitance, l'autre par inductance ; nous changeons l'accord de leurs circuits en allant des fréquences plus basses vers les fréquences plus élevées. La largeur de la bande passante de chacun de ces filtres restera-t-elle constante ?

Ig. — Certes non. Dans le filtre à capacitance, en augmentant la fréquence, vous diminuez la capacitance ; le couplage diminue et la bande devient plus étroite.

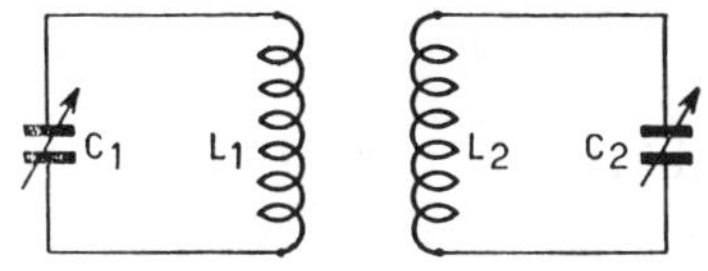

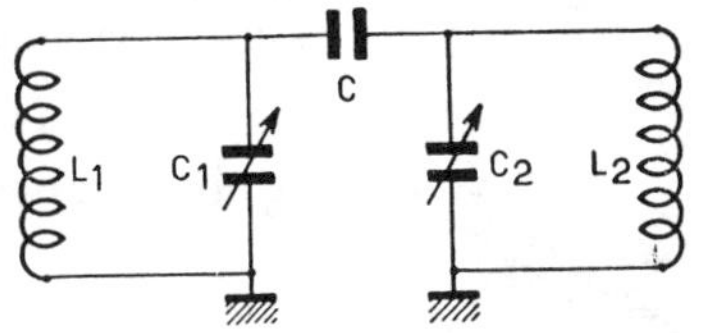

Fig. 114 (à gauche). — Filtre à couplage par induction.

Fig. 115 (à droite). — Filtre à liaison par capacité.

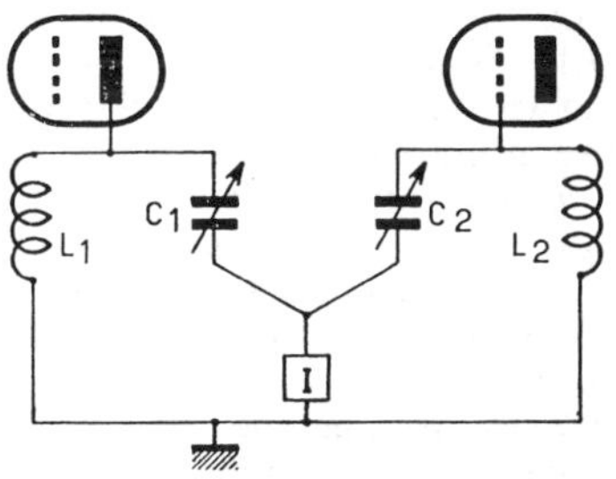

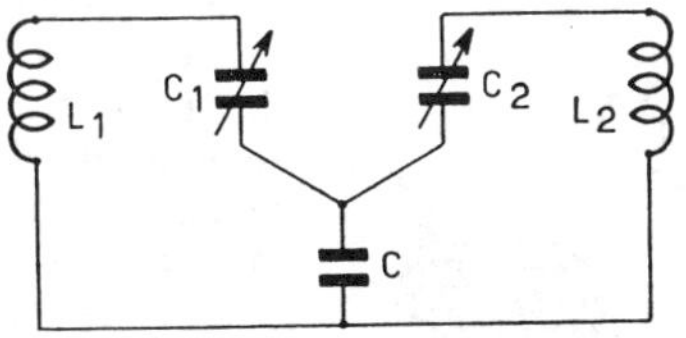

Fig. 116 (à gauche). — Liaison par impédance commune I.

Fig. 117 (à droite). — Filtre à capacitance commune.

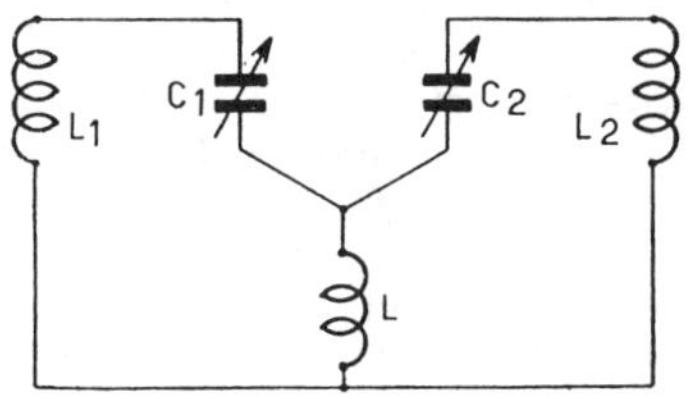

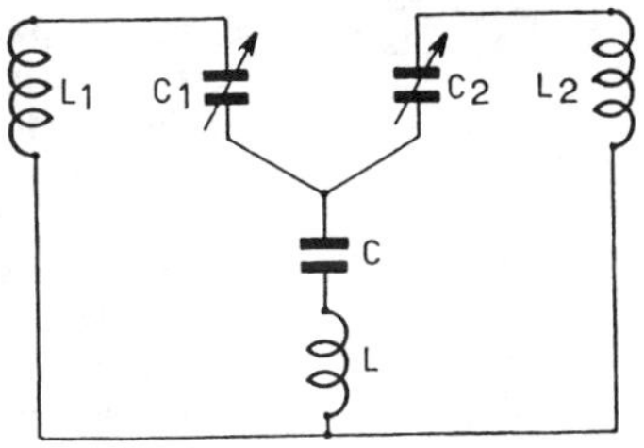

Fig. 118 (à gauche). — Filtre à inductance commune.

Fig. 119 (à droite). — Filtre de Vreeland à capacitance et inductance communes.

Dans le filtre à inductance, celle-ci croît avec la fréquence et, par conséquent, la bande passante s'élargit.

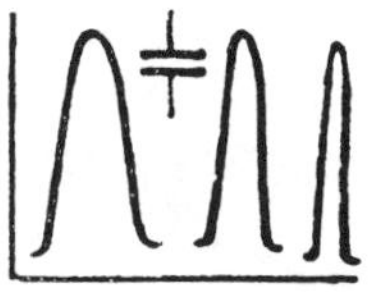

Cur. — Bravo ! Remarquez qu'il s'agit là d'un phénomène bien ennuyeux. Imaginez un tel filtre à capacitance utilisé comme liaison entre deux étages H.F. d'un récepteur. Supposez que pour les ondes d'une fréquence déterminée, il laisse passer la bande de fréquences réglementaire de 9 000 p/s. Mais lorsque vous accordez le récepteur sur une émission de fréquence plus élevée, la bande passante devient trop étroite : trop sélectif, le récepteur ne sera plus assez musical.

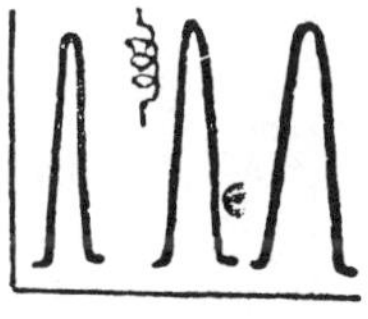

Ig. — Eh bien, je crois qu'il y a un moyen très simple de maintenir constante la largeur de la bande passante pour toutes les fréquences d'accord. Il suffit de constituer l'impédance commune du filtre par un condensateur et une bobine de self-induction mis en série (fig. 119). Leurs effets opposés se compenseront mutuellement.

Cur. — Avant vous, un savant du nom de Vreeland a expérimenté de tels filtres. Malheureusement, les choses ne sont pas aussi simples, car il faut tenir compte des

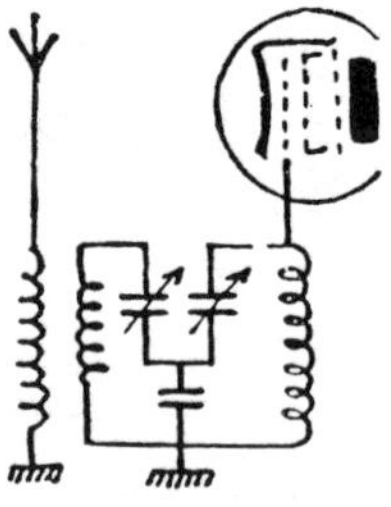

déphasages du courant dans L et C. Il y a, grâce à Dieu, une autre manière de tourner la difficulté : c'est d'utiliser les filtres de bande dans les étages d'amplification à moyenne fréquence des superhétérodynes.

Ig. — C'est vrai, nom d'une impédance ! Là nous sommes toujours accordés sur la même fréquence et n'avons donc pas à redouter une variation de la largeur de la bande passante.

Cur. — Je vous ferai toutefois remarquer que, dans les présélecteurs des superhétérodynes, placés entre l'antenne et la première lampe pour éliminer les « fréquences-images », on se sert parfois de filtres de bande à capacitance. Là, il s'agit d'éliminer une fréquence assez écartée de celle de l'accord. Aussi, la bande passante peut-elle sans inconvénient, être supérieure à 9 000 p/s.

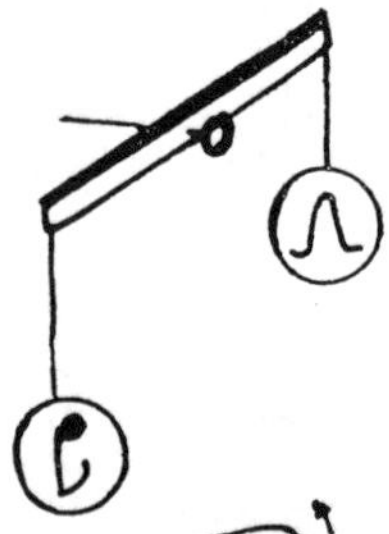

Ignotus opte pour la sélectivité variable.

Ig. — Maintenant, Curiosus, supposez que nous ayons un récepteur avec des filtres de bande laissant passer la bande de 9 000 p/s. Si nous voulons entendre une émission lointaine écartée de 9 000 p/s seulement d'une puissante émission locale, cette dernière ne gênera-t-elle pas quand même la réception ?

Cur. — Du fait que les courbes de résonance des filtres ne font que s'approcher de la courbe idéale, la réception sera évidemment gênée par l'émetteur local. Pour recevoir une telle émission sans perturbations, il faut un récepteur à sélectivité exagérée : sa bande passante doit être inférieure à 9 000 p/s. Ainsi, en sacrifiant partiellement la musicalité, on peut néanmoins recevoir l'émission d'une façon intelligible.

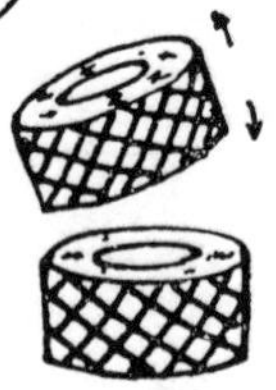

Ig. — J'aime autant ne pas pouvoir recevoir certaines émissions, s'il faut, pour cela, que la sélectivité exagérée nuise à la musicalité.

Cur. — On peut, heureusement, concilier des propriétés en apparence incompatibles, en rendant la sélectivité du récepteur variable. On utilise alors une mauvaise sélectivité pour la réception des émissions qui ne risquent pas d'être perturbées, c'est-à-dire des émissions proches et puissantes. Elles sont alors reproduites avec le maximum de musicalité compatible avec une réception sans perturbations.

Ig. — C'est épatant ! Mais comment réalise-t-on la sélectivité variable ?

Cur. — Vous êtes aujourd'hui, Ignotus, en veine de questions enfantines. Pour rendre variable la largeur de la bande passante d'un filtre, il suffit d'en rendre réglable le couplage. Ainsi, dans les filtres à couplage par induction mutuelle, on rend le couplage variable à l'aide de bobinages mobiles. Dans les filtres à impédance, on utilise des condensateurs ou des self-inductions variables. Certaines précautions sont prises pour éviter le désaccord des circuits qui pourrait être entraîné par la variation du couplage.

Ig. — Eh bien, mon récepteur à moi sera à sélectivité variable !

Commentaires à la 19me Causerie

DIVERSES CATÉGORIES DE DÉFORMATIONS.

Le but vers lequel tendent, depuis des années, les efforts des techniciens, est l'obtention d'une fidélité parfaite de la reproduction musicale. L'idéal serait, évidemment, d'obtenir du haut-parleur des sons identiques à ceux qui, au studio d'émission, impressionnent le microphone. Sans qu'une solution aussi parfaite puisse être atteinte, les chercheurs s'en approchent de plus en plus en « grignotant », jour après jour, les diverses causes de déformation. Et si l'on compare la qualité sonore des récepteurs d'aujourd'hui à ce que nous considérions comme une bonne reproduction vers 1935, on reconnaît l'importance du progrès accompli.

Les déformations peuvent présenter des aspects variés. Nous pouvons reconnaître des DISTORSIONS LINÉAIRES qui se manifestent par l'inégalité de la reproduction de différentes fréquences musicales ; ainsi, dans la plupart des récepteurs de qualité moyenne, les notes graves et les notes aiguës sont-elles atténuées par rapport aux notes du registre moyen.

D'autre part, le lecteur connaît déjà l'existence des DISTORSIONS NON LINÉAIRES, dues à la courbure de la caractéristique des lampes et qui affectent à la fois les rapports des intensités et la forme même des oscillations ; cette déformation se traduit par la naissance de sons qui n'existaient pas dans la musique originale.

Enfin, des bruits d'origine étrangère peuvent s'ajouter à l'audition : RONFLEMENT DU SECTEUR dû à un filtrage insuffisant de la H.T. ou à des inductions parasites ; SOUFFLE dû aux irrégularités de l'émission électronique des cathodes et à l'agitation thermique des conducteurs ; enfin, les parasites atmosphériques et industriels.

Une étude approfondie de la question conduit à cette pénible constatation : tous les organes d'un récepteur sont susceptibles d'occasionner des déformations ; tant dans la partie H.F. que dans la détectrice et la B.F., des distorsions peuvent donc prendre naissance. Et l'on reste confondu en observant que, malgré les mille menaces suspendues sur le courant musical dans toutes les étapes de son trajet, il parvient à conserver à peu près intacte sa pureté originelle...

Les déformations dans la partie H.F. (y compris l'amplificateur M.F. des superhétérodynes) peuvent être dues à la sélectivité excessive des circuits accordés.

BANDES LATÉRALES DE MODULATION.

Dans nos raisonnements, nous avons, jusqu'à présent, considéré que le courant de H.F. reçu par l'antenne n'a qu'une seule fréquence, celle de l'oscillation entretenue de H.F. servant de porteuse à la modulation B.F. Or, une telle conception, par trop simpliste, ne correspond pas à la réalité.

Le fait de moduler la H.F. par des courants de B.F. équivaut à un véritable changement de fréquence, tel que nous l'avons étudié à propos du superhétérodyne. Mais là encore nous n'avons exposé qu'une partie des phénomènes auxquels donne lieu la superposition de deux oscillations de fréquences différentes.

En réalité, quand nous superposons deux courants de fréquences F et f, dans le courant résultant apparaît non seulement une composante de fréquence F — f (ce que nous savions déjà), mais aussi une composante de fréquence F + f. Ainsi, en modulant un courant porteur H.F. de fréquence F par un courant musical de fréquence f, nous créons de part et d'autre de la fréquence F deux composantes F — f et F + f symétriques par rapport à F. Ces deux fréquences sont appelées *fréquences latérales de modulation*.

Mais, dans une transmission de parole ou de musique, nous avons à faire non pas à une seule fréquence f, mais à toute une bande de fréquences s'étendant jusqu'à 10 000 ou 16 000 p/s. Ainsi, autour de la fréquence porteuse F se créent des BANDES LATÉRALES DE MODULATION occupant tout l'intervalle de fréquences entre F — f et F + f, soit une largeur de 2 f.

A titre d'exemple, une émission faite à 1 000 000 p/s (longueur d'onde 300 mètres) modulée par des fréquences musicales allant jusqu'à 10 000 p/s, occupera toutes les fréquence entre 990 000 et 1 010 000 p/s, soit un intervalle de 20 000 périodes par seconde.

MUSICALITÉ ET SÉLECTIVITÉ.

La fréquence porteuse la plus voisine d'un autre émetteur doit en être écartée d'au moins 2 f pour que des interférences n'aient pas lieu entre les fréquences des bandes latérales. Dans l'exemple ci-dessus, l'émetteur le plus rapproché par sa fréquence devra être accordé sur 980 000 p/s ou sur 1 020 000 p/s ; dans le second cas, ses bandes de modulation occuperont l'intervalle de 1 010 000 à 1 030 000 p/s.

Pour pouvoir faire tenir, dans les intervalles de fréquences réservés à la radiodiffusion, un grand nombre d'émetteurs, une convention internationale a limité à 9 000 p/s l'intervalle total de fréquences que doivent occuper les deux bandes latérales d'un émetteur. Dans ces conditions, les fréquences musicales qu'il transmet ne doivent pas dépasser 4 500 p/s. Cette limitation de la radio en fait, du point de vue de la fidélité de la reproduction, la parente pauvre du phonographe et du cinématographe sonore qui, à l'abri de pareilles restrictions, peuvent atteindre des fréquences musicales plus élevées.

Fort heureusement, en O.C. et surtout en ondes métriques, on n'est pas limité de la même manière. Voilà pourquoi la qualité du son qui accompagne la télévision et qui est émis sur ondes métriques est nettement supérieure à celle des émissions sur P.O. et sur G.O.

Mais déjà avec les 4 500 p/s disponibles, on peut atteindre une bonne qualité de la reproduction, à condition de ne pas rogner dans le récepteur même les fréquences élevées de la modulation. Or, c'est là précisément le phénomène néfaste auquel donnent lieu des circuits par trop sélectifs. Ne pouvant laisser passer qu'une étroite bande de fréquences, ils atténuent ou suppriment toutes les autres fréquences de la modulation.

Certes, rien n'est plus facile que de rendre un circuit moins sélectif : il suffit de l'amortir en provoquant des pertes dans une résistance branchée en dérivation, de manière qu'il y débite un certain courant. Mais alors, outre la perte de sensibilité qui en résulte, nous n'aurons plus une sélectivité suffisante pour éviter la réception des émissions sur les fréquences voisines.

Le dilemme devient encore plus évident lorsqu'on étudie les courbes de résonance. Ces courbes montrent la variation de l'intensité du courant circulant dans un circuit oscillant en fonction de la fréquence du courant. Faible en dehors de la fréquence de résonance, cette tension atteint son maximum à la résonance.

En superposant ces courbes à un rectangle qui constitue l'image d'une émission avec ses bandes latérales, on voit qu'un circuit peu sélectif (fig. 111) laisse déborder sa courbe de résonance bien au-delà de l'intervalle de fréquences qui nous intéresse et, de ce fait, laissera également passer les fréquences d'autres émissions. Trop sélectif (fig. 112), le circuit « rogne » les fréquences élevées de bandes latérales.

La solution est offerte par des circuits composés portant le nom de FILTRES DE BANDE et sont les courbes de résonance s'approchent de la forme idéale qui serait celle d'un rectangle ; elles respectent, dans tout leur intervalle de 9 000 périodes, les fréquences musicales et tombent ensuite avec assez de raideur pour ne pas laisser passer les émissions voisines.

FILTRES DE BANDE.

Un filtre de bande est formé de deux circuits oscillants couplés. Suivant que le couplage est lâche, moyen, serré ou très serré, la courbe de résonance aura l'un des aspects de la figure XXV. La double bosse qui caractérise le couplage serré n'apparaît qu'à partir d'un certain degré de couplage dit « couplage critique ». C'est aux environs de ce degré de couplage que la courbe de résonance du filtre de bande offre la forme permettant de réaliser le meilleur compromis entre la sélectivité et la musicalité.

Le couplage des deux circuits peut être réalisé de plusieurs manières : par induction entre les bobinages (c'est ainsi que sont réalisés les transformateurs M.F.), par capacité, par l'emploi combiné de ces deux moyens ou encore par impédance commune (capacitance, inductance, ou encore les deux ensemble).

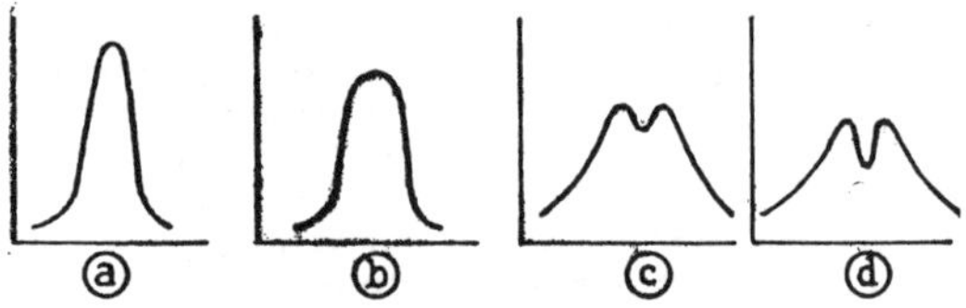

FIG. XXV. — Deux circuits accordés couplés donnent lieu à l'une des quatre courbes de résonance ci-dessus suivant que le couplage est lâche (a), moyen (b), serré (c) ou très serré (d)

Les filtres de bande sont utilisés comme circuits d'accord d'antenne ou comme circuits de liaison entre lampes H.F. et M.F.

SÉLECTIVITÉ VARIABLE.

La largeur de la bande passante dépend du degré de couplage. En rendant ce dernier réglable, nous pouvons donc varier à volonté la largeur de la bande de fréquences transmises par le filtre. On réalise ainsi la SÉLECTIVITÉ VARIABLE qui permet d'adapter le récepteur aux conditions les plus variées de la réception.

Pour écouter une émission lointaine, qui risque d'être brouillée par un émetteur puissant, on pousse la sélectivité au maximum, quitte à sacrifier la musicalité. Par contre, on assure la musicalité maximum (en resserrant le couplage) lorsque l'écoute d'une émission puissante et rapprochée ne nécessite qu'une sélectivité médiocre.

DISTORSIONS DANS LA PARTIE B.F.

Les déformations qui prennent naissance dans la partie B.F. d'un récepteur appartiennent principalement à la catégorie des distorsions non linéaires dues à la courbure des caractéristiques des tubes. Cette courbure existe même dans ce que nous avons, en première approximation, considéré comme « partie rectiligne » de la caractéristique. Tant qu'il ne s'agissait que de faibles amplitudes de tensions alternatives de grille, cette façon d'assimiler la partie intéressée de la caractéristique à une droite était parfaitement justifiée. Mais en B.F., — et surtout en ce qui concerne le tube final, — nous sommes en présence de tensions alternatives relativement importantes, et là la courbure de la caractéristique se manifeste par une certaine déformation du courant anodique.

Une analyse approfondie du phénomène montre que la modification de la forme du courant anodique se traduit par l'apparition de sons HARMONIQUES, c'est-à-dire de notes de fréquences double, triple, etc... de la fréquence fondamentale d'un son. Les harmoniques ainsi créés affectent le timbre du son et nuisent ainsi à la fidélité de la reproduction.

CONTRE-RÉACTION.

Le remède proposé appartient à la classe de ceux qui guérissent le mal par le mal. *Pour supprimer ou, du moins atténuer les déformations de l'amplificateur B.F., on y introduit des déformations de nature identique à celles qu'il produit lui-même, mais dans le sens opposé, de manière à neutraliser les unes par les autres.*

Où donc prendrons-nous des déformations identiques à celles de l'amplificateur lui-même ? Le plus simple et le plus sûr est de les prélever à la sortie même de l'amplificateur et, de là, les appliquer à son entrée, mais en opposition de phase avec les tensions qui, amplifiées, les ont fait apparaître.

Et nous voilà amenés au principe de la CONTRE-RÉACTION. Car qu'est-ce sinon de la contre-réaction que nous faisons en prenant à la sortie d'un tube (ou d'un amplificateur entier) une partie de la tension disponible et en la réinjectant dans l'entrée, mais en opposition de phase.

L'idéal serait de ne prélever, à la sortie, que les tensions dues aux distorsions. Mais évidemment, elles ne sont pas séparables de la tension totale. C'est donc une partie plus

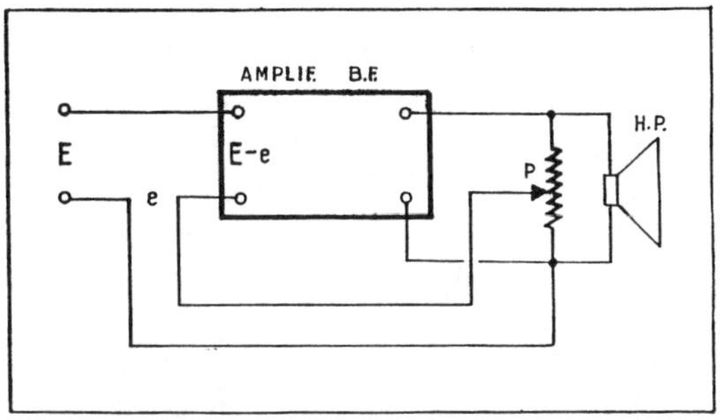

FIG. XXVI. — Schéma général de la contre-réaction. La portion nécessaire de la tension de sortie est prélevée à l'aide du potentiomètre P.

ou moins faible *e* de la tension totale de sortie que nous ramènerons à l'entrée de l'amplificateur en la mettant en opposition de phase avec la tension E qui y est appliquée (fig. XXVI). Que se passe-t-il alors ?

Lui étant opposée, la tension *e* se retranche de la tension E, en sorte qu'à l'entrée de l'amplificateur, nous n'aurons plus qu'une tension E — *e*. Cela n'est pas grave, car cette réduction peut être compensée par une amplification suffisante de l'ensemble. Mais ce qui est intéressant, c'est que dans la tension E — *e* nous avons maintenant des distorsions qui n'existaient pas dans la tension E et qui sont appliquées dans le sens opposé à celui dans lequel elles se produisent dans l'amplificateur. Il en résulte une réduction considérable de la distorsion.

Remarquons tout de suite que la contre-réaction ne permet pas d'éliminer totalement les distorsions, puisqu'il faut avoir à la sortie un peu de déformations afin de les réinjecter à l'entrée.

Du fait que la tension E à l'entrée se trouve réduite à la valeur E — *e* par UNE PARTIE *e* de la tension de sortie, la contre-réaction réduit l'amplification dans un certain rapport. Elle ne doit être appliquée qu'à un amplificateur ayant une réserve suffisante d'amplification de manière que, malgré cette réduction, la lampe finale puisse fournir au haut-parleur la puissance désirée.

CONTRE-RÉACTION SUR LAMPE FINALE.

Comment est pratiquement réalisée la contre-réaction ?

Puisque les principales distorsions prennent naissance dans la lampe de sortie, on ne l'ap-

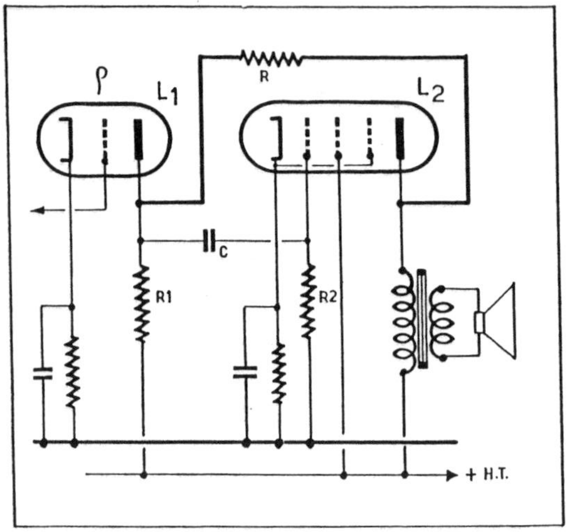

FIG. XXVII. — Contre-réaction sur l'amplificateur B.F. réalisée à l'aide de la résistance R entre les plaques des deux lampes.

plique parfois qu'à cette dernière. Dans ce cas, le moyen le plus simple (fig. XXVII) consiste à réunir la plaque de la lampe finale L_2 à la plaque de la préamplificatrice L_1 à l'aide d'une résistance R de valeur élevée (de 1 à 2 MΩ). C'est à travers cette résistance que les tensions alternatives développées dans le primaire du transformateur de sortie sont retournées, en partie, vers la grille de la lampe finale, en passant par le condensateur de liaison C.

Il faut noter qu'ici, comme dans le schéma général de la figure XXVI, nous sommes en présence d'un potentiomètre qui divise la tension de sortie de manière qu'une partie seulement soit retournée. Dans la figure XXVII, le potentiomètre est constitué d'une part par la résistance R, d'autre part par trois résistances mises en parallèle : la résistance interne ρ de la lampe L_1 et les résistances R_1 et R_2 (ces trois résistances sont connectées d'une part à l'anode de L_1 et d'autre part au + ou — H.T., ce qui, du point de vue alternatif, revient au même). Comme la résistance équivalente de ρ, R_1 et R_2 en parallèle est faible par rapport à la résistance R, ce n'est qu'une faible partie de la tension de sortie qui sera ainsi appliquée à la grille de L_2.

CONTRE-RÉACTION AVEC CORRECTION DE LA TONALITÉ.

Lorsqu'on désire appliquer la contre-réaction aux deux tubes composant l'amplificateur B.F. d'un récepteur, il est préférable de prélever la tension nécessaire sur le secondaire du transformateur de sortie qui est, rappelons-le, un abaisseur de tension. On l'applique à la première lampe à l'aide d'une résistance R_1 de faible valeur (10 à 20 ohms) intercalée entre la cathode et la résistance de polarisation (fig. XXVIII). La cathode se trouve ainsi promue au grade d'électrode de commande pour la tension de contre-réaction.

On profite parfois de ce dispositif pour améliorer en même temps la reproduction des notes graves et aiguës qui, généralement, sont atténuées par rapport au registre moyen. *Pour mieux amplifier les graves et les aiguës, il suffit de réduire les tensions de contre-réaction pour les fréquences correspondantes.* De cette manière l'atténuation de l'amplification qu'entraîne la contre-réaction sera moins prononcée pour les graves et les aiguës qui se trouveront ainsi mieux amplifiées par rapport au médium.

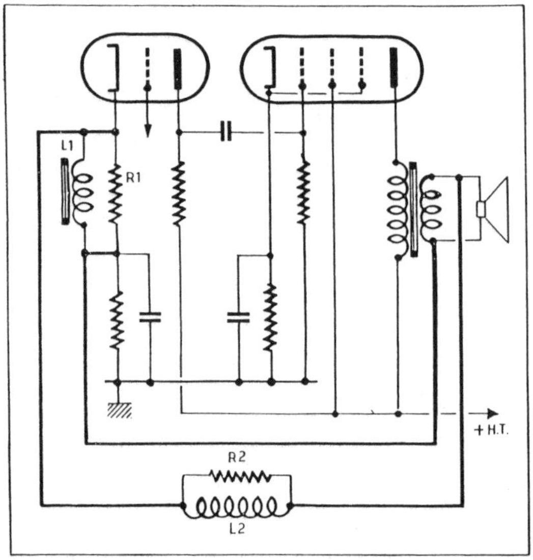

FIG. XXVIII. — Contre-réaction sur l'amplificateur B.F. avec correction de tonalité. La résistance R_1 est de l'ordre de 10 à 20 ohms, R_2 est de 500 ohms, L_1 est de 25 millihenrys. L_2 est de 15 millihenrys.

Une telle « correction de tonalité » est réalisée à l'aide de deux petites inductances L_1 et L_2. La première, placée en dérivation sur le circuit de contre-réaction, laisse passer les courants d'autant plus aisément que leur fréquence est plus basse, et cela au détriment du courant

(suite page 166)

VINGTIÈME CAUSERIE

Dans cette causerie, il sera question de diverses limitations que subit la modulation B.F. Elle est limitée aussi bien en fréquence qu'en amplitude. Curiosus parvient, une fois de plus, à montrer comment on peut vaincre les difficultés.Et c'est ainsi qu'il est amené à parler de la modulation de fréquence.

75 cm plus vastes que 400 m !

IGNOTUS. — Je me sens très déprimé, Curiosus.

CURIOSUS. — Pourquoi donc, cher ami ?

IG. — Lors de notre dernière conversation, vous m'avez dit combien était limité l'intervalle des fréquences musicales que la radiodiffusion est autorisée à transmettre. Je trouve cette mutilation de la musique parfaitement inadmissible. Ne vaudrait-il pas mieux avoir moins d'émetteurs en laissant à chacun une plus grande largeur des bandes latérales de modulation ?

CUR. — Cela vaudrait infiniment mieux. Mais, pour ce faire, il aurait fallu un accord international. Et vous savez, hélas, combien il est difficile de mettre d'accord les représentants de différents pays même lorsqu'il s'agit de questions plus simples... Plutôt que de chercher une solution rationnelle en faisant appel à la sagesse des hommes, il est préférable de recourir à d'autres méthodes techniques.

IG. — Je ne saisis pas à quoi vous faites allusion.

CUR. — Eh bien, on peut remonter plus loin dans le domaine des fréquences en émettant sur des ondes métriques, c'est-à-dire d'une longueur d'un ou de plusieurs mètres. Là règne une grande liberté, et l'on n'a pas à y mutiler la musique.

IG. — J'avoue ne pas voir pourquoi, dans ce petit intervalle de quelques mètres de longueurs d'onde, on est moins gêné aux entournures que dans cette vaste étendue qu'est la gamme des « petites ondes » qui va de 200 à 600 mètres, soit un intervalle de 400 mètres.

CUR. — Voilà, mon pauvre Ignotus, où conduit la fâcheuse habitude de raisonner en longueurs d'onde ! Vous me faites pitié en procédant ainsi. Essayez donc de vous amender en calculant en hertz.

IG. — Rien de plus facile. En fréquences, 200 mètres correspondent à 1 500 000 Hz, et 600 mètres à 500 000 Hz. Soit un intervalle de 1 000 000 de Hz.

CUR. — Admettons, pour simplifier le calcul, que chaque émetteur ait droit à une bande de fréquences (on dit aussi « canal ») de 10 000 Hz. Combien peut-on en caser au total dans cet intervalle ?

IG. — Très simple : 1 000 000 divisé par 10 000 donne 100. Ainsi, pour qu'ils ne se gênent pas mutuellement, il ne faut pas qu'il y ait plus de 100 émetteurs en petites ondes. Mais il y en a bien davantage !

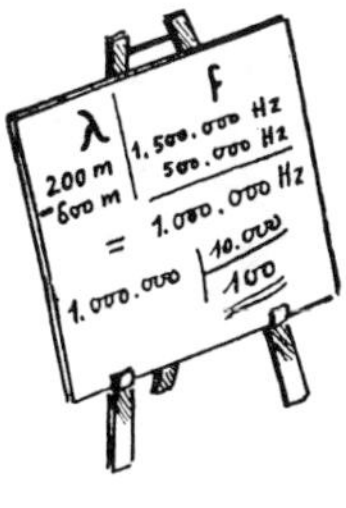

CUR. — Oui. Car on peut faire fonctionner plusieurs émetteurs sur la même longueur d'onde, à la condition qu'ils transmettent le même programme et qu'ils soient rigoureusement synchronisés. Ou bien, on peut même leur laisser la possibilité de diffuser des programmes différents, à la condition qu'ils soient de faible puissance et très distants l'un de l'autre. N'empêche que la gamme des petites ondes n'admet que 100 longueurs d'onde différentes.

IG. — C'est peu. Mais en a-t-on davantage dans le domaine des ondes métriques ?

CUR. — Refaites donc votre calcul pour voir, par exemple, combien de canaux de 10 000 Hz on peut caser entre les longueurs d'onde de 3 mètres et de 3,75 mètres.

IG. — Oh, que voulez-vous qu'on fasse dans ces pauvres 75 centimètres ?... Enfin, puisqu'il faut bien faire aujourd'hui concurrence à Einstein, je vais encore me livrer à ces calculs. A 3 mètres correspond la fréquence de 100 000 000 de Hz et à 3,75 mètres 80 000 000 de Hz. L'intervalle est donc de 20 000 000 de Hz et... mon Dieu ! est-ce possible ? On peut y placer 2 000 canaux de 10 000 Hz !... J'ai dû me tromper. Ces 75 cm seraient-ils tellement plus vastes que les 400 mètres des petites ondes ?

CUR. — Non, cher ami, vos calculs ne sont entachés d'aucune erreur. Ils montrent que les ondes métriques offrent une belle étendue de fréquences où l'on peut attribuer des longueurs d'onde à un grand nombre d'émetteurs sans limiter parcimonieusement la largeur des bandes latérales de modulation de chacun d'eux.

Le revers de la médaille.

IG. — Formidable ! Il fallait y penser ! Mais alors, j'espère qu'on va abandonner les petites ondes et que tous les émetteurs vont bientôt émigrer dans ce vaste, ce magnifique domaine des ondes métriques où ils pourront s'épanouir en toute liberté pour la plus grande satisfaction des véritables amateurs de musique.

CUR. — Quelle lyrique envolée !... Désolé de verser, une fois de plus, une douche froide sur tant de chaleureux enthousiasme. Mais ces ondes métriques sont, hélas, affligées d'un gros inconvénient : elles ont une portée très limitée.

IG. — Quelle malchance ! Voilà des ondes qui ne limitent en rien le spectre des sons. Pourquoi faut-il, en revanche, qu'elles se propagent mal ?

CUR. — Parce que, se rapprochant davantage des ondes lumineuses — qui sont de la même nature électromagnétique, mais de longueur encore plus courte — elles ont aussi des propriétés qui ressemblent à celles de la lumière. Au lieu de se réfléchir contre les couches supérieures de l'atmosphère dont l'ionisation permet, à la façon d'un miroir, de renvoyer vers la terre des ondes plus longues, les ondes métriques y pénètrent sans espoir de retour.

IG. — On pourrait donc les utiliser pour entrer en communication avec les habitants des autres planètes ?

CUR. — Oui, à la condition qu'il y en ait... Mais, sans aller jusque là, je vous signale qu'elles servent aux liaisions avec les engins spatiaxux et que l'on a pu projeter des faisceaux de ces ondes sur la surface de la lune qui les a réfléchies en sorte qu'elles sont revenues sur la terre.

IG. — Et combien de temps a duré ce petit voyage d'aller et retour ?

CUR. — Deux secondes et demie environ. Mais si elles permettent de recevoir des échos de la lune, en revanche, les ondes métriques se distinguent par une droiture de caractère extraordinaire. Alors que les ondes plus longues épousent volontiers la courbure du globe terrestre, ce qui leur permet de suivre la surface de la terre sur de longues distances, les ondes métriques, droites comme les rayons de lumière, ne dépassent guère les limites de l'horizon.

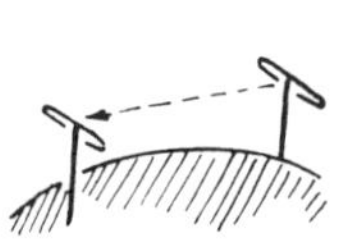

IG. — En somme, si j'ai bien compris, pour les recevoir convenablement, il faut avoir une visibilité directe entre les antennes de réception et d'émission.

CUR. — C'est bien cela. Voilà pourquoi on place aussi haut que possible les antennes émettant des ondes métriques. Malgré cela, la portée de ces ondes ne dépasse guère une centaine de kilomètres.

IG. — Ce qui fait que, pour couvrir un pays comme le nôtre d'émissions sur ces ondes, il faut prévoir un grand nombre d'émetteurs.

CUR. — Oui, hélas. C'est d'ailleurs ce qui se passe dans le domaine de la télévision qui, elle aussi (vous l'apprendrez plus tard), fait appel aux ondes métriques.

Régime des compressions.

IG. — Après tout, cette portée insuffisante des émetteurs à ondes métriques ne constitue pas un inconvénient rédhibitoire. J'espère que l'on a dépensé les sommes nécessaires pour ériger un nombre suffisant de tels émetteurs de manière à pouvoir transmettre la musique sans la moindre limitation.

CUR. — C'est beaucoup dire ! Si, dans le domaine des ondes métriques, il n'y a pas de limitation de fréquence, il en subsiste une autre, celle qui afflige le procédé même de modulation que nous avons étudié jusqu'à présent : la limitation de la *dynamique*.

IG. — Qu'appelez-vous ainsi ?

CUR. — C'est le rapport entre les intensités maximum et minimum des sons. Dans un grand orchestre symphonique, un éclat *fortissimo* peut être 10 000 fois plus fort qu'un *pianissimo* du violon solo. Or, avec notre *modulation d'amplitude*, on ne peut pas transmettre un tel rapport d'intensités.

IG. — Pourquoi donc ?

CUR. — Du côté des puissances de son maxima, on ne peut pas moduler l'onde porteuse au-delà du double de son amplitude (fig. 120).

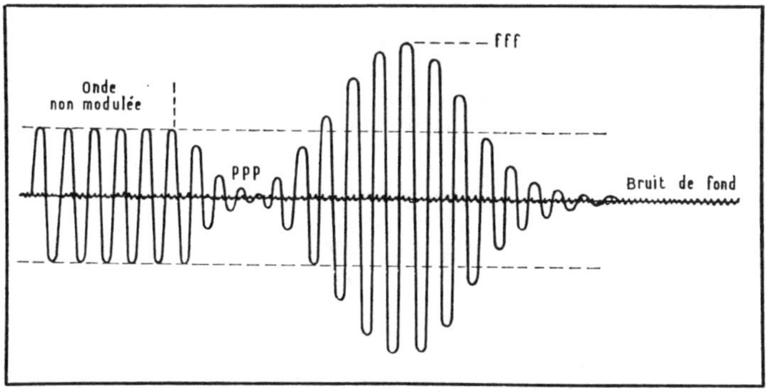

FIG. 120. — Lorsqu'une porteuse H.F. est modulée en amplitude, les limites de cette modulation sont constituées par le double de l'amplitude de l'onde non modulée pour le maximum, et par le bruit de fond pour le minimum.

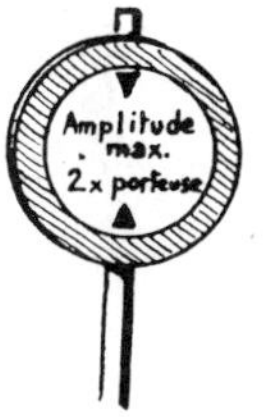

IG. — D'accord. Mais si, pour les puissances minima, vous réduisez l'amplitude de l'onde porteuse dans le rapport voulu, vous devez pouvoir respecter la dynamique de la musique.

CUR. — Hélas, mon pauvre ami, de ce côté, nous sommes également limités par le *bruit de fond*. Il s'agit de cette sorte de souffle que l'on entend dans un récepteur en l'absence de toute émission (ou bien pendant les pauses) et qui est dû à une quantité de causes.

IG. — Je suppose que les perturbations parasites atmosphériques et industrielles y sont pour quelque chose.

CUR. — Bien entendu. Mais en dehors de ces raisons extérieures, il en est d'autres inhérentes à l'émetteur et au récepteur. C'est notamment le souffle dû à l'irrégularité de l'émission électronique des cathodes et à l'agitation thermique des molécules des résistances et des circuits oscillants.

IG. — Tiens ! ça me fait penser au « grain de l'émulsion » des négatifs photographiques qui limite le rapport des agrandissements.

CUR. — L'analogie est certaine.

IG. — Donc, si je comprends bien, il ne faut pas que les amplitudes les plus faibles du courant modulé soient inférieures au niveau du bruit de fond afin de ne pas y être noyées.

CUR. — Félicitations ! Vous avez très bien formulé la situation. On est conduit à comprimer la dynamique de la musique transmise pour éviter que les *fortissimi*

dépassent le double de l'amplitude de la porteuse et que les *pianissimi* soient plus faibles que le bruit de fond.

Ig. — C'est gai ! On trouve le moyen de respecter intégralement la gamme des fréquences en recourant aux ondes métriques, mais on n'est pas capable de sauvegarder les nuances de la musique et on écrase les rapports des intensités ! Quelle pitié !... Et dire qu'il y a des fabricants de récepteurs qui ont la prétention de parler de « haute fidélité » !

Fréquence variable. Amplitude constante.

Cur. — Et, bien souvent, ils n'ont pas tort. Car il s'agit alors de la *modulation de fréquence* qui, elle, n'est pas sujette aux limitations de dynamique.

Ig. — Je savais bien que, selon votre habitude, vous dressiez soigneusement un obstacle pour le renverser d'une chiquenaude. Je vous connais bien, Curiosus ! Mais qu'est-ce que cette modulation de fréquence ?

Cur. — Jusqu'à présent, nous n'avons examiné qu'un seul moyen d'introduire le voyageur B.F. dans le train H.F., autrement dit de moduler le courant porteur par le courant microphonique : la *modulation d'amplitude* qui fait varier les amplitudes successives de la porteuse à la cadence des variations de la tension B.F.

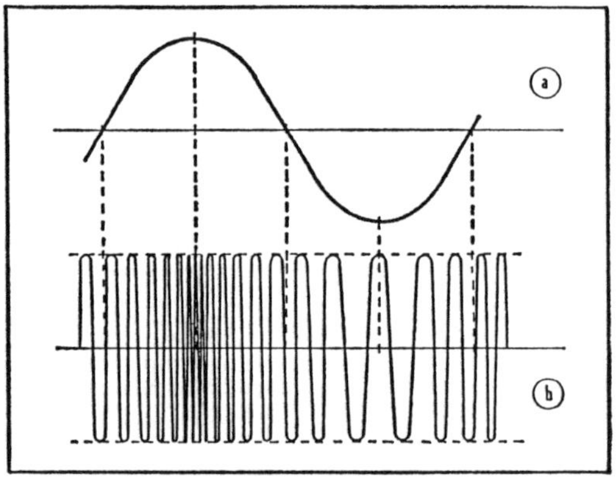

FIG. 121. — Dans la modulation de fréquence, l'amplitude de la porteuse reste constante (en bas), mais sa fréquence varie, autour d'une certaine valeur moyenne, au rythme de la modulation B.F.

Ig. — Vous ne voulez pas dire que, dans la modulation de fréquence, c'est la fréquence de l'onde porteuse qui varie selon les valeurs de la tension B.F. ?

Cur. — C'est pourtant bien cela. Au lieu d'agir sur l'amplitude de la porteuse, la modulation agit sur sa fréquence (fig. 121). Plus la valeur instantanée du courant B.F. est élevée, plus grande devient au même moment la fréquence du courant modulé.

Ig. — Quant à son amplitude, je constate qu'elle demeure constante.

Cur. — Oui. Et ce n'est pas le moindre des avantages de la modulation de fréquence ou, comme on dit, F.M. (de l'anglais *Frequency Modulation*, ce qui permet d'éviter la confusion avec M.F., abrégé de « moyenne fréquence »). Cette constance de l'amplitude assure, tout d'abord, un meilleur rendement énergétique de l'émetteur qui fonctionne constamment au maximum de sa puissance. A la réception, le signal reste bien supérieur au niveau du bruit de fond. Et la portée réelle est plus grande que dans la classique modulation d'amplitude (*A.M.* en abrégé), grâce au fait que l'on reçoit toujours la plus grande amplitude de l'onde émise.

Ig. — En somme, dans ce système de modulation, la fréquence varie à la cadence des courants B.F. Mais qu'est-ce qui représente les intensités relatives de ces courants modulateurs ?

Cur. — C'est l'écart des fréquences par rapport à la fréquence propre de l'onde porteuse telle qu'elle est en l'absence de toute modulation. Des sons faibles ne détermineront que de faibles écarts (on dit aussi « déviations » ou « excursions ») de la fréquence. En revanche, de forts éclats de voix ou d'orchestre seront traduits par d'importantes déviations de la fréquence.

Ig. — En somme, la cadence de ces déviations de fréquence représente la fréquence de la modulation B.F. Et la valeur de ces déviations correspond à l'intensité de la B.F.

Cur. — Vous avez très bien compris la F.M., Ignotus.

Ig. — Et comme il n'y a pas de raison de limiter la valeur de cette excursion de fréquence, on peut, je suppose, respecter les vrais rapports d'intensité, autrement dit, restituer la véritable dynamique de la musique.

Cur. — En effet. C'est, d'ailleurs, la raison qui fait adopter pour la F.M. le domaine des ondes métriques où l'on dispose d'une vaste étendue de fréquences.

Un émetteur F.M. bien simple.

Ig. — Cette modulation de fréquence me plaît prodigieusement. J'ai bien envie de l'étudier plus profondément. Et, pour commencer, je voudrais savoir comment est composé un émetteur F.M.

Cur. — Votre curiosité est infinie, cher ami. Mais je tenterai de la satisfaire en vous montrant comment on peut concevoir un émetteur expérimental de faible puissance utilisant un *microphone électrostatique.*

Ig. — Qu'est-ce encore que cet engin ?

Cur. — Tout bonnement un condensateur à deux armatures dont l'une, rigide, est constituée par une plaque métallique massive et l'autre, élastique, est formée par une mince membrane métallique tendue en regard de la première.

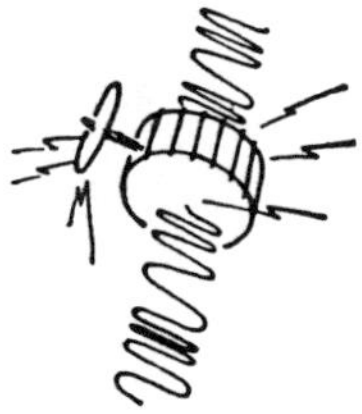

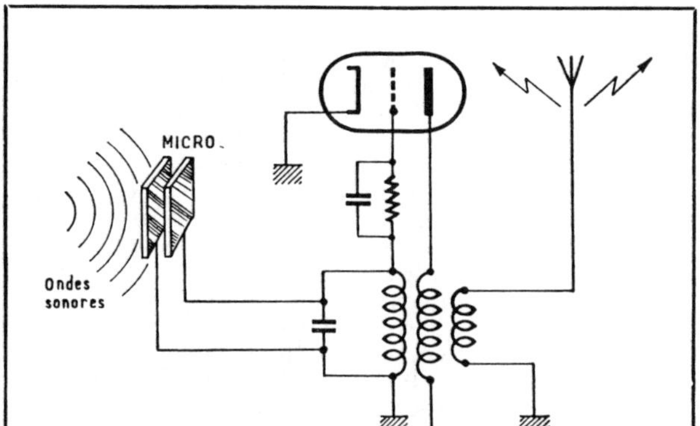

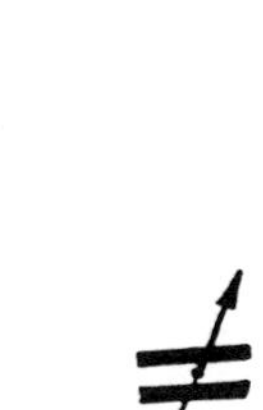

FIG. 122. — Voici comment on peut concevoir un émetteur F.M. le plus simple. C'est un microphone électrostatique (microphone-condensateur) qui fait varier la fréquence du circuit oscillant.

Ig. — Je devine que cet ensemble constitue un véritable condensateur variable dont la capacité varie si des ondes sonores viennent faire vibrer l'armature élastique.

Cur. — On ne peut rien vous celer, ami ! Puisque vous l'avez si bien compris, vous ne serez point surpris de trouver ce microphone branché en parallèle sur le circuit d'accord d'un oscillateur à tube électronique (fig. 122). Et les variations de la

capacité de ce microphone détermineront des variations de la fréquence du circuit d'accord, donc des oscillations engendrées par le tube électronique.

IG. — Nous aurons donc bel et bien des ondes modulées en fréquence. Je ne pensais pas que c'était aussi simple !

CUR. — Dans les véritables émetteurs à modulation de fréquence, les choses sont bien plus complexes. Mais vous n'avez pas besoin de vous en occuper.

IG. — En effet. Ce que je voudrais surtout savoir, c'est la façon dont se fait la réception de ces extraordinaires émissions.

CUR. — Si vous voulez bien patienter jusqu'à notre prochain entretien, nous pourrons examiner cette question.

★

La présente causerie, pas plus que les deux suivantes, ne comporte pas de « commentaires ». Mais voici la fin de ceux de la 19ᵉ (suite de la page 160) :

qui passe en R_1. Ainsi, plus la fréquence est basse, moins il y aura de tension dans R_1 pour exercer l'effet de contre-réaction. Ainsi, la bobine L_1 corrige-t-elle les notes graves.

La bobine L_2, placée en série, s'oppose au passage des courants d'autant plus violemment que leur fréquence est plus élevée. Il en résulte que les fréquences des notes aiguës seront moins bien acheminées vers R_1 et que, pour elles, la contre-réaction entraînera une moindre diminution de l'amplification.

Si cette façon de « corriger la tonalité » semble être d'une simplicité séduisante, nous ne saurions en préconiser l'emploi sans formuler des réserves. En réduisant l'effet de la contre-réaction pour certaines fréquences, nous oublions un peu que le but essentiel de la contre-réaction est d'atténuer les distorsions. Ainsi les fréquences « favorisées » par une contre-réaction réduite seront le plus affectées par les distorsions insuffisamment corrigées. Et si ce fait est de peu d'importance pour les notes aiguës (dont les harmoniques montent trop loin dans l'échelle des fréquences pour être encore gênants), il peut, au contraire, s'avérer bien déplaisant dans les notes graves.

Et puisqu'il existe d'autres méthodes de correction de tonalité, qui ne font pas appel à la contre-réaction, il est préférable d'y avoir recours plutôt que de risquer d'introduire des déformations gênantes en s'attaquant à d'autres déformations... parfois moins importantes.

VINGT-ET-UNIÈME CAUSERIE

Après avoir examiné, dans la précédente causerie, les principes de l'émission à modulation de fréquence, nos jeunes amis vont analyser ici les diverses particularités des récepteurs F.M. et notamment les montages cascode, discriminateur, détecteurs de rapport, limiteur etc...

Tout est relatif.

IGNOTUS. — Tout ce que vous m'avez expliqué, la dernière fois, au sujet de la modulation de fréquence, n'a pas cessé de me trotter dans la tête. Ces notions sont assez insolites. Les amplitudes B.F. sont ici exprimées par les variations plus ou moins fortes de la fréquence H.F. ; et les fréquences B.F. sont représentées par... comment le dire ?... par la fréquence des variations de la fréquence H.F.

CURIOSUS. — Encore que votre façon de parler manque d'élégance, vous dites là des choses parfaitement sensées.

IG. — J'ai également réfléchi à la façon de recevoir ces émissions modulées en fréquence. Je pense qu'un récepteur ordinaire, tel que ceux prévus pour la modulation d'amplitude, ne pourrait pas convenir. Car si l'on détecte ces tensions H.F. modulées où toutes les amplitudes ont la même valeur, on obtiendra une tension continue et non pas celle de la modulation B.F. Ai-je raison ?

CUR. — Parfaitement. Aussi n'utiliserons-nous pas en F.M. des détecteurs ordinaires. Mais là ne réside pas la seule particularité des récepteurs destinés à la modulation de fréquence.

IG. — Je ne vois pas pourquoi, en dehors de l'étage détecteur, on ne ferait pas appel au classique schéma du superhétérodyne.

CUR. — Le super est, en effet, le montage universellement adopté en F.M. Mais le schéma et les éléments utilisés sont loin d'être classiques. Vous semblez oublier que les émissions sont faites sur des ondes métriques, c'est-à-dire à des fréquences de l'ordre de cent millions de hertz et que, de surcroît, les bandes latérales de modulation s'étendent de part et d'autre de la valeur moyenne de la fréquence porteuse sur une centaine de milliers de hertz, au lieu des maigres 4 500 Hz de la modulation d'amplitude.

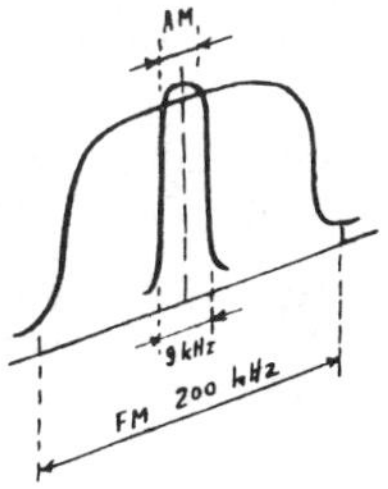

IG. — C'est vrai, je n'y pensais pas. Je suppose donc qu'il faudra prévoir, aussi bien dans les étages H.F. que M.F., des circuits accordés capables de laisser passer des bandes de fréquences de l'ordre de 200 kHz.

CUR. — C'est exact. On va même jusqu'à 300 kHz. Et comme il serait très difficile d'y parvenir avec des M.F. de l'ordre de 400 ou 500 kHz, on accorde les étages de moyenne fréquence, dans ces récepteurs spéciaux, sur une dizaine de mégahertz. La valeur la plus couramment adoptée est 10,7 MHz.

IG. — Je comprends bien. Pour un transformateur M.F. accordé sur 455 kHz, une bande passante de 300 kHz représenterait plus de la moitié de sa fréquence, tandis que pour 10,7 MHz, la même bande passante n'est que 3 % environ de sa fréquence. C'est l'histoire du millionnaire pour qui les cent francs qu'il donne à un mendiant sont peu de chose, alors que pour un modeste employé, offrir la même aumône est un sacrifice.

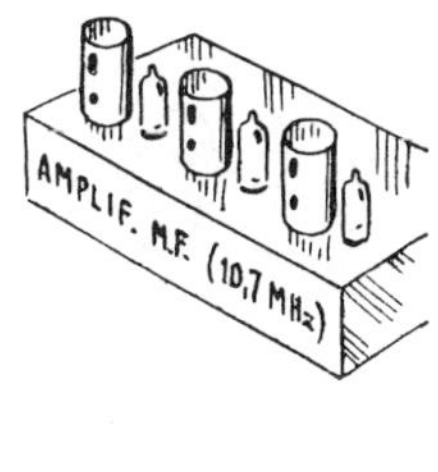

CUR. — Eternel problème de la relativité... Mais, comme toute médaille a son revers, quand on amplifie une large bande de fréquences, le gain est par contrecoup assez faible. Aussi doit-on monter deux et même trois étages M.F.

IG. — Est-ce que cela dispense de la nécessité d'avoir une préamplification H.F. ?

CUR. — Nullement. L'emploi d'un étage H.F. avant le changement de fréquence est très recommandé. Mais, compte tenu de la valeur élevée de la fréquence des signaux reçus, les montages ordinaires présentent certains inconvénients. Il est notamment peu conseillé d'utiliser des pentodes qui ont un souffle prononcé. Les triodes sont sous ce rapport bien plus indiquées, encore que leur gain soit plus faible.

IG. — On ne peut pas avoir toutes les qualités à la fois !

CUR. — Ne soyez pas sentencieux, Ignotus. Et n'oubliez pas que la triode a un autre inconvénient dont nous avons discuté longuement.

Est-ce une folie ?

IG. — Vous voulez parler de la fameuse capacité entre la cathode et l'anode dont on atténue les effets par l'interposition de la grille-écran.

CUR. — Précisément. Mais puisque nous ne voulons employer ici ni tétrodes, ni pentodes, il faut recourir à un artifice pour combattre l'action de cette sacrée capacité. L'astuce consiste à faire jouer à la grille de la triode le rôle d'une grille-écran en la mettant au potentiel fixe et immuable du négatif de la haute tension. C'est pourquoi on appelle un tel montage « triode avec grille à la masse » (fig. 123).

IG. — Mais c'est de la folie pure ! Si vous mettez la grille à la masse, vous ne pouvez plus lui appliquer les tensions variables qui sont à amplifier.

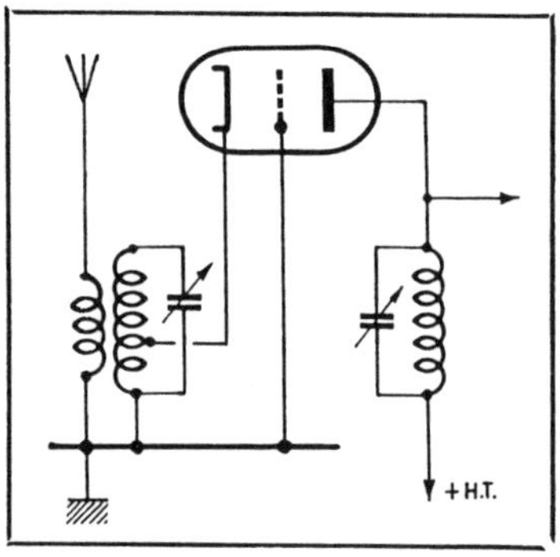

FIG. 123. — Voici comment se présente, da n sa forme classique, le montage d'une triode amplificatrice H.F. avec grille à la masse.

CUR. — Bien entendu. Aussi les applique-t-on à la cathode comme le montre très nettement mon schéma.

IG. — De mieux en mieux ! C'est la cathode qui, si je comprends bien, vous sert ici d'électrode de commande ?...

CUR. — Et pourquoi pas ? Ce qui compte, c'est le fait qu'entre grille et cathode la tension doit varier pour agir sur l'intensité du courant anodique. Que le potentiel variable soit appliqué à la grille (avec la cathode au potentiel fixe) ou qu'inversement il soit appliqué à la cathode (avec la grille au potentiel fixe), cela revient au même.

IG. — Oui, vous avez raison. Le montage avec la grille à la masse ne diffère pas tellement du montage classique. C'est comme dans la famille de nos voisins...

CUR. — Quelle bêtise allez-vous encore proférer ?

IG. — Nullement. Chez nos voisins, la mère s'entend mal avec sa fille. Tantôt c'est l'une qui attaque l'autre, qui ne demande qu'à rester en paix, tantôt c'est l'inverse. Exactement comme la cathode et la grille... Mais que l'initiative de la querelle vienne de la mère ou de la fille, le père se déchaîne contre elles dans les deux cas, car il joue nettement le rôle du courant anodique amplifié.

CUR. — Vous auriez inventé cette histoire pour les besoins de la cause que je n'en serais pas autrement surpris...

IG. — Un point dans votre schéma m'intrigue : pourquoi attaquez-vous la cathode à l'aide d'une prise sur le bobinage du circuit accordé au lieu de lui appliquer la totalité de la tension à ses bornes ?

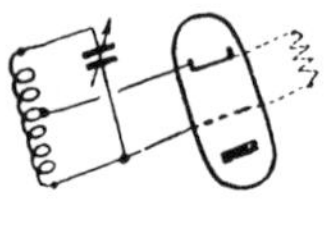

CUR. — Parce que la résistance d'entrée d'une triode ainsi montée est assez faible. Et si elle se trouvait branchée en parallèle sur la totalité de ce circuit d'accord, elle l'amortirait fortement, ce qui réduirait encore le gain. Voilà pourquoi on a intérêt à la brancher sur une fraction seulement de ce circuit. Il y a cependant un autre moyen d'éviter l'action de cet amortissement sur le circuit d'entrée. Le devinez-vous ?

IG. — Non. Je donne ma langue au chat.

CUR. — Eh bien, il suffit de faire précéder notre triode avec grille à la masse par une autre triode amplificatrice montée d'une façon classique (fig. 124).

Cascode = 2 étages en cascade.

Ig. — Vous moquez-vous de moi, Curiosus ? Votre montage ne peut pas fonctionner puisque la résistance de charge R_1 du premier tube aboutit à la masse, c'est-à-dire au négatif de la haute tension. Il n'y a dès lors aucune tension positive sur l'anode de cette première triode. Et même si vous vous mettez à genoux devant elle, cette triode que vous prétendez — quelle outrecuidance ! — employer dans un montage « classique », se refusera d'amplifier ou même de transmettre une tension au tube suivant.

Cur. — Vous avez tort d'être aussi affirmatif. Je reconnais que ce montage — que l'on appelle « cascode » — s'écarte quelque peu du classicisme que vous défendez avec tant d'ardeur. Mais, contrairement à ce que vous pensez, il y a de la tension positive sur l'anode du premier tube, et tout cela fonctionne très bien.

Ig. — D'où vient donc cette tension ?

Cur. — Tout bonnement de l'anode du deuxième tube qui, elle, est connectée au positif de la haute tension.

Ig. — Dois-je comprendre que cette tension parvient à l'anode de la première triode à travers la résistance anode-cathode du deuxième tube avec, en série, la résistance R_2 placée en dérivation sur le condensateur de liaison C ?

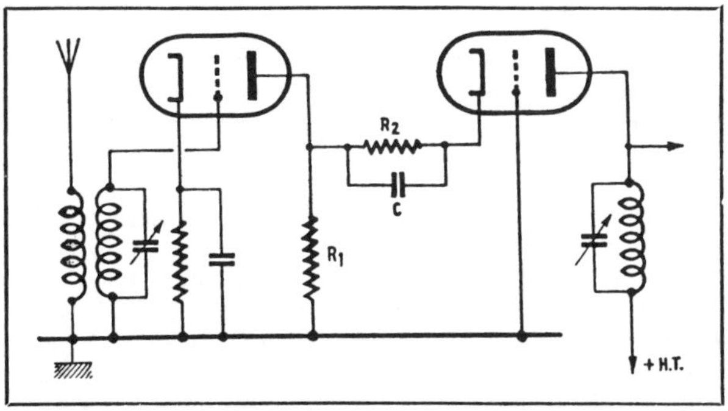

FIG. 124. — Ici on voit la structure théorique du montage dit cascode. A signaler que la résistance R_1 n'est nullement nécessaire.

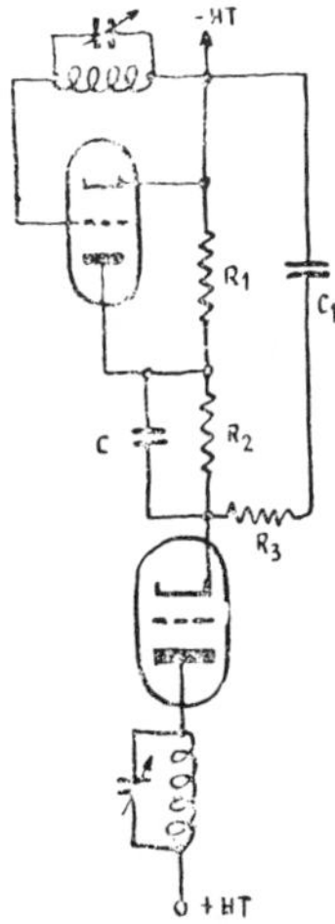

Cur. — Mais oui. On peut considérer que les résistances R_1, R_2 et celle entre cathode et anode de la deuxième triode, reliées en série, constituent un diviseur de tension placé entre le négatif et le positif de la source de haute tension. C'est dire que le point de jonction des résistances R_1 et R_2 auquel est connectée la première anode se trouve à une certaine tension positive qui est d'autant plus élevée que R_1 a une valeur de l'ordre d'un demi-mégohm, alors que R_2 n'est que d'une centaine d'ohms.

Ig. — *Mea culpa !* J'aurais dû penser à tout cela. Et, du même coup, je constate que dans le deuxième tube du cascode, celui dont la grille est à la masse, la polarisation est correctement assurée, puisque la cathode est à un potentiel positif, en sorte que la grille est négative par rapport à la cathode. Ainsi tout va pour le mieux dans le meilleur des mondes.

Où l'on ressuscite un montage abandonné.

Cur. — Peut-être. Mais à force de me poser des questions à tort et à travers, vous me faites commencer l'étude du récepteur pour modulation de fréquence par les étages M.F. et continuer par l'amplification H.F., ce qui n'a rien de logique.

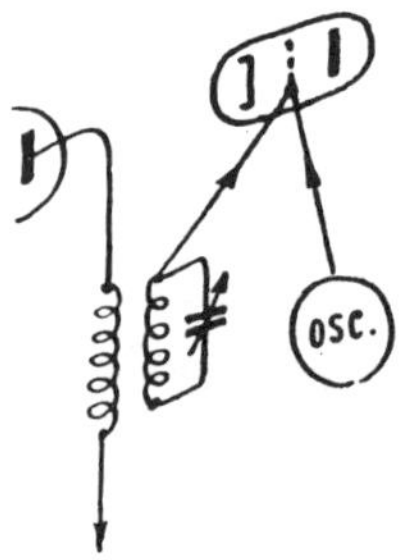

IG. — Y aurait-il donc quelque chose à dire au sujet du changement de fréquence ?

CUR. — Certes. Car aux fréquences élevées nos changeurs de fréquence classiques deviennent peu efficaces. Aussi renonce-t-on, en F.M., sauf rares exceptions, à l'emploi des heptodes ou des triodes-hexodes (où le signal H.F. et l'oscillation locale sont appliquées à deux grilles différentes) pour revenir au vieux système d'oscillateur séparé en appliquant les deux tensions à la même grille (fig. 125).

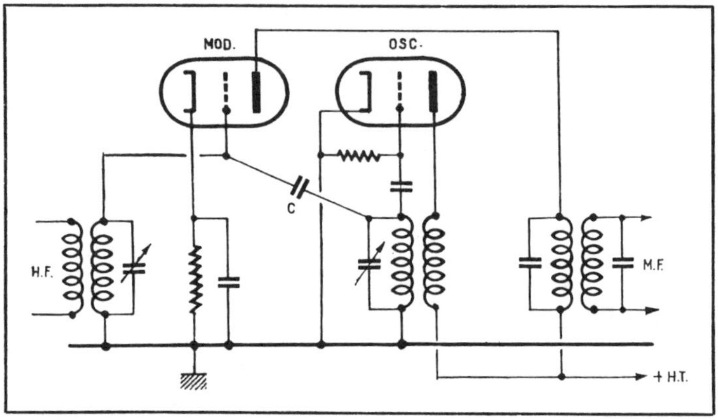

FIG. 125. — Dans un montage changeur de fréquence à deux triodes les oscillations incidente et locale sont appliquées ensemble à la grille de la triode modulatrice.

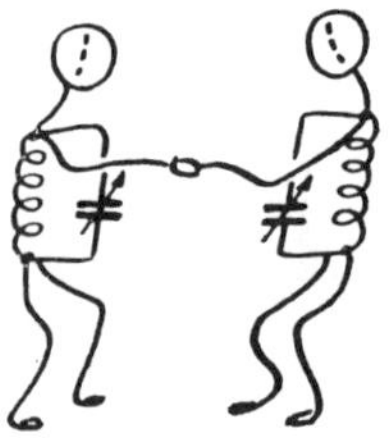

IG. — Cette fois-ci vous vous moquez de moi. Croyez-vous que j'aie oublié tout le mal que vous m'avez dit naguère au sujet de ce système. Je me souviens que son principal inconvénient est la tendance que l'oscillateur local a à engendrer des oscillations de la même fréquence que celles du circuit accordé sur le signal reçu.

CUR. — En effet, on a du mal à empêcher pareille « synchronisation » des deux tensions H.F. qui conduit au « blocage » du changeur de fréquence.

IG. — Pourquoi, dès lors, appliquer le montage affligé d'un pareil défaut dans les récepteurs pour F.M. ?

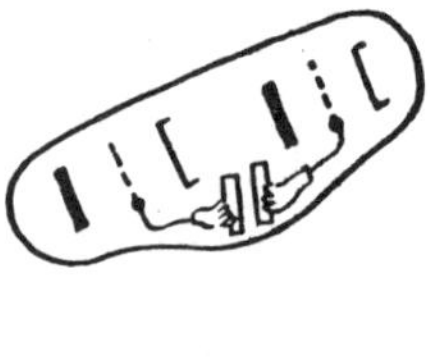

CUR. — Parce que l'écart d'une dizaine de mégahertz entre les deux fréquences (car telle sera la valeur de la M.F.) suffit pour en empêcher la synchronisation.

IG. — Je vois donc que vous utilisez deux triodes dont l'une, qui sert de modulatrice, reçoit sur sa grille des tensions H.F. du signal capté et auparavant amplifiées et, d'autre part, à travers le condensateur C, les tensions de l'oscillateur local.

CUR. — C'est bien cela. Et souvent, on utilise des doubles triodes (tubes contenant dans la même ampoule les deux systèmes d'électrodes). Dans ce cas, on peut, sans inconvénient, omettre le condensateur de liaison C, les capacités internes entre électrodes suffisant pour transmettre les tensions d'une grille à l'autre.

IG. — Ne peut-on pas, cependant, employer une pentode dans le rôle de modulatrice ? On aurait ainsi un gain plus élevé.

CUR. — On le fait parfois. Mais alors le niveau du souffle augmente. Toujours le même revers de la médaille...

Dans le règne de la symétrie.

IG. — Et maintenant que nous avons passé en revue les étages préamplificateurs H.F., changeur de fréquence et amplificateurs M.F., il ne nous reste plus qu'à analyser le détecteur et l'amplificateur B.F.

CUR. — Erreur de vocabulaire : en F.M. on parle de ***démodulateur*** en lieu et place de détecteur. Et il en existe plusieurs types. Mais tous ont le même but...

Ig. — Je pense que leur rôle est de traduire des variations de la fréquence en variations d'amplitude.

Cur. — Vous ne vous trompez pas, ami. Et on parvient à cette fin en utilisant des circuits accordés sur la fréquence moyenne, c'est-à-dire sur la valeur de la M.F. telle qu'elle est en l'absence de la modulation, circuits symétriques qui donnent ainsi une tension nulle ou, dans d'autres cas, constante. Mais dès que la fréquence change d'un côté ou de l'autre, l'équilibre est rompu et la tension de sortie varie.

Ig. — C'est peut-être très profond, ce que vous dites là, mais pour moi c'est terriblement abstrait. Ne voudriez-vous pas tracer un schéma explicite ?

Cur. — Voici celui du démodulateur le plus connu et qu'on appelle *discriminateur* (fig. 126). Vous constatez au premier coup d'œil la parfaite symétrie du montage. Remarquez que, du primaire au secondaire du dernier transformateur M.F., les tensions sont transmises non seulement par induction, mais aussi par capacité : à travers le condensateur C et vers une prise rigoureusement médiane au secondaire.

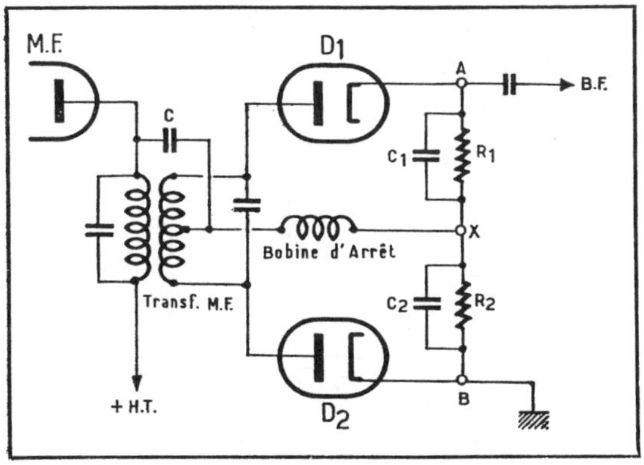

FIG. 126. — Montage démodulateur pour la F.M. appelé discriminateur. Une tension B.F. n'apparaît en A que si la fréquence du signal apparaissant au secondaire du transformateur M.F. est différente de celle sur laquelle est accordé ce secondaire.

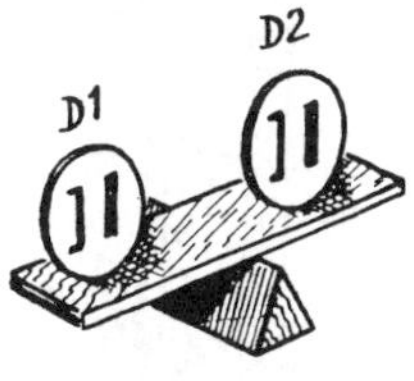

Ig. — Je suppose que c'est là que gît « l'anguille sous roche » de ce discriminateur.

Cur. — Votre intuition ne vous trompe pas. En effet, les tensions transmises à travers le condensateur sont déphasées par rapport à celles induites par le champ magnétique. Mais tant que la fréquence de ces tensions est celle sur laquelle sont accordés les deux circuits du transformateur M.F., on trouve aux deux extrémités du secondaire des tensions identiques par rapport à son point médian.

Ig. — Je devine la suite. Ces tensions sont redressées par les deux diodes D_1 et D_2 et font apparaître sur les résistances R_1 et R_2 des tensions continues identiques et de sens opposé. Je veux dire que les points A et B auront le même potentiel positif par rapport au point X. Et ces deux tensions s'annuleront ainsi.

Cur. — Je parie, Ignotus, que vous avez encore vidé une boîte de sardines pour recharger votre cerveau en phosphore... Puisque votre raisonnement est tout à fait correct, je vous laisse continuer.

Ig. — Pas difficile. Supposons, maintenant, que le signal soit modulé, c'est-à-dire que sa fréquence augmente ou bien diminue par rapport à celle du repos. Du coup, il s'écarte de la fréquence d'accord de nos circuits, l'équilibre est compromis, l'une des extrémités du secondaire a, par rapport à son point médian, une tension plus forte ; et les deux tensions détectées apparaissant en A et B par rapport à X ne sont plus égales entre elles. Nous trouverons donc entre A et B une certaine tension égale à leur différence. Et ce sera la tension B.F. que nous désirions obtenir.

Cur. — Félicitations, cher ami. Vous m'avez dispensé de la tâche d'analyser ce montage. Et il est inutile d'ajouter que les condensateurs C_1 et C_2, branchés en dérivation sur les deux résistances de détection, sont les habituelles capacités nécessaires pour éliminer la composante M.F.

Le « détecteur de rapport ».

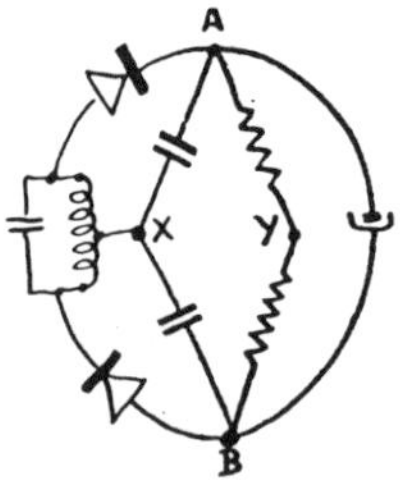

Ig. — Est-ce le seul modèle de discriminateur utilisé ?

Cur. — Non. Il en existe de nombreuses variantes. Mais toutes sont fondées sur le même principe de montage symétrique avec mise en opposition des tensions détectées. On a également imaginé d'autres modèles de démodulateurs partant d'idées un peu différentes. Tel est le cas du *détecteur de rapport* dont voici le schéma (fig. 127).

Ig. — Vous voyez que le mot « détecteur » n'est pas entièrement prohibé en F.M. !... Mais votre schéma ressemble singulièrement à celui du discriminateur. Même symétrie, même transmission des tensions du primaire au secondaire du dernier transformateur M.F. à la fois par induction magnétique et à travers le condensateur C vers la prise médiane. Cependant, vous avez dû vous tromper dans le branchement des diodes, puisque, au lieu de s'opposer, les tensions redressées s'ajoutent en série.

Cur. — Non, ce n'est pas une erreur. Il faut, justement, que ces tensions s'ajoutent et chargent le condensateur C_3 de capacité élevée (c'est un électrolytique de plusieurs microfarads). Ainsi une tension continue s'établit-elle sur ses armatures, c'est-à-dire entre les points A et B. Quant au point X, vous devinez...

Ig. — ... qu'il se trouve juste à la moitié de cette tension, puisque tous les éléments symétriques doivent assurément être égaux entre eux : C_1 et C_2 comme R_1 et R_2.

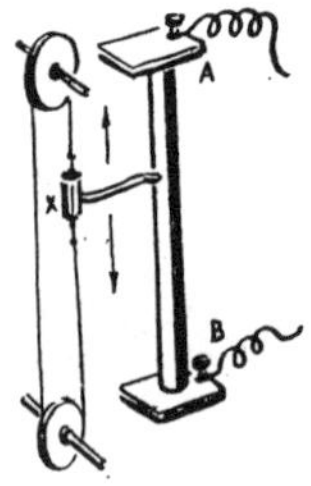

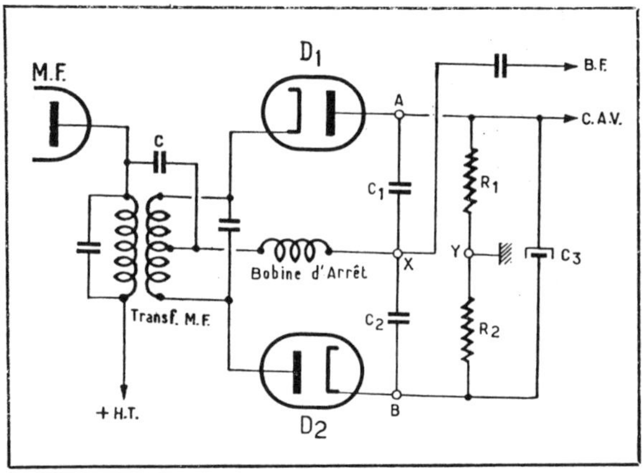

FIG. 127. — Montage démodulateur pour la F.M. appelé détecteur de rapport.

Cur. — Vos sardines continuent leur bienfaisante action sur votre intellect ! C'est, en effet, ainsi que tout se passe, du moins en l'absence de la modulation. Mais si la fréquence du signal change par rapport à celle sur laquelle est accordé le circuit du transformateur...

Ig. — Je vois : la tension détectée par l'une des diodes devient plus élevée ou moins élevée que celle détectée par l'autre. Dès lors, le point X ne sera plus à la moitié de la tension entre A et B.

Cur. — Vous exprimez, une fois de plus, avec peu d'élégance, des vérités incontestables. Il faut cependant préciser que, lorsque la fréquence varie, la tension totale entre A et B ne change pas (puisqu'elle ne dépend pas de la fréquence). Ce qui varie, c'est le *rapport* des tensions entre X et B et entre X et A.

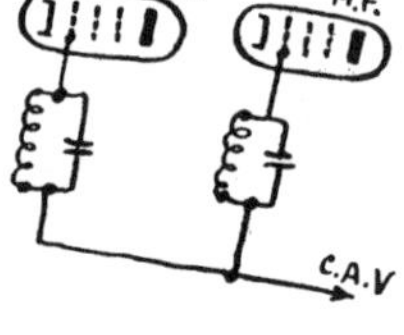

Ig. — Par conséquent, en prélevant la tension entre les points X et Y, obtiendrons-nous la modulation B.F., puisque, à tout instant, elle sera proportionnelle à l'écart de la fréquence par rapport à la valeur moyenne en l'absence de la modulation.

Cur. — Vous raisonnez comme Euclide et Descartes réunis ! Remarquez, en passant, que si entre X et Y la tension ne dépend à tout instant que de la valeur de la fréquence, il n'en va pas de même en ce qui concerne la tension globale entre A et B due à la détection des deux diodes.

Ig. — Je suppose que sa valeur, elle, dépend de l'amplitude des signaux détectés.

Cur. — Et vous ne vous trompez pas. Voilà pourquoi on peut l'utiliser pour la commande automatique du volume (CAV), c'est-à-dire dans le régulateur antifading.

A bas les parasites !

IG. — En somme, nous avons deux points (A et B) entre lesquels la tension varie avec l'amplitude et deux autres (X et Y) entre lesquels elle dépend de la fréquence. Cela me suggère une idée qui vous paraîtra probablement ridicule.

CUR. — Peut-être. Dites toujours.

IG. — Eh bien, comme vous le savez, je souffre beaucoup de perturbations parasites causées par l'enseigne au néon en bas de notre maison et qui détermine dans mon récepteur d'effarants crépitements. Ces parasites sont le résultat de la modulation en amplitude des émissions qui me parviennent par des tensions perturbatrices. Or, si je reçois à l'aide d'un détecteur de rapport une émission modulée en fréquence, ces parasites qui agissent sur l'amplitude, mais non sur la fréquence du signal, ne doivent pas se manifester dans le courant B.F. démodulé que l'on prélève entre X et Y... Pourquoi riez-vous, Curiosus ? Ai-je dit une grosse bourde ?

CUR. — Bien au contraire, Ignotus. Tout ce que vous venez d'exposer est parfaitement exact. Je songe simplement que, si je dois vous initier un jour aux théories complexes du calcul opérationnel, il suffira de vous faire absorber un stock de sardines pour stimuler vos facultés de raisonnement logique...

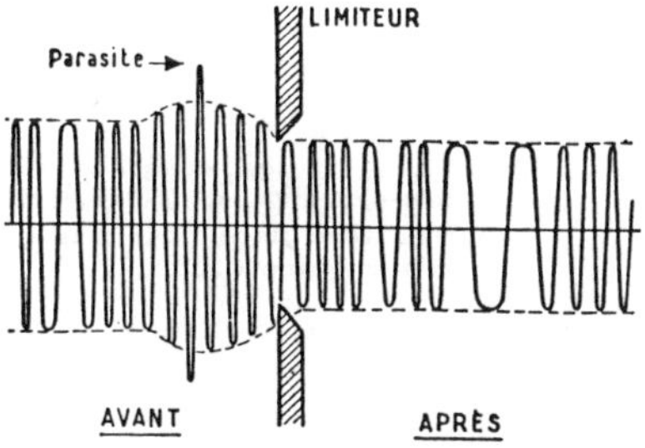

FIG. 128. — Croquis expliquant le mécanisme d'un écrêtage « bilatéral » d'une onde modulée en fréquence, mais présentant néanmoins des variations d'amplitude.

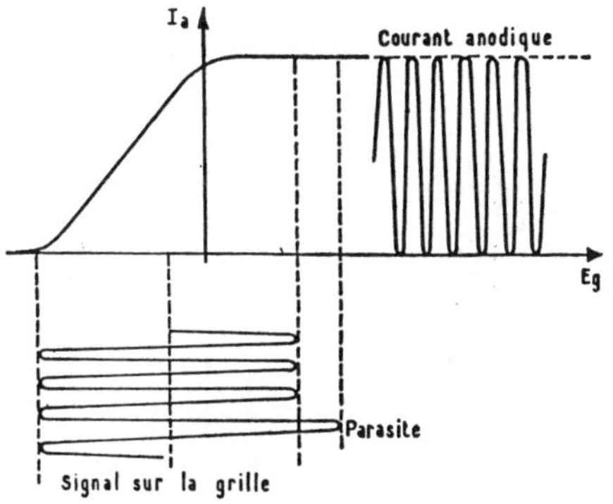

FIG. 129. — Une lampe peut écrêter par les coudes inférieur et supérieur de sa caractéristique.

IG. — Par conséquent, en plus de ses vertus musicales (pas de limitation des fréquences, ni de la dynamique), la F.M. présente l'avantage d'être à l'abri des parasites. C'est merveilleux !

CUR. — Doucement, cher ami. C'est à peu près exact pour le détecteur de rapport. Cela ne l'est plus pour le discriminateur qui est aussi sensible aux variations de la fréquence qu'à celles de l'amplitude.

IG. — Quel dommage ! N'y a-t-il pas moyen d'éliminer ces dernières, puisqu'elles ne présentent aucune utilité et ne font qu'amener la pollution par des parasites des émissions reçues ?

CUR. — On peut le faire et on le fait dans un *étage écrêteur* ou *limiteur*.

IG. — Qu'est-ce donc ?

CUR. — C'est un étage que l'on place avant le discriminateur et qui limite à une valeur donnée l'amplitude du signal comme si on coupait toutes les amplitudes dépassant une valeur donnée. De la sorte, toutes les variations de l'amplitude dues, soit aux parasites, soit à l'action du fading, sont éliminées.

IG. — Votre limiteur ressemble à ces bols dont certains coiffeurs de village se servent pour tailler les cheveux de leurs clients : tout ce qui dépasse est coupé.

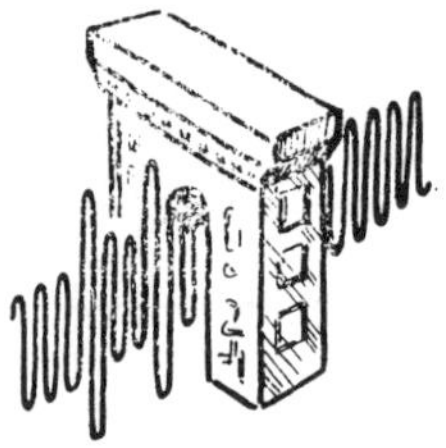

CUR. — J'avoue n'avoir jamais été victime de pareille pratique.

IG. — Mais comment opère-t-on pour limiter les amplitudes et atteindre ce « nivellement par le bas » ?

CUR. — Le montage le plus communément employé à cette fin est celui de la *pentode saturée.* On s'arrange pour que la caractéristique du courant de plaque en fonction de la tension de la grille accuse un palier horizontal de saturation bien prononcé (fig. 129). Dès lors, à la condition que les tensions appliquées à la grille soient d'amplitude suffisamment élevée, elles dépasseront les limites de la partie rectiligne de la caractéristique et seront écrêtées tant par le coude inférieur que par le coude supérieur.

IG. — Et comment parvient-on à conférer cette forme particulière à la caractéristique ?

CUR. — En appliquant à la grille-écran une tension très faible (entre 5 et 15 volts). On l'obtient en utilisant une résistance R (fig. 130), chutrice de tension, de valeur élevée. Parfois on applique aussi une tension nettement plus faible que d'ordinaire à l'anode.

IG. — Pauvre pentode sous-alimentée ! Je comprends qu'ainsi affaiblie elle n'ait pas la force de transmettre des amplitudes dépassant une certaine valeur...

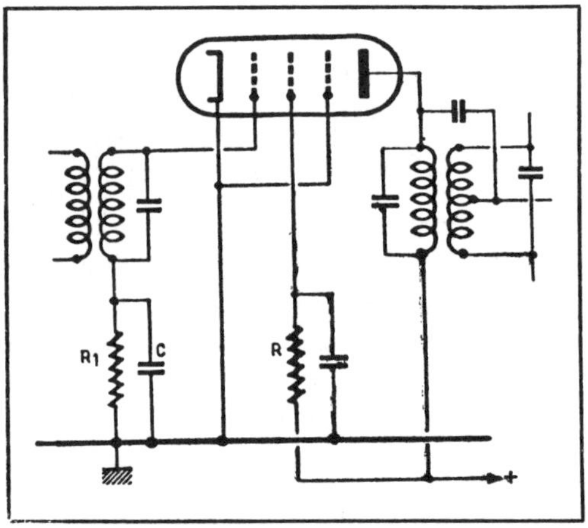

FIG. 130. — Montage pratique d'une écrêteuse, dont le coude supérieur est rapproché grâce à une tension écran suffisamment faible.

Mais que font, dans votre schéma, la résistance R_1 et le condensateur C ? S'agit-il d'une détection par la grille ?

CUR. — Dans une certaine mesure. La chute de tension que le courant de grille détermine dans R_1 permet de situer au mieux le point de fonctionnement du tube pour obtenir une limitation parfaite des amplitudes et éliminer ainsi l'action des parasites et du fading...

IG. — Nous pourrions peut-être aborder maintenant la partie B.F. des récepteurs F.M. ? Je suppose que là aussi il y a des montages spéciaux à étudier.

CUR. — Et là vous vous trompez. Disons seulement qu'un récepteur F.M. mérite d'avoir une amplification B.F. particulièrement soignée de manière à respecter les fréquences et les amplitudes fidèlement restituées. Nous avons donc tout intérêt à faire ici appel à un montage de haute fidélité et aussi à un haut-parleur (ou, mieux, à un ensemble de haut-parleurs) méritant cette qualification... Mais je constate que les effets des sardines cessent de se manifester et vais vous laisser récupérer du phosphore...

VINGT-DEUXIÈME CAUSERIE

Si l'enregistrement de la musique ne fait pas partie de la radio-électricité proprement dite, il n'en emploie pas moins des procédés essentiellement électroniques. Voilà pourquoi nos deux amis vont examiner ici les diverses méthodes de la transmission des sons à travers le temps.

Sons en conserve

IGNOTUS. — Jusqu'à présent, Curiosus, vous de m'avez parlé que de la transmission des sons dans l'espace, à l'aide des ondes électromagnétiques. Mais on peut, en quelque sorte, les transmettre aussi dans le temps. Ainsi ai-je entendu hier un disque du grand ténor Enrico Caruso, mort en 1921.

CURIOSUS. — Vous avez tout à fait raison, Ignotus. Et ce sont les dispositifs électroniques, mis au point par les radio-électriciens, qui servent à mettre les sons « en conserve », puis à les reproduire.

IG. — Quelle sorte de dispositifs ?

CUR. — Tout d'abord, les amplificateurs de basse fréquence, à tubes ou à transistors. En effet, qu'il s'agisse d'enregistrer ou de reproduire les sons, il est toujours nécessaire, en partant de tensions faibles, de fréquences acoustiques, d'obtenir des puissances relativement importantes.

IG. — Mais comment, en réalité, les sons se trouvent-ils enregistrés dans les sillons d'un disque ?

CUR. — Ces sillons, vous l'avez constaté, décrivent une spirale extrêmement serrée, comprenant de 35 à 100 sillons par centimètre de rayon et dont la profondeur demeure constante. Les sillons sont, à leur tour, « modulés » par les sons qui leur impriment des ondulations plus ou moins serrées (selon leur fréquence) et plus ou moins fortes (selon leur amplitude).

IG. — En somme, si j'ai bien compris, pendant les périodes de silence, les sillons ont la forme de spirales, pratiquement peut-on dire de cercles, dont le diamètre diminue progressivement. On peut les comparer à des oscillations entretenues d'un courant H.F. non modulé. Quand des sons sont enregistrés, des déviations du sillon sont produites dans le sens transversal, c'est-à-dire allant alternativement vers l'intérieur et vers la périphérie du disque. Et le sillon se comporte alors à la manière d'un courant H.F. modulé par de la B.F.

CUR. — Bravo, Ignotus ! Vous avez dû vous recharger de phosphore à dose massive pour saisir ainsi la nature de l'enregistrement phonographique.

IG. — Il y a, cependant, quelque chose qui m'intrigue. Comment se fait-il que, lors de fortes amplitudes, les sillons ne viennent pas chevaucher avec leurs voisins ?

CUR. — On y parvient en limitant l'amplitude maximum des ondulations à la mi-distance entre les sillons.

Un haut-parleur silencieux

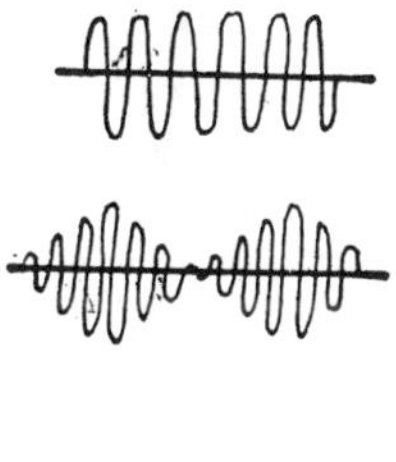

IG. — Mais comment, en fait, effectue-t-on l'enregistrement des disques ? Je suppose que, pour commencer, à l'aide d'un microphone, on transforme les sons à enregistrer en courants de basse fréquence correspondants. Ceux-ci sont, sans doute, amplifiés par les moyens que nous avons étudiés. Mais ensuite ?...

CUR. — Il ne reste alors qu'à transformer les courants amplifiés en oscillations mécaniques que l'on communiquera à un burin graveur, lequel tracera les sillons.

IG. — C'est facile à dire. Mais je ne vois pas comment réaliser cette transformation du courant en mouvement.

CUR. — N'avons-nous pas déjà résolu ce problème en restituant les sons à l'aide d'un haut-parleur ?

IG. — Effectivement, dans le haut-parleur, les courants produisent des oscillations mécaniques. Mais vous ne prétendez pas sérieusement graver des disques à l'aide d'un haut-parleur ?

CUR. — Nous utilisons, à cette fin, la partie « moteur » de celui-ci. Et, comme il n'y aura pas de membrane communiquant les ébranlements à l'air, notre haut-parleur sera silencieux. Quant au moteur, le plus simple sera constitué par un électro-aimant placé entre les pôles d'un puissant aimant permanent (fig. 131).

IG. — Comment cela ?

CUR. — L'électro-aimant se compose d'une palette mobile M en fer, pivotant autour d'un axe P et maintenue élastiquement dans sa position moyenne par un amortisseur en caoutchouc C. Le bobinage B placé sur la palette est parcouru par le courant B.F. De la sorte, à chaque alternance, les polarités des deux extrémités de la palette s'inversent et elles sont attirées tantôt par l'un tantôt par l'autre pôle de l'aimant permanent.

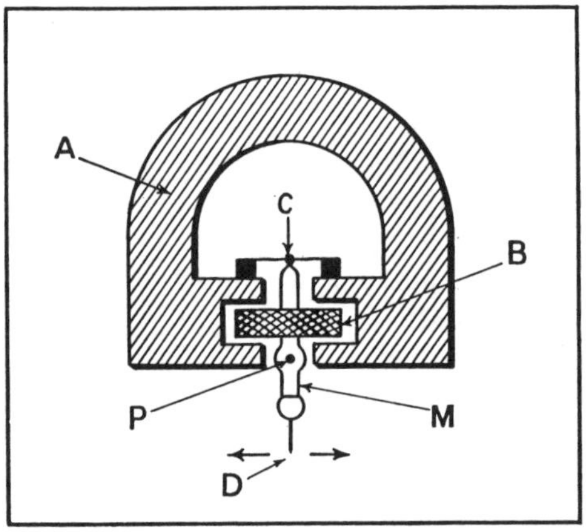

FIG. 131. — Composition d'un graveu de disques.

IG. — Je vois que la palette bascule ainsi de droite à gauche et inversement. Et qu'avez-vous désigné, à son extrémité, par la lettre D ?

CUR. — C'est la pointe de gravure constituée par un burin en acier et qui vient tracer les sillons. Le chariot portant l'ensemble du système graveur (fig. 132) est placé sur une vis à pas serré qui suit un rayon du disque. Celui-ci est constitué par une couche de cire sur un support d'acier. La rotation du disque, combinée avec le lent déplacement du graveur entraîné par la vis sans fin, fait parcourir au burin une spirale sur le disque. Et les oscillations de la palette mobile déterminent ces ondulations qui constituent l'inscription sonore.

Du négatif au positif

IG. — Mais la gravure sur cire ainsi obtenue doit être très fragile. Comment fait-on pour, partant de cet enregistrement unique, obtenir des milliers de disques ?

CUR. — On commence par en prendre une fidèle empreinte en cuivre. Cela est réalisé par le procédé de la galvanoplastie. A cette fin, la surface de la cire est recouverte d'une fine couche de poudre de graphite qui la rend conductrice. Plongée dans un bain contenant une solution de sulfate de cuivre, la cire est placée en face d'une électrode en cuivre rouge massif. On fait passer un courant continu, en appliquant le positif à l'électrode en cuivre et le négatif au disque (fig. 133).

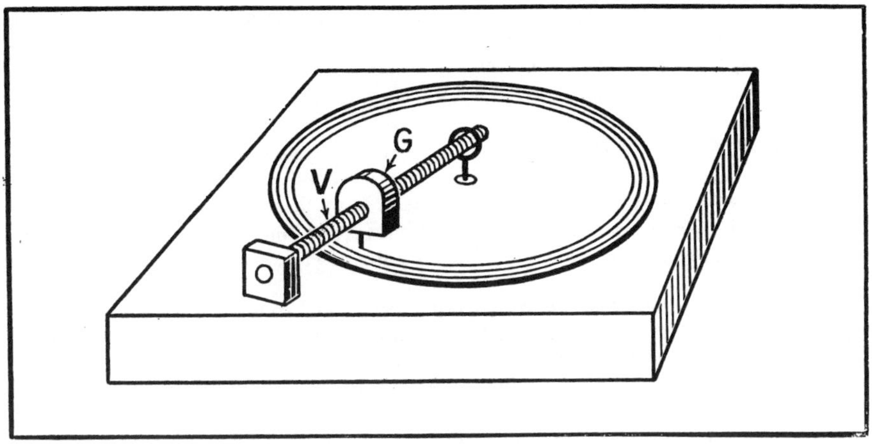

FIG. 132. — Entraîné par la vis sans fin V, le graveur G se déplace le long d'un rayon du disque vierge en cire.

IG. — J'ai compris ! Le courant arrache des atomes à l'électrode, les entraîne à travers la solution et les dépose à la surface de la cire.

CUR. — Tout se passe comme si les choses étaient conformes à votre hypothèse. Mais, en réalité, les phénomènes mis en jeu sont beaucoup plus complexes. Peu importe... L'essentiel et qu'au bout d'un certain temps, il se forme, sur la cire, une coquille de cuivre reproduisant toutes les ondulations du sillon.

IG. — Oui, mais à l'envers : ce qui était en creux est ici en relief et inversement. C'est, comme dirait un photographe, un négatif.

FIG. 133. — Bain galvanoplastique permettant de recouvrir le disque D d'une couche de cuivre prélevé à l'électrode C.

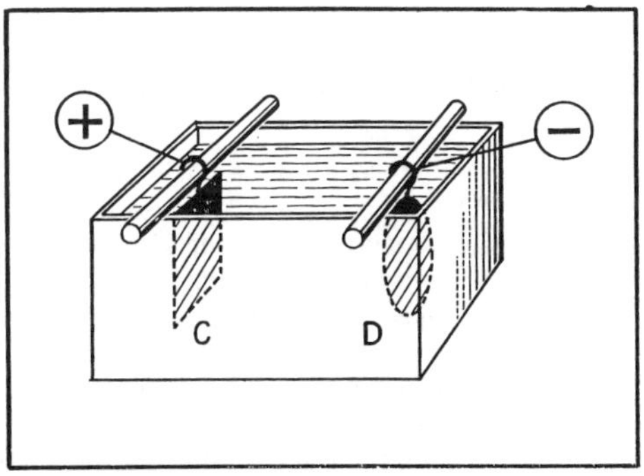

CUR. — Très juste. Maintenant nous avons en mains quelque chose de plus solide que la cire. Par le même procédé de galvanoplastie, de ce négatif (appelé « père »), nous allons tirer une nouvelle empreinte (appelée « mère »).

IG. — Cette fois-ci, nous avons un « positif » : les creux et les reliefs sont identiques à ceux de la cire originale.

CUR. — C'est exact. Et c'est à partir de cette empreinte positive que l'on tire plusieurs nouvelles empreintes négatives qui, elles, serviront de matrices de pressage permettant d'obtenir des disques en matière plastique en quantité voulue.

IG. — Attendez, Curiosus. Je me perds un peu dans ces multiples transformations de creux en relief et inversement. Voyons donc. La cire est positive ; le « père » est

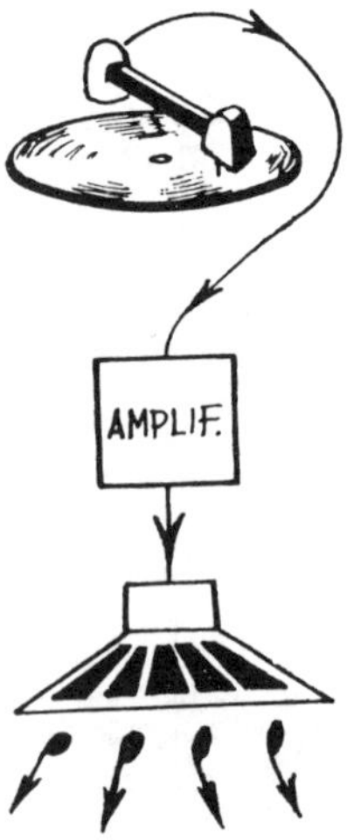

négatif ; la « mère » est positive ; les matrices de pressage sont négatives ; donc les disques sont positifs. Tout va bien ! ! !

Cur. — Vous avez bien raisonné.

Phénomènes réversibles

Ig. — Mais nous n'avons vu qu'un aspect de la question : l'enregistrement. Ce que je voudrais surtout comprendre, c'est la façon dont les sons sont reproduits. Je suppose que, comme toujours, on fait ici appel à la réversibilité des phénomènes électriques.

Cur. — Votre intuition ne vous trompe pas. Le dispositif servant à la gravure pourrait fort bien être employé à la lecture des disques, en qualité de *phonocapteur* ou, pour employer le terme anglais, de *pick-up*.

Ig. — En effet, si la palette mobile oscille lorsque la pointe suit les ondulations des sillons d'un disque, son aimantation varie sous l'action de l'aimant permanent. La bobine est donc plongée dans un champ magnétique variable. Dès lors, des courants doivent y apparaître, identiques à ceux qui ont engendré les ondulations lors de la gravure.

Cur. — Et il ne reste qu'à amplifier ces courants pour qu'un haut-parleur fasse entendre les sons enregistrés. On peut, d'ailleurs, employer à cette fin la partie B.F. d'un récepteur de radio. Ceux-ci comportent une prise « Pick-up » destinée justement au branchement des phonocapteurs.

Ig. — Bien entendu, à la reproduction le phonocapteur n'a pas besoin d'être placé sur une vis sans fin, puisque les sillons guident eux-mêmes la pointe de lecture. De la sorte, le phonocapteur est placé sur un bras pivotant.

Cur. — Et vous savez que la pointe de lecture doit être constituée par la matière la plus dure de toutes, le diamant ou, à la rigueur, le saphir.

Ig. — Je le comprends, car si la pointe s'use, elle ne pourra plus suivre les plus fines ondulations et, de surcroît, détériorera le disque.

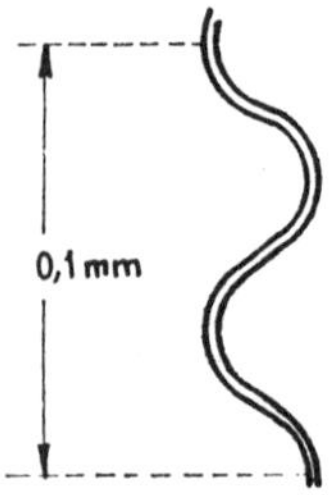

Des microns sur des microsillons

Cur. — Et puisque nous parlons de la finesse des ondulations, savez-vous quelle longueur du sillon extérieur d'un disque de 30 cm de diamètre, tournant à 33 1/3 tours par minute, occupe une période d'un son de 5 000 Hz ?

Ig. — Je serais curieux de le savoir.

Cur. — Moins d'un dixième de millimètre pour les deux alternances !

Ig. — C'est terriblement peu.

Cur. — Et pourtant j'ai pris le cas le plus favorable. Mais quand, à la fin, on arrive aux sillons intérieurs dont le diamètre est de l'ordre de 13 cm, la même période d'un son de 5 000 Hz n'occupe plus de 4/100 mm (ou 40 microns) de la longueur du sillon !

Ig. — Vous avez raison, Curiosus. La vitesse du défilement du sillon sous la pointe de lecture doit diminuer au fur et à mesure que celle-ci se rapproche du centre du disque.

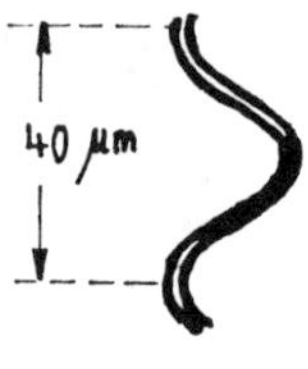

Cur. — Eh oui. Dans les « microsillons » de 30 cm, tournant à 33 1/3 tours par minute, la vitesse linéaire passe de 45 centimètres par seconde à 20 centimètres par seconde, quand on passe de la périphérie aux sillons intérieurs.

Ig. — Je pense que, pour cette raison, les notes aiguës ne sont plus bien reproduites dans la partie du disque proche du centre.

Cur. — En pratique, leur atténuation est peu sensible. N'empêche que cette réduction progressive de la vitesse linéaire constitue, théoriquement, un des principaux inconvénients de l'enregistrement sonore sur disques.

Du disque à la bande

IG. — Je suppose que, comme toujours, après avoir diagnostiqué le mal, vous allez me présenter le remède.

CUR. — Il consiste à renoncer au disque au profit de la bande magnétique.

IG. — Vous voulez parler des magnétophones où un ruban en matière plastique se déroule d'une bobine pour s'enrouler sur une autre, en passant devant des petites boîtes que l'on appelle curieusement des « têtes » magnétiques.

CUR. — C'est bien cela. Le ruban, lui, est recouvert d'une couche de poudre de fer semblable à celle qui compose les noyaux des bobinages H.F. et M.F. Les grains très fins de fer peuvent être aisément aimantés par un champ magnétique et gardent alors leur aimantation.

IG. — Je crois deviner ce qui se passe. Dans la « tête » magnétique, il doit y avoir un électro-aimant se terminant en pointe. La bande magnétique défile devant cette pointe. Et si le bobinage de l'électro-aimant est parcouru par un courant B.F., les variations du champ magnétique résultantes vont être enregistrées sous forme d'une aimantation variable le long de la bande.

CUR. — Ce que vous supposez est proche de la vérité. Mais vous avez eu tort d'imaginer un électro-aimant à pointe, semblable au burin du graveur de disques. De la pointe en question, des lignes de champ magnétique devront, à l'extérieur de l'aimant, faire retour vers l'autre pôle. Et, du coup, la bande sera plongée dans un champ magnétique dispersé.

IG. — Je n'y avais pas songé... Que faire alors ?

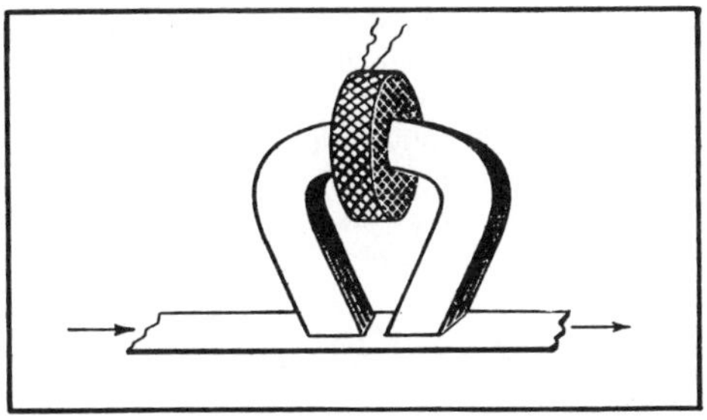

FIG. 134. — Tête magnétique servant à l'enregistrement ou à la lecture dans les magnétophones.

CUR. — Pour que le champ soit bien concentré, condition indispensable à la reproduction des fréquences élevées, il faut employer un électro-aimant dont le noyau, en fer à cheval, a un entrefer formé par une fente très étroite, mesurant quelques microns. De la sorte, le ruban est aimanté avec précision, sur toute la largeur de la bande en contact avec la fente (fig. 134).

Trois têtes ou une seule ?

IG. — Cela est parfaitement clair. Et je suppose qu'une tête semblable à celle qui sert à l'enregistrement est employée à la reproduction. Lorsque la bande défile devant son entrefer, les variations de l'aimantation imprimées à la poudre de fer lors de l'enregistrement, susciteront, dans le bobinage de la tête, des courants B.F. qui, une fois amplifiés, restitueront les sons mis en conserve.

CUR. — C'est vrai à telle enseigne que, dans certains magnétophones, la même tête sert à l'enregistrement et à la lecture. Dans la première position, elle est branchée à la sortie d'un amplificateur qui, à l'entrée, est connecté à un microphone. Lorsque la commutation met l'appareil dans la position de reproduction, la tête se trouve branchée à l'entrée de l'amplificateur dont la sortie débite sur un haut-parleur.

Ig. — Et je devine que la grande supériorité du magnétophone est la constance de la vitesse de défilement de la bande.

Cur. — En effet. Celle-ci se déplace à une des vitesses standard : 4,75 ou 9,5 ou 19 ou 38 centimètres/seconde. Plus la vitesse est élevée, plus la qualité de l'enregistrement est parfaite, surtout dans le registre des notes aiguës.

Ig. — Oui, mais en revanche la durée de la bande diminue.

Cur. — Evidemment. Mais on fait maintenant des magnétophones où, sur la même bande, on peut enregistrer deux et même quatre pistes sonores en parallèle, ce qui double ou quadruple la durée qui peut atteindre plusieurs heures.

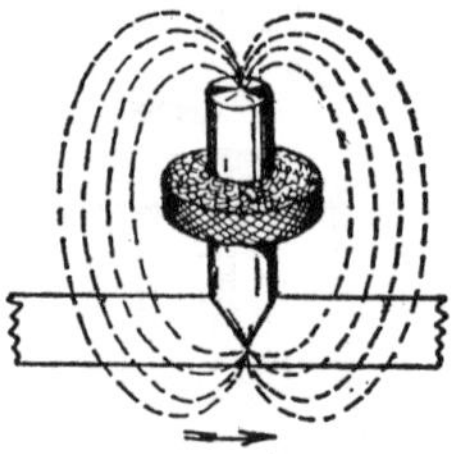

Ig. — Et je me suis laissé dire que l'on peut réutiliser une bande en effaçant un enregistrement comme d'un coup de gomme. Est-ce vrai ?

Cur. — Parfaitement. Ce qui permet de « gommer » l'aimantation, c'est tout bonnement un champ magnétique de fréquence ultrasonique (c'est-à-dire supérieure aux fréquences audibles), par exemple 25 000 Hz, engendré par une tête d'effacement.

Ig. — Peut-on avoir la même tête pour les trois fonctions : enregistrement, lecture et effacement ?

Cur. — Bien sûr. Et cela d'autant plus facilement que — je ne vous l'ai pas encore dit — ce même champ alternatif ultrasonique doit être ajouté à celui qui sert à l'enregistrement.

Ig. — Pourquoi donc, grands dieux ?

Cur. — Pour, en quelque sorte, remuer les grains de fer qui, grâce à cette « préaimantation » enregistrent plus aisément les champs B.F.

Ig. — C'est bien beau, des têtes capables d'accomplir plusieurs fonctions. Mais je sens que la mienne n'en peut plus, ce soir, accomplir aucune.

Cur. — C'est le phénomène bien connu de saturation...

VINGT-TROISIÈME ET DERNIÈRE CAUSERIE

Nous voici au terme de notre beau voyage à travers le pittoresque pays de la radio que vous ont fait accomplir les causeries de nos amis. Si vous les avez suivies attentivement, la radio n'a plus de secrets pour vous, du moins dans ses grandes lignes. Mais, avant de vous quitter, Curiosus et Ignotus, bénéficiant des connaissances acquises, vont tracer et analyser le schéma d'un récepteur moderne dont ils entreprendront le montage.

A l'œuvre !

IGNOTUS. — Nom d'une pentode ! Que vois-je ! Avez-vous dévalisé un magasin d'accessoires de Radio, mon cher Curiosus ?

CURIOSUS. — Il s'en faut de peu, Ignotus. Nous allons, maintenant, entrer dans la phase active de notre collaboration technique qui, je l'espère, se révélera aussi féconde que...

IG. — Pitié ! Ne m'écrasez pas sous ce style ampoulé digne du Palais-Bourbon... Dites-moi à quoi sert cette quantité de bobinages blindés, de lampes, de résistances et de condensateurs ?

CUR. — Mais tout simplement à commencer, enfin, le montage du récepteur depuis si longtemps promis à marraine. J'estime, en effet, que vous connaissez maintenant tout ce qu'il faut savoir sur le fonctionnement des récepteurs pour pouvoir sans crainte en aborder la construction.

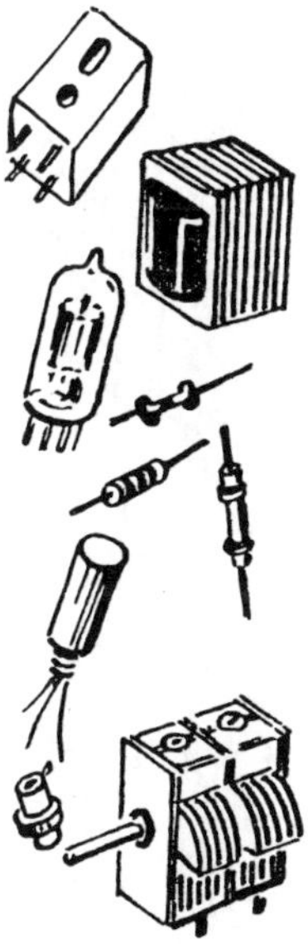

IG. — Vous me voyez très flatté de cette marque de confiance, pour adopter le style qui, aujourd'hui, vous est cher... Encore voudrais-je savoir quel est le schéma que vous désirez m'imposer.

CUR. — Je ne veux rien vous imposer, mon ami. Dites-moi vous-même vos desiderata, et je tâcherai de composer un schéma suivant vos vœux.

IG. — Parfait. Eh bien, ce sera évidemment un superhétérodyne. Et comme je veux qu'il soit très sensible, il aura, pour commencer, un étage préamplificateur à haute fréquence.

CUR. — Vos désirs sont exaucés, Ignotus. Nous attaquerons la grille de la pentode préamplificatrice à travers un transformateur H.F. formé par les bobinages L_1 et L_2, le secondaire étant accordé par le condensateur variable CV_1. Le tube est polarisé par la résistance R_1 dans la cathode, et le potentiel de la grille-écran est fixé par la résistance R_2. Ces mêmes désignations serviront pour toutes les autres résistances de polarisation et des grilles-écrans.

IG. — Vous avez oublié de pourvoir les condensateurs de découplage de lettres de référence.

CUR. — Je l'ai fait exprès pour ne pas alourdir le dessin. Vous saurez donc que les condensateurs anonymes servent au découplage.

IG. — D'accord... Et le condensateur C_4 joue, je pense, le même rôle que le condensateur C_7 dans la figure 77.

CUR. — Votre mémoire est prodigieuse et je vous en félicite ! Oui, ce condensateur sert, en effet, à fermer le circuit L_2-CV_1 pour la haute fréquence. Il fallait relier l'armature fixe du condensateur variable à la masse, puisqu'il est fixé sur le châssis métallique. Mais le bobinage L_1, lui, est connecté à la ligne d'antifading, porteuse de tension variable. Ainsi, grâce à C_4, la continuité du circuit accordé est-elle heureusement rétablie. En même temps, avec R_7, il assure la transmission de la tension d'antifading avec la constante de temps nécessaire.

IG. — Maintenant, je verrais volontiers un étage changeur de fréquence équipé d'une triode-hexode oscillatrice-modulatrice.

CUR. — Rien de plus facile. A travers le transformateur H.F. formé par L_3 et L_4, ce dernier bobinage étant accordé par CV_2, nous appliquerons les tensions H.F. amplifiées à la première grille de l'hexode. Vous noterez en passant que les circuits anodiques de tous nos tubes sont découplés par des résistances R_3. Quant à l'oscillateur

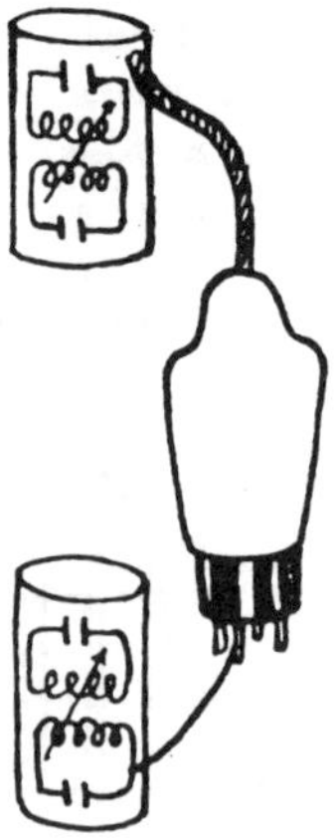

local utilisant la partie triode du tube combiné, il comporte le circuit d'accord L_5-CV_3 et le bobinage de réaction L_6. Comme il se doit, sa tension est appliquée à la troisième grille de l'hexode.

IG. — Je peux fort bien analyser maintenant la suite du schéma. Les tensions de moyenne fréquence sont transmises à la pentode amplificatrice M.F. par un premier transformateur Tr_1 à primaire et secondaire accordés. Un second transformateur Tr_2 applique les tensions M.F. amplifiées à la détectrice diode qui fait partie d'un tube combiné comprenant également la triode préamplificatrice de basse fréquence...

CUR. — Ignotus, vous parlez comme un manuel de radio-électricité... et vous ne dites pas de bêtises !

IG. — Ne me vexez pas, Curiosus. Après avoir examiné en détail les parties constituantes des montages, je n'ai pas de difficulté à les comprendre dans leur ensemble. Votre diode-triode m'a l'air d'être tout à fait classique. Les tensions détectées apparaissent sur le potentiomètre P_1 dont le curseur en prélève une fraction plus ou moins grande pour, à travers le condensateur de liaison C_1, être appliquées à la grille de la triode dont le potentiel moyen est fixé par la résistance de fuite R_4.

CUR. — Et l'antifading ?

IG. — Tout ce qu'il y a de plus normal. La tension détectée est, à travers R_7 combiné avec C_4, appliquée aux grilles de commande des tubes amplificateurs H.F. et M.F. pour en régler le gain.

CUR. — Décidément, vous êtes aujourd'hui incollable. Allez donc jusqu'au bout.

IG. — Rien de spécial à dire au sujet de la classique liaison à résistance R_5 et condensateur entre préamplificatrice B.F. et pentode de sortie. Quant à l'alimentation, elle n'offre aucune particularité, le redressement de la haute tension étant assuré par une valve biplaque à chauffage indirect. Rien à dire non plus du filtre comprenant deux condensateurs électrolytiques C_5 et C_6 et une inductance à noyau de fer.

CUR. — A propos des condensateurs électrolytiques, je vous signale que ce sont des condensateurs de ce type que l'on emploie pour le découplage des cathodes des deux tubes B.F., car là on a besoin de capacités élevées... En somme tout est clair pour vous dans notre schéma ?

IG. — Oui. Cependant, je constate entre la plaque de la lampe de sortie et la masse, la présence insolite d'un condensateur C_3 en série avec une résistance variable P_2. A quoi servent-ils ?

CUR. — A dévier du haut-parleur les fréquences élevées du courant musical. Voyez-vous, Ignotus, les pentodes employées en basse fréquence ont la mauvaise habitude d'amplifier davantage les fréquences élevées, en favorisant ainsi les notes aiguës de la musique. Pour éviter que l'audition en devienne criarde, on atténue l'intensité des fréquences élevées en les faisant dévier à travers C_3 et P_2. Plus la fréquence des courants est élevée, plus ils passent facilement à travers un condensateur, comme vous le savez. Pour régler la quantité du courant ainsi enlevé, par déviation, au haut-parleur, on rend le chemin de fuite plus ou moins facile en réglant à volonté la résistance P_2. Nous obtenons ainsi un *régulateur de tonalité* qui permet d'atténuer plus ou moins l'intensité des notes aiguës.

IG. — En somme, en plus du bouton d'accord du groupe des condensateurs variables, notre récepteur aura encore un bouton de commande de l'intensité (P_1) et un bouton de commande de la tonalité (P_2) ?

CUR. — Vous oubliez le bouton du commutateur des gammes d'ondes... Et, maintenant, cher ami, il ne vous reste plus qu'à vous armer d'une pince, d'un tournevis et d'un fer à souder, et à commencer le travail.

Derniers conseils.

IG. — Croyez-vous vraiment que je puisse me passer maintenant de vos conseils ?

CUR. — Certes, au cours des vingt-deux soirées que nous avons si agréablement

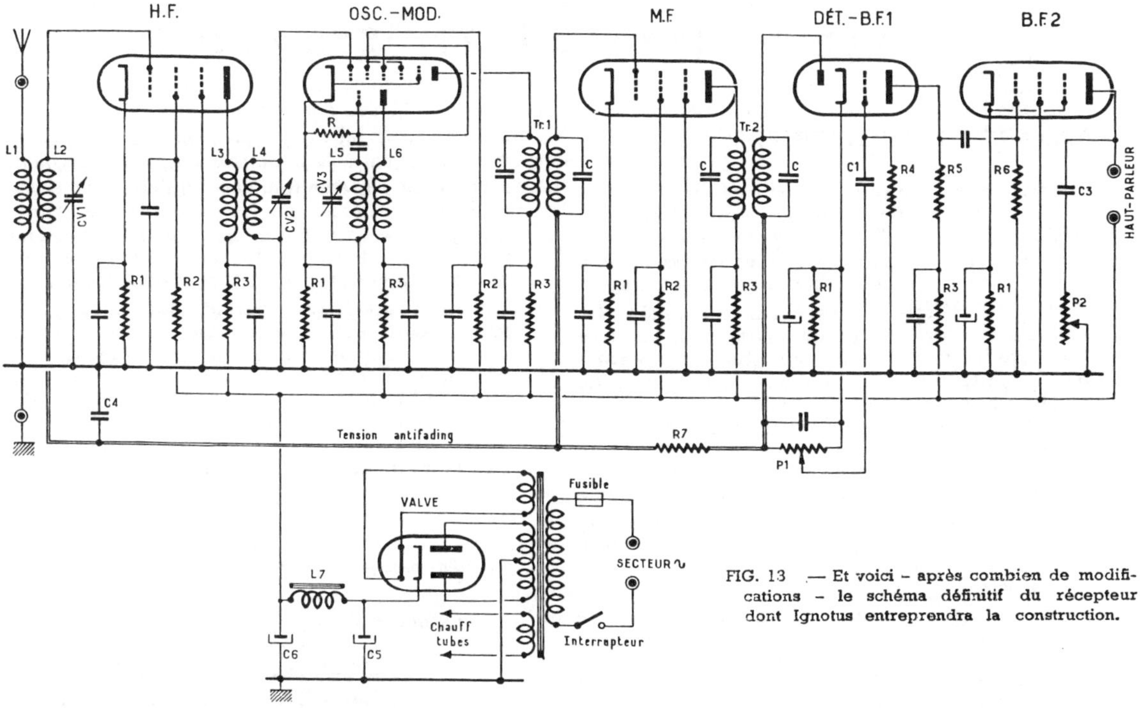

FIG. 13 — Et voici – après combien de modifications – le schéma définitif du récepteur dont Ignotus entreprendra la construction.

passées à bavarder, je ne vous ai pas exposé tous les petits détails de la théorie. Mais, aujourd'hui, vous en savez assez pour comprendre aisément n'importe quel schéma. Les montages les plus complexes peuvent être disséqués en un certain nombre d'éléments simples que vous connaissez parfaitement. Le temps et l'expérience vous apprendront à reconnaître du premier coup d'œil ces éléments qui vous sont familiers. En lisant les schémas, adoptez la bonne habitude de suivre, crayon en main, les parcours du courant dans différents circuits et, principalement, dans les circuits cathode-anode des lampes. N'oubliez pas que le courant, parti de la cathode, doit y retourner finalement. Exercez-vous aussi souvent que possible à ce jeu de lecture intelligente des schémas. Ce n'est qu'en pleine connaissance de cause, conscient du rôle de chacun des organes, que vous pourrez mener à bien le travail pratique de construction... N'oubliez pas non plus que la radio-électricité est une science jeune, en plein développement, et que, seule, la lecture de bons livres et revues vous permettra de vous tenir constamment au courant de ses progrès.

Le rapide développement des transistors mérite, en particulier, une étude détaillée. Et, si vous le voulez bien, nous lui consacrerons une autre série de nos causeries...

Vous m'avez, au cours de nos conversations, posé tant de questions, que je pense pouvoir, pour les conclure, vous en poser une à mon tour : Estimez-vous toujours que la Radio est « bougrement compliquée » ?

IG. — La Radio ?... Mais c'est très simple !...

Commentaires à la 23me Causerie

PARASITES INDUSTRIELS.

Dans cette causerie, Curiosus et Ignotus, en collaborant amicalement, ont dressé le schéma d'un excellent récepteur bien étudié dans tous ses détails. Ils ont cependant passé sous silence le problème du COLLECTEUR D'ONDES.

Une telle omission est bien excusable. La sensibilité d'un récepteur moderne, tel que celui qu'ils vont mettre en chantier, permet de se contenter d'une antenne bien modeste. Quelques mètres de fil tendus au plafond d'une pièce et convenablement isolés des clous de soutien, suffisent pour faire entendre « toute l'Europe en haut-parleur », suivant la triviale expression des placards de publicité. D'autre part, la PRISE DE TERRE est obtenue en connectant la douille correspondante du récepteur à une canalisation d'eau, de chauffage central ou de gaz.

Bien souvent, d'ailleurs, les récepteurs se passent fort bien d'une prise de terre, la capacité propre du châssis métallique suffisant pour servir de réservoir aux électrons affluant de et refluant vers l'antenne.

Cependant, si une telle antenne est mise à l'action des ondes radioélectriques, elle est également impressionnée par des parasites industriels. Ces perturbations, nous l'avons déjà dit, sont engendrées par différentes installations d'électricité domestique, médicale et industrielle. Ce sont des oscillations de H.F. se propageant sous la forme d'ondes électro-magnétiques occupant de très larges bandes de fréquence, en sorte qu'elles affectent la réception de presque toutes les fréquences.

Les ondes parasites sont de puissance relativement faible et ne rayonnent guère au-delà des limites d'un pâté d'immeubles où leur propagation est facilitée par toutes les canalisations et armatures métalliques. De même, dans le sens de la hauteur, le champ de ces ondes s'affaiblit très vite au-dessus des toits, en sorte qu'à quelques mètres au-dessus des toitures l'action des parasites devient souvent insignifiante.

ANTENNES ANTIPARASITES.

C'est sur ce fait qu'est fondé l'emploi des antennes antiparasites que l'on installe sur des mâts de manière à les élever bien au-dessus du niveau des toits. Peu importe que de telles antennes affectent la forme d'un brin horizontal de fil ou d'une tige verticale, qu'elles soient constituées par une boule ou par une corbeille métallique. L'essentiel est qu'elles émergent de la zone infestée par les parasites. Le courant qui y prend naissance n'est alors dû qu'aux ondes des émetteurs de radio, et est exempt de toute souillure par les parasites industriels.

Cette pureté du courant doit être sauvegardée dans son acheminement vers le récepteur. Autrement dit, il ne faut pas que les parasites puissent agir sur la descente d'antenne qui relie le récepteur au collecteur d'ondes. Sinon, à quoi servirait-il de pêcher les ondes là où elles sont pures pour les polluer ensuite sur leur trajet dans la zone infestée ?...

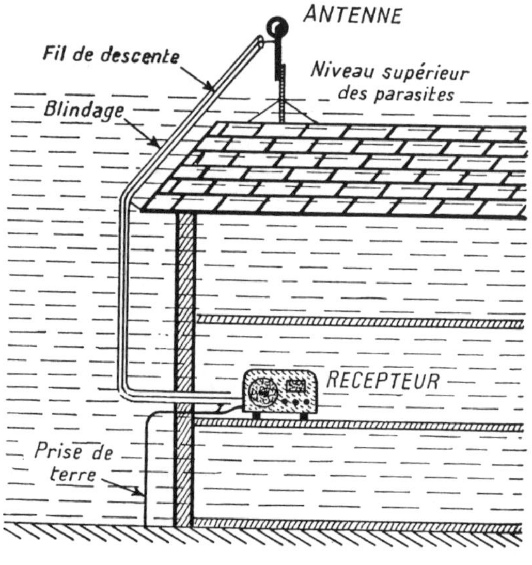

FIG. XXIX. — Installation d'une antenne antiparasite.

Une fois de plus, c'est le blindage qui viendra résoudre heureusement le problème : grâce à l'utilisation d'une descente d'antenne blindée, le courant parvient intact au récepteur.

Le fil de descente blindé est constitué par un fil de cuivre placé dans un tube métallique souple (par exemple en tresse métallique) d'un diamètre sensiblement supérieur et est maintenu dans l'axe du blindage à l'aide d'isolateurs disposés à des courts intervalles les uns des autres. Il ne faut pas, en effet, que le blindage épouse de trop près le fil de descente.

sinon la capacité se formant entre les deux conduirait à une fuite inadmissible du courant de haute fréquence. Le blindage est, bien entendu, connecté à la prise de terre.

Bien établi, un tel système est très efficace contre les parasites industriels ; mais il ne protège pas contre les perturbations atmosphériques dont la violence est, fort heureusement, moins grande, sauf au moment des orages.

EFFET DIRECTIF DU CADRE.

Les antennes de réception, sauf certains modèles prévus pour la réception des ondes courtes, ne possèdent pas d'effet directif. Autrement dit, elles reçoivent indifféremment les ondes venues de toutes les directions.

Mais il existe d'autres collecteurs d'ondes, les cadres, qui ont un effet directif prononcé. Qu'est-ce que le cadre ? C'est une bobine d'un diamètre généralement grand. Les ondes interceptées par ses spires y engendrent des tensions de H.F. Ces tensions sont plus ou moins grandes suivant l'orientation du cadre par rapport à l'émetteur. La tension est maximum lorsque le plan des spires est orienté dans la direction de l'émetteur ; à ce moment on entend avec la plus grande intensité (fig. XXX). Mais en tournant le cadre d'un angle droit, on provoque l'extinction de l'audition. Elle sera plus ou moins forte dans les positions intermédiaires.

Le cadre est connecté à un récepteur à la place de la bobine du circuit d'accord d'entrée, c'est-à-dire en dérivation sur le premier condensateur variable (qui sert alors à l'accorder). Le pouvoir collecteur du cadre augmente avec le nombre de spires et avec l'aire embrassée par chaque spire. On ne peut augmenter à volonté ni l'un ni l'autre de ces facteurs, puisque cela conduirait à une self-induction trop élevée pour permettre un accord correct ou à un encombrement prohibitif.

Comparé à l'antenne, le pouvoir collecteur du cadre est faible. Mais, compte tenu de la sensibilité des superhétérodynes actuels, ce fait ne s'oppose guère à l'emploi courant du cadre.

Actuellement, on emploie de plus en plus des cadres comportant un noyau en ferrite, c'est-à-dire en aggloméré de fer pulvérisé. De tels cadres ont un pouvoir collecteur supérieur à celui des cadres à air puisque le noyau, grâce à sa perméabilité magnétique élevée, offre aux ondes hertziennes un chemin plus facile, ce qui détermine la concentration des champs magnétiques dans les enroulements de tels cadres.

L'effet directif du cadre constitue de son côté, dans beaucoup de cas, un avantage appréciable. Il permet notamment d'éliminer une bonne partie des parasites : tous ceux qui proviennent des directions dans lesquelles la réception est faible ou nulle. Bien mieux, pour cette raison, la sélectivité apparente d'un récepteur muni d'un cadre se trouve accrue. Si deux émetteurs fonctionnant sur des fréquences voisines ne se trouvent pas sur la même droite que le récepteur, on oriente le cadre vers celui des émetteurs que l'on désire écouter et l'on affaiblit alors suffisamment l'action de l'émetteur indésirable.

Enfin, l'emploi des cadres permet de déterminer la position des émetteurs, opération connue sous le nom de RADIOGONIOMÉTRIE. Ainsi, pour découvrir la position d'un émetteur, procède-t-on à sa réception sur cadre à partir de deux points suffisamment écartés l'un de l'autre. On relève soigneusement les directions donnant le maximum d'intensité de réception : ce sont, nous l'avons vu, les directions dans lesquelles, pour chaque point de réception,

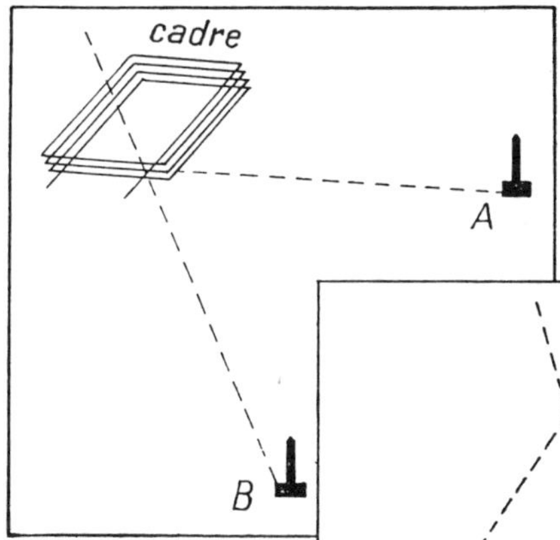

FIG. XXX. — Le cadre orienté vers l'émetteur A permettra sa réception avec le maximum d'intensité, alors que l'émetteur B, se trouvant dans la direction perpendiculaire, ne sera pas reçu.

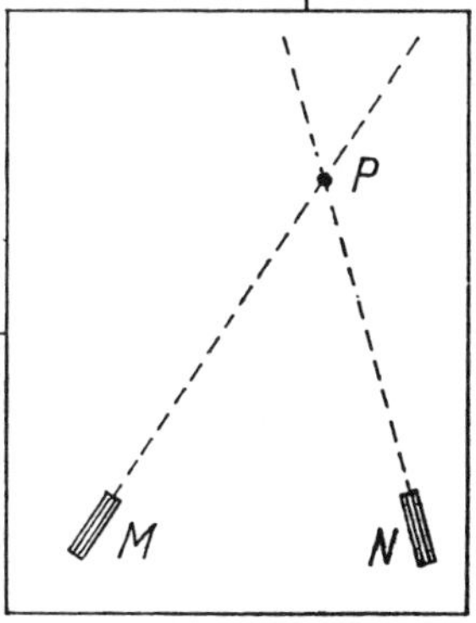

FIG. XXXI. — La réception simultanée sur les cadres M et N suffisamment distants l'un de l'autre permet de déterminer la position de l'émetteur P.

se trouve l'émetteur. En les traçant sur une carte, on trouve au point de croisement la position de l'émetteur (figure XXXI).

C'est de cette manière qu'un navire au large ou encore un avion en vol peut, en émettant des signaux de radio, faire déterminer sa position exacte en faisant faire des relevés radiogoniométriques à deux stations terrestres. On conçoit l'aide puissante que la radio apporte, grâce à l'emploi des cadres, à la navigation maritime et aérienne, notamment pour le pilotage et l'atterrissage sans visibilité.

On sait que d'autres moyens, dont le radar est le plus connu, sont venus à leur tour accroître la sécurité de la navigation.

DE QUOI DEMAIN SERA-T-IL FAIT ?

Ces quelques lignes ouvrent des aperçus sur les multiples applications de la radio qui, loin de se borner à la transmission de la musique d'agrément, de conférences éducatives, d'informations plus ou moins agréables, assure des services essentiels, tels que celui de l'heure exacte, celui des signaux de détresse ou encore celui de la météo.

Chaque jour voit, d'ailleurs, s'élargir le domaine d'applications de la radio. Hier encore réservées à la transmission des signaux Morse, puis des sons de la parole et de la musique, ses ondes transportent aujourd'hui les images vivantes de la télévision. Cette technique a fait l'objet de nombreux entretiens entre Curiosus et Ignotus et ceux-ci sont relatés dans un autre ouvrage qui fait suite au présent.

Abolissant le temps et l'espace, les ondes créeront-elles demain entre les peuples du globe des liens d'indestructible solidarité et de mutuelle compréhension ? Nous mettront-elles après-demain en communication avec les habitants d'autres planètes ? Et le radio-électricien sera-t-il ainsi l'artisan d'un rapprochement vraiment universel ?

Souhaitons-le...

ÉLECTRONIQUE.

En attendant, la radio et la télévision ne sont plus que des parties d'une technique plus vaste, connue sous le nom d'ÉLECTRONIQUE et qui englobe toutes les applications des tubes électroniques à tous les domaines de l'activité humaine. Grâce à sa faculté de modifier à volonté la forme des signaux électriques, le tube permet, en effet, de résoudre les problèmes des plus variés.

L'astronomie, la biologie, la physique, tous les secteurs de la recherche comme toutes les branches de l'industrie font appel à des dispositifs électroniques.

Ceux-ci rendent nos sens de perception plus puissants (comme le microscope électronique qui rend visibles les virus et les molécules ou l'amplificateur de son qui rend audibles les bruits les plus faibles) et les étendent à des domaines qui ne nous sont pas directement accessibles (détection des rayonnements invisibles, représentation de la forme des signaux électriques par l'oscilloscope cathodique).

D'autres dispositifs électroniques nous dispensent de tâches fastidieuses en assurant la commande automatique de machines ou en effectuant des calculs complexes.

Dans tous ces domaines de l'électronique, un nouvel élément amplificateur est venu, depuis quelques années, collaborer avec le tube à vide quand il ne le remplace pas dans bien des cas : le TRANSISTOR OU TRIODE SOLIDE. Il s'agit là d'une application prodigieusement intéressante des semiconducteurs. Toute une nouvelle technique est en train de se bâtir autour du transistor.

Elle est exposée dans un autre volume où sont relatées de nouvelles causeries qui ont permis à Curiosus d'initier Ignotus aux mystères des transistors et aux divers montages qu'il permet de réaliser.

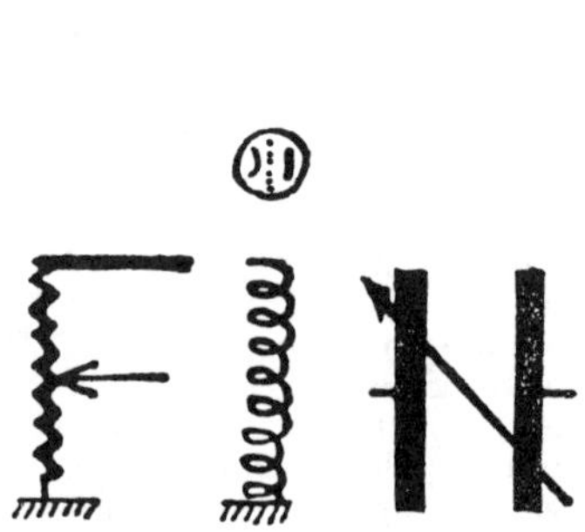

LA LOI D'OHM

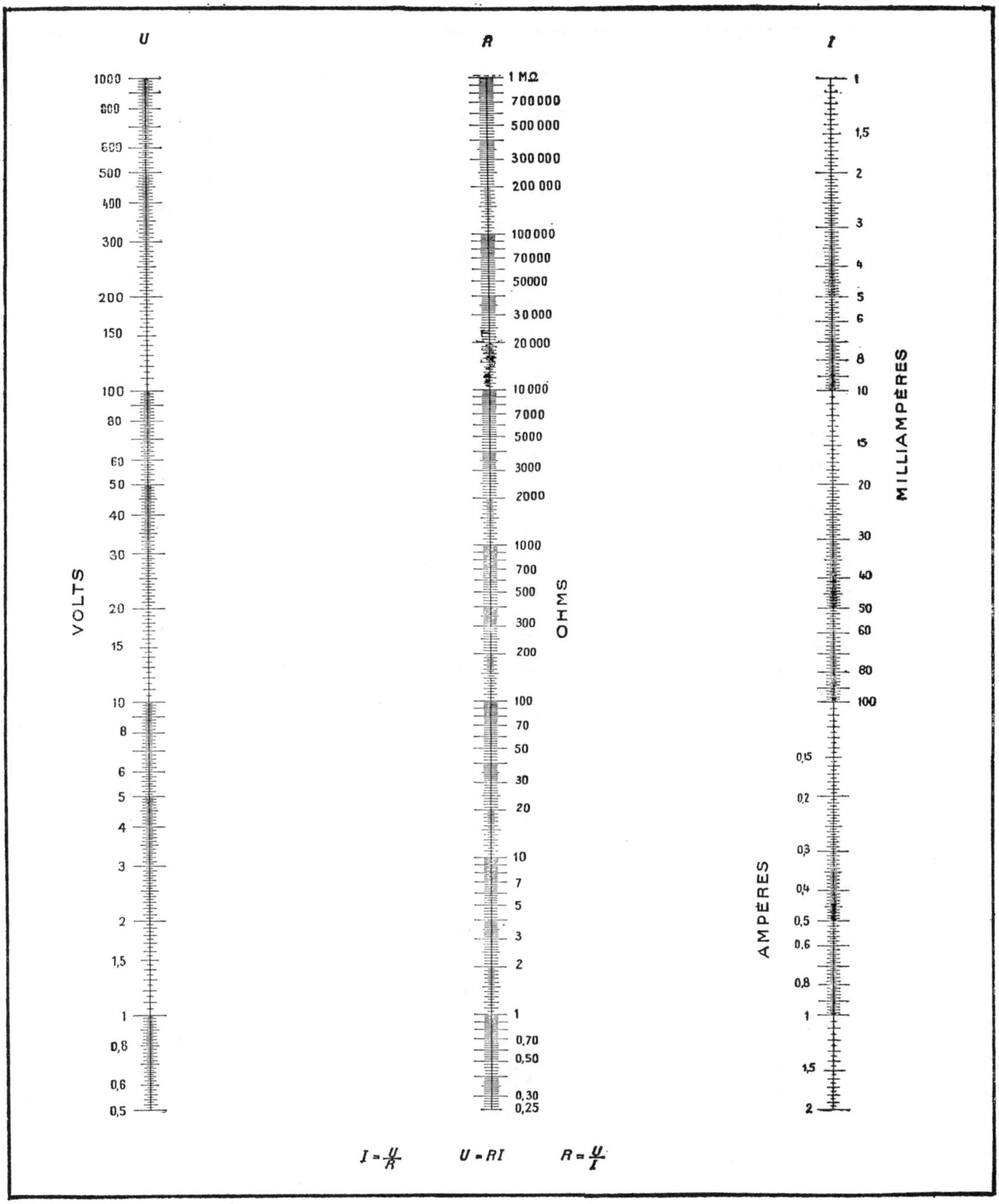

Pour trouver une des trois grandeurs en connaissant les deux autres, réunir par une droite les points correspondant aux valeurs connues ; l'intersection de la droite avec la troisième échelle donne la valeur cherchée.

LA FRÉQUENCE D'UN CIRCUIT OSCILLANT

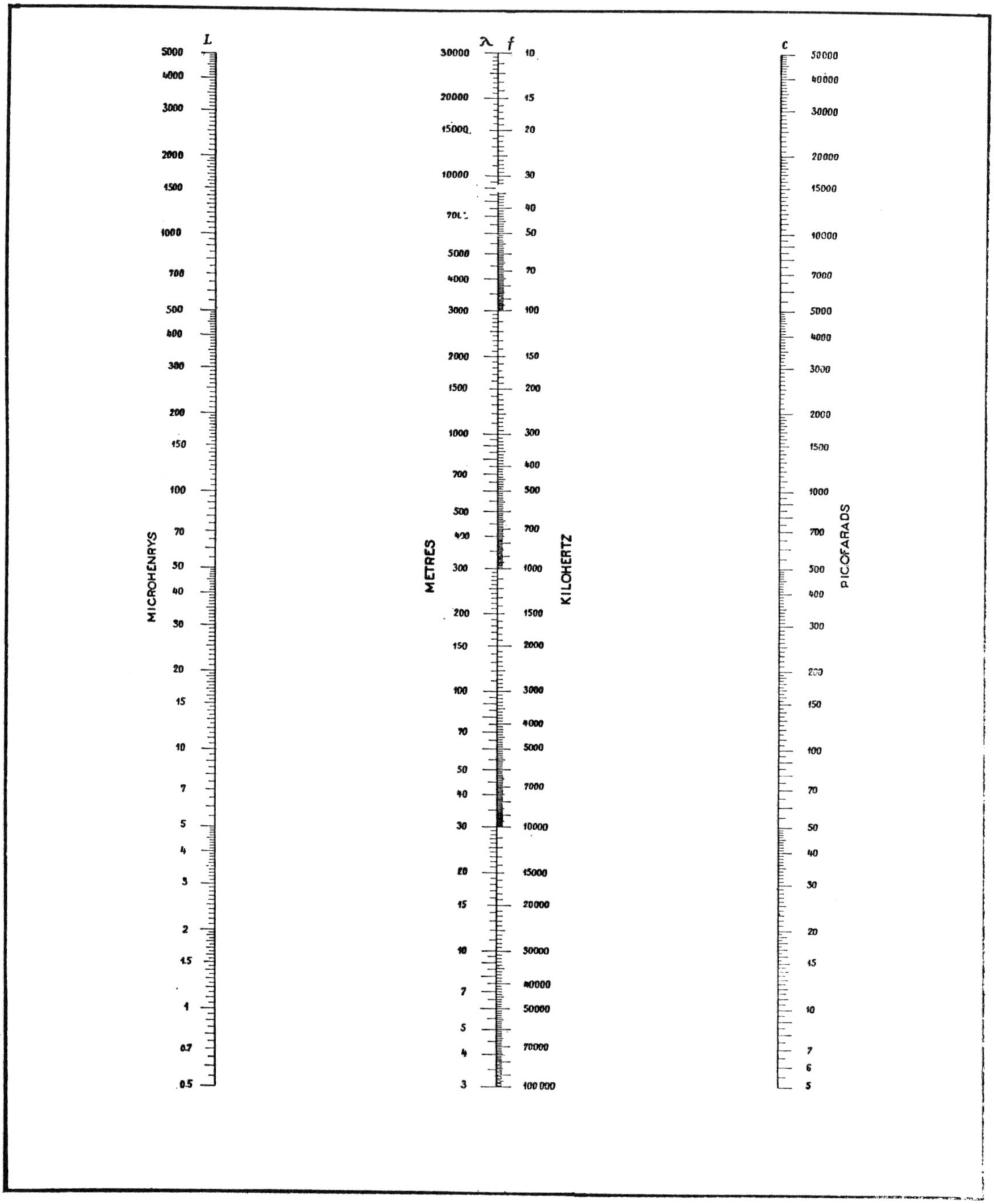

Connaissant deux des valeurs, on réunit par une droite les points correspondants, et son intersection avec la troisième échelle permet de lire la valeur cherchée.

TABLE DES MATIÈRES